仿生材料微结构与性能表征必备技术

马英俊　李　娜　胡　俊◎编著

中国铁道出版社有限公司
CHINA RAILWAY PUBLISHING HOUSE CO., LTD.

内容简介

本书主要讲解了仿生材料微结构研究以及性能表征的重要手段和方法，包括光学分析法（红外吸收光谱法、紫外-可见吸收光谱法、拉曼散射光谱法、原子吸收光谱法、圆二色性光谱法、核磁共振波谱法、荧光光谱技术、激光粒度仪、视频接触角测量仪、X射线衍射技术等）、能谱分析法（X射线光电子能谱技术）、质谱分析法、色谱分析法（高效液相色谱法）、热分析技术（差示扫描量热技术）、电子显微学（激光扫描共聚焦显微镜、全内反射荧光显微镜、扫描探针显微镜、环境扫描电子显微镜、透射电子显微镜）等。

本书对化学、材料、生物等相关领域的科研人员以及仪器分析工作者具有较为重要的参考价值。

图书在版编目（CIP）数据

仿生材料微结构与性能表征必备技术/马英俊，李娜，胡俊编著.—北京：中国铁道出版社有限公司，2022.11
ISBN 978-7-113-29817-3

Ⅰ.①仿…　Ⅱ.①马…②李…③胡…　Ⅲ.①仿生材料-结构性能-性能分析　Ⅳ.①TB39

中国版本图书馆CIP数据核字（2022）第211448号

书　　名：仿生材料微结构与性能表征必备技术
作　　者：马英俊　李　娜　胡　俊

策　　划：魏　娜　　　**编辑部电话**：（010）63549508
责任编辑：陆慧萍　许　璐
封面设计：刘　颖
责任校对：刘　畅
责任印制：樊启鹏

出版发行：中国铁道出版社有限公司（100054，北京市西城区右安门西街8号）
网　　址：http://www.tdpress.com/51eds/
印　　刷：天津嘉恒印务有限公司
版　　次：2022年11月第1版　2022年11月第1次印刷
开　　本：787 mm×1 092 mm　1/16　**印张**：20.25　**字数**：498千
书　　号：ISBN 978-7-113-29817-3
定　　价：59.00元

前言

仿生材料微结构与性能表征必备技术是关于仿生材料的化学组成、微观结构、表面形貌与材料性能等的表征方法、测试技术及相关理论基础的实验科学，是现代材料科学研究以及材料应用的重要手段和方法。仿生材料科学在很大程度上依赖于材料组成、性能及微结构之间的关系。因此，对仿生材料组成、性能、微结构从宏观到微观的不同层次的表征技术构成了材料科学的一个不可或缺的重要组成部分，并占据着重要的地位。从仿生材料的发展历程中可以清楚地看到材料表征新技术所起的作用。

仿生材料是指模仿生物的结构和功能而研发的材料，是仿生学在材料科学中的分支，它是从分子水平上研究生物材料的结构特点、构效关系，进而构筑出类似或优于原生材料的一种方法，是化学、材料学、生物学、物理学等学科的交叉。

随着材料制备技术的发展，诸多人造仿生材料被制造出来。然而，要想将这些仿生材料从实验室转向实际应用还有很长的路要走，究其主要原因：一是现代科技发展日新月异，新技术层出不穷，仿生材料的种类及其衍生物如雨后春笋般问世，但是性能测试和评价是将这些材料发展为具有应用潜力的规模化产品的最大障碍；二是材料制备技术的发展速度已经远远超越了材料测试、表征技术的发展。为了更好地认识自然、模仿自然，最终在某一侧面超越自然，现阶段亟须发展和集成现有表征技术的优势，发挥彼此间的协同效应，为仿生材料的制备提供经验参考和理论依据。

编著者根据多年教学经验和体会，在参考国内外相关资料的基础上，结合目前仿生材料表征的新技术编写了本书。本书在编排体系、内容选材、仪器方法的深广度把握上遵循“先进性、科学性、实用性和可靠性”的原则，以较为成熟的理论、方法和实例为主，同时参考了国内外材料表征技术的新进展，反映了当代材料表征技术的先进水平。

总体来说，本书是一本内容较为新颖、宽泛的著作，可供相关领域科研人员及仪器分析工作者参考。仿生材料技术不断发展，加之编著者水平有限，书中疏漏和不足之处在所难免，敬请各位研究学者和广大读者批评指正。

编著者

2022 年 5 月

目　录

第 1 章　红外吸收光谱法

1.1　概　　述

1.1.1　引　　言

红外吸收光谱法(infrared absorption spectrum,IR)又称红外分光光度法,是基于研究物质分子对红外光的吸收特性来进行定性和定量分析的方法。红外吸收光谱也属于分子光谱的范畴,但与紫外-可见吸收光谱的产生机理有明显的区别,它来源于分子振动和分子转动能级的跃迁,因此红外吸收光谱也称为分子振动转动光谱。

紫外-可见吸收光谱是电子振动转动光谱,常用于研究不饱和有机化合物,特别是具有共轭系统的有机化合物。红外吸收光谱波长较长,能量较低,物质分子吸收红外光后,只能引起分子振动和转动能级的跃迁,不会引起电子能级跃迁。红外吸收光谱主要研究在振动-转动中伴随有偶极矩变化的化合物,除单原子和同核分子之外,几乎所有的有机化合物在红外光区都有吸收。红外吸收带的波长位置与吸收谱带的强度反映了分子结构的特点,可以用来鉴定未知物的结构组成或确定其化学基团,因而红外吸收光谱最重要和最广泛的用途是对有机化合物进行结构分析;而吸收谱带的吸收强度与分子组成或其化学基团的含量有关,可以进行定量分析和纯度鉴定。红外吸收光谱分析对气、液、固样品都适用。红外吸收光谱法具有快速、灵敏度高、测试所需样品量少、分析试样的状态不受限制等优点,成为现代结构化学、分析化学最常用和不可缺少的工具之一。红外吸收光谱法与可见吸收光谱法、质谱法和核磁共振波谱法一起称为四大谱学方法,已成为有机化合物结构分析的重要手段。

19 世纪初,人们通过实验证实了红外光的存在。20 世纪初,人们进一步系统地了解了不同官能团具有不同红外吸收频率这一事实。1947 年以后出现了自动记录式红外吸收光谱仪。1960 年出现了光栅代替棱镜作色散元件的第二代红外吸收光谱仪,但它仍是色散型的仪器,分辨率和灵敏度还不够高,扫描速度慢。随着计算机科学的进步,1970 年以后出现了傅里叶变换红外吸收光谱仪。基于光的相干性原理而设计的干涉型傅里叶变换红外吸收光谱仪,解决了光栅型仪器固有的弱点,使仪器的性能得到了极大提高。近年来,用可调激光作为红外光源代替单色器,成功研制了激光红外吸收光谱仪,扩大了应用范围,它具有更高的分辨率、更高的灵敏度,这是第四代仪器。现在红外吸收光谱仪还与其他仪器联用,更加扩大了应用范围。利用计算机存储及检索光谱,分析更加方便、快捷。因此,红外吸收光谱法不仅能进行定性和定量分析,而且是鉴定化合物和测定分子结构最有用的方法之一。

1.1.2 红外吸收光谱的划分

在红外吸收光谱中，习惯上以微米（μm）为波长单位，cm^{-1}为波数单位，波数被定义为波长的倒数，即 1 cm 中所包含波的个数为

$$\sigma = \frac{1}{\lambda} \tag{1-1}$$

红外吸收光谱可划分为远、中、近红外吸收光谱，其中中红外区（4 000 ~ 200 cm^{-1}）主要是振动吸收区，是有机化合物红外吸收的最重要范围。

红外吸收光谱是分子中基团的振动和转动能级跃迁产生的振转光谱，所需能量是位于红外吸收光谱区的光子能量。红外光介于可见光区和微波区之间，其波长范围为 0.78 ~ 1 000 μm，根据所用仪器以及所得到的信息不同，通常将红外光谱区划分为三个区域，见表 1-1。其中，中红外区是研究和应用最多的区域，这是因为大多数有机化合物和许多无机化合物的吸收频率均出现在中红外区，一般所说的红外吸收光谱就是指中红外区的红外吸收光谱。

表 1-1　红外吸收光谱区的划分

区　域	波长 λ/μm	波数 σ/cm^{-1}	能级跃迁类型
近红外区（泛频区）	0.78 ~ 2.5	12 821 ~ 4 000	OH、NH 及 CH 键的倍频吸收
中红外区（基本振区）	2.5 ~ 50	4 000 ~ 200	分子基团振动、伴随转动
远红外区（转动区）	50 ~ 1 000	200 ~ 10	分子转动、晶格振动

在三个红外光区中，近红外吸收光谱是由分子的倍频、合频产生的，主要用于稀土、过渡金属离子化合物，以及水、醇和某些高分子化合物的分析；远红外区属于分子的转动光谱和某些基团的振动光谱，主要用于异构体的研究，金属有机化合物（包括配合物）、氢键、吸附现象的研究；中红外区是属于分子的基频振动光谱，绝大多数有机物和无机离子的化学键基频吸收都出现在中红外区。同时，由于中红外区光谱仪器最为成熟简单，使用历史悠久，应用广泛，积累的资料也最多，因此它是应用极为广泛的光谱区。

1.1.3 红外吸收光谱与紫外-可见（UV）吸收光谱的区别

红外吸收光谱与紫外-可见吸收光谱同属于分子吸收光谱的范畴，它们与其他方法一样，能对样品组分进行定性和定量分析。但两者在产生机理、研究对象、使用范围等方面有所不同，见表 1-2。

表 1-2　红外吸收光谱与紫外-可见吸收光谱的区别

项　目	红外吸收光谱与紫外	紫外-可见吸收光谱
产生机理	分子振动能级伴随转动能级跃迁	分子外层价电子能级跃迁
研究对象	所有红外吸收有机化合物	主要是具有“$n-\pi$、$\pi-\pi$”跃迁的不饱和有机化合物
特征性	特征性强	简单、特征性不强
主要使用范围	鉴定化合物类别、鉴定官能团、推测结构	定量、推测有机化合物共轭骨架

红外吸收光谱最突出的特点是具有高度的特征性，除光学异构体外，凡是结构不同的化合物，一定不会有相同的红外吸收光谱。红外吸收光谱在化工、医药、生物等领域已获得广

泛的应用。它与紫外-可见吸收光谱、核磁共振波谱和质谱法相互配合使用，已成为有机结构剖析的有效手段。

1.2 红外吸收光谱法的基本原理

红外吸收光谱是由分子振动能级的跃迁而产生，但并不是所有的振动能级跃迁都能在红外吸收光谱中产生吸收峰，物质吸收红外光发生振动和转动能级跃迁必须满足以下两个条件：

(1)红外辐射光量子具有的能量等于分子振动能级的能量差。

(2)分子振动时，偶极矩的大小或方向必须有一定的变化，具有偶极矩变化的分子振动是红外活性振动，否则是非红外活性振动。即辐射与物质之间有耦合作用。

红外辐射具有适当的能量，当一定频率的红外光照射分子时，如果分子中某个基团的振动频率和外界红外辐射的频率一致，则满足了第一个条件；如果分子中某个基团偶极子的振动频率和它一致，分子与辐射相互作用而增加它的振动能，使振幅增大，则满足了第二个条件。此时，分子就由原来的基态振动跃迁到较高的振动能级，产生振动跃迁。

可见，并非所有的分子振动都会产生红外吸收，只有发生偶极矩变化的振动才能引起红外吸收，这种振动称为具有红外活性，反之则称为非红外活性。完全对称的双原子分子，其振动没有偶极矩变化，辐射不能引起共振，无红外活性，如 N_2、O_2、Cl_2 等的振动；非对称分子有偶极矩的变化，辐射能引起共振，属红外活性，如 HCl、H_2O 等偶极子的振动，如图 1-1 所示。

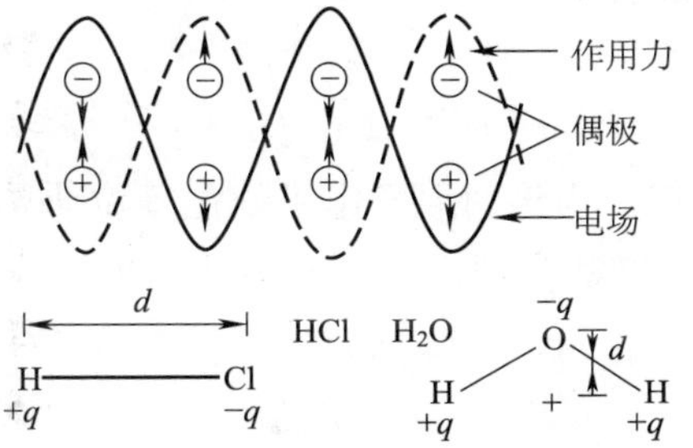

图 1-1 偶极子在交变电场中的偶合示意图

当分子受到频率连续变化的红外光照射时，分子吸收某些频率的辐射，引起振动和转动能级的跃迁，使相应于这些吸收区域的透射光强度减弱，将分子吸收红外辐射的情况记录下来，便可得到红外吸收光谱图。红外吸收光谱图多以波长 λ 或波数 σ 为横坐标，表示吸收峰的位置；以透光率 T 为纵坐标，表示吸收强度。

红外吸收光谱是由分子振动能级跃迁，同时伴随转动能级而产生的，因为分子振动能级差为 0.05 ~ 1.0 eV，比转动能级差(0.000 1 ~ 0.05 eV)大，因此分子发生振动能级跃迁时，不可避免地伴随着转动能级跃迁，因而无法测得纯振动光谱。

辐射光子具有的能量与发生振动跃迁所需要的跃迁能量相等。当照射的红外辐射的能量与分子的两能级差相等时，该频率的红外辐射就被该分子吸收，从而引起分子对应能级的跃迁，宏观表现为透射光强度变小。红外辐射与分子两能极差相等为物质产生红外吸收光谱必须满足的条件之一，同时也决定了吸收峰出现的位置。

1.2.1 能量跃迁

以双原子分子的纯振动光谱为例，分子振动可以近似地看作分子中的原子以平衡点为中心，以非常小的振幅（与原子核之间的距离相比）做周期性的振动，即简谐振动，这种分子的振动模型可用经典的方法来模拟，对双原子分子，可以把它看作一个轻质弹簧两端连接着两个刚性小球，m_1、m_2 分别代表两个小球的质量，弹簧的长度 r_0，r 代表振动前后化学键的长度，如图 1-2 所示。

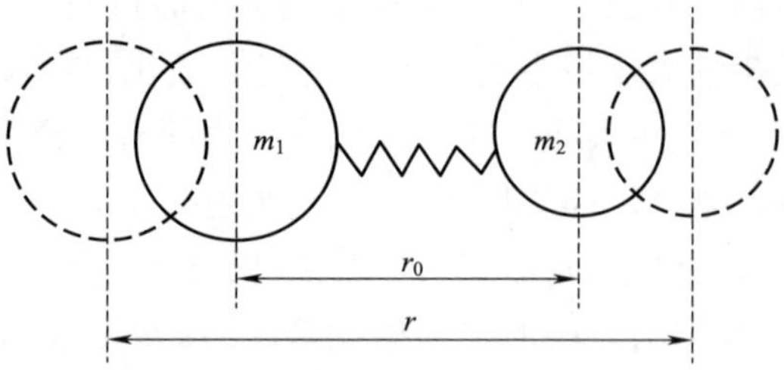

图 1-2　成键双原子间的振动模型

这个体系的振动频率 $\nu_{振}$ 可由经典力学导出，即

$$\nu_{振}=\frac{1}{2\pi}\sqrt{\frac{k}{\mu}} \tag{1-2}$$

若以波数 σ 表示这个体系的振动频率，则可记作

$$\sigma=\frac{1}{2\pi c}\sqrt{\frac{k}{\mu}} \tag{1-3}$$

式中，k 为化学键的力常数，其定义为将两原子由平衡位置拉伸单位长度时所用的恢复力，单位为 N/cm，单键、双键和三键的力常数分别近似为 5 N/cm、10 N/cm 和 15 N/cm；c 为光速；μ 是两个小球（即两个原子）的折合质量，单位为 g，即

$$\mu=\frac{m_1 m_2}{m_1+m_2} \tag{1-4}$$

由式（1-3）可见，影响基本振动频率的直接因素是原子质量和化学键的力常数。按照经典电磁场理论，若双原子分子振动时电偶极矩发生变化，则这样的分子可因共振而吸收频率相同的电磁波。即

$$\nu_{L}=\nu_{振}=\frac{1}{2\pi}\sqrt{\frac{k}{\mu}} \tag{1-5}$$

k 越大，μ 越小，则振动频率越大，吸收峰的频率也越大。

应注意的是，上述处理分子振动的方法是宏观处理方法，是为了得到宏观的图像，便于理解。但一个真实分子的振动能量变化是量子化的，分子的运动需要用量子理论方法加以处理。如果用量子力学来处理，则求解可得到分子的振动能级的能量

$$E_{振}=\left(V\pm\frac{1}{2}\right)h\nu_{振} \tag{1-6}$$

式（1-6）中，V 为振动量子数，可取 0，1，2…；$\nu_{振}$ 为分子振动频率。

可见,分子振动能级的结构包含相同间隔为 $h\nu_{振}$ 的一系列值。分子振动能级跃迁时振子吸收的光量子能量是

$$E_{\mathrm{L}} = \Delta E_{振} \tag{1-7}$$

而

$$\Delta E_{振} = \Delta V h\nu_{振}, \quad E_L = h\nu_L \tag{1-8}$$

因此

$$\nu_{\mathrm{L}} = \Delta V \nu_{振} \tag{1-9}$$

由量子力学可知,分子振动能级间的跃迁也不是任意的。双原子分子谐振子模型的跃迁选择依据是:非极性的同核双原子分子在振动过程中偶极距不发生变化,即 $\Delta V=0$,无振动光谱;极性分子 $\Delta V= \pm 1$。

所以,双原子分子吸收光子的频率

$$\nu_L = \nu_{振} = \frac{1}{2\pi}\sqrt{\frac{k}{\mu}} \tag{1-10}$$

这个结论与经典电磁场理论所得结果完全一致。

1.2.2 耦合作用

辐射与物质之间有耦合作用。为了满足这个条件,分子振动时其偶极矩必须发生变化。

红外吸收光谱产生的第二个条件,实质上是保证外界辐射的能量能传递给分子。这种能量的传递是通过振动偶极矩的变化来实现的。红外跃迁是偶极矩诱导的,即能量转移的机制是通过振动过程所导致的偶极矩的变化和交变的电磁场(这里是红外光)相互作用而发生的。

分子由于构成它的各原子的电负性不同,也显示不同的极性,称为偶极子。通常用分子的偶极矩来描述分子极性的大小。当偶极子处在电磁辐射的电场中时,该电场做周期性反转,偶极子将经受交替的作用力而使偶极矩增加或减少。由于偶极子具有一定的固有振动频率,只有当辐射频率与偶极固有频率相匹配时,分子才与辐射相互作用(振动耦合)而增加它的振动能,使振动振幅增大,即分子由原来的基态振动跃迁到较高的振动能级。因此,并非所有的振动都会产生红外吸收,只有发生偶极矩变化的振动才能引起可观测的红外吸收光谱,我们称该分子为红外活性的;反之,偶极矩没有变化的分子振动不能产生红外振动吸收,称为非红外活性的。

由此可知,当一定频率的红外辐射照射分子时,若分子某个基团的振动频率和它一致,则两者就产生共振,此时的光子能量通过分子偶极矩的变化传递给分子,被其基团吸收而产生振动跃迁;若红外辐射频率与分子基团振动频率不一致,则该部分的红外辐射就不会被吸收。因此,如果用连续改变频率的红外辐射照射某试样,由于试样对不同频率的红外辐射吸收的程度不同,使通过试样后的红外辐射在一些波数范围内减弱,在另一些波数范围内则仍然较强。

1.2.3 双原子分子的振动

分子是由各种原子以化学键相互联结而成。如果用不同质量的小球代表原子,以不同硬度的弹簧代表各种化学键,它们以一定的次序相互联结,就成为分子的近似机械模型,这样就可以根据力学定理来处理分子的振动。

由经典力学或量子力学均可推出双原子分子振动频率的计算公式。如果力常量 k 的单位用 N/cm，折合质量 μ 中的原子质量 m 用相对原子质量 M 代替，则式(1-3)可写成

$$\sigma = 1\ 307\sqrt{k\left(\frac{1}{M_1}+\frac{1}{M_2}\right)}\ (\mathrm{cm}^{-1}) \tag{1-11}$$

式中 M_1、M_2 分别为两原子的相对原子质量，根据式(1-11)可以计算出基频吸收峰的位置。

由式(1-11)可见，影响基本振动频率的直接因素是相对原子质量和化学键的力常数。由于各种有机化合物的结构不同，它们的相对原子质量和化学键的力常数各不相同，就会出现不同的吸收频率，因此各有其特征的红外吸收光谱。

1. 振动类型

双原子分子的振动只有伸缩振动一种类型，而对于多原子分子，其振动类型有伸缩振动和变形振动两类。伸缩振动是指原子沿键轴方向来回运动，键长变化而键角不变的振动，用符号 ν 表示。伸缩振动有对称伸缩振动 ν_s 和不对称伸缩振动 ν_{as} 两种形式，变形振动又称为弯曲振动，是指原子垂直于价键方向的键长不变而键角变化的振动，用符号 δ 表示。变形振动分为面内变形振动和面外变形振动。

2. 振动数目(振动自由度)

自由度是指用来确定物体空间位置的独立坐标数。多原子分子中原子之间的振动状态相当复杂，但它们都可以分解为若干种简单的基本振动。基本振动又称简正振动，分子的实际振动是各种简正振动的叠加。因为分子中每一原子可沿三维坐标的 x、y、z 轴运动，也就是说在空间中每个原子有 3 个自由度，因此，N 个原子组成的分子有 $3N$ 个自由度，相当于 $3N$ 种运动状态。其中有 3 个自由度是分子作为一个整体的平移运动，还有 3 个是转动的自由度(对于线性分子只有两个转动自由度。因为当旋转轴和键轴重合时，分子的转动不改变原子的空间坐标，这种转动不能算作转动自由度，所以线性分子仅有两个转动自由度)，这六种运动不受化学键的约束，与物质的红外吸收没有关系。由此可知，非线性分子在化学键力作用下的振动有$(3N-6)$个自由度，与红外吸收光谱的吸收有关的简正振动有$(3N-6)$种。对于线性分子因为围绕分子轴的转动相应地变为弯曲振动，因此在化学键力作用下的振动有$(3N-5)$个自由度，与红外吸收光谱的吸收有关的简正振动有$(3N-5)$个。

例如，一个原子在空间的位置需要 3 个坐标或自由度(x,y,z)来确定，对于含有 N 个原子的分子，则需要 $3N$ 个坐标或自由度。这 $3N$ 个自由度包括整个分子分别沿 x、y、z 轴方向的 3 个平动自由度和整个分子绕 x、y、z 轴方向的转动自由度。平动自由度和转动自由度都不是分子的振动自由度，因此

$$\text{振动自由度} = 3N - \text{平动自由度} - \text{转动自由度}$$

对于线性分子和非线性分子的转动如图 1-3 所示。可以看出，线性分子绕 y 和 z 轴的转动，引起原子的位置改变，但是其绕 x 轴的转动，原子的位置并没有改变，不能形成转动自由度。所以，线性分子的振动自由度为 $3N-3-2=3N-5$；非线性分子绕 3 个坐标轴的转动都使原子的位置发生了改变，其振动自由度为 $3N-3-3=3N-6$。

常出现红外图谱的基频吸收峰的数目小于理论计算的分子自由度的情况。

分子吸收红外辐射由基态振动能级$(\nu=0)$向第一振动激发态$(\nu=1)$跃迁产生的基频吸

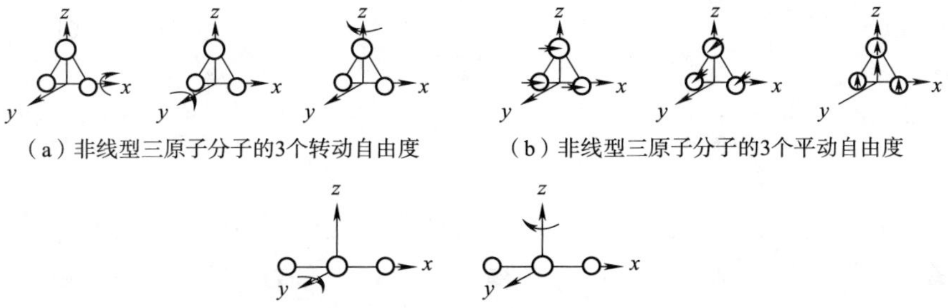

（a）非线型三原子分子的3个转动自由度　（b）非线型三原子分子的3个平动自由度

（c）线型三原子分子的2个转动自由度

图 1-3　线性分子和非线性分子的转动示意图

收峰，其数目等于计算得到的振动自由度。但是有时测得的红外吸收光谱峰的数目比振动自由度多，这是由于红外吸收光谱吸收峰除了基频峰外，还有泛频峰的存在，泛频峰是倍频峰、和频峰与差频峰的总称。

（1）倍频峰。由基态振动能级（$\nu=0$）跃迁到第二振动激发态（$\nu=2$）产生的二倍频峰和由基态振动能级（$\nu=0$）跃迁到第三振动激发态（$\nu=3$）产生的三倍频峰。三倍频峰以上，因跃迁频率很小，一般都很弱，常常观测不到。

（2）和频峰。红外吸收光谱中，由于多原子分子中各种振动形式的能级之间存在可能的相互作用，若吸收的红外辐射频率为两个相互作用基频之和，就会产生和频峰。

（3）差频峰。若吸收的红外辐射频率为两个相互作用基频之差，就会产生差频峰。

实际测得的基频吸收峰的数目比计算的振动自由度少的原因如下：

（1）具有相同波数的振动所对应的吸收峰发生了简并。如CO_2 分子的面内变形振动和面外变形振动。

（2）振动过程中分子的瞬间偶极矩不发生变化，无红外活性。如CO_2 分子中的对称伸缩振动 ν_s 为 1 388 cm^{-1}，但该振动没有偶极矩的变化，是非红外活性的，因此CO_2 的红外吸收光谱中没有波数为 1 388 cm^{-1}的吸收峰。

（3）仪器的分辨率和灵敏度不够高，对一些波数接近或强度很弱的吸收峰，仪器无法将之分开或检出。

（4）仪器波长范围不够，有些吸收峰超出了仪器的测量范围。

当然，也有峰数多于简正振动的情况：在中红外吸收光谱中，除了基团由基态向第一振动能级跃迁所产生的基频峰外，还有倍频峰、和频峰、差频峰等，谱带一般较弱，多数出现在近红外区，但它的存在使光谱变得复杂，增加了光谱对分子结构特征性的表征。

1.2.4　多原子分子的振动形式及光谱

双原子分子的振动是最简单的，多原子分子振动比双原子分子复杂得多。双原子分子振动只能发生在连接两个原子的直线方向上，并且只有一种振动形式，即两原子的相对伸缩振动。而多原子分子由于组成原子数目增多，组成分子的键、基团和空间结构不同，其振动光谱比双原子分子要复杂得多。一般将振动形式分为伸缩振动和变形振动两类，如图 1-4 所示。

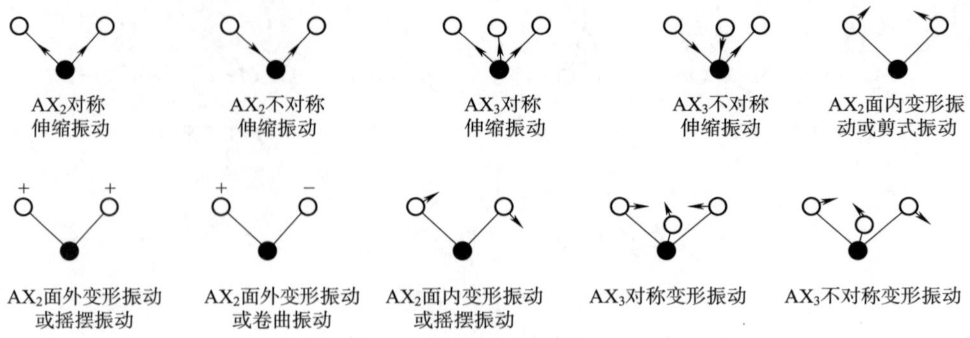

图 1-4　伸缩振动和变形振动

1. 伸缩振动

原子沿键轴方向伸缩，键长发生变化而键角不变的振动称为伸缩振动，用符号 ν 表示。它又可分为对称伸缩振动 ν_s 和不对称伸缩振动 ν_{as}，对同一基团来说，ν_{as} 的频率稍高于 v_s。这是因为不对称伸缩振动所需的能量比对称伸缩振动所需的能量高。

2. 变形振动

变形振动又称弯曲振动，指基团键角发生周期性变化而键长不变的振动，可分为面内、面外、对称变形振动和不对称变形振动等形式。

(1)面内弯曲振动(β)：弯曲振动发生在由几个原子构成的平面内，称为面内弯曲振动，它可分为两种：振动中键角的变化类似剪刀的开闭的剪式振动(δ)；基团作为一个整体在平面内摇动的面内摇摆(ρ)。

(2)面外弯曲振动(γ)：弯曲振动垂直于几个原子构成的平面，称为面外弯曲振动。它可分为：两个 X 原子同时向面下或面上的面外摇摆振动(ω)；一个 X 原子在面上，一个 X 原子在面下的卷曲振动(τ)。

(3)对称变形振动和不对称变形振动：AX_3 基团或分子的变形振动有对称与不对称之分，故可分为：3 个 AX 键与轴线的夹角同时变大的对称变形振动(δ_s)；3 个 AX 键与轴线的夹角不同时变大或减小的不对称的变形振动(δ_{as})。

一般说来，键长的改变比键角的改变需要更大的能量，因此伸缩振动出现在高频区，而变形振动出现在低频区。

1.2.5　红外吸收峰的强度

1. 红外吸收峰强度的表示方法

在红外吸收光谱中对峰强度的表示方法常用的有摩尔吸光系数 ε、透光率 T 和吸光度 A。红外吸收光谱的绝对峰强度可以用摩尔吸光系数 ε 表示，通常，当 $\varepsilon>200$ 时，用 vs 表示；当 ε 为 75～200 时，为强峰，用 s 表示；ε 为 25～75 时，为中强峰，用 m 表示；ε 为 5～25 时，为弱峰，用 w 表示；$\varepsilon<5$ 时，峰很弱，用 vw 表示。

红外吸收光谱用于定性所指的峰强度是指每一个峰的相对强度 T 或 A。

2. 决定红外吸收峰强度的因素

在红外吸收光谱中，吸收峰的强度主要由两个因素决定：

(1)振动中取决于振动偶极矩变化的程度,振动偶极矩越大,吸收峰强度越强。偶极矩变化的大小主要取决于键两端原子电负性、振动方式、分子的对称性及其他影响因素(如费米共振、形成氢键及共轭等因素)。

(2)能级跃迁概率的大小,跃迁概率越大,则吸收峰强度越大。通常 $\Delta V = \pm 1$ 跃迁的概率最大,所以基频峰比相应的倍频、组频峰的强度高。倍频峰是从基态跃迁到第二激发态,偶极距变化大,峰强度本该增大,但是由于跃迁的概率很低,结果峰强度反而很弱。而试样浓度加大,峰强度也随之加大,则是跃迁概率增加的结果。

此外,吸收峰的强度还与溶剂的种类、试样的浓度及振动的形式等因素有关。需要注意的是,即使强极性基团的红外振动吸收带,其强度也要比紫外-可见光区最强的电子跃迁小 2 ~3 个数量级。

实际上大多数化合物在红外吸收光谱图上出现的吸收峰数目比理论计算数少得多,这是由于:

(1)没有偶极矩变化的振动不产生红外吸收。

(2)某些振动吸收频率完全相同时,简并为一个吸收峰,某些振动吸收频率十分接近时,仪器不能分辨,表现为一个吸收峰。

(3)某些振动吸收强度太弱,仪器检测不出。

(4)某些振动吸收频率超出了仪器的检测极限。

另外,还存在一些因素可使红外吸收峰增多,例如:

(1)倍频峰和组(合)频峰的产生。

(2)振动偶合,两个基团相邻且它们的振动频率又相差不大时,其相应的特征峰会发生分裂而形成两个峰,这种现象称为振动偶合,它引起吸收频率偏离基频,一个移向高频方向,一个移向低频方向。如异丙基的两个CH_3 的相互振动偶合作用,引起CH_3 弯曲振动 1 380 cm^{-1}处的峰分裂为强度差不多的两个峰。

(3)费米共振,当倍频或组合频与某基频峰位相近时,由于相互作用面产生强吸收带或发生峰的分裂,这种倍频峰或组合频峰与基频峰之间的偶合称为费米共振。大多数醛的红外吸收光谱在 2 820 cm^{-1}和 2 720 cm^{-1}附近出现强度相近的双峰是费米共振的典型例子。这两个谱带是由于醛基的 C—H 伸缩振动与其弯曲振动的倍频之间发生费米共振的结果。

总之,由于上述各种因素,多原子分子组成的有机物分子的红外吸收光谱带比较多。

1.3　红外吸收光谱与分子构型的关系

1.3.1　红外吸收光谱特征性

1. 基团频率

红外吸收光谱的最大特点是具有特征性。复杂分子中存在许多原子基团,各个基团(化学键或官能团)在分子被激发后,都会产生特征的振动能级的跃迁。因此红外吸收光谱的特征性与化学基团振动的特征性是分不开的。大多数有机化合物都是由 C、H、O、N、S、P、卤素等元素构成,而其中最主要的是 C、H、O、N 四种元素,所以说大部分有机化合物的红外吸收光谱基本上都是由这四种元素所形成的化学键的振动贡献的。研究了大量化合物的红外吸收光谱后发现，同一类型的化学键的振动频率是非常接近的，总是出现在某一范围内。例如，CH_3CH_2Cl 中的—CH_3 基团有一定的吸收频率，而很多具有—CH_3 基团的化合物在这个频率（2 800 ~ 3 000 cm^{-1}）附近亦出现吸收峰，可以认为出现在这个范围内的频率是—CH_3 基团的特征频率。显示这些基团存在的特征振动频率即为“基团特征频率”或称“基团频率”。但是这些振动频率又有差别，这种差别常常能反映出结构上的特点，因为同一类型的基团在不同的物质中所处的环境各不相同。例如，C—O 基伸缩振动的频率范围为 1 600 ~ 1 850 cm^{-1}，当与此基团相连接的原子是 C、O、N 时，C—O 谱带分别出现在 1 715 cm^{-1}、1 735 cm^{-1}、1 680 cm^{-1} 处，根据这一差别，可区分酮、酯和酰胺。因此只要掌握了各种基团的基团频率及其位移规律，即可应用红外吸收光谱来鉴定化合物中存在的基团及其在分子中的相对位置。

2. 特征区和指纹区

有机化合物中一些官能团的吸收频率大多集中在 4 000 ~ 1 350 cm^{-1} 区域内，在这一区域内基团和频率的对应关系十分明确，吸收峰稀疏，容易辨认，该频率区域称为特征区，也称为官能团区。该区域内与官能团相对应的吸收峰称为特征峰，主要有 ν_{C-H}、ν_{N-H}、ν_{O-C-H}、ν_{C-O}、ν_{C-C}、$\nu_{C\equiv N}$、$\nu_{O=C}$ 等一些基团的伸缩振动吸收峰及部分含单键基团的面内弯曲振动的基频峰。

1 350 ~ 650 cm^{-1} 的区域称为指纹区，主要有 ν_{C-C}、ν_{C-N}、ν_{C-O} 等单健的伸缩振动和各种变形振动的吸收峰。由于这些单键的力常数相差不大，原子质量相似，各种变形振动之间发生相互偶合，使该区域吸收峰密集。吸收光谱非常复杂，除了几种特殊振动模式外，很难一一辨认。但是，只要化学结构上存在细小的差异（如同系物、同分异构和化合物空间构象等），这个区域吸收光谱就有明显的表现，就如人的指纹一样。因此，该区域可以用来鉴定同系物、同分异构和化合物空间构象等。例如在 900 ~ 650 cm^{-1} 区域的某些吸收峰可用来确定化合物的顺反构型或苯环的取代情况。表 1-3 列出了典型取代苯的面外变形振动特征吸收频率。

表 1-3　典型取代苯的面外变形振动特征吸收频率

取代类型	吸收频率/cm^{-1}	峰强度	峰的数量及位置
单取代苯 （5 个相邻 H）	770 ~ 730，710 ~ 690	极强	2 个（740 cm^{-1}，680 cm^{-1}）
邻二取代 （4 个相邻 H）	770 ~ 735	强	1 个（740 cm^{-1}）
间二取代 （3 个相邻氢）	810 ~ 750，725 ~ 680	极强，中等	3 个（775 cm^{-1}，710 cm^{-1}，860 cm^{-1}）
一个孤立芳烃	900 ~ 860	强	
对二取代 （2 个相邻氢）	860 ~ 800	极强	1 个（850 cm^{-1}）

多数情况下，一个官能团有数种振动形式，因而有若干相互依存而又相互佐证的吸收峰，称为相关吸收峰（简称相关峰）。用一组相关峰确认一个基团的存在是红外吸收光谱解析的一条重要原则。

1.3.2　红外吸收光谱的重要区段

在实际应用时，为了便于理解和记忆，对红外吸收光谱进行解析，通常将有机化学基团所在波数范围划分 4 个区域（或 8 个波段）。根据该划分标准可初步确定有机化合物中存在的基团。

（1）X—H 伸缩振动区（波数范围为 4 000 ~ 2 500 cm^{-1}，X 表示 C、O、N、S 等原子）。

（2）三键和累积双键区（波数范围为 2 500 ~ 2 000 cm^{-1}）。

（3）双键伸缩振动区（波数范固为 2 000 ~ 1 500 cm^{-1}）。

（4）X—H 弯曲振动及 X—Y 伸缩振动区（波数范围为 1 650 ~ 650 cm^{-1}，Y 表示 P、S 等原子）。

应当指出，并不是所有谱带都能与化学结构联系起来，特别是指纹区。红外吸收光谱解释在许多情况下往往从经验出发，这是因为化学键的振动频率与周围的化学环境有相当敏感的依赖关系，即使像羰基这样强而有特征的振动，其吸收峰位置变化范围也是相当宽的。

由于常见的有机化合物基团在 4 000 ~ 670 cm^{-1} 范围内有特征基团频率。有的教科书对光谱进行解析时将红外吸收光谱区划分为以下 6 个区域：

（1）4 000 ~ 2 500 cm^{-1} 区域：此区域为 X—H 伸缩振动区（X 可以是 C，N，O，S 等原子）。在这个区域的吸收说明含氢原子官能团的存在，如 N—H（3 500 ~ 3 300 cm^{-1}），O—H（3 700 ~ 3 200 cm^{-1}），C—H（3 300 ~ 2 700 cm^{-1}）等。

（2）2 500 ~ 2 000 cm^{-1} 区域：这是三键和累积双键的伸缩振动区。在这个区城内的吸收主要包括—C≡N，—C≡C，—C═C═C 及—C═C═O 的伸缩振动。

（3）2 000 ~ 1 500 cm^{-1} 区域：此区称为双键伸缩振动区。在这一区域如出现吸收、表明有含双键的化合物存在。主要包括 C═O，C═C，C═N，N═O 等的伸缩振动以及—NH_2 的弯曲振动、芳烃的骨架振动等。本区域中最重要的是羰基吸收峰（1 875 ~ 1 600 cm^{-1}），其强度较大。

（4）1 500 ~ 1 300 cm^{-1} 区域：以这个区主要为 C—H 弯曲振动。CH_3 在 1 380 cm^{-1} 和 1 460 cm^{-1} 同时有吸收，CH_2 仅在 1 470 cm^{-1} 左右有吸收。

（5）1 300 ~ 900 cm^{-1} 区域：所有单键的伸缩振动和一些含氧原子的双键（P═O，S═O）的伸缩振动，某些含氢基团的弯曲振动也出现在此区。对于指示官能团而言，特征性不如以前各区强，但信息却十分丰富。

（6）900 ~ 670 cm^{-1} 区域：这一区域的吸收峰很有价值，可以指示 $\leftarrow CH_2 \rightarrow_n$ 的存在、双键取代程度和类型。$n = 1$ 时为 785 ~ 775 cm^{-1}，当 $n \geqslant 4$ 时，—CH_2—的平面摇摆微动吸收出现在 724 ~ 722 cm^{-1}，随着 n 的减小，逐渐向高波数移动。

苯环因取代而产生的吸收峰出现在本区域，可以根据其吸收峰的位置决定苯环的取代类型。

通常，将 4 000 ~ 1 300 cm^{-1} 区域称为官能团区。（在这个区域内的每一个红外吸收峰都和一定的官能团相对应）。将 1 300 ~ 670 cm^{-1} 区域称为指纹区。指纹区的主要价值是它可以表征整个分子的结构特征。这是因为指纹区里由于各种单健的伸缩振动之间，以及与 C—H 弯曲振动之间会发生相互的偶合，结果使得这个区城中的吸收带变得非常复杂，对结构上的微小变化表现得极其敏感，其特征就如同人的指纹一样。

从官能团区可找出该化合物存在的官能团；而指纹区则适宜于用来与标准谱图或已知物谱图进行比较，从而得出未知物与已知物结构相同或不同的确切结论。官能团区和指纹区的功能恰好可以互相补充。

1.3.3 引起基团吸收频率位移的因素

引起基团吸收频率位移的因素，大致可分为内部因素和外部因素两大类。

1. 内部因素

（1）诱导效应。分子内某个基团邻近带有不同电负性的取代基时，由于诱导效应引起分子中电子云分布的变化，从而引起键力常数的改变，使基团吸收频率变化。通常情况下，吸电子基团使邻近基团吸收峰移向高波数区，给电子基团使邻近基团吸收峰移向低波数区。

如不同取代基对羰基的影响：C ═O 是极性双键，由于氧原子极性大，该键电偶极矩较大，影响了双键的强度，若该键的碳原子附近有电负性较强的原子，由于静电作用诱导电荷使碳氧电偶极矩变小，即极性变小，增加了双键性，双键的强度增强，键的力常数 k 变化，振动频率 ν 增大，如下所示：

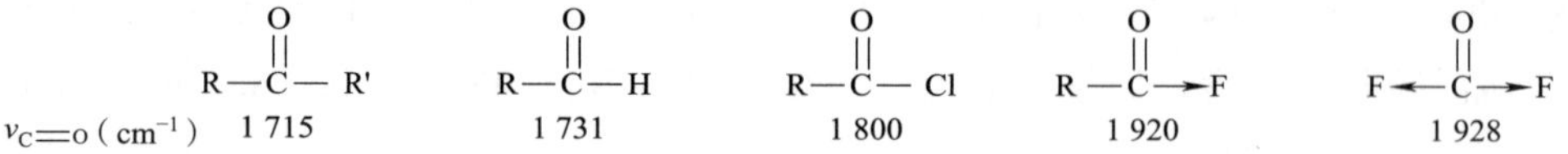

以上 5 种分子从左向右，随着碳原子附近取代基吸电子性增强，$\nu_{C=O}$ 的双键性增强，$\nu_{C=O}$ 吸收频率逐渐移向高波数区。

（2）共轭效应。在 π-π 共轭体系中，常常引起共轭体系的电子云密度平均化，键长也平均化，双键略有伸长，单键略有缩短。不饱和基团与给电子基团共轭（ +C 效应）时，使基团键力常数减小，基团吸收频率降低，如下所示：

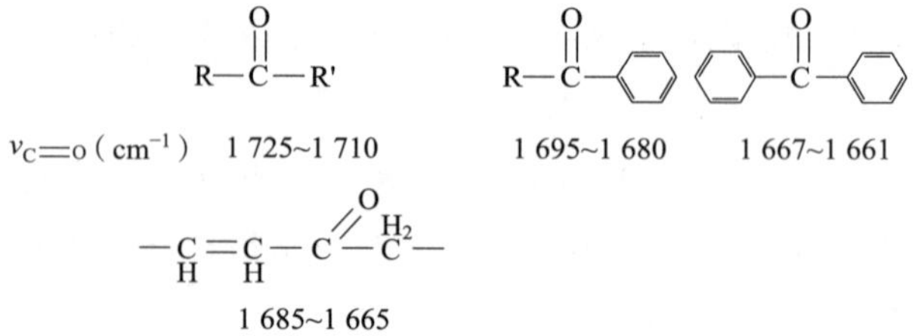

在 p-π 共轭体系中，基团与吸电子基团共轭，吸电子诱导效应（ −I 效应）与给电子共轭效应（ +C 效应）常常同时存在。基团吸收峰的位置则视哪一种效应占优势，若吸电子诱导效应（ −I 效应）大于给电子共轭效应（ +C 效应）使基团键力常数增加，则基团吸收频率升高；若吸电子诱导效应（ −I 效应）小于给电子共轭效应（ +C 效应）使基团键力常数减小，则基团吸收频率降低。例如，在酯和酰胺化合物中，氧原子和氮原子都是吸电子的，但是同时存在于氧原子和氮原子上的未共用电子对（p 电子），与羰基 π 电子的 p-π 共轭，在这个共轭体系中，氮原子和氧原子都是给电子共轭。由于氧原子的吸电子诱导（ −I 效应）大于给电子的共轭（ +C 效应），所以使酯的 $\nu_{C=O}$ 波数大于脂肪族饱和酮 $\nu_{C=O}$。氮原子的吸电子诱导（ −I 效应）小于给电子的共轭（ +C 效应），所以酰胺的 $\nu_{C=O}$ 吸收频率波数小于脂肪族饱和酮。但共轭的结果总是使吸收强度增加。

（3）氢键效应。氢键使基团化学键的力常数减小，伸缩振动波数降低、峰形变宽，吸收强度增加。变形振动吸收频率移向高波数区，但变化不如伸缩振动显著。

分子间氢键的形成受浓度影响较大，所以化合物的峰位、峰形、吸收强度受浓度的影响，如醇类在很稀的四氯化碳溶液中，其羟基为游离态，$\nu_{O-H} \geqslant 3\ 580\ cm^{-1}$；当浓度增加时，羟基逐渐形成缔合状态，$\nu_{O-H}$逐渐移向低波数区，这些缔合状态羟基 $\nu_{O-H} < 3\ 580\ cm^{-1}$，而游离态羟基 ν_{O-H}伸缩振动吸收峰的强度逐渐降低甚至消失。

羧酸类化合物也同样易形成分子间氢键，其相应吸收频率均移向低波数。当羰基是氢键受体时，其液态或固态羧酸羰基特征吸收频率向低波数区移动 40 ~ 60 cm^{-1}，而原羰基在 1 760 cm^{-1}伸缩振动吸收峰几乎消失，同时羟基伸缩振动吸收峰向低波数区发生位移。结果缔合羰基伸缩振动 $\nu_{C=O}$出现在 1 720 cm^{-1}附近，表现为一个强吸收峰，而缔合羟基伸缩振动 ν_{O-H}出现在 3 200 ~ 2 500 cm^{-1}区间，表现为一个宽而散的吸收峰，非常特征，可作为羧酸结构的一个重要标志。

(4) 位阻效应。若分子结构中存在空间阻碍，使共轭效应受到限制，则基团吸收接近正常值。如下例所示，由于环上取代基增多，使羰基与烯键的共轭效应减弱，则 $\nu_{C=O}$会比无取代基时增大，接近饱和脂肪酮的 $\nu_{C=O}$。

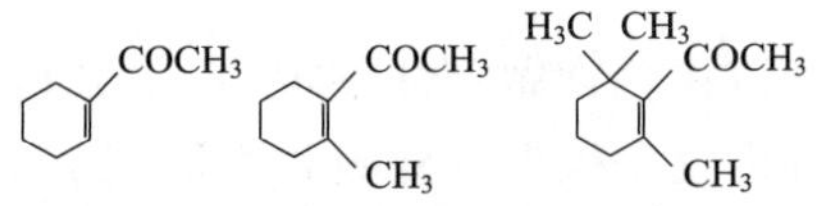

$\nu_{C=O}$ (cm^{-1})　1 663　1 686　1 693

(5) 环的张力。一般而言，随着环的缩小，环的张力增大时，环双键伸缩振动的吸收频率逐渐升高；环内双键的 C—C 伸缩振动吸收频率随环的减小而降低。前者可能与轨道杂化状态的变化有关，后者与键角变小有关。

(6) 振动耦合。当两个相同的基团在分子中靠得很近，且振动频率相同或相近时，它们之间发生强相互作用，其相应的特征吸收峰发生分裂，结果产生两个吸收峰，一个向高频移动，一个向低频移动，这种现象称为振动偶合，如醋酐 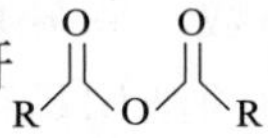 中 $\nu_{C=O}$的 ν_{as}为 1 820 cm^{-1}，ν_s 为 1 755 cm^{-1}。

(7) 费米共振。当倍频峰（或组频峰）位于某强的基频峰附近时，弱的倍频峰（或组频峰）的吸收强度被大大强化，有时分裂成两个不同频率的峰，这种倍频峰（或组频峰）与基频峰之间的振动偶合称为费米共振，例如苯甲酰氯在 875 cm^{-1}处存在 C—Cl 键伸缩振动的强吸收，其倍频峰位于 1 730 cm^{-1}处，正好落在 ν_{C-O}附近，使两者的强度都有所加强，像是羰基呈现的双峰，产生一个很强的吸收带或分裂成两个不同频率的峰。

(8) 杂化的影响。杂化轨道中 s 轨道成分越多，键能越高，键长越短，力常数越大，伸缩振动的频率向高频方向移动，所以 ν_{C-H}（饱和）< 3 000 cm^{-1}，ν_{C-H}（不饱和）> 3 000 cm^{-1}。

(9) 分子互变异构。当有互变异构现象存在时，在红外吸收光谱上能够看到各种异构体吸收带。各种吸收的相对强度不仅与基团种类有关，而且与异构体的含量有关。如乙酰乙酸乙酯有酮式或烯醇式结构，两者的吸收都能在红外吸收谱图上找到，但烯醇式 ν_{C-O}较酮式 ν_{C-O}弱，说明烯醇式较少，如下所示：

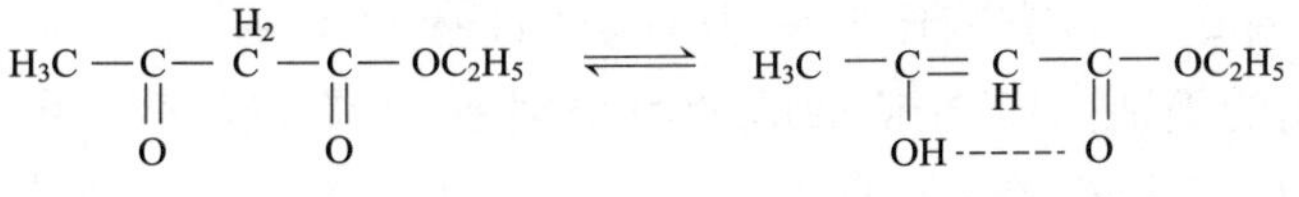

$\nu_{C=O}$ (cm^{-1})	1738	$\nu_{C=O}$ (cm^{-1})	1650
$\nu_{C=O}$ (cm^{-1})	1717	ν_{OH} (cm^{-1})	3000

2. 外部因素

(1)物质的状态。物质处于气态时,分子间相互作用力很弱,IR 吸收峰较为尖锐,可以观察到伴随振动光谱的转动精细结构;液体或固体的 IR 谱,由于分子间的作用力强,不出现转动精细结构,吸收峰的频率有所降低,例如,丙酮在气态时的 $\nu_{C=O}$ 为 1 742 cm^{-1},而在液态时为 1 718 cm^{-1}。

(2)溶剂效应。最常见的溶剂效应是极性基团的伸缩振动频率随溶剂极性的增大而向降低波数方向位移。因为极性溶剂会使化合物的特征频率发生变化,因此在红外吸收光谱中要尽量采用非极性溶剂,如 CCl_4、CS_2 等,并以稀溶液来获得红外吸收光谱,使透光率为 20%~60%。

可见,基团频率的位置主要由 4 个方面决定,即化学键两端原子的质量、化学键的力常数、分子的内部结构以及外部化学环境等。

1.3.4 红外吸收光谱解析

红外吸收光谱可用来对化合物做定性鉴定、定量分析和结构分析。所有这些分析都离不开谱图解析。所谓谱图解析就是根据红外吸收光谱图上出现的吸收带的位置、强度和形状,利用各种基团的特征吸收,确定吸收带的归属,确定分子中所含的基团,结合其他分析所获得的信息,做定性鉴定并推测分子的结构。

解析红外谱图,一般按照“四先、四后、一抓法”的原则,即先特征、后指纹;先最强峰,后次强峰、再中强峰;先粗查、后细查;先肯定、后否定;一抓就是抓一组相关峰。谱图具体解析步骤如下:

(1)根据质谱、元素分析结果可以写出分子式,则应先由分子式计算出不饱和度 U。不饱和度即分子结构中达到饱和所缺一价元素的“对数”,每缺两个一价元素时,不饱和度为一个单位($U=1$)。从不饱和度初步判断有机化合物的结构类型,并可验证光谱解析结果的合理性,计算不饱和度的经验公式为

$$U=(2+2n_4+n_3-n_1)/2 \tag{1-12}$$

式中,n_4、n_3、n_1 分别为分子中四价、三价、一价元素数目,如苯,$U=(2+2n_4+n_3-n_2)/2=(2+12+0-6)/2=4$。

(2)根据 IR 光谱图解析分子所含基团及化学键的类型

①观察特征吸收峰:在 4 000~1 300 cm^{-1} 范围内,从高波数到低波数依次观察吸收峰的峰位、峰强及峰形,结合化学基团所在的波数范围区域划分,判断可能存在哪些官能团。例如,3 600~3 300 cm^{-1} 的宽峰可能是—OH,2 250 cm^{-1} 附近的尖峰有—C≡N,1 820~1 660 cm^{-1} 强峰(往往是谱中最强峰)有 C═O 等。

②寻找相关峰:在确定存在的官能团时,应尽量找到其相关峰。例如,羟基除有特征吸收峰 ν_{OH} 外,1 300~1 000 cm^{-1} 还应有 C—O 的伸缩振动 ν_{C-O},并可根据 ν_{C-H} 是否大于 3 000 cm^{-1} 和在 1 600~1 450 cm^{-1} 是否有芳环吸收,从而鉴别是醇还是酚。

③确定化合物的类别:对若干吸收峰的组合判断,来确定化合物的类别。例如,对于某一化合物已经确定有 C═O 存在,且若在 3 300~2 500 cm^{-1} 有 ν_{OH} 的宽峰应为羧酸;若在 2 820 cm^{-1} 和 2 720 cm^{-1} 附近出现两个吸收峰,其中 2 720 cm^{-1} 的吸收峰很尖锐,这是由

C—H 弯曲振动的倍频与 C—H 伸缩振动之间相互作用(费米共振)引起的,且低于其 ν_{C-H}的吸收频率易于识别,是醛基的特征吸收峰,可作为分子中醛基存在的一个依据。若在 1 300 ~ 1 000 cm^{-1}有 ν_{C-O}吸收,则可能是酯;否则就可能是酮。

④查对指纹区:将样品谱图与被测物的标准谱图进行比对或做叠谱测定,以确证二者是否为同一物质(通常还同时做一混合熔点测定实验)或样品是一新化合物。此外,指纹区也可用于鉴别烯基的构型及苯环的不同取代类型。

⑤必须注意分子内的影响因素对峰位、峰形和峰强的影响:例如 C ═O 的 $\nu_{C=O}$伸缩振动吸收峰随着与其相连的基团吸电子能力的增加而向高波数移动,羧酸分子的吸收峰在 1 720 cm^{-1}左右;而酰氯分子中的吸收峰在 1 800 cm^{-1}左右(氯原子的吸电子能力强于羟基)。再如,同一个碳原子上连接有两个甲基时,1 380 cm^{-1}附近的 δ_{C-H}吸收峰会产生分裂。

(3)根据以上(1)、(2)两点拼凑出可能的结构式。

(4)根据提出的化合物的结构式,查找标准红外谱图集对照。

标准红外谱图集最常见的是萨特勒红外谱图集。目前已建立有红外谱图的数据库方便检索。为了保证 IR 谱图解析正确无误,还需注意以下两点:①检查光谱图是否符合要求。基线的透过率应在 90% 左右,最大吸收峰不应成平头峰。②结合样品的来源、纯度及其他分析数据,排除可能出现的“假吸收”。常见的有水的吸收峰,在 3 400 cm^{-1}、1 640 cm^{-1}和 650 cm^{-1}的波数处。CO_2 的吸收峰在 2 350 cm^{-1}和 667 cm^{-1}波数处。还有处理样品时重结晶的溶剂、合成副产物都有可能产生干扰。对于新化合物,一般情况下只靠红外吸收光谱是难以确定结构的,应该结合质谱、核磁共振、元素分析等其他仪器分析手段得出分子的结构。

1.4 红外吸收光谱仪

目前生产和使用的主要有两类红外吸收光谱仪:一是色散型红外吸收光谱仪,二是傅里叶变换型红外吸收光谱仪。色散型红外吸收光谱仪指色散元件棱镜、光栅作为分光系统的第一代和第二代红外吸收光谱仪;傅里叶变换红外吸收光谱仪是指利用光的干涉作用进行测定的第三代光谱仪,它是 20 世纪 70 年代出现的,没有色散元件。

1.4.1 色散型红外吸收光谱仪

1. 基本构造

色散型红外吸收光谱仪的构造系统和紫外-可见分光光度计基本类似。常见的色散型红外吸收光谱仪大多数为双光束类型,如图 1-5 所示。

2. 工作原理

自光源发出的连续红外光对称地分为两束,一束通过样品池,一束通过参比池。这两束光经过半圆形扇形镜面调制后进入单色器,再交替地射在检测器上。当样品有选择地吸收特定波长的红外光后,两束光强度就有差别,在检测器上产生与光强差成正比的交流信号电压。该信号经放大后带动参比光路中的减光器(光楔)使之向减小光强差方向移动,直至两光束强度相等。与光楔同步的记录笔,记录样品吸收情况的变化。与此同时单色器内光栅(或棱镜)也按一定速度运动,使到达检测器上的红外入射光的波数随之改变。这样由于记录纸与光栅的

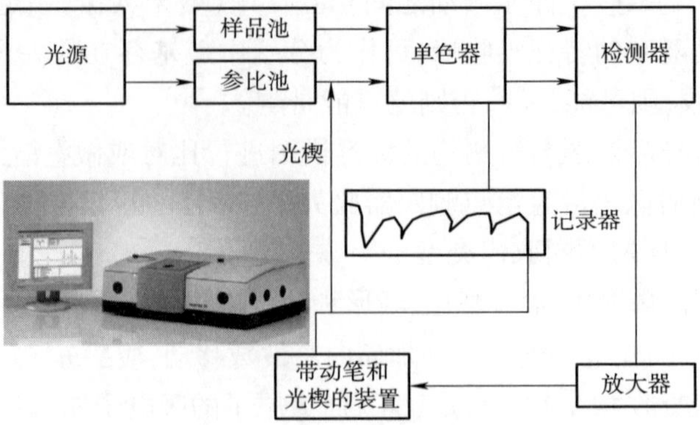

图1-5　双光束红外分光光度计工作原理示意图(其中内插部分为实物图)

同步运动,就可绘出光吸收强度随波数变化的红外吸收光谱图。

1.4.2　色散型红外吸收光谱仪的主要部件

1. 光源

通常采用电加热后能发射高强度连续红外辐射的惰性固体作光源。常用光源有能斯特灯和碳化硅棒。

2. 样品池

红外吸收光谱仪能测定固、液、气态样品。气体样品一般注入抽成真空的气体吸收池进行测定;液体样品可滴在可拆池两窗之间形成薄的液膜进行测定;溶液样品一般注入液体吸收池中进行测定;固体样品最常用压片法进行测定。通常用 300 mg 光谱纯的 KBr 粉末与 1 ~ 3 mg 固体样品共同研磨混匀后,压制成约 1 mm 厚的透明薄片,放在光路中进行测定。由于 KBr 在 4 000 ~ 400 cm^{-1} 光区无吸收,因此可得到全波段的红外吸收光谱图。当然固体样品也可用适当溶剂溶解后,注入固定池中进行测定。

用于测定红外吸收光谱的样品需要有较高的纯度(>98%)才能获得准确的结果。此外,红外吸收光谱测定用的样品池都是以 KBr 或 NaCl 为透光材料,它们极易吸水而被破坏,所以样品中不应含有水分。

3. 单色器

单色器指由入射狭缝到出射狭缝这一段光程内所包括的部件,有狭缝、色散元件(棱镜或光栅)和准直镜,它是红外分光光度计的心脏,其作用是把通过样品光路和参比光路进入狭缝的复合光色散为单色光,然后,这些不同波长的光先后射到检测器上加以测量。现较多采用光栅。红外吸收光谱仪常用几块光栅常数不同的光栅自动更换,使测定的波长(或波数)范围更为扩展,且能得到更高的分辨率。

4. 检测器

检测器的作用是将经色散的红外吸收光谱的各条谱线强度转变成电信号,分为热检测器及光检测器两大类。热检测器包括热电偶、测辐射热计、气体 Golay 检测器和热电检测器。现多采用热电检测器。这种检测器利用某些热电材料的晶体,如硫酸三甘氨酸酯(TGS)、氘代硫酸三甘氨酸酯(DTGS)等,把这样的晶体放在两块金属板中,当光照射到晶体上时,晶体表面电荷分布发生变化，由此可以测量红外辐射的功率；光检测器采用硒化铅（PbSe）、汞镉碲（HgCdTe）等，当它们受光照射后导电性变化从而产生信号。光检测器比热检测器灵敏几倍以上，但需要液氮低温冷却。

5. 记录器

由检测器产生的微弱电信号经电子放大器放大后，驱动梳状光阑和记录笔的伺服电动机，记录笔记录透射比的变化，从而得到一幅红外吸收光谱图。

色散型红外吸收光谱仪是扫描式的仪器，一般完成一幅红外吸收光谱的扫描需 10 min 左右。所以，色散型红外吸收光谱仪不能测定瞬间光谱的变化，也不能实现与色谱仪的联用。此外，单色光的纯度决定了色散型红外吸收光谱仪分辨率较低，要获得 0.1 ~ 0.2 cm^{-1}的分辨率已相当困难。

1.4.3　傅里叶变换红外吸收光谱仪

1. 基本构造

傅里叶变换红外吸收光谱仪由红外光源、迈克尔逊干涉仪、样品室、检测器、计算机系统和记录显示装置等组成。

2. 工作原理

由光源发出的红外光经准直镜变为一束平行光进入迈克尔逊干涉仪，经干涉仪调节得到一束干涉光，干涉光通过样品后成为带有样品信息的干涉光到达检测器，以干涉图形式送往计算机，由计算机进行快速傅里叶变换数学计算处理后，得到吸收强度或透光率随波数变化的红外吸收光谱图。其工作原理如图 1-6 所示。

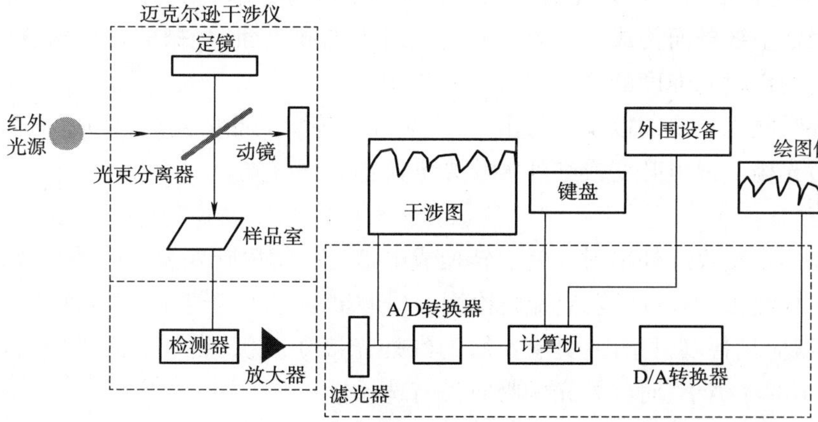

图 1-6　傅里叶变换红外吸收光谱仪工作原理示意图

1.4.4　红外吸收光谱仪的主要部件

1. 光源

常见的光源有能斯特灯和硅化碳棒两种。能斯特灯是由氧化锆、氧化钇和氧化钍烧结制成的直径 1 ~ 3 mm、长 20 ~ 50 mm 的中空或实心圆棒。棒的两端绕有铂丝作为导线，室温下，非导体使用前要预热到 800 ℃；工作温度一般在 1 750 ℃，其发射波长为 1 ~ 30 μm。它的优点是发光强度高,使用寿命较长。硅化碳棒是由碳化硅烧结而成的直径约 5 mm、长 20 ~ 50 mm,两端粗、中间细的实心圆棒。无须预热,工作温度一般在 1 200 ~ 1 500 ℃,其发射波长比能斯特灯范围宽。它的优点是发光面积大,操作方便。

2. 吸收池

吸收池又称样品池或样品室,是一个可插入固体盐片、薄膜或液体样品池的样品槽。对不同的分析样品(气体、液体和固体)应选用相应的吸收池。吸收池的盐窗材料,必须能很好地透过光源辐射的红外光,表 1-4 列出了几种常见的池窗材料。

表 1-4 几种常见的池窗材料

材料	透光范围/μm	注 意 事 项
NaCl	0.2 ~ 25	易潮解,应低于 40% 湿度下使用
KBr	0.25 ~ 4	易潮解,应低于 35% 湿度下使用
CaF_2	0.13 ~ 12	不溶于水,可测水溶液红外吸收光谱
CsBr	0.2 ~ 55	易潮解
KRS-S	0.55 ~ 40	微溶于水,可测水溶液红外吸收光谱,该物有毒

3. 单色器

单色器位于吸收池和检测器之间,单色器由可变的入射和出射狭缝、用于聚焦和反射光束的准直反射镜和色散元件按一定的组合构成。其作用是把通过吸收池进入入射狭缝的复合光分解成单色光再照射到检测器上。色散元件为棱镜或光栅,制作棱镜的材料和吸收池一样,应能透过红外辐射。由于棱镜易吸收水蒸气而使表面透光性变差,其折射率会随温度升高而降低,近年已被衍射光栅取代。衍射光栅是在金属基材上的每毫米间隔内,用激光刻画数十条甚至上百条的等距镂空线槽而构成的。当红外光照射到光栅表面,光栅的每个狭缝对光的衍射和缝间干涉产生的衍射光强度的极大位置与波长相关。

早期的红外吸收光谱仪的棱镜一般由 NaCl 或 KBr 等盐的晶体制成,现代的红外吸收光谱仪采用平面衍射光栅。傅里叶变换红外吸收光谱仪不需要分光。

4. 检测器

检测器的作用是接收红外辐射并使之转换成电信号。傅里叶变换型红外吸收光谱仪常用的有硫酸三甘肽检测器(TGS)或汞镉碲光检测器(HgCdTe)。由于射向检测器的红外光很弱,因此,作为检测器应具备以下条件:具有灵敏的红外光接受面积、热容量低、热灵敏度高、响应快、因热波动产生的噪声小、对红外光的吸收没有选择性。

傅里叶变换红外吸收光谱仪与色散型红外吸收光谱仪的主要区别:傅里叶变换红外吸收光谱仪的核心部分是迈克尔逊干涉器;色散型红外吸收光谱仪的核心部分是光栅。

因此,傅里叶变换红外吸收光谱仪具有如下的优点:①响应速度快,可在 1 s 内完成红外吸收光谱范围的扫描;②传输通路多,可对全部频率范围同时进行测量;③能量输出大,干涉光全部进入检测器、检测灵敏度高;④波数测量精确度高,可测准至 0.01 cm^{-1};⑤峰形分辨能力高,可达 0.1 cm^{-1};⑥光学部件结构简单。测量过程仅有一个动镜移动。另外,傅里叶变换红外吸收光谱仪可通过一个连接界面(光管或流通式)实现与气相色谱、高效液相色谱、超临界液体色谱的联用,而为有机结构分析提供新的有效手段。

1.5　样品制备技术

红外吸收光谱测定样品的制备，必须按照试样的状态、性质、分析的目的、测定装置条件选择一种最适合的制样方法，这是成功测试的基础。

1.5.1　制样时要注意的问题

首先要了解样品纯度，一般要求样品纯度大于99%，否则要提纯（用红外吸收光谱定量分析时不要求纯度）。对含水分和溶剂的样品要进行干燥处理。根据样品的物态和理化性质选择制样方法。如果样品不稳定，则应避免使用压片法。制样过程还要注意避免空气中水分、CO_2 及其他污染物混入样品。

1.5.2　固体样品的制样方法

固体样品可以以薄膜、粉末及结晶等状态存在，制样方法要因样品而异。

1. 压片法

最常用的压片法是取微量试样，加 100 ~ 200 倍特殊处理过的 KBr 或 KCl 在研钵中研细，使粒度小于 2.5 μm，放入压片机中使样品与 KBr 形成透明薄片。此法适用于可以研细的固体样品。不稳定的化合物，如发生易分解、异构化、升华等变化的化合物则不宜使用压片法。由于 KBr 易吸收水分。所以制样过程要尽量避免水分的影响。

2. 糊状法

选用与样品折射率相近，出峰少且不干扰样品吸收谱带的液体混合后研磨成糊状，散射可以大大减小。通常选用的液体有液状石蜡、六氯丁二烯及氟化煤油。研磨后的糊状物夹在两个窗片之间或转移到可拆液体池窗片上做测试。这些液体在某些区有红外吸收，可根据样品适当选择使用。此法适用于可以研细的固体样品。试样调制容易，但不能用于定量分析。

3. 溶液法

溶液法是将固体样品溶解在红外用溶剂（如CCl_4、CS_2 等）中配成 5% 左右的溶液，然后注入液体池进行测定的方法。液体池有固定池、可拆池和其他特殊池（如微量池、加热池、低温池等种类）。

4. 薄膜法

某些材料难以用前面几种方法测试，可以使用薄膜法。一些高分子膜常常可以直接用来测试，而更多的情况是要将样品制成薄膜。熔点低、对热稳定的样品可以放在窗片上用红外灯烤，使其受热成流动性液体加压成膜。不溶、难熔又难粉碎的固体可以用机械切片法成膜。

1.5.3　液体样品的制样方法

液体样品可采用溶液法和液膜法进行制备：

（1）溶液法。溶液法就是将液体样品溶解在红外用溶剂中或直接将其注入液体池进行测定。

（2）液膜法。液膜法也称为夹片法，就是在可拆池两个窗片之间，滴上 1 ~ 2 滴液体试样，使之形成一层薄的液膜，用于测定。此法操作方便。没有干扰。但是此方法只适用于高沸点液体化合物。可拆池主要由框架、垫片、间隔片及红外透光窗片等组成。

可拆池的液层厚度可由间隔片的薄厚调节，但由于各次操作液体层厚度的重复性差，即使小心操作误差也在5%，所以可拆池一般用在定性或半定量分析上，而不用定量分析。

固定池与可拆池不同，使用时不可拆开，只用注射器注入样品或清洗池子，它可以用于定量和易挥发液体的定性测量。

1.5.4 气体样品的制样方法

气体样品一般使用气体池进行测定，气体池长度可以选择。气体池中用气体池玻璃或金属制成的圆筒两端有两个透红外光的窗片，在圆筒两边装有两个活塞，作为气体的进出口，如图1-7所示。为了增加有效的光路，可用多重反射的长光路。

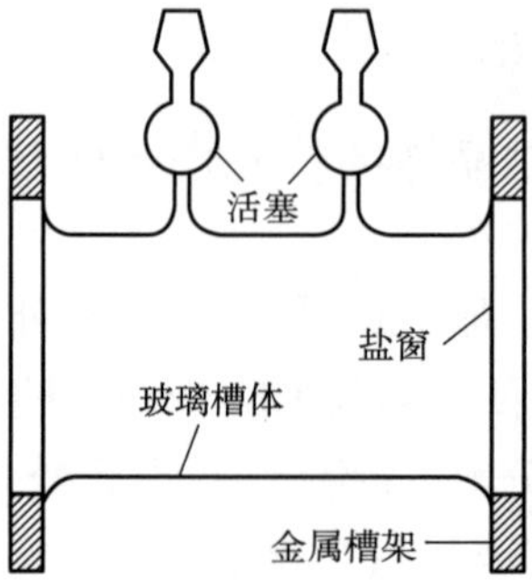

图1-7　红外气体池

1.6 红外吸收光谱法的应用

1.6.1 定性分析

红外吸收光谱定性分析大致可分为官能团定性和结构定性两个方面。官能团定性主要是根据化合物的特征基团频率来鉴定物质含有哪些基团（官能团），从而确定有关化合物的类别，而结构分析需要由化合物的红外吸收光谱并结合其他实验资料（如相对分子质量、物理常数、紫外光谱、核磁共振波谱、质谱等）来推断有关化合物的化学结构。

1. 未知物的结构定性分析

定性分析的一般过程：试样的分离和精制；了解来源、相对分子质量、熔点、沸点等物理性质和有关的化学性质；根据元素分析的结果，由元素分析结果和相对分子质量及其他分析的数据，推算出分子式；由分子式计算其不饱和度；红外谱图解析。

2. 已知物及其纯度的定性鉴定

比较样品的红外吸收光谱图与纯物质的标准谱图［如萨特勒谱图，美国石油研究所（API）编制的红外吸收光谱资料］或已知纯物质的红外谱图，若两图的吸收峰的位置、形状、吸收峰的相对强度一样，则二者一致；否则，不为同物质或含有杂质。

1.6.2 定量分析

气体、液体和固体样品都可用红外吸收光谱法进行定量分析,红外吸收光谱法定量分析是依据朗伯比尔定律,通过对特征吸收谱带强度的测量来求出组分含量,与紫外吸光度的测量相比,红外吸光度测量的偏差较大,这是由于其更易发生对比尔定律偏离的缘故。因为红外吸收的谱带较窄,而红外检测器的灵敏度较低,测量时需增大狭缝,结果使测量的单色性变差,因此测量吸光度时就会发生对吸收定律的偏离。另一个原因是红外吸收光谱测量中一般不使用参比试样,因此无法抵消参比池窗面上的反射、溶剂的吸收和散射,以及样品池窗的吸收和散射所造成的光强度的损失。

测量时,不用参比试样,并假定溶剂在试样吸收峰两肩部的吸光度是保持不变的。在透光度线性坐标图谱上选择一个适当的被测物质的吸收谱带。在这个谱带的波长范围内,溶剂及试样中其他组分应该没有吸收谱带与其重叠,也就是背景吸收是常数或呈线性变化。画一条与吸收谱带两肩相切的线 *KL* 作为基线,峰值波长处的垂线与这一基线相交于 *M* 点。

令 *M* 点处的透光度值为 I_0,峰值处的透光度值为 I,则这一波长处的吸光度为

$$A = \lg \frac{I_0}{I} \tag{1-13}$$

定量分析方法可以采用标准曲线法、差示法、比例法、解联立方程法等。

1. 标准曲线法

在固定液层厚度及入射光的波长和强度的情况下,测定一系列不同浓度标准溶液的吸光度,以对应分析谱带的吸光度为纵坐标,标准溶液浓度为横坐标作图,得到一条通过原点的直线,该直线为标准曲线。在相同条件下测得试液的吸光度,从标准曲线上可查得试液的浓度。

在红外吸收光谱定量测定中,通常应在谱图中选取待测组分强度较大、干扰较小的吸收峰作为测定的对象,然后用基线法来求其吸光度。

2. 差示法

该法可用于测量样品中的微量杂质,例如有两组分 *A* 和 *B* 的混合物,微量组分 *A* 的谱带被主要组分 *B* 的谱带严重干扰或完全掩蔽,可用差示法来测量微量组分 *A*。很多红外吸收光谱仪中都配有能进行差谱的计算机软件功能,对差谱前的光谱采用累加平均处理技术,对计算机差谱后所得的差谱图采用平滑处理和纵坐标扩展,可以得到十分优良的差谱图。

3. 比例法

标准曲线法的样品和标准溶液都使用相同厚度的液体吸收池,且其厚度可准确测定。当其厚度不定或不易准确测定时,可采用比例法。它的优点在于不必考虑样品厚度对测量的影响,这在高分子物质的定量分析上应用较普遍。

比例法主要用于分析二元混合物中两个组分的相对含量。对于二元体系,若两组分定量谱带不重叠,则

$$R = \frac{A_1}{A_2} = \frac{a_1 b c_1}{a_2 b c_2} = \frac{a_1 c_1}{a_2 c_2} = K \frac{c_1}{c_2} \tag{1-14}$$

因 $c_1 + c_2 = 1$,故

$$c_1 = \frac{R}{K+R}, \quad c_2 = \frac{K}{K+R}$$

式中 $K=\frac{a_1}{a_2}$，是两组分在各自分析波数处的吸收系数之比，可由标准样品测得；R 是被测样品二组分定量谱带峰值吸光度的比值；b 是样品厚度由此可计算出两组分的相对含量 c_1 和 c_2。

4. 解联立方程法

在处理二元或三元混合体系时，由于吸收谱带之间相互重叠，特别是在使用极性溶剂时所产生的溶剂效应，使选择孤立的吸收谱带有困难，此时可采用解联立方程的方法求出各个组分的浓度。

第2章 紫外-可见吸收光谱法

分子的紫外-可见吸收光谱法是基于分子内电子跃迁产生的吸收光谱进行分析的一种常用的光谱分析法。分子在紫外可见区的吸收与其电子结构紧密相关。紫外光谱的研究对象大多是具有共轭双键结构的分子。

紫外-可见光区一般用波长(nm)表示。其研究对象大多在200～380 nm的近紫外光区和380～780 nm的可见光区有吸收。紫外-可见吸收测定的灵敏度取决于产生光吸收分子的摩尔吸光系数。该方法具有灵敏度高、准确度好、选择性优、操作简便、分析速度快等特点。如医院的常规化验中,95%的定量分析都用紫外-可见分光光度法。在化学研究中,如平衡常数的测定、计算主-客体结合常数等都离不开紫外-可见吸收光谱。

2.1 光的性质及电磁波谱

2.1.1 光的性质

光是一种电磁波,而电磁波是以光速通过空间,不需要以任何物质作为传播媒介的一种能量形式。除了光以外,X射线、γ射线、微波和无线电波等都是电磁波,所有这些电磁波在本质上完全相同,它们的区别只是在于波长或频率不同。

光分为可见光和不可见光,日常生活中所看到的红橙黄绿青蓝紫等不同颜色的光是可见光。红外光、紫外光是人眼看不到的,称为不可见光。

光和其他电磁波一样,具有波粒二象性,即波动性和粒子性。

光的波动性是指光具有波的性质,反映在光能够产生折射、衍射、干涉、偏振等现象,描述光的波动性可以用周期T、波长λ 、频率f、波数σ、光速c等波参数。

光的粒子性是指光是由一粒一粒不连续的粒子流构成,这种粒子称为光量子或光子。它是一种实物粒子。光的粒子性反映在光能够产生光电效应,即在光的照射下,某些金属或半导体中的自由电子能够逸出其表面,在外电场作用下形成电流。光电效应表明光子具有质量m、能量E和动量P,即具有粒子性。

光子的能量E与光的频率f及波长λ 的关系为

$$E = hf = h\frac{c}{\lambda} \tag{2-1}$$

式中,h为普朗克常数,其数值等于$6.63\times10^{-34}\,\mathrm{J\cdot s}$;$c$为光速,真空中其数值约$3\times10^{8}\,\mathrm{m\cdot s^{-1}}$;$\lambda$

以 cm 为单位时,E 的单位为 J(焦耳)。光子的能量可以以电子伏特(eV)为单位,1 eV = 1.602×10^{-19}J。

式(2-1)中能量 E 反映的是光的粒子性,f 或$\frac{c}{\lambda}$反映的是光的波动性,因此该式通过普朗克常数把光的粒子性和波动性定量地联系起来了,是光的波粒二象性的统一表达式。式(2-1)表明光的能量与频率成正比,与波长成反比。因此随着波长的增加,光的波动性变得明显,粒子性变得较弱;而随着频率的增加,光的粒子性增强,波动性变弱。光的另一重要性质是具有互补性。光有单色光和复色光之分,具有单一频率的光称为单色光,由各种频率的光复合而成的光则称为复色光。复色光经过某些光学元件变为单色光的现象称为色散,这些光学元件称为色散元件,如棱镜、光栅等。从普通光源发出的光以及日常所见到的阳光都是复色光,习惯上称为白光。利用色散元件可以将白光色散成红、橙、黄、绿、青、蓝、紫等一系列不同颜色即不同频率的单色光。反之,若将上述不同颜色的光按照一定强度比混合后将能得到白光。实验进一步证明,若将两种适当颜色的光按照一定强度比混合后也可以获得白光,光的这种性质称为光的互补性,这两种颜色的光互为补色光。光的互补性可用图 2-1 表示。图中相对的两种颜色的光按一定强度比混合后将得到白光,它们互为补色光。如黄色光与蓝色光互为补色光,绿色光与紫色光互为补色光。反之,若从白光中除去某一色光,则将得到与被除去光色互补的色光,如从白光中除去蓝色光,将得到黄色光,从白光中除去红色光则得到青色光。早期光电比色计中选择滤光片时就是根据光的互补性质进行选择,即滤光片的颜色与有色溶液的颜色互为补色,或者说有色溶液最易吸收的光应是滤光片最易透过的光。这就是滤光片的选择原则。

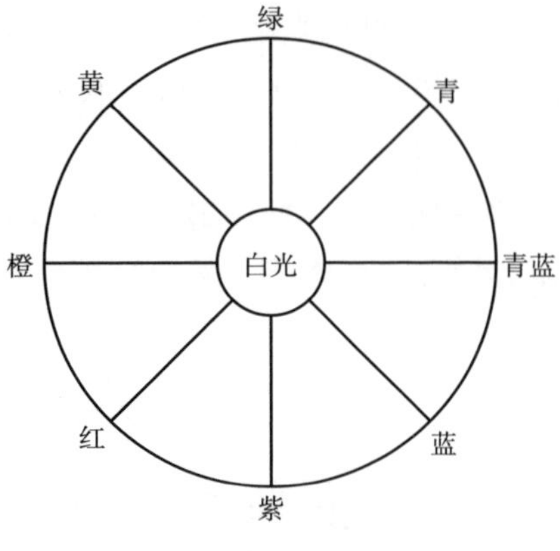

图 2-1　光的互补性

2.1.2　电磁波谱

电磁波包括的波长范围相当宽广。不同波长范围内电磁波的产生方法以及与物质之间的相互作用各不相同,它们在光学分析中的应用也不相同。为了研究上的方便,通常将电磁波按照波长顺序排列,并划分出若干波谱区,称为电磁波谱,电磁波谱的顺序如图 2-2 所示。表 2-1 列出了各种电磁波谱区及有关参量。

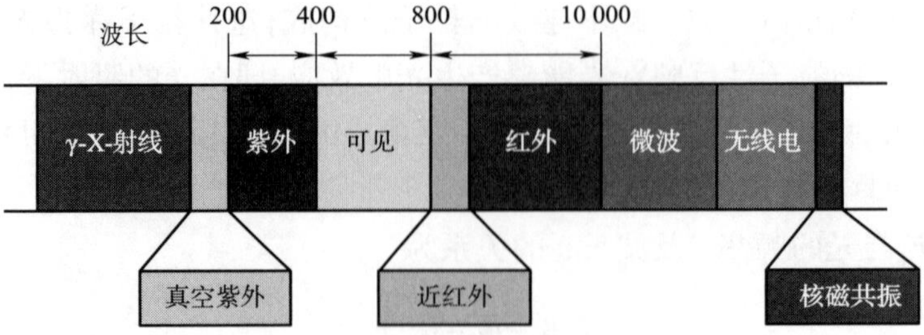

图 2-2　电磁波谱图(单位为 nm)

表 2-1 电磁波谱

波谱区名称	波长范围/nm	能级跃迁类型	光学分析中的应用
γ 射线	$5\times10^{-1}\sim0.014$	核能级跃迁	γ 射线光谱法
X 射线	0.014 ~ 10	内层电子能级跃迁	X 射线光谱法
远紫外光	10 ~ 200	原子及分子外层电子能级跃迁	真空紫外区,应用受到限制
近紫外光	200 ~ 380		紫外分光光度法
可见光	380 ~ 780		可见分光光度法
近红外光	780 ~ 3 000	分子振动能级跃迁	红外吸收光谱法
中红外光	0.003 ~ 0.03		
远红外光	0.03 ~ 0.3	分子转动能级跃迁	
微波	$3\times10^{5}\sim10^{9}$	分子转动能级及电子自旋磁能级跃迁	顺磁共振波谱法
无线电波	$10^{9}\sim10^{12}$	核自旋磁能级跃迁	核磁共振波谱法

2.1.3 物质对光的选择性吸收及吸收光谱

1. 物质对光的选择性吸收性质

自然界中许多物质都是有颜色的,物质的颜色与物质和光的相互作用包括光的透过、吸收、反射等过程有关。当一束白光照到某物体上时,若白色光全部透过,该物体呈无色透明状;若白色光全被吸收,则物体呈黑色。若部分光透过,部分光被吸收,则该物体呈透过光色,该透过光色与被吸收的光色互为补色。例如高锰酸钾水溶液呈紫色是由于高锰酸钾水溶液吸收了白光中的绿色光,而使与绿色光互补的紫色光透过溶液的缘故。若白色光照到物体上后被全部反射回去,该物体将呈白色;若有部分光被吸收,部分光被反射,则物体呈反射光色。上述物质对光作用的不同,实际上反映了物质的一个重要属性,即物质对不同波长的光具有选择性吸收的性质,这是物质显色的本质原因。

2. 吸收光谱

物质对光的选择性吸收的性质可以方便地通过实验加以证明。方法是:配制一份适当浓度的待测组分标准溶液,在紫外-可见分光光度计上,依次将不同波长的光通过该溶液,测量在每一波长处的吸光度,得到一系列不同波长下的吸光度。然后以吸光度 A 为纵坐标,以波长为λ 横坐标,在坐标纸上作图,得到一条曲线。这条 $A-\lambda$ 曲线形象地反映了物质对不同波长的光具有选择性吸收的性质,通常就把 $A-\lambda$ 曲线称为该物质的吸收曲线,也叫作该物质的吸收光谱。图 2-3 为不同浓度的邻菲罗啉铁溶液的吸收曲线。

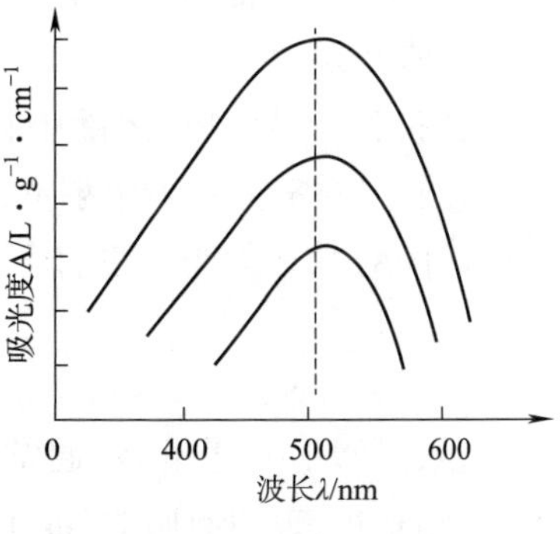

图 2-3 不同浓度的邻菲罗啉铁溶液的吸收曲线

从邻菲罗啉铁溶液的吸收曲线上可以看到,邻菲罗啉铁溶液对不同波长光的吸收能力是不同的。从 450 nm 左右开始随着波长增加，吸光度也逐渐增加，在 510 nm 波长处吸光度最大，出现一个极大值，此后随着波长的增加，吸光度下降，而对波长为 630 nm 左右的橙红色光几乎无吸收而全透过。

研究不同物质的吸收光谱之后可以发现，吸收光谱具有以下特性：一是不同物质具有不同的吸收光谱。这是由于不同物质的分子具有不同的分子结构，分子内相应能级跃迁时吸收的光能量不同，相应吸收峰的位置也不相同，因此物质吸收光谱的形状取决于物质的性质，这是吸收光谱法定性的依据。二是不同物质的吸收光谱上往往总有一最大吸收峰，即在该波长处的吸光度最大，通常把具有最大吸收处的波长称为最大吸收波长，以λ_{max}表示。如邻菲罗啉铁溶液的λ_{max}为 510 nm，高锰酸钾溶液的λ_{max}为 525 nm。物质的最大吸收波长的位置与入射光强度、吸收池厚度以及试液的浓度无关，同一物质的吸收曲线随着溶液浓度的增大或减小而向上或向下平移，而最大吸收波长λ_{max}的位置则不发生变化。图 2-3 中，随着邻菲罗啉铁溶液浓度的增大，曲线向上平移，而最大吸收波长始终在 510 nm 处。

物质的吸收光谱是紫外-可见分光光度法选择测定波长即分析线的重要依据。通常都是选择λ_{max}作为测定波长，以提高测定的灵敏度。但有时在λ_{max}处会出现干扰情况，在保证一定灵敏度的前提下，也可选用其他波长。

2.1.4 朗伯比尔定律

朗伯比尔定律也称光吸收定律，是吸收光谱法的定量依据。它是由朗伯定律和比尔定律合并而成的。

1. 吸光度与透射比

设有一束平行的单色光垂直入射，通过某一均匀的非散射溶液，如图 2-4 所示。

图 2-4 中，ϕ_0 为入射辐射光通量，即照射到溶液表面的光通量；ϕ_{tr}为透射辐射光通量，即从溶液内部出射的光通量。

设溶液中吸光物质的浓度为 c，液层厚度即光路长度为 b。当光束通过溶液时，有一部分光将被吸收，一部分光将透过溶液，还有一部分光将被吸收池表面反射回去，但对于表面均匀光洁的吸收池，这部分反射光可以忽略不计，故只讨论光的吸收与透过。

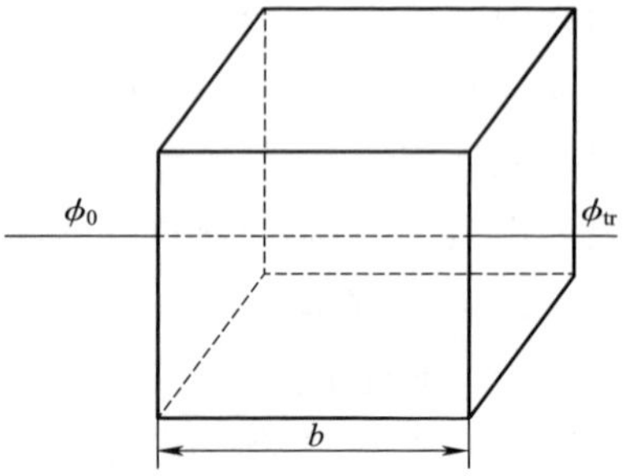

图 2-4 光的吸收与透过

在吸收光谱法中，溶液中物质对光的吸收程度以吸光度 A 来表示。通常把入射辐射光通量 ϕ_0 与透射辐射光通量 ϕ_{tr} 的比值的对数称为吸光度，即

$$A = \lg \frac{\phi_0}{\phi_{tr}} \tag{2-2}$$

式中，入射辐射光通量 ϕ_0 通常固定不变。显然，当 $\phi_0 = \phi_{tr}$时，$A = \lg 1 = 0$，光全透过而无吸收；当 $\phi_0 > \phi_{tr}$时，表明有吸收，ϕ_{tr}愈小，则 A 值愈大，表明光被吸收的程度愈大，ϕ_{tr}愈大，则 A 值愈小，表明光被吸收的程度愈小，因此 A 值的大小反映了光被吸收的程度；当 $\phi_{tr} = 0$ 时，光全被吸收，则吸光度为无穷大。

在吸收光谱法中还常用透射比的概念，透射辐射光通量 ϕ_{tr}与入射辐射光通量 ϕ_0 之比称

为透射比，以 τ 表示，即

$$\tau = \frac{\phi_{tr}}{\phi_0} \tag{2-3}$$

以百分透射比表示时，则

$$\tau = \frac{\phi_{tr}}{\phi_0} \times 100 \tag{2-4}$$

显然，τ 值的大小反映了光透过的程度。吸光度 A 与透射比 τ 之间的关系式为

$$A = -\lg \tau \tag{2-5}$$

$$A = 2 - \lg \tau\% \tag{2-6}$$

利用以上二式可实现 A 与 τ 的相互换算。

2. 朗伯定律（反映吸光度与液层厚度的关系）

在图 2-4 所示情况中，当入射辐射光通量和溶液的浓度一定时，溶液的吸光度与液层厚度成正比，这就是朗伯定律。其数学表达式为

$$A = K_1 b \tag{2-7}$$

式中，K_1 为一比例常数。朗伯定律适用于一切均匀的吸收介质。

3. 比尔定律（反映吸光度与溶液浓度的关系）

同样地，在图 2-4 所示的情况中，当入射辐射光通量和液层厚度一定时，溶液的吸光度与其浓度成正比，这就是比尔定律。其数学表达式为

$$A = K_2 c \tag{2-8}$$

式中，K_2 为另一比例常数。式(2-8)的意义是显而易见的，因为溶液浓度愈大，则溶液中吸收光的质点数目愈多，光被吸收的程度愈大，则 A 值愈大。

比尔定律只适用于稀溶液（$c < 0.01$ mol/L）。这是因为在较浓溶液中，吸光物质的分子间平均距离缩小，分子间相互作用、相互影响较大，可能发生离解或缔合，使吸收光的分子数目减少，吸光度与浓度不成正比关系而产生较大误差。

4. 朗伯比尔定律

如果入射辐射光通量一定，而液层厚度和溶液浓度均为变量，则可将朗伯定律和比尔定律合并为一个定律，这就是朗伯比尔定律。该定律可表述为：当一入射辐射光通量恒定的平行单色光垂直通过均匀的非散射溶液时，溶液的吸光度与溶液浓度及液层厚度的乘积成正比。其数学表达式为

$$A = Kbc \tag{2-9}$$

朗伯比尔定律应用的条件，一是必须使用单色光，二是必须为稀溶液。否则，溶液将偏离朗伯比尔定律，即 A 与 c 不成线性关系。

式(2-9)中比例常数 K 称为吸光系数。K 值的大小取决于吸光物质的性质、入射光波长、温度及溶剂的性质，而与溶液浓度大小及吸收池厚度无关。但 K 值大小随溶液浓度和吸收池厚度所采用的单位的不同而异。常用的有摩尔吸光系数和质量吸光系数。

当溶液的浓度以 mol/L 表示，液层厚度以 cm 为单位时，相应的吸光系数称为摩尔吸光系数，以 ε 表示，其单位为 $L \cdot mol^{-1} \cdot cm^{-1}$。摩尔吸光系数的物理意义是：将浓度为 1 mol/L 的溶液放在 1 cm 吸收池中，在一定波长下测得的吸光度。摩尔吸光系数是吸光物质的重要参数

之一。它反映了物质对一定波长光的吸收能力大小。在显色反应中可用来衡量显色反应灵敏度的高低。

若溶液浓度以质量浓度ρ即每升溶液中所含溶质的质量($g \cdot L^{-1}$)表示,液层厚度以 cm 表示时,相应的吸光系数则称为质量吸光系数,以a表示,其物理意义是:将质量浓度为 1 $g \cdot L^{-1}$的溶液放在 1 cm 吸收池中,在一定波长下测得的吸光度,其单位为$L \cdot g^{-1} \cdot cm^{-1}$。质量吸光系数适用于摩尔质量未知的化合物。

同一种物质在同一波长下的ε和a之间的关系为

$$a = \frac{\varepsilon}{M} \tag{2-10}$$

式中,M为吸光物质的摩尔质量。

5. 吸光度加和性原理

上述朗伯比尔定律是从单组分情况推导而来的,实际上朗伯比尔定律也适用于混合组分。如果在同一均匀的非散射溶液中,同时含有几种不同的吸光组分,只要各组分之间不发生化学反应,当一束平行单色光垂直通过时,则该混合液的总吸光度等于溶液中各组分在同一波长下的分吸光度之和。这就是吸光度加和性原理,其数学表达式为

$$A = A_1 + A_2 + A_3 + \cdots + A_i + \cdots + A_n = \sum_{i=1}^{n} A_n \tag{2-11}$$

2.2 光谱产生的原理

紫外-可见吸收光谱是分子内电子跃迁的结果,它反映了分子中价电子跃迁时的能量变化与化合物所含发色基团之间的关系。不同的化合物由于分子结构不同,电子跃迁的类型就不同,所以紫外-可见吸收光谱会具有不同特征的吸收峰,其吸收峰的波长和强度与分子中价电子的类型有关。

2.2.1 分子中电子跃迁和吸收谱带的类型

在紫外-可见区域内,有机化合物吸收一定能量的辐射时,引起的电子跃迁主要有$\sigma\to\sigma^*$、$n\to\sigma^*$、$\pi\to\pi^*$,$n\to\pi^*$这 4 种类型。σ、π分别表示σ、π键电子,n 表示未成键的孤对电子,* 表示反键状态。各种跃迁所需要的能量如图 2-5 所示。

由图 2-5 可知,价电子在吸收一定的能量后,将跃迁至分子中能量较高的反键轨道,各种电子跃迁所需能量大小为:$\sigma\to\sigma^* > n\to\sigma^* > \pi\to\pi^* > n\to\pi^*$

反键轨道的能量比成键轨道能量高得多,分子中$n\to\pi^*$跃迁所需的能量小,故相应的吸收峰出现在长波段方向;$n\to\sigma^*$和$\pi\to\pi^*$,所需能量较大,吸收峰出现在较短波段;而$\sigma\to\sigma^*$跃迁所需能量最大,故吸收峰出现在远紫外区。

1. $\sigma\to\sigma^*$跃迁

由单键构成的化合物如饱和碳氢化合物只有σ电子,只能发生$\sigma\to\sigma^*$跃迁,其吸收发生在远紫外区,波长小于 210 nm。例如,甲烷的吸收峰在 125 nm,乙烷的吸收峰在 135 nm。因此,己烷、庚烷、环己烷等饱和烃可作为紫外光谱分析用的溶剂。大气中的氧在远紫外区会有

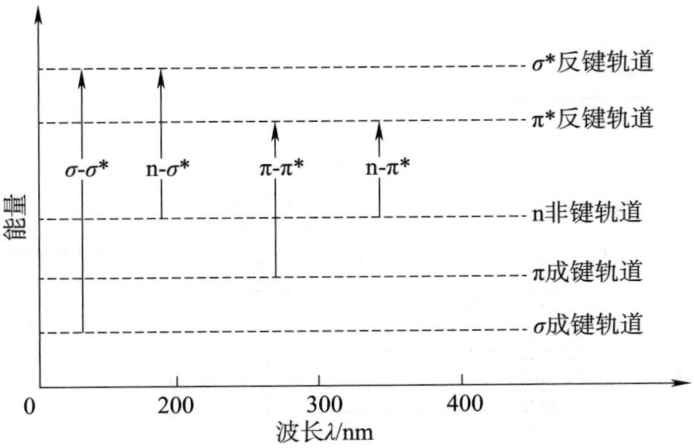

图 2-5 电子能级及电子跃迁示意图

强烈吸收,所以饱和烃必须在真空条件下操作,才能测得它们的吸收光谱,因此,远紫外又称真空紫外。

2. n→σ* 跃迁

含有杂原子的饱和化合物都可能发生 n→σ* 跃迁,n→σ* 跃迁比 σ→σ* 跃迁所引起的吸收峰波长略长,大多是接近或在近紫外区。例如,甲烷吸收峰在 125 nm,而一氯甲烷的吸收峰在 173 nm,碘甲烷吸收峰在 258 nm。由 n→σ* 跃迁产生的吸收峰多为弱吸收峰,它们的最大摩尔吸光系数(ε_{max})一般为 100 ~ 300 nm,因而在紫外区有时不易观察到。

3. π→π* 跃迁

含共轭双键的分子均可发生 π→π* 跃迁。实现 π→π* 跃迁比实现 σ→σ* 跃迁所需的能量小,其吸收峰大多出现在 200 nm 附近。发生在共轭非封闭体系中的 π→π* 跃迁大多是强吸收峰(K 带)。其 ε_{max} 大于 10^4。例如丁二烯的λ_{max}是 217 nm,ε_{max}是 21 000。

发生在共轭封闭体系中的 π→π* 跃迁产生强度较弱且波长较长的吸收带,这是芳香族化合物的光谱特征。例如苯的λ_{max}是 256 nm,其 ε_{max}是 215。

如果芳香族化合物的紫外吸收光谱中同时出现 K 带、B 带和 R 带,则 R 带波长最长,B 带次之,K 带最短,但吸收强度的顺序正好相反。

4. n→π* 跃迁(R 带)

化合物分子中同时存在杂原子和双键时,即可发生 n→π* 跃迁。例如—C ═O、—N ═N—、—N ═O 等基团。由于 n→π* 跃迁所需要能量最小,其最大吸收波长一般出现在大于 200 nm 的紫外区,由跃迁产生的吸收带(R 带)的特点是 ε_{max}小,一般不会超过 100。例如,乙醛分子中羰基 n→π* 跃迁所产生的吸收带为 290 nm,ε_{max}是 17。

2.2.2 紫外-可见吸收光谱的产生

通常认为,分子内有三种运动形式,即分子内电子相对于原子核的运动,简称电子运动;分子内原子在其平衡位置上的振动,简称分子振动;分子本身绕其重心的转动,简称分子转动。分子以不同方式运动时所具有的能量不相同,这样在分子内就对应有三种不同的能级,即电子能级、振动能级和转动能级。由于微观粒子的运动是量子化的,即不连续性的,因此分子内三种能级的能量分布也是量子化的。分子内三种能级的能量分布情况可用双原子分子能级分布图表示,如图 2-6 所示。

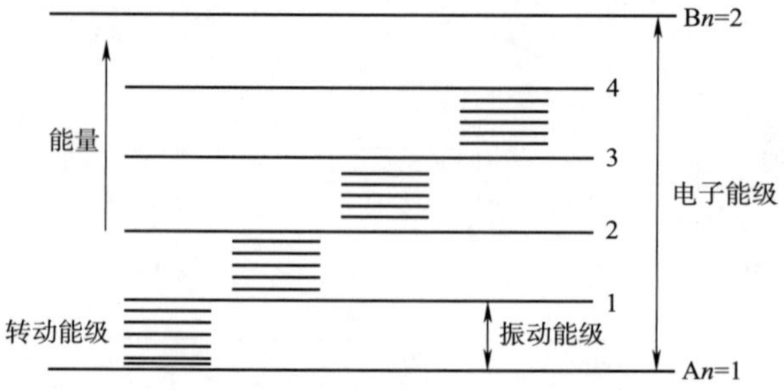

图 2-6 双原子分子能级示意图

图中 A、B 表示能量不同的电子能级,在每一电子能级上都有许多间距较小的振动能级,而在每一振动能级上又有许多间距更小的转动能级,三种能级的能级差大小是不同的。若以 ΔE_e、ΔE_v、ΔE_r 分别表示电子能级差、振动能级差和转动能级差,则有 $\Delta E_e > \Delta E_v > \Delta E_r$。其中 ΔE_e 为 1 ~ 20 eV,ΔE_v 为 0.05 ~ 1 eV,ΔE_r 为 0.005 ~ 0.05 eV。由于三种能级的能量分布是量子化的,因此只有当光子能量恰好等于分子中某两个能级之间的能量差 ΔE 时,才能产生光吸收现象。

当以一定波长的光照射某分子时,若光子能量恰好等于分子中相应的转动能级差 ΔE_r 时,转动能级将由较低能级跃迁到较高能级,即发生转动能级跃迁,分子将吸收这一波长的光而产生吸收光谱。由于 ΔE_r 很小,吸收光谱的波长范围位于远红外光区,通常把这种由于分子内转动能级跃迁而产生的分子吸收光谱称为远红外吸收光谱,也称转动光谱。

当照射分子的光子能量恰好等于该分子中相应的振动能级差 ΔE_v 时,振动能级将发生跃迁,而在振动能级跃迁的同时,又会引起转动能级跃迁,因此在由分子振动能级跃迁时所产生的吸收光谱中还包含转动光谱。吸收光谱的波长范围在整个红外吸收光谱区包括近、中、远红外吸收光谱区。通常把这种由于分子内振-转能级跃迁而产生的分子吸收光谱称为红外吸收光谱,也叫振-转光谱。

当射照分子的光子能量恰好等于该分子中相应的电子能级差 ΔE_e 时,电子能级将发生跃迁。由于电子能级差很大,故所需要的光子波长很短,所产生的吸收光谱的波长范围位于紫外可见光区。通常把这种由于分子内电子能级跃迁而产生的分子吸收光谱称为紫外-可见吸收光谱,也叫电子光谱。

紫外-可见吸收光谱的特征是缺乏精细结构而呈带状光谱。这是由于 $\Delta E_e > \Delta E_v > \Delta E_r$ 在电子能级跃迁的同时,总是伴随有振动能级和转动能级的跃迁,因此在电子能级跃迁所产生的吸收光谱中总包含有振-转能级跃迁所产生的大量谱线,这些谱线相互重叠而成为连续的吸收带,使紫外-可见吸收光谱成为带状光谱。

综上所述,分子吸收光谱是由于分子中相应能级的跃迁而产生的。

2.2.3 吸收光谱图与紫外-可见分析常用术语

物质对光的吸收强度(吸光度)随波长变化的关系曲线称为吸收光谱曲线或吸收光

谱。吸收光谱描述了该化合物对不同波长光的吸收能力，因此，不同结构的化合物应具有不同的吸收光谱（不同的吸收波长和吸光度）。在实际工作中，化合物的吸收光谱可以为人们提供定性分析和结构分析的依据，以及定量分析时所选择的适宜的测定波长等信息。

以不同波长的光透过某一浓度的被测样品溶液，测出不同波长时溶液的吸光度，然后以波长为横坐标，以吸光度为纵坐标作图，即可得到被测样品的吸收光谱。在紫外-可见吸收光谱中，纵坐标大多用吸光度来表示吸收峰的强度，也可用摩尔吸光系数或百分透光率表示：横坐标大多用波长表示，单位为纳米（nm），也有以波数或频率来表示的。

紫外-可见光谱分析的常用术语如下：

（1）摩尔吸光系数 ε：表示纯物质的浓度 1 mol/L 的液层厚度为 1 cm 时，在一定波长下溶液的吸光度。

（2）红移：吸收带的最大吸收峰λ_{max}向长波方向移动。

（3）蓝移：吸收带的最大吸收峰λ_{max}向短波方向移动。

（4）发色团：发色团并非有颜色，指分子中产生特征吸收峰的基团。例如羰基、硝基、苯环等，发色团对应的跃迁类型是 $\pi \to \pi^*$ 和 $n \to \pi^*$ 跃迁。

（5）助色团：使发色团所产生的吸收峰产生红移的、带有杂原子的饱和基团。例如—OH、$—NH_2$、—X 等，对应的跃迁类型是 $n \to \pi^*$ 跃迁。

（6）等吸收点：两个或两个以上化合物吸光度相同的波长。

2.2.4 紫外-可见分光光度法及其特点

紫外-可见分光光度法包括紫外分光光度法和可见分光光度法。

利用物质分子对紫外光的选择性吸收特性，采用紫外分光光度计测定物质对紫外光的吸收程度而进行定性定量分析的方法，称为紫外分光光度法。紫外分光光度法是在 200～380 nm 近紫外光区进行测定的。

利用物质分子对可见光的选择性吸收特性，采用可见分光光度计测量有色溶液对可见光的吸收程度以确定组分含量的方法，称为可见分光光度法。有色溶液对可见光的吸收程度，反映了溶液颜色的深浅，故也反映了其浓度的大小。可见分光光度法波长测量范围为 380～780 nm。由此可见，紫外分光光度法与可见分光光度法的区别只是测定波长范围不同而已，通常将紫外分光光度法和可见分光光度法统称为紫外-可见分光光度法。

紫外-可见分光光度法具有以下特点：

（1）灵敏度高。紫外可见分光光度法可检测 $10^{-5} \sim 10^{-6}$ mol · L^{-1}的浓度，故适于微量组分的确定。

（2）准确度好。紫外可见分光光度法浓度测量相对误差一般为 2%～5%，若使用高档精密仪器，则可达到 1%～3%。其准确度虽然不如化学分析中的滴定法和称量法，但在微量分析中可以满足要求。

（3）选择性优。通过选择适当的实验条件，可以在其他干扰组分存在的情况下，进行单组分或多组分的测定而不需要进行化学分离。

(4)仪器设备相对较简单,操作简便快速。紫外可见分光光度计或可见分光光度计结构相对简单,价格相对便宜,易于普及推广。仪器操作简便,易于掌握,准备工作做好后,测量速度很快。

(5)应用广泛。紫外-可见分光光度法不仅可用于有色溶液的测定,而且可用于在紫外区有吸收的无色组分。大多数无机组分及有机物都可以直接或间接地用该法测定。

2.3 紫外-可见分光光度计

2.3.1 仪器构造及原理

无论哪一种类型的紫外-可见分光光度计,其基本构造都是相似的,通常都由五大部件组成,即光源、单色器、吸收池、光敏检测器以及读数装置。结构组成如图 2-7 所示。

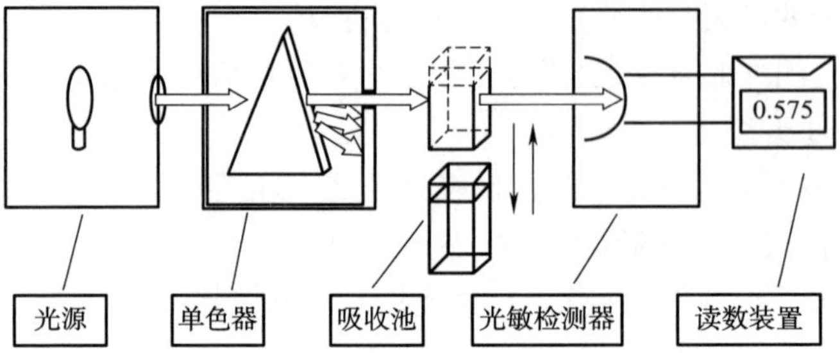

图 2-7 紫外-可见分光光度计工作原理

1. 光源

光源的作用就是发射一定强度的紫外-可见光以照射样品溶液。对光源的要求是能够在广泛的光谱区内发射出足够强度的连续光谱,稳定性好,使用寿命长。紫外-可见分光光度计上备有两种光源:一种用于可见光区,一种用于紫外光区。可见分光光度计上只有可见光源。可见光区的光源一般用钨灯,其发射光谱波长范围为 320 ~ 1 000 nm。此外还有卤钨灯,如碘钨灯、溴钨灯等,其强度高、稳定性好、寿命长。

紫外光区的光源一般用氢灯或氘灯,其发射光谱波长范围为 160 ~ 350 nm。

氢灯是一种低压热阴极式放电管,灯管由玻璃制成,透光窗口由石英制成,灯管内充有低压氢气。工作时,阴极预热几分钟后,加热电源自动断开,同时加高压于阳极,使两极间放电,氢分子被激发,发射出紫外连续光谱。

氘灯是在灯管内充入氢的同位素氘,其发射光谱强度比氢灯大 4 ~ 5 倍。

2. 单色器

单色器的作用是从光源中发出的连续光谱中分离出所需要的波段足够狭窄的单色光,它是分光光度计的关键部件。对单色器的要求是色散率高、分辨率大、集光本领强。常用的色散元件有棱镜和光栅。

(1)棱镜。棱镜是利用不同波长的光在棱镜内折射率的不同,将复色光色散为单色光。入射光波长越短,折射率越大,波长越长,则折射率越小。

棱镜由玻璃或石英材料制成。玻璃棱镜在400～700 nm范围内色散率较高，在大小与形状都相同时，玻璃棱镜比石英棱镜的色散率大3倍，故可见分光光度计中均使用玻璃棱镜。石英棱镜在180～320 nm范围内色散率好，而在可见光区色散率低，故适用于紫外光区测定。另外由于玻璃棱镜对紫外光具有强烈的吸收作用，故玻璃棱镜也不适用于紫外光区。

棱镜的缺点是色散率不均匀，即其色散率随波长的增加而降低，光谱不均匀排列。另外光经过棱镜色散时，其强度的损失较大，降低了灵敏度。目前生产的紫外-可见分光光度计大多采用光栅作为色散元件。

(2)光栅。衍射光栅是一种精密的光学元件。它是由平面或凹面的玻璃片或金属片制成。在玻璃片上准确地刻出大量宽度和距离都相等的平行线条即刻痕，在每条刻痕处，入射光不易透过而向各个方向散射，而在两条刻痕之间的光滑部分则可以透光，故两条刻痕之间的光滑部分相当于缝，因此光栅上也就含有大量等宽等间距的透光狭缝，这种光栅称为透射光栅。若在高度抛光表面上准确刻出大量平行等宽、等间距的反射槽面，这些反射槽面相当于透射光栅的狭缝，这种光栅则称为反射光栅。平面的称为平面反射光栅，凹面的称为凹面反射光栅。如果反射槽面与光栅平面有一定夹角，则这种光栅称为闪跃光栅。

光栅是利用光学中的单缝衍射和双缝干涉现象进行色散的。

当一束平行复色光照射在光栅上时，光栅上的每一条缝都会产生衍射现象，波长愈长，衍射角愈大。同时每条狭缝所产生的衍射光之间又相互干涉，产生干涉现象，结果使不同波长的单色光彼此分开，形成衍射光谱。

光栅上每毫米中刻痕的数目越多，色散率越高。在紫外-可见光区常用的光栅刻痕密度有每毫米600条、1 200条、1 800条和2 400条。

光栅的特点是色散率高，色散均匀呈线性，光谱均匀排列，适用的波长范围宽。但不同级次光谱之间有部分重叠现象，可用加滤光片等方法加以消除。

从光源中发出的光在进入棱镜或光栅进行色散之前先要经过一个入射狭缝。狭缝是由两片精密加工而成的有锐利边缘的金属片构成，狭缝之间距离可以调节。入射狭缝可以限制杂散光进入单色器，并将光线变为一细长条照射在准直镜上，准直镜将入射光变为平行光束后再投射到棱镜或光栅上进行色散。色散后的单色光经过出射狭缝照在吸收池上。转动色散元件可以使不同波长的单色光依次射出。调节狭缝宽度可以改变出射光的谱带宽度和强度，定性分析时需要分辨比较窄的吸收带，应该采用尽可能小的狭缝宽度，定量分析时应采用较宽的狭缝，使出射光束有足够的强度以保证测量的灵敏度。

从单色器分出的单色光的波长数值由波长计数器指示出来。但在实际使用过程中由于机械振动、温度变化等原因，常常使波长计数器上的指示值与实际出射光的波长不一致，这将导致仪器灵敏度下降，测量误差增大，因此仪器使用一段时间后应进行波长校正。

3. 吸收池

吸收池的作用就是用来盛放溶液。吸收池材料有玻璃和石英两种，玻璃吸收池用于可见光区即有色溶液测定，故也称比色皿。石英吸收池既可以用于紫外光区测定，又可用于可见光区测定。但在紫外光区测定时，必须使用石英吸收池。对吸收池的要求是透光面应有良好的透光性，表面光洁，结构牢固，耐酸、碱、氧化还原性，并具有很好的配套性。

吸收池的厚度有0.5 cm、1 cm、2 cm、3 cm等不同规格，可根据实际需要选择。

4. 光敏检测器

光敏检测器的作用就是用于接收光辐射信号，并将光能转换为相应的电信号，以便测量，对光敏检测器的要求是灵敏度高、响应快、响应线性范围宽，对不同波长的光应具有相同的响应可靠性、噪声低、稳定性好、输出放大倍率高。

常用的光敏检测器有光电管和光电倍增管。光电管也称真空光电管，其结构如图 2-8 所示。

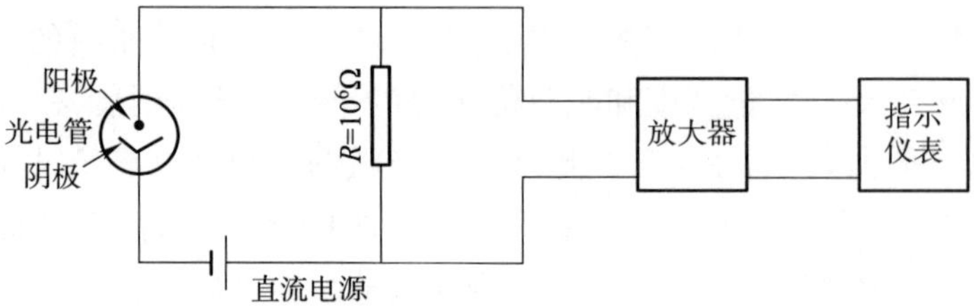

图 2-8　光电管结构示意图

光电管外壳是一个抽成真空的玻璃管，内装一个半圆筒状阴极和一个棒状阳极。阴极的凹面上涂有一层对光敏感的光敏物质，如碱金属或碱土金属氧化物。当一定波长的光通过石英窗口照射在阴极表面时，阴极将发射电子，在外加电压作用下，这些电子以高速流向阳极，而产生光电流。入射光愈强，所产生的光电流愈大。光电流在取样电阻 R 上产生电压降，由直流放大器放大后，加以测量。

根据对光敏感范围的不同，光电管分为蓝敏光电管和红敏光电管。蓝敏光电管的光敏材料是锑铯涂料，适用于接收 185 ~ 600 nm 的光；红敏光电管光敏材料是银-氧化铯，适用于接收 600 ~ 1 200 nm 的光。

光电管产生的光电流较弱，但由于光电管内阻很高，故很容易放大，适于弱光信号的测量。当光电管不受光照时，外电路中仍有一数值很小的电流流过，这种电流称为暗电流，暗电流大小影响到光电管的灵敏度。光电管的暗电流主要由热电流和漏电电流组成。热电流是由于光敏阴极上的热电子发射，热电流大小与温度有关。漏电电流是由于光电管的阴极和阳极之间的绝缘电阻较小，在外加电压作用下产生的微弱电流。高档紫外-可见分光光度计中一般都有自动消除暗电流的补偿装置。

光电倍增管也是一种常用的光电转换元件。光电倍增管的外壳也是由玻璃或石英制成，内部抽成真空，在光敏阴极 K 和阳极 A 之间装有 9 ~ 12 个倍增电极，这些倍增电极表面也都是由光敏材料制成，外加负高压于阴极 K 上，经过一系列电阻 R_1、R_2、R_3等，使电压依次均匀地加在各倍增电极上，各倍增电极电位依次增高。当光照在阴极 K 上时，阴极 K 释放出一次光电子，一次光电子在外电场作用下奔向第一个倍增电极并撞击其表面，使第一倍增电极释放出二次光电子，二次光电子又撞击第二个倍增电极而发射出倍增若干倍的三次光电子。依此类推，在最后一个倍增电极上释放出的光电子数要比最初阴极发射的电子多达 10 倍以上。最后，倍增了的光电子奔向阳极而形成光电流。光电流再通过负载电阻 R 转变为电压信号，送入放大器放大。

光电倍增管不仅是光电转换元件，而且有电流放大作用，故其灵敏度远远高于光电管，更适合于弱光信号的测量。由于其灵敏度很高，必须在完全屏蔽杂散光的条件下工作，并应避免强光连续照射，否则容易损坏。光电倍增管响应速度也比光电管快，约为 10^{-9}s。光电倍增管对工作电源要求很高，应具有高度的稳定性，要求波动小于 0.1%。

5. 读数装置

读数装置或显示装置的作用就是检测光电流的大小，并将有关分析数据显示或记录下来。

目前国产的一些中高档分光光度计多采用数字显示器作为读数装置，并利用记录仪或由微机控制的绘图打印机，记录吸收光谱曲线，打印输出数据，制订数据表格。一些高档微机化的紫外-可见分光光度计则采用阴极射线示波器直接在荧光屏幕上显示出吸收光谱、波长和分析数据、参数可变范围、分析条件及测定结果等。

2.3.2 仪器类型及其特点

目前国内外常用的紫外-可见分光光度计主要有 3 种类型：单光束型、双光束型和双波长型。

1. 单光束型分光光度计

所谓单光束是指从光源中发出的光，经过单色器等一系列光学元件及吸收池，最后照在检测器上时，始终为一束光，如图 2-9 所示。

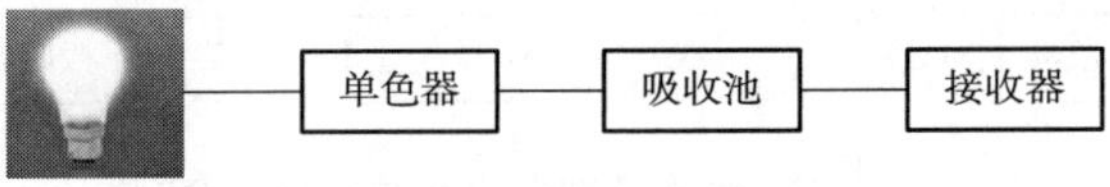

图 2-9 单光束型分光光度计示意图

单光束型分光光度计的特点是结构简单，价格较便宜，主要适于做定量分析。其缺点是测定结果受光源强度波动的影响较大，往往给定量分析结果带来较大误差。

常用的单光束紫外-可见分光光度计有 752、752C、754、UV7504、756MC、WFZ800-D2、WFZ900-D4 等国产仪器。日本岛津 QV-50、英国 UNICAMSP-500 型也属该类仪器。

常用的单光束型可见分光光度计有 721、721B、721-100、722、723、724 等型号。

2. 双光束型分光光度计

所谓双光束是指从光源中发出的光，经过单色器后被一旋转的扇形反射镜即切光器分为强度相等的两束光，分别通过参比溶液和样品溶液。利用另一个与前一个切光器同步的切光器，使两束光在不同时间内交替地照在同一检测器上，通过一个同步信号发生器，对来自两个光束的信号加以比较，并将两信号的比值经对数变换后转换为相应的吸光度值。具体工作原理如图 2-10 所示。

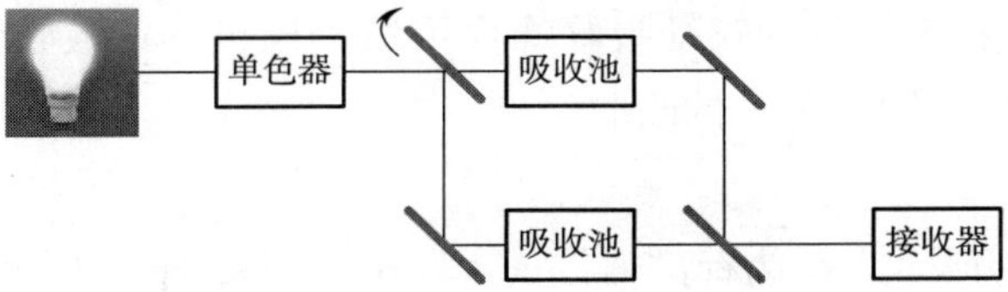

图 2-10 双光束型分光光度计示意图

双光束型分光光度计中，两束光几乎同时通过参比溶液和样品溶液，因此可以消除光源强度变化以及检测系统波动的影响，测量准确度高。双光束型仪器一般都采用自动记录仪直接扫描出组分的吸收光谱，操作方便，但仪器结构复杂，价格偏贵。

常用的双光束型紫外-可见分光光度计有国产 710、730、740、760MC、760CRT 型、WFD-10 型等。英国 UNICAMSP-700、日本日立 220 系列、岛津 UV-210 型等也属此类仪器。

3. 双波长型分光光度计

前面所介绍的单光束型和双光束型分光光度计，就测量波长而言，都是单波长的，即都是同一波长的光束通过参比池和样品池。而双波长型分光光度计则是将从同一光源中发出的光分为两束，分别通过两个单色器（光栅），得到两束不同波长（λ_1和λ_2）的单色光，利用切光器使这两束不同波长的单色光交替地通过样品溶液，经过光电倍增管和电子控制系统后，直接得到在两波长λ_1和λ_2处的吸光度之差 ΔA。当两波长差固定时，吸光度差 ΔA 与试液浓度成正比，即 $\Delta A = (\varepsilon_{\lambda 1} - \varepsilon_{\lambda 2})bc$，由此进行定量分析，如图 2-11 所示。

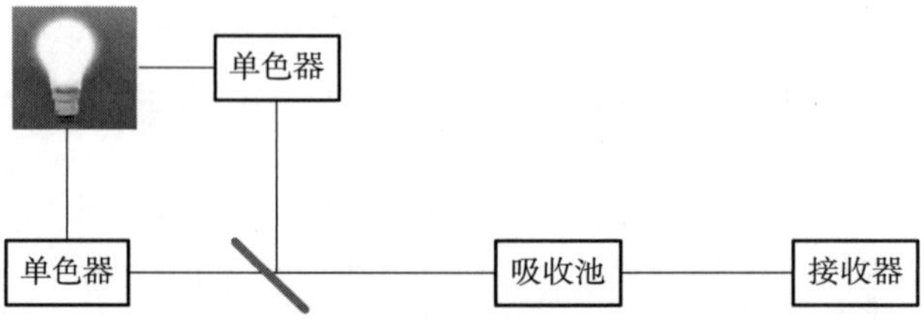

图 2-11　双波长型分光光度计示意图

双波长型分光光度计具有许多优点。首先它不需要参比溶液，只用一个待测溶液，因此完全消除了背景吸收干扰，包括样品溶液与参比溶液组成的不同及吸收池厚度差异的影响，提高了测量的准确度。其次该类仪器可以进行混合双组分的同时测量而不需要求解联立方程组，可以测定高浓度试液以及浑浊溶液，可以进行导数吸收光谱的研究。这些特点都是单波长型仪器所不具备的。缺点是仪器价格昂贵。

国产 WFZ800S，日本岛津 UV-300、UV-365、日立 356、156 以及美国 DW-2 型分光光度计等都是双波长分光光度计。

2.3.3　分光光度计的校正

1. 波长校正

可采用辐射光源法校正。常用氢灯（486.13 nm、656.28 nm）、氘灯（486.00 nm、656.10 nm）或石英低压汞灯（253.65 nm、435.88 nm、546.07 nm）校正。镨钕玻璃在可见区有特征吸收峰，也可用来校正。苯蒸气在紫外区的特征吸收峰也可用于校正。在吸收池内滴一滴液体苯，盖上吸收池盖，待苯挥发后绘制苯蒸气的吸收光谱。

2. 吸光度校正

以重铬酸钾水溶液的吸收曲线为标准值校正。将 0.030 3 g 重铬酸钾溶于 1 L 0.05 $mol \cdot L^{-1}$ 的氢氧化钾中，以 1 cm 厚的吸收池，在 25 ℃时测定其吸收光谱如表 2-2 所示。

表2-2 重铬酸钾溶液的吸光度

波长/nm	吸光度	透光率/%	波长/nm	吸光度	透光率/%	波长/nm	吸光度	透光率/%
220	0.446	35.8	300	0.149	70.9	380	0.932	11.7
230	0.171	67.4	310	0.048	89.5	390	0.695	20.2
240	0.295	50.7	320	0.063	86.4	400	0.396	40.2
250	0.496	31.9	330	0.149	71.0	420	0.124	75.1
260	0.633	23.3	340	0.316	48.3	440	0.054	88.2
270	0.745	18.0	350	0.559	27.5	460	0.018	96.0
280	0.712	19.4	360	0.830	14.8	480	0.004	99.1
290	0.428	37.3	370	0.987	10.3	500	0.000	100

2.4 紫外-可见吸收光谱法的应用

2.4.1 定性分析

1. 定性依据

紫外-可见分光光度法在定性分析方面的应用主要是对某些在紫外-可见光区有吸收作用的有机化合物的定性。利用紫外-可见吸收光谱鉴定有机化合物,其主要依据是化合物的吸收光谱特征。

由于不同物质的分子对不同波长的光具有选择性吸收的性质,因此不同物质分子应具有不同的紫外-可见吸收光谱。故根据物质分子的紫外-可见吸收光谱的特征包括吸收峰的形状,吸收峰的位置、数目,以及相应的摩尔吸光系数就可以进行定性分析。其中λ_{max}和ε_{max}是定性鉴定的主要参数。

有机化合物的紫外-可见吸收光谱实际上是分子中生色团或助色团的特征光谱,因此在利用紫外-可见吸收光谱判断有机化合物分子中生色团和助色团的种类、位置及数目,区别饱和与不饱和化合物,测定分子中共轭程度,进而确定未知物的结构骨架等方面有其独到的优点。但是由于有机化合物的紫外-可见吸收光谱中,一般只有少数几个简单而宽阔的吸收带,缺乏精细结构,标志性较差,特征性不强,并且大多数简单官能团在近紫外光区只有弱吸收或无吸收,因此,紫外-可见吸收光谱法在有机物定性分析上的应用有一定的局限性。另一方面由于有机化合物的紫外-可见吸收光谱只是生色团和助色团的特征,而不能反映整个分子的特性,故有时单独根据紫外-可见吸收光谱来确定有机物分子结构是困难的,还必须与红外吸收光谱、质谱等方法配合起来,才能得到正确可靠的结论。

2. 应用

1)未知物的鉴定

利用紫外-可见吸收光谱鉴定有机化合物主要采用比较法(或称对比法)。所谓比较法是将未知样品的紫外-可见吸收光谱与已知纯物质的光谱图进行比较,当溶液的浓度、溶剂相同时,若二者紫外-可见吸收光谱的形状、吸收峰数目、λ_{max}和ε_{max}完全相同,则可认为二者为同种物质,为了进一步确认,也可更换一种溶剂进行测定后再做比较。比较时若无已知纯物质即标准物,也可与该化合物的标准吸收光谱图进行比较。常用的标准光谱图集是“萨特勒标准紫外光谱集”,该谱集收集有 46 000 种化合物的紫外-可见吸收光谱,并附有 5 种索引便于查找。

2)异构体的区分

利用紫外-可见吸收光谱还可以区分异构体,包括顺反异构体和互变异构体。

(1)顺反异构体的区分。在紫外-可见光区,反式异构体的λ_{max}和ε_{max}比相应的顺式异构体要大,利用这种差别可以区分顺式和反式异构体。例如 1,2-二苯乙烯具有顺式和反式两种异构体。在反式结构中由于苯环和烯键处于同一平面,$\pi\rightarrow\pi^*$共轭作用比较完全,电子的非定域性较大,受到的束缚力较小,$\pi\rightarrow\pi^*$跃迁时所需能量降低,故λ_{max}较长,ε_{max}较大,$\lambda_{max}=295$ nm,$\varepsilon_{max}=2.9\times10^4$ L·mol^{-1}·cm^{-1}。而在顺式异构体中,由于苯环的空间位阻效应而影响其平面性,使共轭程度降低,$\pi\rightarrow\pi^*$跃迁的能量较高,故使其λ_{max}较短,ε_{max}减小,$\lambda_{max}=280$ nm,$\varepsilon_{max}=1.35\times10^4$ L·mol^{-1}·cm^{-1}。

(2)互变异构体的区分。互变异构体紫外吸收光谱的λ_{max}和ε_{max}不同,以此可将其区分开来。例如乙酰乙酸乙酯在溶液中存在酮式和烯醇式互变异构现象:

酮式　　烯醇式

在酮式结构中,两个 C═O 双键未形成共轭,进行$\pi\rightarrow\pi^*$跃迁所需要的能量较大,故其λ_{max}蓝移到 204 nm,ε_{max}很小;在烯醇式结构中,C═O 双键和 C═C 双键共轭,$\pi\rightarrow\pi^*$跃迁能量降低,故其λ_{max}红移至 245 nm 处,$\varepsilon_{max}=1.8\times10^4$ L·mol^{-1}·cm^{-1}。

3)纯度检查

如果某纯化合物在紫外-可见光区没有吸收,而其中某些杂质有较强吸收时,就可以通过绘制试样的紫外-可见吸收光谱而检测出是否含有杂质。若乙醇中含有苯,将在 256 nm 出现苯的特征峰,而乙醇在此波长处无吸收,又如四氯化碳中的二硫化碳在 318 nm 处产生吸收峰。

2.4.2　定量分析

利用紫外-可见分光光度法进行定量分析是该方法的一个重要应用,其定量依据是朗伯比尔定律。

1. 单组分样品的测定

若样品中只含一种吸光性组分,可采用标准曲线法。

标准曲线法的具体方法是:配制一系列浓度不同的待测组分标准溶液,与试液在同一实验条件下,分别测量其吸光度,然后在坐标纸上,以吸光度 A 为纵坐标,以溶液浓度 c 为横坐标,绘制 A-c 标准曲线,并从标准曲线上查出试液吸光度所对应的浓度,如图 2-12 所示。

若在可见光区测定,而试液又无颜色时,则应将待测组分标准液与试液在同一条件下显色后再进行测定。

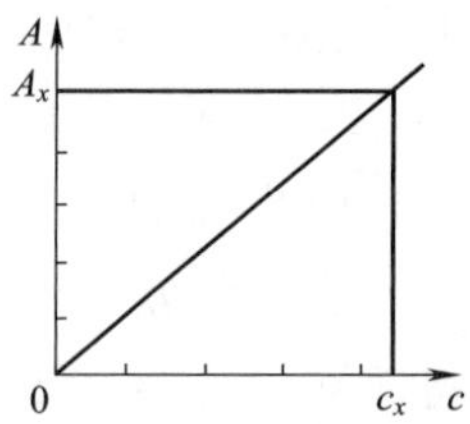

图 2-12　标准曲线法

当溶液对光的吸收服从朗伯比尔定律时,所绘制的 A-c 标准曲线应是一条通过坐标原点的直线。但在实际测定中常常出现标准

曲线在高浓度端向 c 轴弯曲的现象，即溶液偏离了朗伯比尔定律，其主要原因有以下几点。

(1) 由于单色光不纯引起偏离朗伯比尔定律应用条件之一就是必须使用单色光，否则将使 A 与 c 不成正比关系。假定在入射光束中含有 λ_1 和 λ_2 两种波长的光，其入射辐射光通量分别为 ϕ_{01}、ϕ_{02}，吸光物质在 λ_1 和 λ_2 处的摩尔吸光系数分别为 ε_1 和 ε_2。由于 ε 随波长的变化而变化，故 $\varepsilon_1 \neq \varepsilon_2$，以混合光照射溶液时，吸光度则为：

$$A = \lg \frac{\phi_{01} + \phi_{02}}{\phi_{01} \times 10^{-\varepsilon_1 bc} + \phi_{02} \times 10^{-\varepsilon_2 bc}} \tag{2-12}$$

式中，b 为液层厚度。

显然可以看出，式中 A 与 c 不成直线关系。ε_1 和 ε_2 相差越大，即 λ_1 和 λ_2 之差越大，引起的偏差越大。当 $\lambda_1 = \lambda_2$ 时，入射光变为单色光，则 $\varepsilon_1 = \varepsilon_2$，$\phi_{01} = \phi_{02}$，上式则变为 $A = \varepsilon bc$，A 与 c 成正比，符合朗伯比尔定律。单色光的纯度高低取决于仪器色散系统的质量。

(2) 试液浓度过高引起偏离朗伯比尔定律应用的另一个条件就是必须是稀溶液。试液浓度过大时，吸光质点之间相互作用而产生缔合、凝聚等现象，使吸光质点减少，A 下降而产生偏差。

标准曲线法适于大批同种样品的分析。

在用上述标准曲线法进行分析时，由于受到各种可变因素的影响，各点可能并不完全在一条直线上，这样画直线的任意性很大。在这种情况下，可以利用最小二乘法求出一条校准线来反映吸光度与浓度之间的正比关系，这条校准线称为回归直线。回归直线的数学表达式称为直线回归方程，其一般形式为：

$$y = bx + a \tag{2-13}$$

式中，y 代表指示量如吸光度；x 代表被测量如浓度；b 称为回归系数，即回归直线的斜率；a 为截距。

式 2-13 中的 a、b 值是利用最小二乘法求出的。所谓最小二乘法是根据微分学中的极值原理，通过对每次测量误差的平方求极小值，确定 a、b 值的方法。

设 x 的取值分别为 $x_1, x_2, \cdots, x_i, \cdots, x_n$，$y$ 的对应值分别为 $y_1, y_2, \cdots, y_i, \cdots, y_n$，则 a、b 值按下列公式求出：

$$\begin{aligned} a &= \frac{\sum x_i^2 \sum y_i - \sum x_i \sum x_i y_i}{n \sum x_i^2 - (\sum x_i)^2} \\ b &= \frac{n \sum x_i y_i - \sum x_i \sum y_i}{n \sum x_i^2 - (\sum x_i)^2} \end{aligned} \tag{2-14}$$

求出 a、b 值后，代入式(2-13)便得到直线回归方程。利用直线回归方程绘制出校准曲线，从曲线上查出待测量值。也可以将测得的 y 值代入回归方程，由方程求出被测量 x 值。

2. 混合多组分的测定

当混合多组分吸收峰互不重叠时，如图 2-13 所示，可分别在各组分的最大吸收波长处，按照单组分测定方法进行测定，求出各组分的浓度。

当混合多组分吸收峰相互重叠时，如图 2-14 所示，则应根据吸光度加和性原理，建立多元一次方程组，求解出各组分浓度。

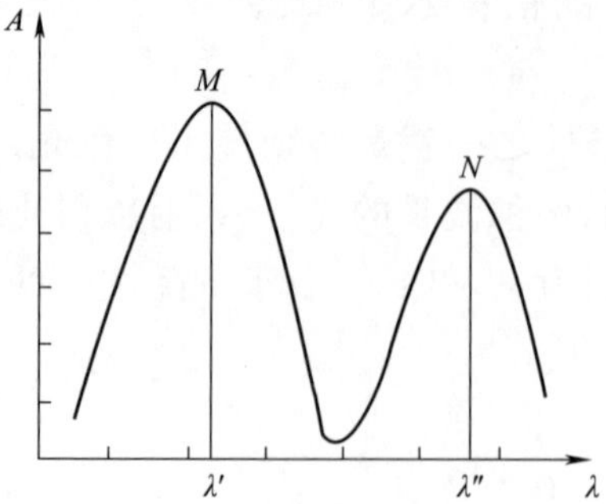

图 2-13　两组分吸收峰互不重叠

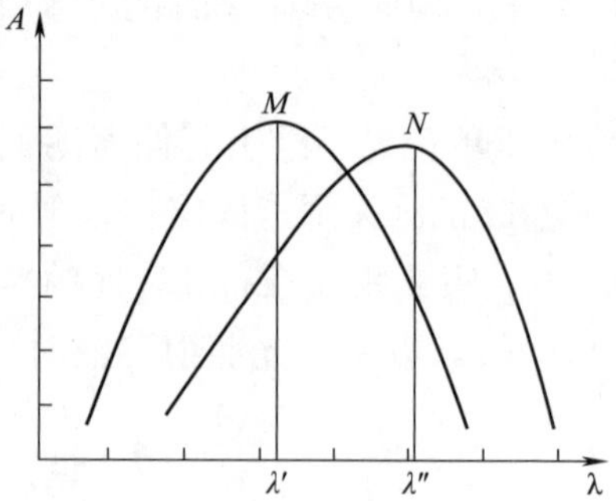

图 2-14　两组分吸收峰相互重叠

在图 2-14 所示的混合双组分情况中，组分 M 的最大吸收波长为λ'，组分 N 的最大吸收波长为λ''，在λ'处，M 的吸光度为 A'_M，N 的吸光度为 A'_N，在λ''处，N 的吸光度为 A''_N，M 的吸光度为 A''_M。根据吸光度加和性原理，在λ'处混合双组分的总吸光度 A'应等于 A'_M和 A'_N之和，而在λ''处混合试液的总吸光度 A''应等于 A''_N和 A''_M之和。由朗伯比尔定律可知：$A'_M=\varepsilon'_M c_M b$，$A'_N=\varepsilon'_N c_N b$，$A''_M=\varepsilon''_M c_M b$，$A''_N=\varepsilon''_N c_N b$，于是得到下列二元一次方程组：

$$\begin{cases} A' = \varepsilon'_M c_M b + \varepsilon'_N c_N b \\ A'' = \varepsilon''_M c_M b + \varepsilon''_N c_N b \end{cases} \tag{2-15}$$

式中，混合样品在λ'和λ''处的总吸光度 A'和 A''均从分光光度计上读取，吸收池厚度 b 为已知。而四个摩尔吸光系数可分别在λ'和λ''处用浓度已知的 M 和 N 的标准液测出。

将 A'、A''、b 以及四个 ε 代入式(2-15)，即可求出两组分的浓度 c_M 和 c_N。

显然，若样品中含有 n 种吸光性组分，它们的吸收光谱相互重叠时，就要在 n 个最大吸收波长处对混合样测定 n 次吸光度，并求出 n^2 个 ε，建立 n 元一次方程组，求解出 n 个组分的浓度。

第 3 章 拉曼散射光谱法

光散射是自然界常见的现象。当一束光照射到介质表面时，大部分的光被介质反射或透过介质，另一部分光被介质向四面八方散射。晴朗的天空呈蓝色，早晚东西方的天空中出现红色霞光，广阔的大海是一幅深蓝色的景象。早在 1871 年，这些现象已经用大气和海水对太阳光的瑞利散射予以圆满的解释。瑞利散射光的强度与波长有关，波长越短散射越强。太阳光是由各种波长的光组合而成的白色光。太阳光进入大气层，有较多短波长的蓝色光被散射而布满天空，有较多长波长的红光进入地球表面。因此，中午的天空呈蓝色，而早晚人们看到的是掠过地球表面的光，含有较多长波长的红光而呈现红霞。当太阳光射入海水时，蓝色的光被海水散射而布满海水表层，而红色光射入较深的海中，所以海面呈深蓝色。1928 年，印度科学家拉曼（C. V. Raman）发现散射光中除有与入射光频率相同的瑞利散射线外，还有频率大于或小于入射光频率的散射线的存在，这种散射现象称为拉曼散射。拉曼因发现和系统研究这种特殊的散射而获得 1930 年诺贝尔物理学奖。由于拉曼散射信号的强度约为瑞利散射信号强度的 10^{-4}，因此难以观测。自新型激光光源引入拉曼光谱后，拉曼光谱出现了新的局面，已广泛应用于有机、无机、高分子、生物、环保等各个领域，成为重要的分析工具。近十几年又发展了傅里叶变换激光拉曼光谱仪、微区或显微激光拉曼光谱仪，使激光拉曼散射光谱法在材料结构研究中的作用与日俱增。

拉曼散射效应是光与物质分子作用下产生的联合散射现象。当高频率的单色激光束辐射到物质分子上时，它和电子发生较强烈的作用，使电子云相对原子核位置产生波动变化，如果在物质分子中诱导了振动偶极矩，那么分子就被极化了。如果这种振动偶极矩集合体以入射激光的频率 f_0 向所有方向散射光，在这一过程中，光子没有得失能量，其能量仍然是 hf_0，这一过程称为瑞利散射，瑞利散射被看作分子和光子间的弹性碰撞，它是分子体系中最强的光散射现象。碰撞的第二种类型是非弹性碰撞，小部分的散射光的频率和入射光的频率不一样，光子从分子中得到或失去能量，这种散射光的能量为 $h(f_0-f_1)$ 或 $h(f_0+f_1)$，失去或得到的能量 hf_1 相当于振动能量。由此可见，散射光的能量与入射光的频率 f_0 有关，但与瑞利线的能量 hf_0 的差 hf_1 是一个常数，称为拉曼位移，相当于振动能级。f_0-f_1 称为斯托克斯线，f_0+f_1 称为反斯托克斯线。位于瑞利线低频一侧的斯托克斯线通常只有瑞利线的 10^{-5} 数量级的强度，这主要是因为电子与核的相互作用很弱；由玻尔兹曼能量分布定律知道，处于振动基态 f_0 的分子数目比处于激发态 f_1 的分子多，所以斯托克斯线的强度又较高于反斯托克斯线的强度。拉曼光谱记录的是入射频率位移的斯托克斯线。

拉曼光谱和红外吸收光谱都反映了分子振动的信息，但其原理却有很大差别：红外吸收光谱是吸收光谱，而拉曼光谱是散射光谱。红外吸收光谱的信息是从分子对入射电磁波的吸收得到的，而拉曼光谱的信息是从入射光与散射光频率的差别得到的。

3.1 拉曼散射光谱的基本概念

3.1.1 瑞利散射、拉曼散射及拉曼位移

拉曼光谱为散射光谱。当辐射能通过介质时，引起介质内带电粒子的受迫振动，每个振动着的带电粒子向四周发出辐射就形成散射光。如果辐射能的光子与分子内的电子发生弹性碰撞，光子不失去能量，则散射光的频率与入射光的频率相同。当光子与分子内的电子碰撞时，光子有一部分能量传给电子，则散射光的频率与入射光的频率不等。1871 年，瑞利发现，当频率为 f_0 的光照射到样品时，除被吸收的光之外，大部分光沿入射方向透过样品，有一部分被散射，散射光与入射光的频率相同，这种散射就称为瑞利散射。1928 年，拉曼发现，除瑞利散射外，还有一部分散射光的频率和入射光的频率不同，这些散射光对称地分布在瑞利光的两侧，其强度比瑞利光弱得多，这种散射称为拉曼散射，拉曼散射的概率极小，最强的拉曼散射也仅占整个散射光的千分之几。

当一束频率为 f_0 的入射光通过气体、液体或透明晶体样品后，除了被吸收的光之外，大部分沿入射方向穿过样品或反射，有一小部分光则改变方向，发生散射。散射线有与入射线波长相等的散射光线，也有波长大于或小于入射线的散射光线。一部分散射光的波长与入射光波长相同（散射光的强度与波长的四次方成反比，这是瑞利散射定律，瑞利当时并没有考虑到散射光的频率变化。他认为散射光与入射光的频率是相同的），称为瑞利散射。所以后来把与入射光波长相同的散射称为瑞利散射，而把波长与入射光不同的散射称为拉曼散射。

在拉曼散射中，若光子把一部分能量传递给样品分子，得到的散射光能量减少，在垂直方向测量到的散射光中，可以检测频率为（$f_0-\frac{\Delta E}{h}$）的线，称为斯托克斯线，如图 3-1 所示，如果它是红外活性的话，$\frac{\Delta E}{h}$的测量值与激发该振动的红外频率一致。相反，若光子从样品分子中获得能量，在大于入射光频率处接收到散射光线，则称为反斯托克斯线。处于基态的分子与光子发生非弹性碰撞，获得能量到激发态可得到斯托克斯线；反之，如果分子处于激发态，与光子发生非弹性碰撞就会释放能量而回到基态，得到反斯托克斯线。

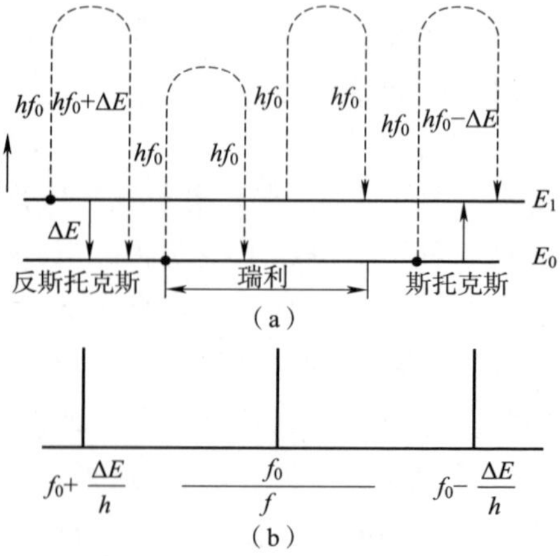

图 3-1 瑞利散射和拉曼散射的能级图（a）及散射效应示意图（b）

斯托克斯线或反斯托克斯线与入射光频率之差称为拉曼位移或拉曼频移位移。拉曼位移的大小和分子的跃迁能级差一样。因此，对应于同一分子能级，斯托克斯线与反斯托克斯线的拉曼位移应该相等，而且跃迁的概率也应相等。但在正常情况下，由于分子大多数是处于基态，测量到的斯托克斯线强度比反斯托克斯线强得多，所以在一般拉曼光谱分析中，都采用斯托克斯线研

究拉曼位移。即散射光的频率等于入射光的频率减去两振动能级的频率差,用数学式表达即为$f_{scatter}=f_0-f$,也就是说,拉曼散射光的频率小于瑞利散射的频率($f_{scatter}<f_0$),即散射光波长大于瑞利散射的波长($\lambda_{scatter}>\lambda_0$),称为斯托克斯线。拉曼位移的大小与入射光的频率无关,只与分子的能级结构有关,其范围为25~4 000 cm^{-1},因此入射光的能量应大于分子振动跃迁所需能量,小于电子能级跃迁的能量。

3.1.2 拉曼光谱选择定律和选择定则

拉曼散射光谱也同红外吸收光谱一样,遵守$\Delta E=hf$的光谱选择定律。

红外吸收要服从一定的选择定则,即分子振动时只有伴随分子偶极矩发生变化的振动才能产生红外吸收。同样,在拉曼光谱中,分子振动要产生位移也要服从一定的选择定则,也就是说只有伴随分子极化度,发生变化的分子振动模式才能具有拉曼活性,产生拉曼散射。极化度是指分子改变其电子云分布的难易程度,因此只有分子极化度发生变化的振动才能与入射光的电场$\boldsymbol{E}$相互作用,产生诱导电偶极矩

$$\boldsymbol{P}=\alpha\boldsymbol{E} \tag{3-1}$$

式中,$\boldsymbol{P}$为诱导电偶极矩;α为分子的极化率,一般情况下,分子极化率是各向异性的,是原子坐标的函数。因此,需要用一个张量(α_{ij})($i,j=x,y,z$)表示,于是式(3-1)可写成如下分量式

$$\begin{aligned}\boldsymbol{P}_x&=\alpha_{xx}\boldsymbol{E}_x+\alpha_{xy}\boldsymbol{E}_y+\alpha_{xz}\boldsymbol{E}_z\\\boldsymbol{P}_y&=\alpha_{yx}\boldsymbol{E}_x+\alpha_{yy}\boldsymbol{E}_y+\alpha_{yz}\boldsymbol{E}_z\\\boldsymbol{P}_z&=\alpha_{zx}\boldsymbol{E}_x+\alpha_{zy}\boldsymbol{E}_y+\alpha_{zz}\boldsymbol{E}_z\end{aligned} \tag{3-2}$$

写成矩阵形式为

$$\begin{matrix}\boldsymbol{P}_x\\\boldsymbol{P}_y\\\boldsymbol{P}_z\end{matrix}=\begin{matrix}\alpha_{xx}&\alpha_{xy}&\alpha_{xz}\\\alpha_{yx}&\alpha_{yx}&\alpha_{yz}\\\alpha_{zx}&\alpha_{zy}&\alpha_{zz}\end{matrix}\begin{matrix}\boldsymbol{E}_x\\\boldsymbol{E}_y\\\boldsymbol{E}_z\end{matrix} \tag{3-3}$$

与红外吸收光谱相似,拉曼散射谱线的强度与诱导偶极矩成正比。

分子的某一振动谱带是在红外吸收光谱中出现还是在拉曼光谱中出现,是由光谱的选择定则所决定的。光谱选择定则的直观说法是:若在某一简正振动中分子的偶极矩变化不为零,则是红外活性的,反之是红外非活性的;若某一简正振动中分子的感生极化率变化不为零,则是拉曼活性的,反之是拉曼非活性的;如果某一简正振动对应于分子的偶极矩和感生极化率同时发生变化,则是红外和拉曼活性的,反之是红外和拉曼非活性的。一般说来,对于具有中心对称的分子,红外吸收光谱和拉曼光谱是彼此排斥的,在红外吸收光谱中允许的跃迁(红外活性),在拉曼光谱中却是被禁阻的(拉曼非活性的);反之,在拉曼光谱中允许跃迁(拉曼活性)的在红外吸收光谱中却是禁阻(红外非活性)的。所以拉曼光谱常作为红外吸收光谱分析的补充技术,俗称"姊妹光谱"。

3.1.3 拉曼退偏振比

在多数吸收光谱中只具有两个基本参数(频率和强度),但在激光拉曼光谱中还有一个重要的参数,即退偏振比(也可称为去偏振度)。

由于激光是线偏振光，而大多数有机分子是各向异性的，在不同方向上的分子被入射光电场极化程度是不同的。在红外中只有单晶和取向的高聚物才能测量出偏振，而在激光拉曼光谱中，完全自由取向的分子所散射的光也可能是偏振的，因此一般在拉曼光谱中用退偏振比(去偏振度)表征分子对称性振动模式的高低。

$$C = \frac{I_{\perp}}{I} \tag{3-4}$$

式中，C 为退偏振比；$I_{\perp}$ 和 I 分别代表与激光电矢量相垂直和相平行的谱线的强度。

它表示了入射偏振光作用于分子后，拉曼散射光对于原来入射光退偏振的程度，也称极化系数，可以证明，$0 \leqslant C \leqslant \frac{6}{7}$。习惯上，把 $C = \frac{6}{7}$ 的拉曼谱线称为退偏振的，表示分子的对称振动模式较低；$0 < C < \frac{6}{7}$ 的谱线称为偏振的，表示分子有较高的对称振动模式；而 $C = 0$ 的拉曼谱线称为全偏振的。在拉曼光谱实验中，确定拉曼谱线的去偏振度 C 是很重要的，一般地说，用 C 值可以区分全对称和非对称振动方式，对于简单的分子，这个值可以帮助确定分子中原子的排布。现将有关的经验归纳如下：

(1)全对称振动方式具有高偏振的拉曼谱线，即小的 C 值。例如：对于极化率各向同性的全对称振动，电子云密度球形分布，如四面体(如 $SnCl_4$)和八面体(如 SF_6)的全对称振动方式有全偏振的拉曼谱线，$C = 0$；而对于极化率呈椭球分布的全对称振动，$0 < C < \frac{6}{7}$，如 CO_2 分子的全对称振动方式，$C < 0.2$；线性分子的全对称振动方式的 C 一般在 0.1 到 0.3。

(2)所有非对称的振动方式的拉曼谱线都是退偏振的，C 值等于或接近于 6/7。但是，单有 C 接近于 6/7 还不能完全确定一个振动是非对称的，因为全对称振动方式的 C 也有接近于 6/7 的情况。

(3)简并振动方式的拉曼谱线都是退偏振的。

(4)对于大的非对称分子，大多数振动模式的拉曼谱线在某种程度上是偏振的。

3.2 拉曼散射光谱

3.2.1 拉曼散射光谱图的意义

复合结构氧化铝阵列结构样品修饰 10^{-7}M、10^{-8}M、10^{-9}M、10^{-10}M、10^{-11}M 的 R6G 溶液所测得的拉曼光谱光谱图如图 3-2 所示，纵坐标为相对强度，横坐标是波数，它表示的是拉曼位移值(Δf)。拉曼光谱图中的拉曼位移是在入射光频率或瑞利散射光频率作为零时的相对频率作量度的，由于位移值相对应的能量变化对应于分子的振动和转动能级的能量差，所以同一振动模式的拉曼位移频率和红外吸收频率相等。因此，无论用多大频率的入射光照射某一样品，记录的拉曼谱带都具有相同的拉曼位移值。

3.2.2 拉曼散射光谱的特点

(1)每一种物质(分子)有自己的特征拉曼光谱，因此可以作为表征这一物质之用。

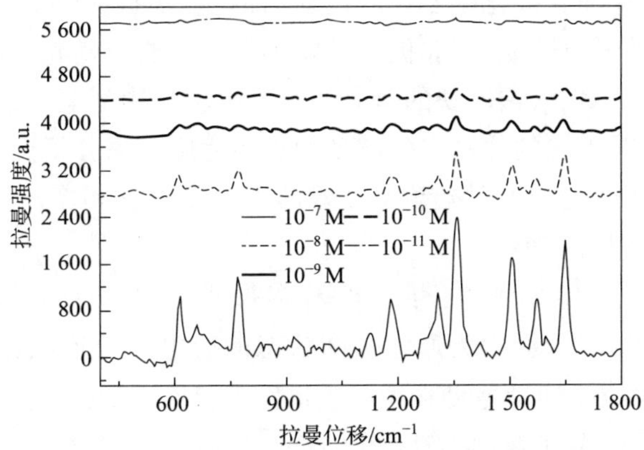

图 3-2 复合结构氧化铝阵列结构在不同浓度(R6G)修饰下的拉曼光谱图

(2)每一物质的拉曼频率位移(即入射频率与散射频率之差)与入射光的频率无关。拉曼散射是瞬时的,即入射光消失时,拉曼散射在 $10^{-11}\sim10^{-12}$ s 后消失。

(3)拉曼谱线的线宽一般较窄,并且成对出现,即具有数值相同的正负频率差。在短于入射光波长一边的称为反斯托克斯线,在长波长一边的称为斯托克斯线。

(4)拉曼频率位移的数值可从几个波数(cm^{-1})到 3 800 个波数,拉曼谱线尖锐,分辨率高,对样品的要求低,用量少。

(5)一般的拉曼频率是分子内部振动或转动频率,有时与红外吸收光谱所得的频率部分重合,波数范围也是相同的。

(6)拉曼谱线的强度和偏振性质,对于各条谱线是不同的。

(7)量子理论说明拉曼效应为光子与分子发生非弹性碰撞而发生的,即

$$hf_0(\text{入射光子}) + M(\text{分子}) \rightarrow M'(\text{分子内部振动态变化}) + hf'_0(\text{散射光子})$$

$$f' = f_0 \pm f_R$$

$$M' = M \pm hf_R$$

hf_R 为分子内部运动的能级差,通常为振动能级差,有时也可为转动能级差或其他能级差。故斯托克斯线的强度与反斯托克斯线的强度比代表分子在基态与在第一激发态的布居数之比,这个比值是温度的函数,可由玻尔兹曼(Boltzmann)公式算出。温度越低则反斯托克斯线越弱。拉曼频率越小,则斯托克斯和反斯托克斯谱线的强度比越接近 1。

(8)在分子作拉曼散射的同时,还有比拉曼散射强几个数量级的瑞利散射,其波长与入射光的波长相同。

(9)拉曼效应普遍存在于一切分子中,无论是气体、液体或固体。

(10)其不足之处在于,激光光源可能破坏样品;荧光性样品测定一般不适用,需改用近红外激光激发,等等。

3.2.3 拉曼活性与红外活性

红外吸收和拉曼散射的频率都是分子振动的频率。但是,有红外吸收的分子振动是伴有瞬时偶极矩变化的振动(即红外活性振动),其吸收谱带的强度与偶极矩的变化成正比。而有

拉曼散射的分子振动则伴随着极化率变化的振动（即拉曼活性振动），其谱带强度与极化率有关。因此，极性基团红外吸收明显，而非极性基团则往往需要拉曼光谱加以补充。

分子极化率是分子的属性，它反映的是分子在光电场作用下电子移动的难易程度，也可以认为是分子中电子云相对于核的位置产生波动的难易程度。当分子振动引起分子极化率变化时，即产生拉曼散射。散射光与入射光频率之差即为分子振动频率。拉曼谱带的强度取决于平衡前后电子云形状差别的大小。

以线性三原子分子 CO_2 为例，它有 4 种基本振动方式，如图 3-3 所示，f_3 与 f_4 简并。f_1（1 340 cm^{-1}）为对称伸缩振动，因为通过平衡状态前后电子云形状（极化率）发生改变而具有拉曼活性（1 340 cm^{-1}拉曼活性振动在拉曼光谱图上是在 1 286 cm^{-1}和 1 388 cm^{-1}处出现两个相当强的谱带，这是 CO_2分子弯曲振动在 668 cm^{-1}的倍频 1 336 cm^{-1}处因与 1 340 cm^{-1}相近而发生费米共振引起的）。由于f_1 分子的偶极矩无变化，故红外非活性，红外吸收光谱中此频率无吸收。

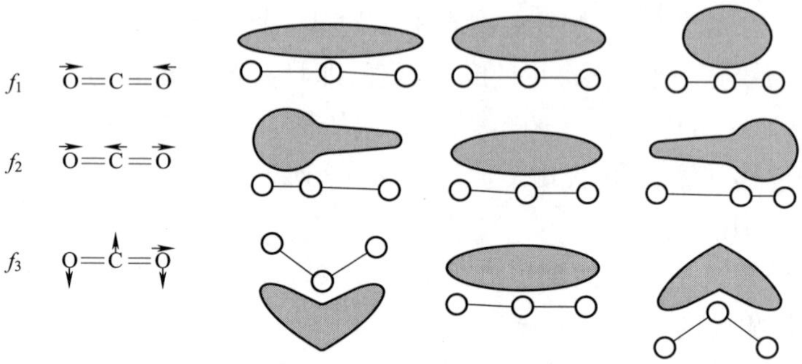

图 3-3　CO_2的基本振动方式

f_2（2 349 cm^{-1}）为反对称伸缩振动，f_3（668 cm^{-1}）为面内弯曲振动，f_4（668 cm^{-1}）为面外弯曲振动。它们通过平衡状态前后电子云形状（极化率）没有变化，故没有拉曼活性；但是它们的偶极矩发生变化，故有红外活性，在红外吸收光谱中的 2 349 cm^{-1}和 668 cm^{-1}处有吸收谱带。对于具有对称中心的分子，如果振动与其对称中心有关，则红外吸收光谱上无吸收谱带，而拉曼光谱上可见到谱带；如果振动与其对称中心无关，则红外吸收光谱上有谱带，而拉曼光谱上无谱带。这两种光谱互为补充，若分子振动时既有偶极矩的变化，又有极化率的变化，则谱带可在两种光谱上体现；如果红外吸收光谱中谱带较强（较弱），则相应的拉曼光谱的谱带就较弱（较强）。

3.2.4　拉曼散射光谱与红外吸收光谱比较

1. 相同点

红外吸收光谱法及拉曼光谱法的相同点在于，对于一个给定的化学键，其红外吸收频率与拉曼位移相等，均代表第一振动能级的能量。因此，对某一给定的化合物，某些峰的红外吸收波数与拉曼位移完全相同，红外吸收波数与拉曼位移均在红外光区，两者均反映分子的结构信息。

2. 不同点

（1）红外吸收光谱的入射光及检测光均是红外光，而拉曼光谱的入射光大多数是可见光，散射光也是可见光。红外吸收光谱测定的是光的吸收,横坐标用波数或波长表示,而拉曼光谱测定的是光的散射,横坐标是拉曼位移。

(2)两者的产生机理不同。红外吸收是由于振动引起分子偶极矩或电荷分布变化产生的。拉曼散射是由于键上电子云分布产生瞬间变形引起暂时极化,产生诱导偶极矩,当返回基态时发生的散射。散射的同时电子云也恢复到原态。

一般来说,分子的对称性越高,红外与拉曼光谱的区别就越大,非极性官能团的拉曼散射谱带较为强烈,极性官能团的红外谱带较为强烈。例如,在许多情况下,C ═C 伸缩振动的拉曼谱带比相应的红外谱带强烈,而 C ═O 的伸缩振动的红外谱带比相应的拉曼谱带更为显著。对于链状聚合物来说,碳链上的取代基用红外吸收光谱可以较容易地检测出来,而碳链的振动用拉曼光谱表征更为方便。

在具体的光谱分析中,多数有机物分子的对称性较低或者没有对称性,其振动基频在红外和拉曼中都是活性的。但由于有些振动模式的强度很弱,往往在实验上很难观测到,即有些振动模式虽然是红外或拉曼活性的,但在实验上很难观察到它的振动吸收带,这在光谱分析中必须注意。表 3-1 列出一些常见的化合物基团频率在红外吸收光谱和拉曼光谱中的强度比较。

表 3-1 常见的化合物基团振动频率在红外吸收光谱和拉曼光谱中的强度比较

振 动	波数范围/cm^{-1}	强 度		振 动	波数范围/cm^{-1}	强 度	
		Ram	IR			Ram	IR
v(O—H)	3 650 ~ 3 000	w	s	v(C ═S)	1 250 ~ 1 000	s	w
v(N—H)	3 500 ~ 3 300	m	m	$\delta(CH_2)$,$\delta_a(CH_3)$	1 470 ~ 1 400	m	M
v(C—H)	3 300	w	s	$\delta_a(CH_3)$	1 380	m ~ w	s ~ m
v(═C—H)	3 100 ~ 3 000	s	m	v(CC),芳香	1 600,1 580	s ~ m	m ~ s
v(—C—H)	3 000 ~ 2 800	s	s	—	1 500,1 450	m ~ w	m ~ s
v(—S—H)	2 600 ~ 2 500	s	w	v(CC),酯环和脂肪链	1 300 ~ 600	s ~ m	m ~ w
v(C ≡ N)	2 255 ~ 2 220	m ~ s	s ~ 0	v_a(C—O—C)	1 150 ~ 1 060	w	s
v(C ≡ C)	2 250 ~ 2 100	vs	w ~ 0	v_a(C—O—C)	970 ~ 800	s ~ m	w ~ 0
v(C ═O)	1 820 ~ 1 680	s ~ w	vs	v_a(Si—O—Si)	1 100 ~ 1 000	w ~ 0	vs
v(C ═C)	1 900 ~ 1 500	vs ~ m	0 ~ w	v_a(Si—O—Si)	550 ~ 450	vs	w ~ 0
v(C ═N)	1 680 ~ 1 610	s	m	v(O—O)	900 ~ 845	s	0 ~ w
v(N ═N),脂肪族	1 580 ~ 1 550	m	0	v(S—S)	550 ~ 430	s	0 ~ w
v(N ═N),芳香族	1 440 ~ 1 410	m	0	v(C—Cl)	800 ~ 550	s	s

注:δ 为弯曲振动;v_a为对称伸缩振动;v 为反对称伸缩振动;vs 为极强;s 为强;m 为中等;w 为弱;0 为很弱或非活性。

与红外吸收光谱相比,拉曼散射光谱应用具有下述优点:

(1)拉曼光谱是一个散射过程,因而任何尺寸、形状、透明度的样品,只要能被激光照射到,就可直接用来测量。由于激光束的直径较小,且可进一步聚焦,因而极微量样品都可测量。

(2)水是极性很强的分子,因而其红外吸收非常强烈。但水的拉曼散射却极微弱,因而水溶液样品可直接进行测量,这对生物大分子的研究非常有利。此外,玻璃的拉曼散射也较弱,因而玻璃可作为理想的窗口材料。例如,液体或粉末固体样品可放于玻璃毛细管中测量。

(3)对于聚合物及其他分子,拉曼散射的选择定则的限制较小,因而可得到更为丰富的谱带信息。S—S、C—C、C ═C、N—N 等红外较弱的官能团,在拉曼光谱中信号较为强烈。

3.3 拉曼散射光谱理论

3.3.1 拉曼散射的经典理论

按照经典电磁理论,光是由互相垂直的电场 $\boldsymbol{E}$ 和磁场 $\boldsymbol{H}$ 组成的电磁波,光的传播方向与电场 $\boldsymbol{E}$ 和磁场 $\boldsymbol{H}$ 垂直。电磁波频率,即光的频率,固定不变的光称为单色光。单色光与分子相互作用所产生的散射现象,可以用光波的电场与分子的相互作用来解释。根据电磁辐射的经典理论,单色入射光辐照到样品,使分子产生振荡的感生电偶极矩。这个振荡的感生偶极矩又可视为一个辐射源,发射出瑞利散射光和拉曼散射光。分子是由处于负电子云中且带正电荷的原子核组成,因此它可以被入射光的电场 $\boldsymbol{E}$ 极化而产生感生电偶极矩 $\boldsymbol{P}$。按照一级近似,当入射光不是很强时,感生电偶极矩 $\boldsymbol{P}$ 与分子极化率 α 以及电场强度 $\boldsymbol{E}$ 之间的近似关系为式 3-1 所示。

分子总是在振动,即各原子核在其平衡位置附近振动,因而分子的极化率 α 亦将随之发生变化,所以极化率 α 的各个分量可以按简正坐标展开成泰勒级数形式

$$\alpha_{ij} = (\alpha_{ij})_0 + \sum_k \left(\frac{\partial \alpha_{ij}}{\partial Q_k}\right)_0 Q_k + \frac{1}{2}\sum_{k,j}\left(\frac{\partial^2 \alpha_{ij}}{\partial Q_k \partial Q_l}\right)_0 Q_k Q_l + \cdots \tag{3-5}$$

式中,$(\alpha_{ij})_0$ 是分子在平衡位置的 α_{ij} 值,通常是不变的;$Q_k Q_l$ 是分子振动的简正坐标。一般情况下,式(3-5)中的第 3 项(二次项)及以后的各项(高次项)远小于第 2 项(一次项)。略去二次项及高次项,则有

$$\alpha_{ij} = (\alpha_{ij})_0 + \sum_k \left(\frac{\partial \alpha_{ij}}{\partial Q_k}\right)_0 Q_k \tag{3-6}$$

为简单起见,只考虑一个(第 k 个)简正振动,式(3-6)可简化为:

$$\alpha_{ij} = (\alpha_{ij})_0 + \left(\frac{\partial \alpha_{ij}}{\partial Q_k}\right)_0 Q_k$$

或者

$$\alpha_k = \alpha_0 + \alpha'_k Q_k$$

$$\alpha'_k = \frac{\partial \alpha_{ij}}{\partial Q_k} \tag{3-7}$$

假定分子的振动是简谐振动,则

$$Q_k = Q_{k0}\cos(2\pi f_k t + \delta_k) \tag{3-8}$$

式中,Q_{k0}是简正坐标的振幅;f_k 是分子的简正振动频率;δ_k 是相位因子。假定 $\delta_k = 0$,于是有

$$Q_k = Q_{k0}\cos 2\pi f_k t \tag{3-9}$$

按照经典电磁理论,单色光的电场可以写成

$$E = E_0 \cos 2\pi f_0 t \tag{3-10}$$

式中,E_0 是单色光电场的振幅;f_0 是单色光的频率。将式(3-7)至式(3-9)代入式(3-1)中(只考虑一个分量),可得:

$$\begin{aligned} P &= \alpha_0 E_0 \cos 2\pi f_0 t + \alpha'_k E_0 Q_{k0} \cos 2\pi f_0 t \cos 2\pi f_k t \\ &= \alpha_0 E_0 \cos 2\pi f_0 t + \alpha'_k E_0 \{\cos[2\pi(f_0 - f_k)]t + \cos[2\pi(f_0 + f_k)]t\}/2 \end{aligned} \tag{3-11}$$

式(3-11)说明分子的感生偶极矩 P 以三种频率发射辐射。第一项表示感生偶极矩以不

变频率 f_0 辐射，对应于瑞利散射，第二项和第三项分别表示感生偶极矩以频率(f_0-f_k)和(f_0+f_k)辐射，分别对应于拉曼散射的斯托克斯线和反斯托克斯线。

3.3.2　拉曼散射的量子理论

单色光与分子相互作用所产生的散射现象还可以用光量子（粒子）与分子的碰撞来解释。按照量子理论，频率为 f_0 的单色光可以视为具有能量为 hf_0 的光粒子，h 是普朗克常数。当光子 hf_0 作用于分子时，可能发生弹性和非弹性两种碰撞。在弹性碰撞过程中，光子与分子之间不发生能量交换，光子仅仅改变其运动方向，而不改变其频率。这种弹性散射过程对应于端利散射。在非弹性碰撞过程中，光子与分子之间发生能量交换，光子不仅改变其运动方向，同时还发生光子的一部分能量传递给分子，转变为分子的振动或转动能，或者光子从分子的振动或转动得到能量。在这两种过程中，光子的频率都发生变化。光子得到能量的过程对应于频率增加的反斯托克斯拉曼散射；光子失去能量的过程对应于频率减小的斯托克斯拉曼散射。

拉曼散射的量子理论能级图示如图 3-4 所示，处于基态 $E_{f=0}$的分子受入射光子 hf_0 的激发而跃迁到一个受激虚态。因为这个受激虚态是不稳定的能级（实际上是不存在的），所以分子立即跃迁到激发态 $E_{f=l}$，此过程对应于弹性碰撞，跃迁辐射的频率等于 hf_0，为瑞利散射线。处于虚态的分子也可能跃迁到激发态 $E_{f=l}$，此过程对应于非弹性碰撞，跃迁频率等于 $h(f_0-f)$，光子的部分能量传递给分子。为拉曼散射的斯托克斯线。类似的过程也可能发生在处于激发态 $E_{f=l}$的分子受入射光子 hf_0 的激发而跃到受激虚态，同样因为虚态是不稳定的而立即跃迁到激发态 $E_{f=l}$，此过程对应于弹性碰撞，跃迁频率等于 hf_0，为瑞利散射线。处于虚态的分子也可能跃迁到基态 $E_{f=0}$，此过程对应于非弹性碰撞，光子从分子的振动得到部分能量，跃迁频率等于 $h(f_0+f)$，为拉曼散射的反斯托克斯线。从图 3-4 可以看出，斯托克斯和反斯托克斯线与瑞利线之间的能量差分别为 $h(f_0-f)-hf_0=-hf$ 和 $h(f_0+f)-hf_0=hf$，其数值相等，符号相反。说明拉曼谱线对称地分布在瑞利线的两侧。同时也可以看出，$hf=E_{f=l}-E_{f=0}$，同红外吸收光谱的能级差相同。

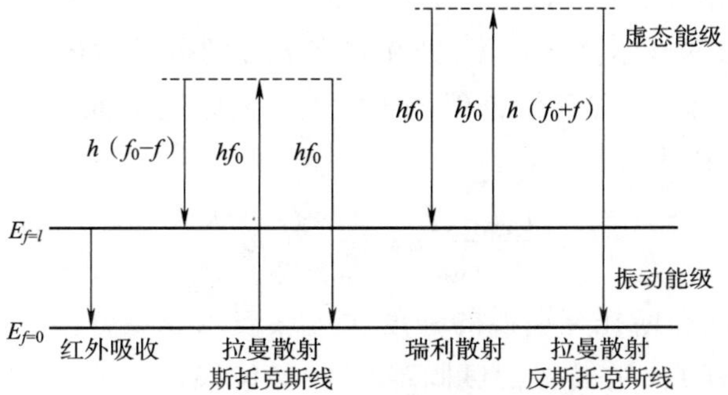

图 3-4　拉曼与瑞利散射的能级图

3.3.3　拉曼光谱的强度

在拉曼光谱的经典理论和量子理论讨论中，只述及分子对单色入射光的散射，可以产生频率不变的瑞利散射光和频率发生位移的拉曼散射光（斯托克斯线和反斯托克斯线），但未涉及散射光的强度。要计算拉曼散射光的强度,严格讲需要用到量子电动力学理论。根据经典理论能得到拉曼散射强度的结果,这里只对拉曼散射强度问题进行一下简要讨论。普拉克什克(Placzek)得到的斯托克斯和反斯托克斯拉曼谱线强度的公式为

$$I_{k,i,j}^{\text{斯托克斯}}=\frac{2\pi^2 h}{c}\times\frac{(f_0-f)^4}{f[1-\mathrm{e}^{-\frac{hf}{kT}}]}g_f\left(\frac{\partial\alpha_{ij}}{\partial Q_k}\right)_0^2$$

$$I_{k,i,j}^{\text{反斯托克斯}}=\frac{2\pi^2 h}{c}\times\frac{(f_0+f)^4}{f\mathrm{e}^{-\frac{hf}{kT}}}g_f\left(\frac{\partial\alpha_{ij}}{\partial Q_k}\right)_0^2 \tag{3-12}$$

式中,f_0 和 f 分别是激发线和拉曼位移频率(cm^{-1});T 是样品的热力学温度;c 是光速;h 是普朗克常数;g_f 是给定分子振动的简并度;$\frac{\partial\alpha_{ij}}{\partial Q_k}$是极化率张量分量 α_{ij}随简正坐标的变化;k 是玻尔兹曼常数。从式3-12 可以看出,拉曼散射的强度正比于极化率随简正坐标变化的散射频率$(f_0\pm f)^4$。显然,在分子振动过程中,极化率不变时,即$\frac{\partial\alpha_{ij}}{\partial Q_k}=0$,拉曼散射强度为零。表 3-2 列出不同温度和拉曼位移时反斯托克斯线和斯托克斯线的强度比。

表 3-2　$I_{\text{反斯托克斯}}/I_{\text{斯托克斯}}$与温度和拉曼位移的关系

拉曼位移/cm^{-1}	温度/K							
	100	300	500	700	900	1 100	1 300	1 500
200	0. 056	0. 383	0. 562	0. 663	0. 726	0. 769	0. 801	0. 825
400	0. 003	0. 147	0. 316	0. 439	0. 528	0. 593	0. 642	0. 681
800	0. 000	0. 022	0. 100	0. 193	0. 278	0. 351	0. 413	0. 464
1 600	0. 000	0. 000	0. 010	0. 037	0. 077	0. 123	0. 170	0. 216
3 200	0. 000	0. 000	0. 000	0. 001	0. 006	0. 015	0. 029	0. 046

如图 3-4 所示,斯托克斯线对应于处在基态 $E_{f=0}$的分子受入射光激发跃迁到虚态后,再跃迁到激发态 $E_{f=l}$,而反斯托克斯线对应于处在激发态 $E_{f=l}$的分子受入射光激发跃迁到虚态后,再跃迁到基态 $E_{f=0}$。根据玻尔兹曼定律,处在基态 $E_{f=0}$的分子数比处在激发态 $E_{f=l}$的分子数多,遵从玻尔兹曼分布。因此,斯托克斯线的强度大于反斯托克斯线。由式(3-12)得到反斯托克斯和斯托克斯的强度比为:

$$\frac{I_{\text{反斯托克斯}}}{I_{\text{斯托克斯}}}=\frac{(f_0+f)^4}{(f_0-f)^4}\mathrm{e}^{-\frac{hf}{kT}} \tag{3-13}$$

可见,反斯托克斯线和斯托克斯线的强度比遵从玻尔兹曼分布定律,是热力学温度的函数,同时还与拉曼位移有关。在样品温度固定时,拉曼位移f_0-f越大,$I_{\text{反斯托克斯}}/I_{\text{斯托克斯}}$越小,在固定拉曼位移时,样品的热力学温度越高,$I_{\text{反斯托克斯}}/I_{\text{斯托克斯}}$越大。可以利用这一规律测定火焰的温度。

3. 3. 4　振动自由度的确定

对分子中每个原子运动的分析可以得到每个分子的振动自由度。每个原子的运动可以用固定坐标系的直角坐标 x,y,z 表示。于是,如果分子中有 N 个原子,就需要 $3N$ 个坐标来描述

他们的运动，即有 $3N$ 个自由度。但是，我们要研究的是这个系统的振动，所以对该系统的整体平动不感兴趣。平动是可以用质心的三个坐标描述的。所以用 $3N-3$ 个坐标就足以固定所有的 N 个原子相对于质心的相对位置。相对于质心的运动还包括转动。单转动，即该系统在空间的取向，一般说来也可以用三个坐标来描述。如此说来，分子的三个平动和三个转动自由度对分子的振动没有贡献，于是，只要用 $3N-6$ 个坐标就能描述 N 个原子的全部相对运动，即振动，或者说分子有 $3N-6$ 个振动自由度。对于线形分子，只要两个坐标就可以固定其空间取向，所以线形分子有 $3N-5$ 个振动自由度。用简正坐标表示的振动是相互独立的。用简正坐标表示振动，称简正振动式。每个简正振动称简正振动模式。以上的讨论没有考虑分子的对称性及其所属对称点群。简正振动分析表明，对于属于某一对称点群的分子，其某些简正振动模式可能是简并的，即有两个或三个简正振动模式具有一个共同的频率，称二重或三重简并的。对于这类分子所能观察到的基频数目要小于 $3N-6$（或 $3N-5$）。

3.3.5 互不相容原理

对于具有对称中心的分子，在红外吸收光谱中是允许跃迁（红外活性）的，但在拉曼光谱中却是被禁阻的（拉曼非活性的）；反之，在拉曼光谱中是允许跃迁（拉曼活性的）的，在红外吸收光谱中却是被禁阻（红外非活性的）的。对于具有对称中心的分子，这种在红外和拉曼光谱中光谱活性互相排斥的定则，称为互不相容原理。必须指出，具有对称中心的分子，并不意味着在拉曼光谱（或红外吸收光谱）中被禁阻的所有跃迁都会在红外吸收光谱（或拉曼光谱）中出现。这是因为有些跃迁可能在两种光谱中都是被禁阻的。还有，一些跃迁虽然在某一种光谱中是允许的，但其强度非常微弱，以致检测系统无法检测到如此弱的光谱信号，也是可能的。

一切没有对称中心的分子，或者对称性很低的分子，例如绝大多数有机化合物，都有一些既能在红外吸收光谱中出现，又能在拉曼光谱中出现的跃迁。

3.4 拉曼光谱实验技术

3.4.1 仪器组成

拉曼光谱仪的基本组成有激光光源、外光路系统和样品池、单色器、检测记录系统四大部分。其工作原理如图 3-5 所示，具体说明如下。

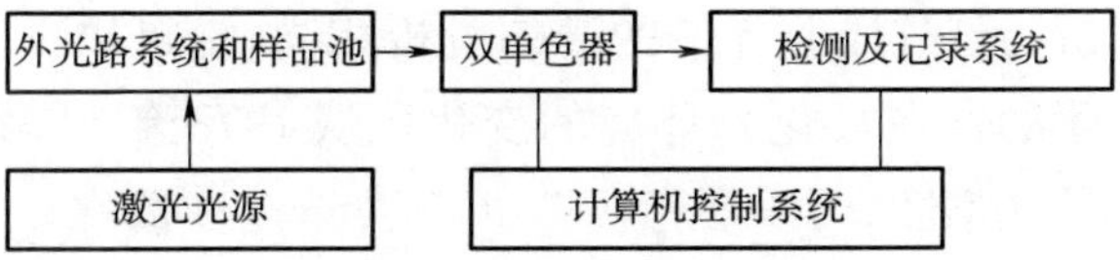

图 3-5 激光拉曼光谱仪方框图

（1）激光光源

激光是一种光源，它能发射出可见、红外、紫外等波长的光。普通光源是原子或分子自发辐射产生的，而激光光源是原子或分子受激辐射产生的，与普通光源相比，激光光源有其突出的特点，非常适用于拉曼光谱。激光一出现，很快就代替了早期拉曼光谱使用的汞灯光源，使拉曼谱线变得简单、利于解析,也使拍摄光谱时间大大缩短,常常是几分钟甚至几秒钟即可完成。而且由于激光是偏振光,使去偏振度的测量变得较为容易。

拉曼光谱中最常用的激光器有氦氖(He-Ne)激光器,它发出波长为632.8 nm的激光,另外还有氩离子(Ar^+)激光器,发出波长为488.0 nm、496.5 nm和514.5 nm的激光。

(2)外光路系统和样品池

包括激光器以后,单色器以前的一系列光路,为了分离所需的激光波长,最大限度地吸收拉曼散射光,采用了多重反射装置。为了减少光热效应和光化学反应的影响,拉曼光谱仪的样品池多采用旋转式样品池。

(3)单色器

常用的单色器是由两个光栅组成的双联单色器,或由三个光栅组成的三联单色器,其目的是把拉曼散射光分光并减弱杂散光。

(4)检测及记录系统

样品产生的拉曼散射光,经光电倍增管接收后转变成微弱的电信号,再经直流放大器放大后,即可由记录仪记录下清晰的拉曼光谱图。

3.4.2 样品的处理方法

拉曼样品制备较红外简单,气体样品可采用多路反射气槽测定;液体样品可装入毛细管中或多重反射槽内测定;单晶、固体粉末可直接装入玻璃管内测试,也可配成溶液,由于水的拉曼光谱较弱、干扰小,因此可配成水溶液测试。特别是测定只能在水中溶解的生物活性分子的振动光谱时,拉曼光谱优于红外吸收光谱。而对有些不稳定的、贵重的样品,则可不拆密封,直接用原装瓶测试。

为了提高散射强度,样品的放置方式非常重要。气体样品可采用内腔方式,即把样品放在激光器的共振腔内。液体和固体样品是放在激光器的外面。在一般情况下,材料粉末样品可装在玻璃管内,也可压片测量。

3.5 拉曼光谱的应用及其新技术

3.5.1 拉曼光谱的应用

拉曼光谱的谱图解析与红外吸收光谱的谱图解析相同,也可以由基团的特征频率及其位置的变化来判断各类基团的存在与化学环境的变化。从1973年起,美国Sadtler研究实验室开始编辑出版标准的拉曼光谱图,可供参考。

拉曼光谱不仅可以像红外吸收光谱一样用于有机化合物的结构分析,而且还可以用于无机化合物及配合物的结构分析。

(1)研究高聚物的结构。拉曼光谱可用于研究高聚物的构型、构象、立体规整性以及溶液中聚合物的链运动,还可用于研究聚合物的降解以及化学反应机理。

(2)生物化学的研究。为了尽可能地接近生物体环境,一般都是在水溶液中研究生物大分子。水分子的红外吸收谱带太强,而拉曼光谱很弱,因此,常用拉曼光谱来进行生物化学的研究。目前已用拉曼光谱测定了多肽、蛋白质、核酸和生物膜等生物物质的结构，如已经测定了蛋白质分子的二级结构。

(3)环境科学的研究。利用拉曼光谱对大气污染进行研究有特殊的效果。例如，利用强脉冲激光通过发射望远镜照射有毒有害气体，用接收望远镜接收拉曼散射信号，经过处理后，用电子计算机分析可测得大气污染成分等。如 1 887 cm^{-1}(NO)，1 744 cm^{-1}(CH_2O)，1 150.5 cm^{-1}(SO_2)，2 610.8 cm^{-1}(H_2S)等。激光拉曼光谱对于防化方面的研究在国防上也有重要的意义。

此外，非线性拉曼效应、超拉曼效应、逆拉曼效应、受激拉曼效应等的发现大大拓展了拉曼光谱的应用范围。例如，逆拉曼光谱可提供在 10^{-8} ~ 10^{-11} s 时间内记录下拉曼光谱的方法，从而有利于我们研究只具有极短寿命的物质结构。

3.5.2　拉曼光谱实验新技术

1. 共振拉曼效应

在正常的拉曼光谱实验中，使用的激发线波长远离化合物的电子吸收光谱带。当改变激发线的波长并使之接近或落在化合物的电子吸收光谱带内时，某些拉曼谱带的强度将大大增强，这种现象称为共振拉曼效应，它是电子态跃迁和振动态相偶合作用的结果。1953 年，Shorygin 首次在实验上观察到共振拉曼效应。

激发线的频率(能级)和电子跃迁频率(能级)相一致，为共振拉曼散射。激发线的频率(能量)接近但还未超过分子的电子跃迁频率(能量)时，为预共振拉曼散射。激发线的频率(能量)远低于分子的电子跃迁频率(能量)时，为正常拉曼散射。

根据量子力学原理，拉曼散射强度正比于分子极化率张量的分量 α_{ij}，可以用电子和入射光的电场相互作用的半经典理论处理，计算的结果见式 3-14。

$$(\alpha_{ij})_{mn} = \frac{1}{h}\sum\left[\frac{(M_i)_{me}(M_j)_{en}}{f_e - f_0 + i\Gamma_e} + \frac{(M_j)_{me}(M_i)_{en}}{f_e + f_s + i\Gamma_e}\right] \tag{3-14}$$

式中，i,j 与 x,y,z 有关；f_0 是入射光的频率；f_e 是电子基态和激发态之间的跃迁频率(即吸收光谱频率)；f_s 是拉曼散射频率；$i\Gamma_e$ 是与 f_e 的带宽有关的阻尼项。分别用 m 和 n 表示分子的初态和终态，$(M_i)_{me}$和$(M_j)_{en}$分别是从初态 m 到激发态 e 和从激发态 e 到终态 n 沿 i,j 方向的偶极矩跃迁矩。h 是普朗克常数。当入射激光的频率 f_0 接近电子跃迁频率 f_e 时，式(3-14)中第一项的分母，$f_e - f_0 + i\Gamma_e$ 很小。于是第一项就趋于无穷大，此时第二项可略而不计。由于阻尼项 $i\Gamma_e$ 的存在，第一项的值很大，但不会趋于无穷大。所以在 f_e 接近或者等于 f_0 时，拉曼散射强度有很大的增强，即产生共振拉曼效应。通常共振拉曼效应较正常拉曼效应增强几个数量级。

在共振拉曼光谱中，只是由生色团或与生色团相连接基团的振动被有选择地增强，而与此无关的振动则不被增强。所以被共振拉曼效应增强的谱带数目一般要小于正常拉曼光谱的谱带数目。因此，从共振拉曼光谱可以得到有关生色基团的结构信息。由共振拉曼光谱可以得到在正常拉曼光谱中失去的，可能是更重要的分子结构信息。但是，在大多数情况下，从共振增强所得到的信息往往多于谱带变宽的损失。重要意义还在于共振拉曼光谱总是在很低的浓度下测试，这对于有色物和生物样品更为重要，因为低浓度测试可以避免激光对样品的破坏。

生物化学研究表明,很多生物样品的活性部位往往接近于生色基团,所以在研究生物物质的结构与功能之间的构效关系时,共振拉曼光谱特别有用。

2. 拉曼微探针及光导纤维拉曼探针

这是一种显微镜与拉曼光谱相结合的新技术。1993 年时其分辨率已可达到 18 μm,它可用于研究电极表面吸附物质的分布状况、表征半导体器件及微量分析等。可见光和近红外光在光导纤维有良好的传导性,能用于原位测定,如在人体内部诊断和监控病理变化,放射性废物的遥测等方面有许多应用。

3. 时间分辨及瞬态拉曼光谱

目前,傅里叶变换红外光谱-时间分辨拉曼光谱和反斯托克斯拉曼光谱的时间分辨可分别达到 10^{-7} s 和 10^{-15} s。步进扫描技术使其应用不断扩大,如在瞬态过程研究。

4. 表面增强拉曼散射

当一些分子被吸附在某些粗糙金属表面时,它们的拉曼光谱强度会增加 $10^4\sim10^6$ 倍。这种异常的拉曼散射增强现象被称为表面增强拉曼散射(surface enhanced Raman scattering, SERS)效应。SERS 是一种高灵敏度的拉曼光谱检测技术,能检测吸附在金属表面的单分子层和亚单分子层的分子,给出表面分子的结构信息。SERS 技术也可以用来研究分子的吸附动力学,利用测量 SERS 强度随时间变化的关系,能得到吸附速率常数等数据。SERS 在生物体系的研究中也有很多应用,因为大多数生物工程都是在界面上进行的,如一些酶催化的氧化还原反应就是在生物膜和水溶液界面上进行的,所以研究生物分子在界面的性质有很重要的意义。用 SERS 方法研究生物体系的优点是:它有很低的检测限($10^{-6}\sim10^{-5}$ mol/L),它能在水溶液中测量,且许多生物分子吸附到金属表面时可大大降低其荧光强度,提高拉曼光谱的质量。

当具有共振拉曼效应的分子吸附在粗糙化的金属表面时,其拉曼信号也能被增强 $10^4\sim10^6$ 倍,这种现象被称为表面增强共振拉曼散射(surface enhanced resonance Raman scattering, SERRS)效应。SERRS 常常被用于受荧光干扰的化合物的拉曼检测,当该化合物分子吸附到粗糙化的金属表面时,其荧光会被猝灭,很容易得到高质量的 SERRS 光谱。

5. 拉曼光谱其他应用技术

1)深度扫描技术

利用拉曼光谱仪的数字化显微共聚焦技术,可以检测一些复合材料的深度分布和材料性质。如图 3-6(a)所示的是某一复合材料,该复合材料上层是 2 μm 的 A 物质,下层是 B 物质,要检测 A、B 材料,就可以采用拉曼光谱仪共聚焦深度扫描技术,从样品的上层逐渐向下层进行深度扫描,检测结果见图 3-6(b)。从图 3-6(b)可知,上层 A 物质为聚丙烯,下层 B 物质为聚乙烯。

2)拉曼光谱仪的 mapping 检测技术

利用拉曼光谱仪的自动操作平台,可以检测样品表面物质分布情况。检测时先对被检测样品表面进行逐点扫描,然后选择特征拉曼谱线, 最后进行图像处理。拉曼光谱仪的 mapping 检测技术可应用于许多领域,如高分子材料的应力检测、催化剂表面的吸附情况等。例如,制药行业常常利用该检测技术鉴定药物的质量,因为某一药片上的药和辅药的分布不同将直接影响药片的药效。

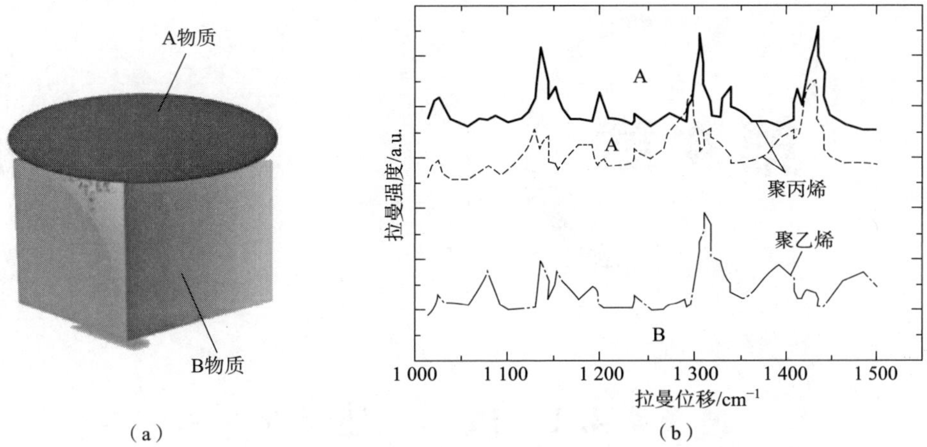

图3-6　复合材料示意图及深度扫描拉曼光谱

第4章 质谱分析法

4.1 概　　述

质谱分析法即质谱法,用电场和磁场将运动的离子(带电荷的原子、分子或分子碎片,有分子离子、同位素离子、碎片离子、重排离子、多电荷离子、亚稳离子、负离子和离子-分子相互作用产生的离子)按它们的质荷比分离后进行检测的方法。测出离子准确质量即可获得化合物的分子量、化学结构、裂解规律和由单分子分解形成的某些离子间存在的某种相互关系等信息。

1898 年,W. Wein 用电场和磁场使正离子束发生偏转时发现,电荷相同时,质量小的离子偏转得多,质量大的离子偏转得少。1913 年,J. J. Thomson 制成第一台质谱仪,并报道了氖气是由^{20}Ne和^{22}Ne两种同位素组成的。第一次世界大战后,质谱法及仪器有了进一步的提高,特别是 Aston 采用质谱法发现同位素并将质谱法应用于质量分析,于 1922 年获得诺贝尔奖。早期的质谱仪主要用来进行同位素测定和无机元素分析,到 20 世纪 30 年代中叶,用质谱法对大多数稳定同位素进行了鉴定并精确地测定了质量。

由于质谱法独特的电离过程及分离方式,从中获得的信息具有化学特性,直接与其结构相关,对各种物质分子结构的研究有重大意义。1942 年出现了用于石油分析的第一台商品质谱仪,并开始用于有机物分析,至 20 世纪 60 年代出现了气相色谱-质谱联用仪,使质谱仪的应用领域大大扩展,更加普遍地应用到有机化学和生物化学领域。

20 世纪 80 年代以后又出现了一些新的质谱技术,如快原子轰击电离源、基质辅助激光解吸电离源、电喷雾电离源、大气压化学电离源,以及随之而来比较成熟的液相色谱-质谱联用仪、感应耦合等离子体质谱仪、傅里叶变换质谱仪等,这些新的电离技术和新的质谱仪器使质谱分析又取得了长足的发展。

目前,质谱分析法已广泛地应用于化学、化工、材料、环境、地质、能源、药物、刑侦、生命科学、运动医学等各个领域。

4.2 质谱分析法的基本原理和基本过程

4.2.1 基本原理

质谱分析法是将样品分子置于高真空中($<10^{-3}$ Pa),并受到耐高速电子流或强电场等作

用,失去外层电子而生成分子、离子,或化学键断裂生成各种碎片离子,然后将分子离子和碎片离子引入一个强的正电场中,使之加速,加速电压通常用 6 ~ 8 kV,此时所有带单位正电荷的离子获得的动能都一样,即

$$qU = \frac{1}{2}mv^2 \tag{4-1}$$

由于动能达数千电子伏(eV),可以认为此时各种带单位正电荷的离子都有近似相同的动能。但是,不同质荷比的离子具有不同的速度,利用离子不同质荷比及其速度差异,质量分析器可将其分离,然后由检测器测量其强度。记录后获得一张以质荷比为横坐标,以相对强度为纵坐标的质谱图。

4.2.2 基本过程

质谱分析法大致可以分为以下 4 个步骤:

(1)通过合适的进样装置将样品引入并进行气化;

(2)将气化后的样品引入离子源进行电离,即离子化过程;

(3)将电离后的离子经过适当的加速后进入质量分析器,按不同的质荷比进行分离;

(4)经检测、记录,获得一张质谱图。根据质谱图提供的信息,可以进行无机物和有机物定性与定量分析、复杂化合物的结构分析、样品中同位素比的测定以及固体表面的结构和组成的分析等。

质谱分析的 4 个环节中核心步骤是实现样品的离子化,不同的离子化过程降解反应的产物也不同,因而所获得的质谱图也随之不同,而质谱图是质谱分析的依据。

4.3 质 谱 仪

4.3.1 质谱仪的构造

质谱仪主要由高真空系统、进样系统、离子源、质量分析器、离子检测器及记录系统组成,如图 4-1 所示。

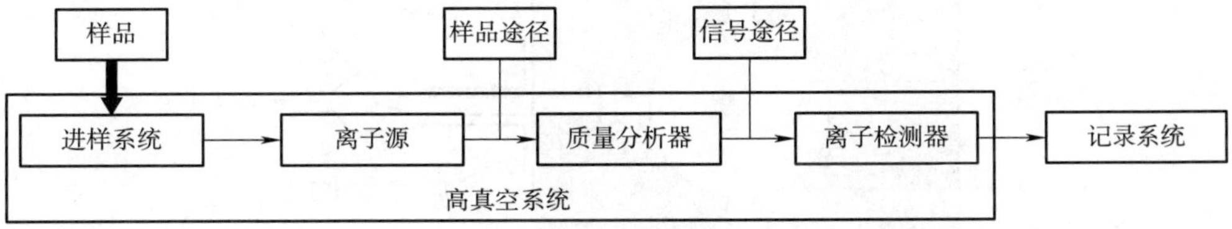

图 4-1 质谱仪构造框图

质谱仪的离子源、质量分析器及离子检测器必须处于高真空状态,其中离子源的真空度应达 10^{-3} ~ 10^{-5} Pa,质量分析器中应达到 10^{-6} Pa。若真空度过低,会造成离子源灯丝损坏、分析本底增高、副反应过多使图谱更复杂、干扰离子源的调节、加速电压放电等问题。一般质谱仪都采用机械泵预抽真空后,再用高效率扩散泵连续地运行以保持真空。现代质谱仪采用分子泵以获得更高的真空度。

4.3.2 质谱仪的工作原理

1. 高真空系统

为了保证离子源中灯丝的正常工作,保证离子在离子源和分析器中的正常运行,消减不必要的离子碰撞、散射效应、复合反应和离子-分子反应,减小本底与记忆效应,质谱仪中的离子源和分析器一般都需要在高真空中运行。

质谱仪的真空系统一般由机械真空泵和扩散泵或涡轮分子泵组成。机械真空泵能达到的极限真空度一般为1 Pa,不能满足要求,还需要高真空泵。扩散泵是常用的高真空泵之一,其性能稳定可靠,但是启动慢,从停机状态到仪器正常工作状态所需的时间长。涡轮分子泵则相反,启动速度快,但是使用寿命不如扩散泵长。当前,由于涡轮分子泵使用方便,没有油的扩散污染问题,所以涡轮分子泵有取代扩散泵的趋势。通常来说,涡轮分子泵直接与离子源或质量分析器相连,抽出的气体再由机械真空泵排到系统之外。

2. 进样系统

进样系统的目的是高效重复地将样品引入离子源中并且不能造成真空度的降低。固体和沸点较高的液体样品可通过进样推杆送入离子源并在其中加热汽化,低沸点样品在贮气器中汽化后再进入离子源,气体样品可经贮气器进入离子源。

目前常用的进样装置有:间歇式进样系统、直接探针进样系统、色谱进样系统、高频电感耦合等离子体进样系统。一般质谱仪都配有前两种进样系统以适应不同的样品需要。

间歇式进样系统可用于气体、液体和中等蒸气压的固体样品的进样。通过可拆卸的试样管将少量固体或液体试样引入试样贮存器中,并通过进样系统的低压(通常为0.13~1.3 Pa)和贮存器的加热装置使试样保持气态,如图4-2所示。由于进样系统的压强比离子源的压强大,样品离子可通过分子漏隙(图4-2中的小孔)以分子流的形式渗透进入高真空的离子源中。

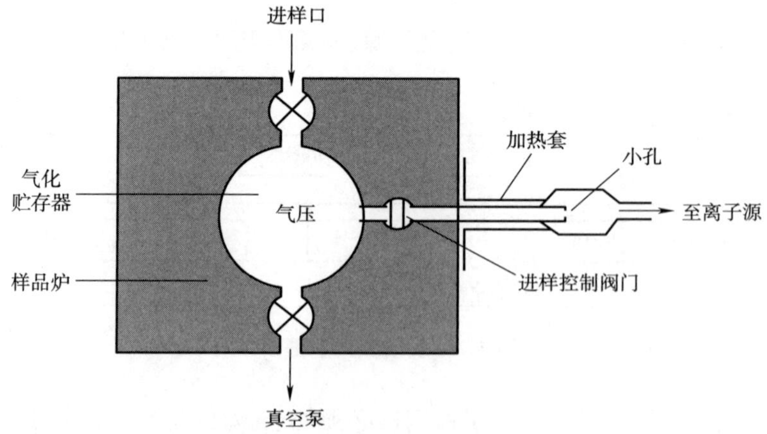

图4-2 间歇进样系统示意图

对于那些在间歇式进样系统的条件下无法变成气体的固体、热敏性固体及非挥发性液体试样,可用探针将其直接引入离子源中。探针是一直径为6 mm、长25 cm的不锈钢杆、其末端有盛放样品的石英毛细管或小黄金坩埚，然后将其插入电离室，探针上的加热丝使其升温挥发，可使电离室中样品的蒸气压达到 10^{-4} Pa 左右。

直接进样法使质谱法的应用范围迅速扩大，可使许多少量且复杂的有机化合物、有机金属化合物得到有效的分析，如糖、低摩尔质量聚合物等。

3. 离子源

离子源是质谱仪的核心部分之一，相当于光谱仪上的光源，其作用是提供能量将分析样品电离，形成各种不同质荷比离子的场所。电离方式不同，质谱图的差别会很大。并且不同样品在离子化时，需要的能量和条件都不同，需要采用不同的离子源，目前有机质谱仪可供选择的离子源种类很多，常用的有：电子轰击电离源、化学电离源、快原子轰击电离源、场致电离源、场解吸电离源、电喷雾电离源、大气压化学电离源、基质辅助激光解吸电离源等。离子源中得到的离子一般是单电荷离子，有时也有少量的多电荷离子。

1）电子轰击离子源

电子轰击离子源（electron ionization，EI）是应用最为广泛的离子源，它主要适用于易挥发有机样品的电离，优点是工作稳定可靠，结构信息丰富，有标准质谱图可以检索；缺点是只适用于易气化的有机物样品分析，并且可测定的相对分子质量有限，一般小于 1 000。由离子化区和粒子加速区组成，其结构如图 4-3 所示。

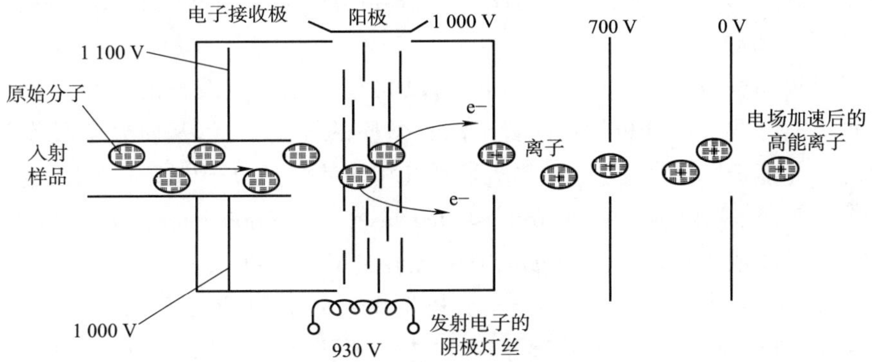

图 4-3 电子轰击离子源示意图

以气体形式进入离子源的样品，与由灯丝发出的高能电子束发生碰撞，使样品分子分离。一般情况下，灯丝与接收极之间的电压为 70 V，此时电子的能量为 70 eV。目前，所有的标准质谱都是在 70 eV 下做出的，在 70 eV 电子碰撞作用下，有机物分子可能被打掉一个电子形成分子离子，也可能会发生化学键的断裂形成碎片离子。由分子离子可以确定化合物分子质量，由碎片离子可以得到化合物的结构。形成的正离子在两极加速电压的作用下，穿过电极中心的狭缝，并经过狭缝的准直作用，以较高的最后能量进入质量分析器。

2）化学电离源

在质谱中可以获得样品的重要信息之一就是分子质量，而对于一些稳定性差的化合物，用 EI 方式不易得到分子离子，因而也就得不到分子质量。为了得到分子质量可以采用化学电离源（chemical ionization，CI）。化学电离源是通过分子-离子反应使样品电离，因此化学电离源需要使用反应气体，常用的反应气体有甲烷、氢、氮、CO 和 NO 等，反应气体的量比样品气体要大得多。灯丝发出的电子首先将反应气体电离,然后反应气体离子与样品分子进行离子-分子反应,并使样品气体电离。

化学电离源一般在 $1.3\times10^2 \sim 1.3\times10^3$ Pa 压强下工作,反应气体与样品气体(M)通过电离和离子-分子反应,生成比样品分子多一个 H 或少一个 H 的离子,由 M + H 离子或 M − H 离子等准分子离子可方便得到 M 的准确分子质量。由于化学电离源产生了复杂的离子-分子反应,产生了许多样品分子中没有的碎片,所以 CI 得到的质谱不是标准质谱,不能进行库检索。化学电离源适于高相对分子质量及不稳定化合物的分析,它具有谱图简单、灵敏度高等特点;缺点是碎片多,可提供的结构信息少。

CI 和 EI 在结构上差别不大,主体部件是共用的,主要差别是 CI 源工作过程中要引进一种反应气体,可以是甲烷、异丁烷、氨等。

3)场致电离源

场致电离源由电压梯度约为 $10^7 \sim 10^8$ V/cm 的两个尖细电极组成,流经电极之间的样品分子由于价电子的量子隧道效应而发生电离,电离后被阳极排斥出离子室并加速经过狭缝进入质量分析器。场致电离源所用的电极是经过特殊处理的电极,电极表面呈多尖阵列的微探针电极,其电离效率比普通电极高几个数量级。

场致电离源是一种温和的技术,产生的碎片少。结构分析中,往往最好同时获得场致电离源、化学电离源和电子轰击离子源的质谱图,从而获得分子质量和分子结构的信息。

4)激光解吸电离源

激光解吸电离源(laser desorption ionization,LDI)是利用一定波长的脉冲式激光照射使样品电离的一种电离方式。被分析的样品置于涂有基质的样品靶上,基质分子吸收并传递照射在样品靶上的激光能量,与样品分子一起蒸发到气相并使样品分子电离。因此,这种电离源通常称为基质辅助激光解吸电离源(matrix assisted laser desorption ionization,MALDI)。MALDI 特别适合于飞行时间质谱仪(time of flight,TOF),组成 MALDI-TOF。

MALDI 属于软电离技术,它比较适合于分析生物大分子,如蛋白质、核酸等。得到的质谱主要是分子离子、准分子离子,而碎片离子和多电荷离子较少。MALDI 常用的基质有 2,5-二羟基苯甲醛、芥子酸、α-氰基-4-羟基肉桂酸等。

4. 质量分析器

在离子源中生成,经加速电压加速后的各种离子在质量分析器中按其质荷比的大小进行分离并加以聚焦,从而得到质谱图。质量分析器有单聚焦和双聚焦磁质量分析器、飞行时间分析器、四极滤质器、离子阱分析器、离子回旋共振分析器等。

1)磁分析器

磁分析器包括单聚焦质量分析器和双聚焦质量分析器,是利用磁场对带电粒子的偏转效应而进行分析的仪器,由于不同质荷比的带电粒子在磁场中的偏转程度是不同的,可以对来自离子源的离子流进行分离。

(1)单聚焦质量分析器

仅用一个扇形磁场进行质量分析的质谱仪称为单聚焦质量分析器,其扇形磁场有 60°、90°、180°等多种,图 4-4 中的 a 和 b,分别为 60°和 180°两种单聚焦质量分析器的原理示意图。

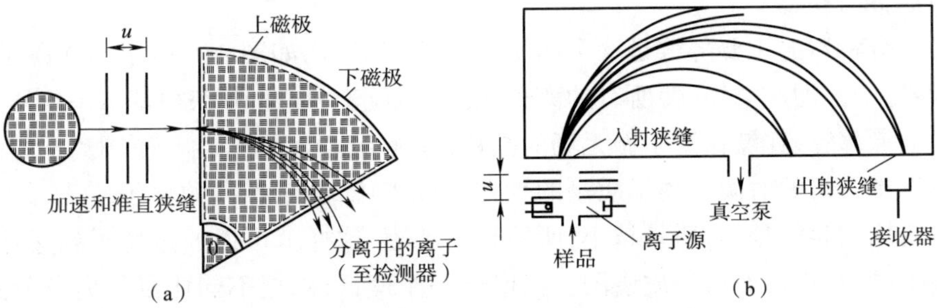

图 4-4　单聚焦质量分析器原理图

单聚焦质量分析器中离子的质荷比，可通过改变分析器的磁场强度、离子在磁场中的回旋半径和离子加速电压 3 个因素来测定。一般地，固定离子加速电压，通过改变分析器的磁场使不同离子在不同的场强下从出射狭缝射出，从而得到质谱图，这种方法入射和出射狭缝的位置不变，离子回旋半径不变，如图 4-4(b) 所示；也可以在分析器的磁场不变的情况下，通过对分离开的离子进行感光板照相记录来得到质谱，这种方法将在不同的回旋半径处得到不同离子的检测信号。

单聚焦质量分析器中的磁场不仅具有质量色散功能，还具有能量色散功能。当样品在加速电场前具有初始能量时，在磁场中相同质荷比、不同能量的原子也发生了色散，从而降低了质量分析器的灵敏度和分辨率。

(2) 双聚焦质量分析器

为消除粒子能量对分析结果的影响，在磁场前面加一个静电场，它起到一个能量分析器的作用，将不同质量、相同能量的离子聚焦在一点，而不起质量分离作用。通过调整相关参数，使静电场的能量色散作用和磁场的能量色散作用大小相等方向相反，就可以消除能量分散对分辨率的影响，只要是质量相同的离子，经过电场和磁场后可以会聚在一起。而磁场的色散作用将不同质量的离子会聚在不同的点，实现不同质荷比离子的分离。这种由电场和磁场共同实现质量分离的分析器，同时具有方向聚焦和能量聚焦作用，称为双聚焦质量分析器，如图 4-5 所示。双聚焦质量分析器的优点是分辨率高，缺点是扫描速度慢，操作、调整比较困难，而且仪器造价也比较昂贵。

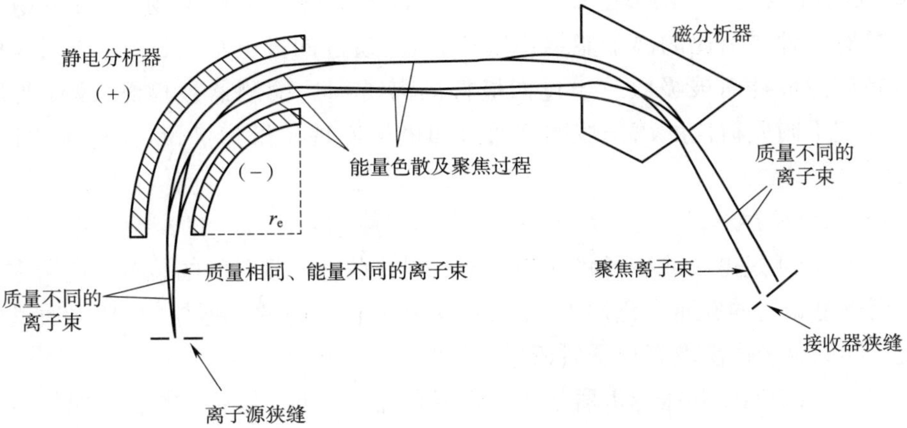

图 4-5　双聚焦质量分析器原理图

2）飞行时间分析器

飞行时间分析器的主要部分是一个离子漂移管，其结构如图4-6所示。在离子进入漂移管前，首先经过一个加速电场，使所有的离子在图示加速区加速，并获得基本一致的动能；然后离子进入真空漂移管，在漂移管中做无场的漂移，最终到达检测极；由于不同离子的质量不同，离子在漂移管中飞行的时间与离子质量的平方根成正比，能量相同的离子，离子的质量越大，达到接收器所用的时间越长，质量越小，所用时间越短，这样就可以通过离子到达检测极的时间来分析离子的质量，从而得到质谱图。根据这一原理，可以把不同质量的离子分开，适当增加漂移管的长度可以增加分辨率。

如果电离和加速及离子连续不断地通过漂移管，那么检测器的检测信号也连续输出，记录发生重叠，无法得到可供分析的信息。所以飞行时间质谱仪采用脉冲式的程序操作，每个脉冲分析过程分为三步反复进行：第一步，开动电离室的电子枪，约 10^{-9} s，样品电离，形成离子束；第二步，施加加速电压，约 10^{-10} s，离子被加速后进入漂移管；第三步，关闭所有电源，大约在几毫秒内，使离子流在飞行管中无场漂移，完成检测过程，然后开始下一循环。

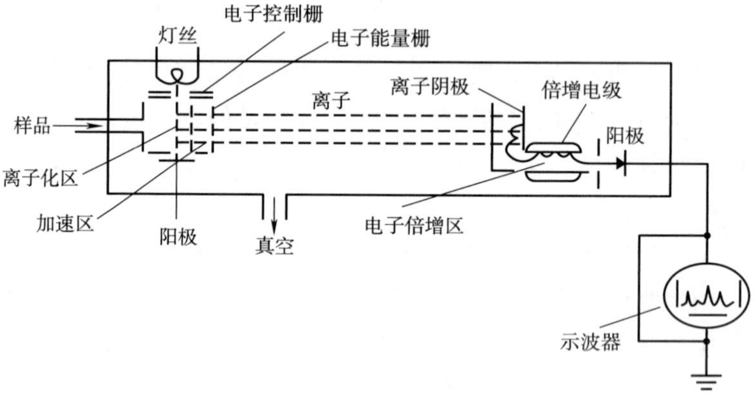

图4-6　飞行时间分析器原理图

3）四极滤质器

四极滤质器又称四极杆分析器，是由4根棒状电极组成的，电极材料是镀金陶瓷或钼合金。4个棒状电极形成一个四极电场。当离子从离子源进入四极电场后，在电场的作用下产生振动，只有一种质荷比的离子能维持振动状态，通过四极电场，其余离子则因振幅不断增大，最后碰到四极杆而被吸收。通过四极杆的离子到达检测器被检测，改变所加电场的电压值，可以使不同质荷比的离子按顺序通过四极场实现质量扫描，从而得到质谱图，达到分析的目的。

4）其他质量分析器

离子阱是一种通过电场或磁场将气相离子控制并贮存一段时间的装置。离子在被控制的区域中，随周围电磁场的性质变化发生共振，不同离子有不同的共振振幅，最终通过电磁场射频扫描，使不同的离子依次离开离子阱而进行检测。

傅里叶变换离子回旋共振分析器是离子阱分析器的一种，离子被控制在回旋器中做回旋运动，回旋的离子可以从与其匹配的交变电磁场中吸收能量。当回旋器外加这种电场，离子吸收能量后速度加快,同时产生称之为相电流的信号,相电流在停止交变电场后可以观测到。观测到的不同信号经计算机进行快速傅里叶变换,可检测出各种频率成分,从而根据频率和质量的已知关系,得到常见的质谱图。傅里叶变换离子回旋共振质谱仪具有分辨率高、多级质谱功能、可以和任何离子源相连、扫描速度快、性能稳定可靠、质量范围宽等优点,但价格昂贵、运行维护费用高。

5. 离子检测器

质谱仪常用的检测器有法拉第杯、电子倍增器及闪烁计数器、照相底片等。经过分析器分离的同质量离子可用照相底板、法拉第杯或电子倍增器收集检测。随着质谱仪的分辨率和灵敏度等性能的大大提高,只需要微克级甚至纳克级的样品,就能得到一张较满意的质谱图,因此对于微量不纯的化合物,可以利用气相色谱或液相色谱(对极性大的化合物)将化合物分离成单一组分,导入质谱仪,录下质谱图,此时质谱仪的作用如同一个检测器。

现代质谱仪一般都采用较高性能的计算机对产生的信号进行快速接收与处理,同时通过计算机可以对仪器条件等进行严格的监控,从而使精密度和灵敏度都有一定程度的提高。

4.4 质谱图基础知识

4.4.1 质谱术语

1. 基峰

质谱图中离子强度最大的峰,规定其相对强度或相对丰度为100。

2. 质荷比

离子的质量与所带电荷数之比,用 m/Z 表示。m 为组成离子的各元素同位素原子核的质子数目和中子数目之和,如H:1;C:12、13;O:16、17、18 等。质谱中的质荷比依据的是单个原子的质量,所以质谱中测得的原子质量为该元素某种同位素的原子质量,而不是通常化学中用的平均原子质量。Z 为离子所带正电荷的数目。

3. 精确质量

低分辨率质谱中离子的质量为整数,高分辨率质谱可以给出分子离子或碎片离子的不同程度的精确质量。分子离子或碎片离子的精确质量的计算基于精确原子质量。由精确原子质量表可计算出精确原子质量,例如,CO:27.994 9、N_2:28.006 2、C_2H_4:28.031 3,3 个物质的分子质量相差很小,但用精确的高分辨质谱就可以把它们区分开。

4.4.2 质谱中的离子类型

1. 分子离子

由样品分子丢失一个电子而生成的带正电荷的离子,$Z=1$ 的分子离子的 m/Z 就是该分子的分子质量。分子离子是质谱中所有离子的起源,它在质谱图中所对应的峰为分子离子峰。

2. 碎片离子

由分子离子裂解产生的所有离子,碎片离子与分子解离的方式有关,可以根据碎片离子来推断分子结构。

3. 重排离子

经过重排反应产生的离子，其结构并非原分子中所有。在重排反应中，化学键的断裂和生成同时发生，并丢失中性分子或碎片。

4. 同位素离子

当分子中有同种元素不同的同位素时，此时的分子离子由多种同位素离子组成，不同同位素离子峰的强度与同位素的丰度成正比。

5. 母离子与子离子

任何一个离子进一步裂解生成质荷比较小的离子，前者称为后者的母离子，后者称为前者的子离子，分子离子是母离子的特例。在质谱解析中，若能确定两离子间的这种“母子”关系，有助于推导化合物的结构。

6. 奇电子离子和偶电子离子

带有未配对电子的离子为奇电子离子，如 $M^{+\circ}$、$A^{+\circ}$ 等，无未配对电子的离子为偶电子离子，如 D^{+}、C^{+} 等分子离子是偶电子离子，在质谱解析中，奇电子离子较为重要。

7. 多电荷离子

一个分子丢失一个以上电子形成的离子称为多电荷离子。在正常电离条件下，有机化合物只产生单电荷或双电荷离子。在质谱图中，双电荷离子出现在单电荷离子的 1/2 质量处。

8. 准分子离子

用 CI 电离法，常得到比分子质量多（或少）1 质量单位的离子称为准分子离子，如 $(M+H)^{+}$，$(M-H)^{+}$ 等。在醚类化合物的质谱图中出现的 $(M+1)$ 峰为 $(MH)^{+}$。

9. 亚稳离子

从离子源出口到达检测器之间产生并记录下来的离子称亚稳离子。离子从离子源到达检测器所需时间数量级为 10^{-5} s（随仪器及实验条件而变），寿命大于 10^{-5} s 的稳定离子足以到达检测器，而寿命小于 10^{-5} s 的离子可能裂解（$M_1^{+} \rightarrow M_2^{+}$ + 中性碎片）。在质量分析器内裂解的离子因其动能低于正常离子而被偏转掉。在质量分析器之前裂解产生的 M_2^{+} 因其动能小于离子源生成的 M_2^{+}，在磁分析器中的偏转不同，以低于表观质量 m^{*}（跨 2 ~ 3 个质量单位）处被记录下来，其质荷比一般不为整数。m^{*} 与 m_1、m_2（分别为 M_1、M_2 离子的质量）之间的关系为：

$$m^{*} = \frac{m_2^2}{m_1} \tag{4-2}$$

在质谱解析中，可利用 m^{*} 来确定 m_1 与 m_2 之间的“母子”关系。例如，苯乙酮的质谱图中出现 m/Z 分别为 134、105、77、56.47 等多个离子的峰，其中 56.47 为亚稳离子峰。由 $56.47 = 77^2/105$ 可知，m/Z 为 77 的离子是由 m/Z 为 105 的离子裂解丢失 CO 产生的。

4.4.3 质谱解析的一般规律

质谱分析法所给出的数据有两种形式：一种是棒图即质谱图，另一种为质谱表。

1. 质谱图

质谱图是以质荷比为横坐标，相对强度为纵坐标构成，一般将原始质谱图上最强的离子峰定为基峰，并定为相对强度 100%，其他离子峰以对基峰的相对百分值表示。如图 4-7 所示，88 为丁酸的分子离子峰，60 为基峰，29、45、73 等为碎片离子峰。

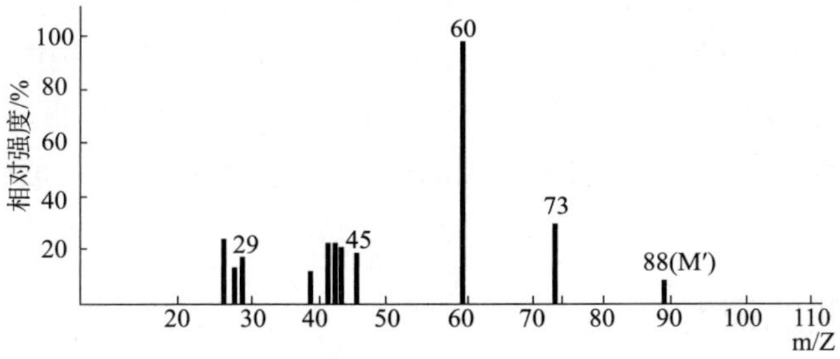

图 4-7　丁酸的质谱图

2. 质谱表

质谱表是用表格形式表示的质谱数据,质谱表中有两项给出质荷比及相对强度对应的数值。质谱图直观地反映了整个分子的质谱全貌,而质谱表则可以准确地给出精确的质核比(m/Z)值及相对强度值。

4.4.4　质谱图解析步骤

质谱图解析的大致步骤如下:

(1)标出各峰的质荷比(m/Z)数,尤其要注意高质荷比区的峰,识别分子离子峰。

(2)分析同位素峰簇的相对强度比及峰与峰间的 Δm 值,判断化合物是否含有 C、Br、S、Si 等元素及 F、P、I 等无同位素的元素。如含有 Cl 元素时,应该在大于分子离子峰($M+2$)处有一个相对强度为分子离子峰 1/3 的同位素离子峰,因为^{35}Cl 和^{37}Cl 在自然界的相对丰度为 3:1。

(3)推导分子式,计算其不饱和度。

(4)根据分子离子峰相对强度的规律,由分子离子峰的相对强度了解分子的结构信息。由特征离子峰及丢失的中性碎片了解可能的结构信息。

(5)综合分析以上得到的全部信息,结合分子式及其不饱和度,推导出化合物的可能结构。

(6)分析所推导的可能结构的裂解机理,看其是否与质谱图相符,确定其结构,并进一步解释质谱,或与标准谱图比较,或与其他谱(^{1}HNMR、^{13}CNMR、IR)配合,确证物质的最终结构。

4.5　质谱分析法的应用

4.5.1　定量分析

用电子倍增器来检测离子是极其灵敏的,少至 20 个离子仍能得到有用信号,为了提高灵敏度,可以通过只监测丰度最高的一种离子或几种离子来改进信噪比,前者称为单离子监测,后者称为多离子监测。单离子监测的最大优点是可以通过重复扫描来改进信噪比,但信息量减少,多离子监测可对来自每个组分中几个丰度较高的特征离子的信息,记录在多通道记录器中的各自通道中。这种监测技术专一,灵敏,可以检测至 10^{-12}g 数量级。

定量一般采用内标方法,以消除样品预处理及操作条件改变而引起的离子化产率的波动。

内标的物理化学性质应类似于被测物,且不存在于样品中,只有用同位素标记的化合物才能满足这种要求。质谱法能区分天然的与标记的化合物。在色谱质谱联用时,若化合物中有甲基,则内标物可以变成氘代甲基,这种氘代的内标物,其保留时间一般较短。从它们的相对信号大小可进行定量。

4.5.2 反应机理的研究

用质谱法很容易检测某一给定元素的同位素,因此使同位素标记法得到广泛的应用。利用稳定的同位素来标记化合物,用它作示踪物来测定在化学反应或生物反应中该化合物的最终去向,这对研究有机反应的机理极为有用。例如,要研究在某一特定条件下酯的水解机理,是属酰氧断裂还是烷氧断裂,可设法使指定酯基的氧以 O^{18} 标记,然后只要跟踪 O^{18} 是在水解生成的烷醇中,还是在酸中。若在烷醇中,则是酰氧断裂,反之,属烷氧断裂。

4.5.3 有机化合物结构的鉴定

如果实验条件恒定,每个分子都有自己的特征裂解模式。根据质谱图所提供的分子离子峰,同位素峰以及碎片质量的信息,可以推断出化合物的结构。如果从单一质谱提供的信息不能推断或需要进一步确证,则可借助于红外吸收光谱和核磁共振波谱等手段得到最后的证实。从未知化合物的质谱图进行推断,其步骤大致如下:

(1)确证分子离子峰。当分子离子峰确认之后,就获得一些相关的信息。

①从强度可大致知道化合物的种类;

②将它的强度与同位素峰强度进行比较,可判断可能存在的同位素。

(2)利用同位素峰信息。

应用同位素丰度数据,可以确定化学式,可查阅质量和同位素丰度表。

(3)利用化学式计算其不饱和度。

(4)充分利用主要碎片离子的信息,推断未知物结构。

(5)综合以上信息或联合使用其他手段最后确证物质的结构式。

根据已获得的质谱图,可以利用文献提供的图谱进行比较、检索。从测得的质谱图的信息中提取出几个(一般为 8 个)最重要峰的信息,并与标准图谱进行比较后由操作者做出鉴定。当然,由不同电离源得到的同一化合物的图谱不相同,因此所谓的“通用”图谱是不存在的。由于电子电离源质谱图的重现性好,且这种源的图谱库内存丰富,因此利用在线的计算机检索成了结构阐述的强有力的工具,最经常使用的库只含有 2 万至 5 万个质谱图,而已知化合物已超过了 1 000 万种,因此不能认为计算机检索绝无问题。计算机只是对准实验中获得的图谱,从谱库中迅速检索出与之相匹配的质谱图。最后还须由操作者对图谱做出判断。

4.5.4 相对分子质量及分子式的测定

用质谱法测定化合物的相对分子质量快速而精确,采用双聚焦质谱仪可精确到万分之一原子质量单位。利用高分辨率质谱仪可以区分标称相对分子质量相同,而小数部分质量不相同的化合物。例如：四氮杂茚：$C_5H_4N_4$（120.044）、苯甲脒：$C_7H_8N_2$（120.069）、乙基甲苯：C_9H_{12}（120.094）、乙酰苯：C_8H_8（120.157）。如测得其化合物的分子离子峰质量为120.069，显然此化合物是苯甲脒。

用质谱法测定一个化合物的质量时，必须对 m/Z 轴进行校正。校正时须采用一种参比化合物，它的 m/Z 值已知，且在所要测定的质量范围之内。

第 5 章 原子吸收光谱法

5.1 概　　述

原子吸收光谱法也称为原子吸收分光光度法。它是根据物质的基态原子蒸气对特征波长光的吸收,测定试样中待测元素含量的分析方法,简称原子吸收分析法。

早在 1859 年基尔霍夫就成功地解释了太阳光谱中暗线产生的原因,并且应用于太阳外围大气组成的分析。但原子吸收光谱作为一种分析方法,却是从 1955 年澳大利亚物理学家 A. Walsh 发表了“原子吸收光谱在化学分析中的应用”的论文以后才开始的。这篇论文奠定了原子吸收光谱分析的理论基础。20 世纪 50 年代末和 60 年代初,市场上出现了供分析用的商用原子吸收分光光度计。1959 年,苏联科学家将电热石墨炉原子化法引进原子吸收分析,开创了非火焰原子吸收光谱法的一个新时代,将绝对分析灵敏度提高 2 ~ 3 个数量级。1961 年,苏联科学家提出电热原子化吸收分析,提高了原子吸收分析的灵敏度。1965 年,J. B. Willis 将氧化亚氮-乙炔火焰成功地应用于火焰原子吸收法,大大扩展了火焰原子化吸收法的应用范围。自 20 世纪 60 年代后期开始“间接”原子吸收光谱法的开发,使得原子吸收光谱法不仅可测金属元素,还可测一些非金属元素(如卤素、硫、磷)和一些有机化合物(如维生素 B_{12}、葡萄糖、核糖核酸酶等),为原子吸收光谱法开辟了广泛的应用领域。

近年来,随着计算机、微电子技术、自动化、人工智能技术和化学计量等的迅猛发展,各种新材料与元器件的出现,大大改善了仪器性能,使原子吸收分光光度计的精度和准确度及自动化程度有了极大提高,使原子吸收光谱法成为痕量元素分析灵敏且有效的方法之一,能够直接测定 70 多种元素,它已成为一种常规的分析测试手段,广泛地应用于各个领域。

原子吸收法是测量试样中的金属元素含量时首选的方法,其吸收示意图如图 5-1 所示,具有如下主要特点:

(1)灵敏度高,检测限低。火焰原子吸收分光光谱法测定大多数金属元素的相对灵敏度为 $1.0\times10^{-8}\sim1.0\times10^{-10}$ g/mL,非火焰原子吸收光谱法的绝对灵敏度为 $1.0\times10^{-12}\sim1.0\times10^{-14}$ g/mL。

(2)测量精密度好。由于温度的变化对测定影响较小,该法具有良好的稳定性和重现性,精密度好。一般仪器的相对标准偏差为 1% ~ 2%,性能好的仪器可达 0.1% ~ 0.5%。在通常条件下,火焰原子吸收光谱法测定结果的相对标准偏差可小于 1%,其测量精密度已接近于经典化学方法。石墨炉原子吸收光谱法的测量精度一般为 3% ~ 5%。

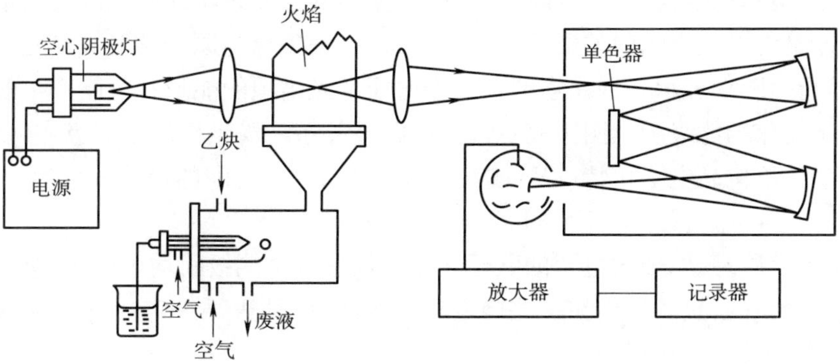

图 5-1 原子吸收示意图

(3)选择性好。原子吸收光谱是元素的固有特征,这是其选择性好的根本原因。用原子吸收光谱法测定元素含量时,通常共存元素对待测元素干扰少,若实验条件合适一般可以在不分离共存元素的情况下直接测定。

(4)准确度高。测定微、痕量元素的相对误差可达 0.1%~0.5%,分析一个元素只需数十秒至数分钟,如用 P-E5000 型自动原子吸收光谱仪在 35 min 内,能连续测定 50 个试样中的 6 种元素。

(5)用样量少。火焰原子吸收法进样量一般为 3~6 $mL \cdot min^{-1}$,微量进样量为 10~15 μL。无火焰原子吸收法液体的进样量为 10~30 μL,固体进样量为毫克级。

(6)分析速度快。仪器操作简单,可在较短的时间内完成大量样品的测定,重现性良好。

(7)应用范围广。适用分析的元素范围广,用直接原子吸收光谱法可以分析周期表中绝大多数的金属与准金属元素,间接原子吸收光谱法可用于非金属元素、有机化合物成分分析,采用联合技术可以进行元素的形态分析。应用范围遍及各个学科领域和国民经济的各个部门。

当然,原子吸收光谱法也有不足之处,主要表现为:

(1)它主要是用于单元素的定量分析,测定不同元素时,需要更换元素灯,使用不太方便。

(2)由于制造空心阴极灯技术的限制,目前还不能测定共振吸收线处于真空紫外区的非金属元素,如硫、磷等的原子吸收光谱。

(3)同时进行多元素测定尚有困难,对成分比较复杂的试样,干扰仍然比较严重。

5.2 原子吸收光谱的原理

5.2.1 基本原理

1. 原子的能级与能级图

通常把核外电子在稳定运行状态时所处的不同电子轨道称为能级,各种元素的原子的核外电子,都是分布在具有一定能量的电子能级上的。原子处于很稳定的状态时,电子在能量最低的轨道能级上运动,这种状态称为基态。当原子受到外来能量如光、热、电等的作用时,原子中的最外层电子就会吸收能量被激发,而从基态跃迁到能量较高的能级,即激发态。处于激发态的原子或离子很不稳定,在极短的时间内,电子就要从激发态跃迁到基态或能量较低的激发态,其多余的能量将以电磁辐射的形式释放出来,这一现象称为原子发射或发光。

能级图是指用图形表示一种元素的各种光谱项及光谱项的能量和可能产生的光谱线。在多数情况下,用简化的能级示意图来表示谱线的跃迁关系。横坐标表示能级或光谱项,纵坐标表示能量,能量的单位是电子伏特(eV)或波数(cm^{-1}),它们之间的换算关系为

$$1\ eV = 8\ 065\ cm^{-1}$$

根据量子力学原理,原子内电子的跃迁并非在任意两个能级间均可进行,有些跃迁是允许的,有些跃迁是禁止的,只能发生在一些确定的能级间,必须遵循一定的选择定则或规律才能发生两光谱项之间的电子跃迁。

原子跃迁的选择定则如下:

(1)$\Delta n = 0$ 或任意正整数。

(2)$\Delta L = \pm 1$,跃迁只能允许在 S 与 P、P 与 S 或 D 与 P 之间跃迁等。

(3)$\Delta S = 0$,不同多重性状态之间的跃迁是禁止的。

(4)$\Delta J = 0$ 或 ± 1 的跃迁,当 $J = 0$ 时,$\Delta J = 0$ 的跃迁是禁止的。

凡由激发态向基态直接跃迁的谱线称为共振线,由第一激发态与基态直接跃迁的谱线称为第一共振线。那些不符合光谱选择定则的谱线,称为禁戒跃迁线。

原子在能级 j 和 i 之间的跃迁、发射或吸收辐射的频率与始末能级之间的能量差成正比。

$$\nu_{ji} = \frac{1}{h}(E_j - E_i) \tag{5-1}$$

式中,E_i 和 E_j 分别为跃迁的始末两个能级的能量;h 为普朗克常数。

若 $E_i > E_j$,则为发射;若 $E_i < E_j$ 则为吸收。根据$\lambda = \frac{c}{\nu}$,则从能级 j 到 i 跃迁的辐射波长可表示为

$$\lambda_{ji} = \frac{hc}{(E_j - E_i)} \tag{5-2}$$

2. 基态原子与激发态原子的分布

原子吸收光谱法是利用待测元素的原子蒸气中基态原子对该元素的共振线的吸收来进行测定的。但是,在原子化过程中,待测元素由分子离解成的原子,不可能全部都是基态原子,其中必有一部分为激发态原子。所以,原子蒸气中基态原子与待测元素原子总数之间有什么关系,其分布状况如何,是原子吸收光谱分析法中必须考虑的问题。

在一定温度下,当处于热力学平衡时,激发态原子数与基态原子数之比遵循玻耳兹曼分布定律:

$$\frac{N_j}{N_0} = \frac{g_j}{g_0} e^{-\frac{E_j - E_0}{kT}} \tag{5-3}$$

式中,N_j 和 N_0 分别表示单位体积内激发态和基态原子的原子数;g_j 和 g_0 分别为原子激发态和基态的统计权重(表示能级的简并度,即相同能量能级的数目);E_j 和 E_0分别为激发态和基态的能量;k 为玻耳兹曼常数(1.38×10^{-23} J/K);T 为热力学温度。

对共振线来说,电子从基态($E_0 = 0$)跃迁到第一激发态,因此可得到激发态原子数和基态原子数之比:

$$\frac{N_j}{N_0}=\frac{g_j}{g_0}e^{-\frac{E_j}{kT}}=\frac{g_j}{g_0}e^{-\frac{h\nu}{kT}} \tag{5-4}$$

在原子光谱中，对一定波长的谱线，$\frac{g_j}{g_0}$和 E_j都是已知的。因此只要火焰温度确定后，就可求得$\frac{N_j}{N_0}$值。表5-1列出了几种元素共振线的值。

表5-1 几种元素共振线的$\frac{N_j}{N_0}$值

元素	谱线波长 λ/nm	E_j/eV	$\frac{g_j}{g_0}$	$\frac{N_j}{N_0}$		
				2 000 K	2 500 K	3 000 K
Cs	852.11	1.455	2	4.31×10^{-4}	2.33×10^{-3}	7.19×10^{-3}
K	766.49	1.617	2	1.68×10^{-4}	1.10×10^{-3}	3.84×10^{-3}
Na	589.0	2.104	2	0.99×10^{-5}	1.14×10^{-4}	5.83×10^{-4}
Ba	553.56	2.239	3	6.83×10^{-6}	3.19×10^{-5}	5.19×10^{-4}
Ca	422.67	2.932	3	1.22×10^{-7}	3.67×10^{-6}	3.55×10^{-5}
Cu	324.75	3.817	2	4.82×10^{-10}	4.04×10^{-8}	6.65×10^{-7}
Mg	285.21	4.346	3	3.35×10^{-11}	5.20×10^{-9}	1.50×10^{-7}
Zn	213.86	5.795	3	7.45×10^{-15}	6.22×10^{-12}	5.50×10^{-10}

从式(5-4)及表5-1的数据可知，温度越高，$\frac{N_j}{N_0}$的值越大。在同一温度下，电子跃迁的能级E_j越小，共振线的波长越长，$\frac{N_j}{N_0}$的值也越大。由于常用的火焰温度一般低于3 000 K，大多数共振线的波长小于600 nm，因此，大多数元素$\frac{N_j}{N_0}$的值很小，即原子蒸气中激发态原子数远小于基态原子数，也就是说，火焰中基态原子数占绝对多数，激发态原子数 N_j可忽略不计，即可用基态原子数 N_0代表吸收辐射的原子总数。

5.2.2 共振线与吸收线

任何元素的原子都是由带一定数目正电荷的原子核和相同数目的带负电荷的核外电子组成的。核外电子分层排布，每层具有确定的能量，称为原子能级(也称量子态)。所有电子按一定规律分布在各个能级上，每个电子的能量是由它所处的能级决定的。核外电子的排布具有最低能级时，原子处于基态。当原子受外界能量(如热能或光能等)激发时，最外层电子吸收一定的能量而跃迁到较高的能级上，原子即处于激发态。这种激发到较高能级的电子是不稳定的，在极短时间(约10^{-8}s)内又跃回原能级，同时发射出原吸收的能量(以某一波长的光量子辐射出来)。

原子受外界能量激发，其最外层电子可能跃迁到不同能级，因此可能有不同的激发态。电子由基态跃迁到能量最低的激发态(称为第一激发态)时要吸收一定频率的光，它再跃迁回基态时,则发射出同样频率的光(谱线),该谱线称为共振发射线(简称共振线)。电子从基态跃迁至第一激发态所产生的吸收谱线称为共振吸收线(也简称共振线)。共振吸收线有时是在更加广泛的含义下使用的,即凡是由基态引起的跃迁吸收线,不管它跃迁的能级位置如何,都称为共振吸收线。

由于各种元素的原子结构和外层电子排布不同,使得电子从基态跃迁至第一激发态(或由第一激发态跃回基态)时,吸收(或发射)的能量不同,因此每种元素都具有特定的共振线,这种共振线称为元素的特征谱线。通常从基态到第一激发态的跃迁最容易发生,因此对大多数元素来说,共振线是元素所有谱线中最灵敏的谱线,它最易被原子吸收。

对于大多数元素而言,主共振线是元素所有谱线中最灵敏的谱线,原子吸收光谱法就是利用处于基态的待测原子蒸气对光源所辐射的共振线的吸收来进行分析的。

5.2.3 谱线轮廓与谱线变宽

1. 谱线轮廓

在原子吸收光谱分析中,当试样溶液喷入火焰经原子化后,原子呈分散状态,若将强度为 I_0 的不同频率的光通过被测元素的原子蒸气时,如图 5-2 所示,有一部分光被吸收,其透过光的强度 I 与原子蒸气的宽度(即火焰宽度)L 有关。若原子蒸气中原子密度已定,则透过光(或吸收光)的强度与原子蒸气的宽度成正比关系,称为朗伯比尔定律,即

$$I = I_0 e^{-KL} \tag{5-5}$$

或者

$$A = \lg \frac{I_0}{I} = 0.434KL \tag{5-6}$$

式 5-6 中,I_0,I 分别为频率为 ν 的入射光和透射光的强度;L 为原子蒸气的宽度;K 为原子蒸气中基态原子对频率为 ν 的光的吸收系数。

由于基态原子对光的吸收有选择性,即原子对不同频率的光的吸收不尽相同,因此,透射光的强度 I 随光的频率而变化,其变化规律如图 5-3 所示。

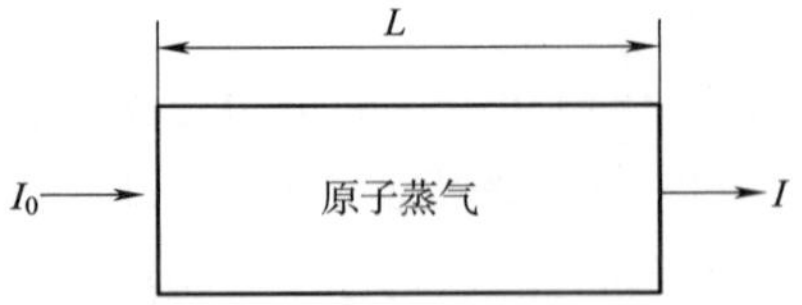

图 5-2 原子吸收光谱示意图

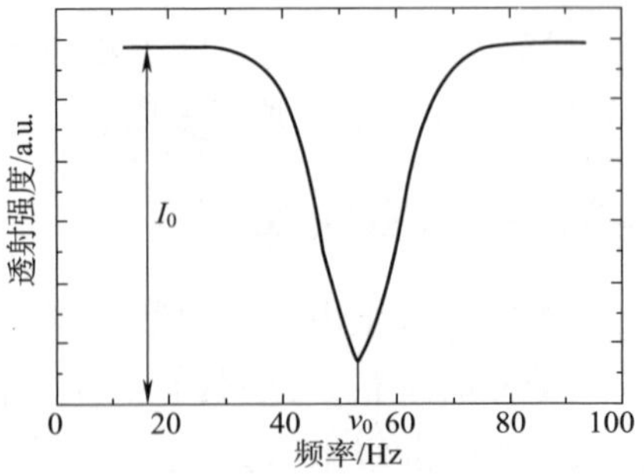

图 5-3 透射强度 I 与频率 ν 的关系曲线

由图 5-3 可知,在频率 ν_0 处,透射的光最少,即吸收最大,也就是说,在特征频率 ν_0 处吸收线的强度最大。ν_0 称为谱线的中心频率或峰值频率。

如果在各种频率下测定吸收系数 K,并以 K 对 ν 作图获得曲线,该曲线称为吸收曲线,如图 5-4 所示。则吸收曲线轮廓的意义就更清楚了。表征吸收线轮廓的值是吸收线的半宽度,

它是指吸收系数等于极大值的一半($K_0/2$)处吸收线呈现的宽度,用 $\Delta\nu$ 表示,折合成波长其数量级约为 10^{-3} ~ 10^{-2} nm。吸收曲线的形状就是谱线的轮廓。同样发射线也具有一定的宽度,不过其半宽度要窄得多,约为 5×10^{-4} ~ 2×10^{-3} nm。

ν 和 $\Delta\nu$ 是表征谱线轮廓的两个重要参数,前者取决于原子能级的分布特征(不同能级间的能量差),后者除谱线本身具有的自然宽度外,还受多种因素的影响。

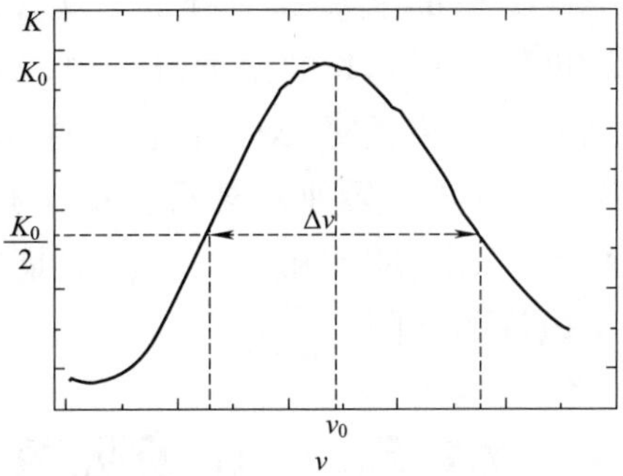

图 5-4　吸收曲线轮廓

2. 谱线变宽

造成谱线变宽的原因很多,主要有原子内部因素引起的自然宽度和外部因素引起的多普勒变宽、碰撞变宽、场变宽等。

1)自然宽度($\Delta\nu_N$)

自然宽度是指无外界条件影响时谱线所具有的宽度。它与激发态原子的有限寿命有关,寿命越长,谱线越窄。吸收线的自然宽度通常约为 10^{-5} nm 数量级,与其他因素引起的变宽相比要小得多,故可忽视不计。

2)多普勒变宽($\Delta\nu_D$)

多普勒变宽又称为热变宽,在原子吸收分析中的原子蒸气内,气态的原子总是处于无序的热运动状态,其速度和方向都是杂乱无章的,有的原子跑向光源,有的原子背离光源。如果与光源相对静止的基态原子吸收光谱的中心频率为 ν_0,则跑向光源的原子的吸收光的频率就会略低于 ν_0;反之,背离光源的原子的吸收光的频率就会略高于 ν_0,于是检测器便接收到许多频率略有差异的光,这种运动着的原子的多普勒效应便引起了吸收谱线的总体变宽。多普勒变宽由式(5-7)决定:

$$\Delta\nu_D = 7.162\times10^{-7}\nu_0\sqrt{\frac{T}{M}} \tag{5-7}$$

式中,ν_0 为吸收谱线的中心频率;T 为体系的绝对温度;M 为吸光原子的相对原子质量。

由此可知,多普勒变宽 $\Delta\nu_D$ 随温度升高,吸光原子的相对质量减小而增宽。对于大多数元素来说,在原子吸收分析的条件下,$\Delta\nu_D$ 约为 10^{-3} nm 数量级,它是谱线变宽的主要原因。

3)碰撞变宽

由于吸光原子与蒸气中原子或分子相互碰撞而引起能级微小的变化,使发射或吸收光量子频率改变,由此而导致的谱线变宽称为碰撞变宽。

当吸光原子与异种元素的原子或分子相碰撞时所引起的谱线变宽称为洛伦兹变宽,用 $\Delta\nu_L$ 表示。与此同时,还会引起谱线中心频率的频移和谱线的非对称性。$\Delta\nu_L$ 随着其他元素的原子或分子的蒸气浓度的增加而增大,当浓度相当高时,$\Delta\nu_L$ 与 $\Delta\nu_D$ 有相同的数量级。

当吸光原子与同种元素原子相碰撞时所引起的谱线变宽称为压力变宽,以 $\Delta\nu_H$ 表示。$\Delta\nu_H$ 随试样原子蒸气浓度的增加而增加,在一般原子吸收测定的条件下,由于试样原子蒸气压较小,$\Delta\nu_H$ 完全可以忽略不计。

除了以上因素外,蒸气外部的电场和磁场也会引起谱线的变宽,分别称为斯塔克变宽和塞曼变宽,但在原子吸收测定的条件下,这两种场变宽均可不予考虑,在通常的原子吸收分析的实验条件下，吸收线的轮廓主要受多普勒变宽和洛伦兹变宽的影响。在 2 000 ~ 3 000 K 的温度范围内，$\Delta\nu_D$ 与 $\Delta\nu_L$ 有相同的数量级（10^{-3} ~ 10^{-2} nm），当采用火焰原子化装置时，$\Delta\nu_L$ 是主要的，但由于 $\Delta\nu_L$ 与蒸气中其他原子或分子的浓度（压强）有关，当蒸气中异种元素原子或分子的浓度较小时，特别在采用无火焰原子化装置时，多普勒变宽 $\Delta\nu_D$ 将占主要地位。但是不论是哪一种因素，谱线的变宽都将导致原子吸收分析灵敏度的下降。

5.3 原子吸收值与待测元素浓度的定量关系

5.3.1 积分吸收

原子蒸气层中的基态原子吸收共振线的全部能量称为积分吸收，它相当于如图 5-4 所示吸收线轮廓下面所包围的整个面积，以数学式表示为 $\int K\mathrm{d}\nu$。理论证明谱线的积分吸收与基态原子数的关系为

$$\int K\mathrm{d}\nu = \frac{\pi e^2}{mc} f N_0 \tag{5-8}$$

式中，e 为电子电荷；m 为电子质量；c 为光速；f 为振子强度，表示能被光源激发的每个原子的平均电子数，在一定条件下对一定元素，f 为定值；N_0 为单位体积原子蒸气中的基态原子数。

在火焰原子化法中，当火焰温度一定时，N_0 与喷雾速度、雾化效率以及试液浓度等因素有关，而当喷雾速度等实验条件恒定时，单位体积原子蒸气中的基态原子数 N_0 与试液浓度成正比，即 $N_0 \propto c$。对于给定元素，在一定实验条件下 $\frac{\pi e^2}{mc} f$ 为常数，因此

$$\int K\mathrm{d}\nu = kc \tag{5-9}$$

式（5-9）表明，在一定实验条件下，基态原子蒸气的积分吸收与试液中待测元素的浓度成正比。因此，若能准确测量出积分吸收，则可求出试液浓度。然而要测出宽度只有 10^{-3} ~ 10^{-2} nm 吸收线的积分吸收，就需要采用高分辨率的单色器，这在目前的技术条件下还难以做到。所以，原子吸收法无法通过测量积分吸收求出被测元素的浓度。

5.3.2 峰值吸收

1955 年，A. Walsh 以锐线光源为激发光源，用测量峰值吸收系数 K_0 的方法来替代积分吸收。所谓锐线光源是指能发射出谱线半宽度很窄（$\Delta\nu$ 为 0.000 5 ~ 0.002 nm）的共振线的光源。峰值吸收是指基态原子蒸气对入射光中心频率线的吸收。峰值吸收的大小以峰值吸收系数 K_0 表示。

假如仅考虑原子热运动，并且吸收线的轮廓取决于多普勒变宽，则

$$K_0 = \frac{N_0}{\Delta\nu_D} \cdot \frac{2\sqrt{\pi \ln 2}\, e^2 f}{mc} \tag{5-10}$$

当温度等实验条件恒定时,对于给定元素,$\frac{2\sqrt{\pi \ln 2}\,e^2}{\Delta\nu_D mc}$为常数,因此

$$K_0 = k'c \tag{5-11}$$

式(5-11)表明,在一定实验条件下,基态原子蒸气的峰值吸收与试液中待测元素的浓度成正比。因此可以通过峰值吸收的测量进行定量分析。

为了测定峰值吸收 K_0,必须使用锐线光源代替连续光源,也就是说必须有一个与吸收线中心频率 ν_0 相同、半宽度比吸收线更窄的发射线作光源。

5.3.3 原子吸收测量方法

原子吸收光谱的基本测量原理如图 5-1 所示。但是对于原子吸收线,若以通常在分子吸收光谱分析中所使用的连续光源(氘灯或钨丝灯)来进行吸收测量将产生困难,图 5-5 表明了这一关系。

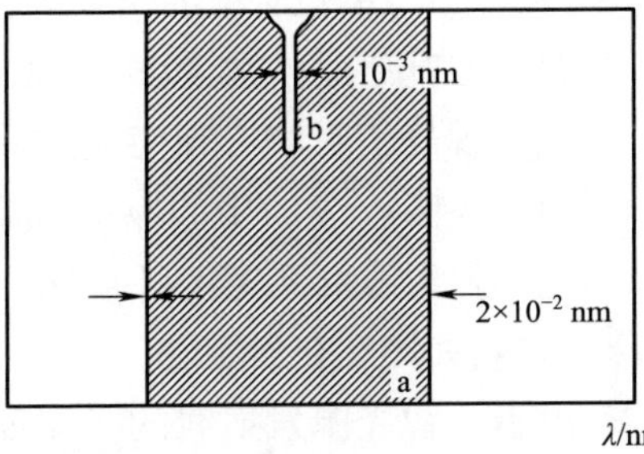

图 5-5 连续光源(a)与原子吸收线(b)的通带宽度示意图

图 5-5 中 a 为连续光源经单色器及狭缝后分离所得入射光的谱带,对于常用的原子吸收分光光度计,当将狭缝调至最小时(0.1 nm),其通带宽度或光谱通带约为 0.2 nm。图 5-5 中 b 为原子的吸收线,其半宽度约为 10^{-3} nm。由图可见,当以具有宽通带的光源来对窄的吸收线进行测量时,由待测原子吸收线引起的吸收值,仅相当于总入射光强度 a 的 0.5%,即吸收前后在通带宽度范围内,原子吸收只占其中很少部分,使测定灵敏度极差。

在原子吸收分析中,将原子蒸气所吸收的全部辐射能量称为积分吸收,即图 5-4 中吸收线下面所包括的整个面积,积分吸收 $\int K\mathrm{d}\nu$ 可由下式求出,即

$$\int_{-\infty}^{+\infty} K\mathrm{d}\nu = \frac{\pi e^2}{mc} N_0 f \tag{5-12}$$

式中,c 为光速;m、e 为电子质量和电子电荷;N_0 为单位体积原子蒸气中吸收辐射的基态原子数;f 为振子强度,表示每个原子中能够吸收或发射特定频率光的平均电子数,在一定条件下,对一定元素,f 为定值。

式(5-12)表明,积分吸收与单位体积原子蒸气中吸收辐射的基态原子数成正比,与产生吸收线轮廓的物理方法及操作条件无关。

理论上,如果能测出由连续波长光源获得的积分吸收值,即可计算出待测原子密度,从而使原子吸收光谱分析成为一种绝对测量方法(即无须与标准试样进行比较)。但实际上由于原子吸收线的半宽度仅为 0.001 ~ 0.01 nm,要测量这种半宽度很小的吸收线的积分吸收值,需要分辨率高达 50 万的单色器。例如,欲测量波长为 500 nm、半宽度仅为 0.001 nm 的吸收峰的积分吸收值,所用单色器的分辨率 R 应为

$$R = 500/0.001 = 500\ 000$$

目前还难以制造出具有上述高分辨率单色器的光谱仪,所以直接测量积分吸收还不能实

现。1955 年,澳大利亚物理学家 A. Walsh 提出采用锐线光源代替连续光源来测量峰值吸收,解决了此难题。所谓锐线光源就是能发射出谱线半宽度很窄的发射线光源。峰值吸收是采用测定吸收线中心频率的最大吸收系数 K_0来代替积分吸收的方法,此时无须使用高分辨率的单色器,就可以实现原子吸收测定。

在通常的原子吸收分析条件下,若吸收线轮廓只取决于多普勒变宽,则有

$$K_0 = \frac{2\sqrt{\pi \ln 2}}{\Delta\nu_D}\frac{e^2}{mc}N_0 f$$

在测定条件不变时,多普勒变宽为常数,对于一定的待测元素其振子强度 f 也是常数。所以最大吸收系数 K_0仅与单位体积原子蒸气中待测元素吸收特征辐射的基态原子数 N_0成正比。

为实现峰值吸收必须使通过原子蒸气的发射线中心频率与吸收线的中心频率相重合,而且还要求锐线光源发射线的半宽度必须比中心吸收线的半宽度小得多,如图 5-6 所示。

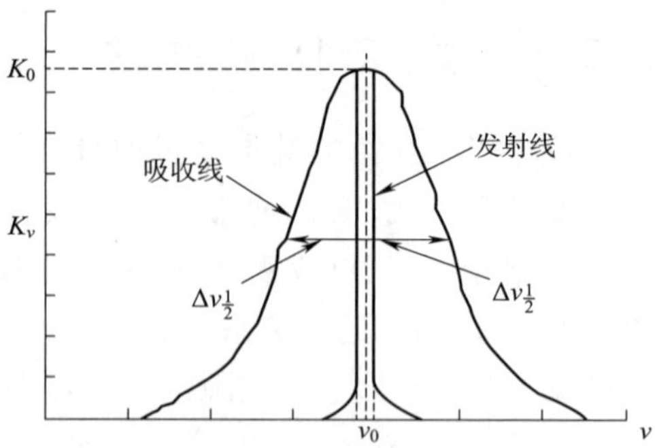

图 5-6 测定 K_0时吸收线宽度和发射线宽度的比较

由于锐线光源发射线的半宽度只有吸收线半宽度的 1/5 ~ 1/10,这样积分吸收与峰值吸收非常接近,因此可用 K_0代替式(5-5)中的 K 即得

$$I = I_0 e^{-K_0 L}$$

即

$$A = \lg\frac{I_0}{I} = 0.434\ K_0 L \tag{5-13}$$

将 K_0值代入式(5-13)中,可得

$$A = 0.434 \times \frac{2\sqrt{\pi \ln 2}}{\Delta\nu_D}\frac{e^2}{mc}N_0 f L \tag{5-14}$$

在一定条件下,$\Delta\nu_D$ 和 f 都是常量,因此,可令 $0.434 \times \frac{2\sqrt{\pi \ln 2}}{\Delta\nu_D}\frac{e^2}{mc}f = k$,则式(5-14)可以表示为

$$A = kN_0 L \tag{5-15}$$

上式表明,当使用很窄的锐线光源作原子吸收测量时,测得的吸光度与原子蒸气中待测元素的基态原子数呈线性关系。式(5-15)即为原子吸收光谱法定量的依据。

5.4 原子吸收分光光度计

5.4.1 原子吸收分光光度计的组成

进行原子吸收分析的仪器是原子吸收分光光度计。目前,国内外商品化的原子吸收分光光度计的种类繁多、型号各异,但基本构造原理却是相似的,都是由光源、原子化系统、分光系统和检测系统 4 个主要部分组成,如图 5-7 所示。

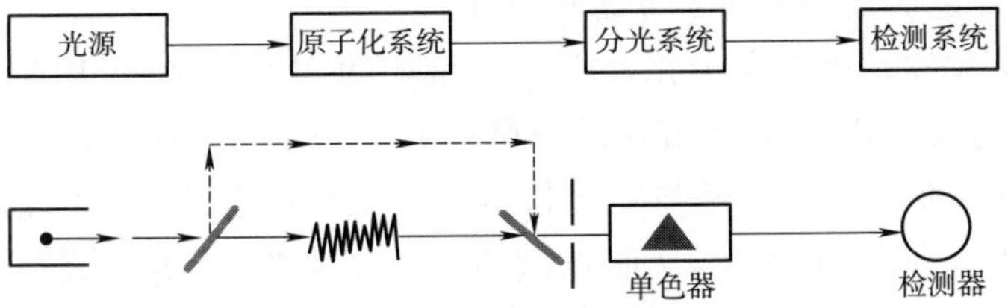

图 5-7 原子吸收分光光度计的结构原理图

1. 光源

光源的功能是发射被测元素的特征光谱，以供测量之用。如前所述为了测出待测元素的峰值吸收，必须使用锐线光源。为了获得较高的灵敏度和准确度，使用的光源要求如下：

(1)发射线的波长范围必须足够窄，即发射线的半宽度明显小于吸收线的半宽度，以保证峰值吸收的测量。

(2)辐射的强度要足够大，以保证有足够的信噪比。

(3)辐射光强度要稳定且背景小，使用寿命长，这是提高测量精密度与稳定性及改善检测限的要求。

最常见的光源有空心阴极灯和无极放电灯，其他光源还有蒸气放电灯、高频放电灯以及激光光源灯。

(1)空心阴极灯。空心阴极灯又称元素灯，它有一个由被测元素材料制成的空心阴极和一个由钛、锆、钽或其他材料制作的阳极。阴极和阳极封闭在带有光学窗口的硬质玻璃管内。管内充有几百帕低压的惰性气体氖或氩，其作用是载带电流、使阴极产生溅射及激发原子发射特征的锐线光谱。目前，国内生产的空心阴极灯完全可以满足国内外各种型号的原子吸收分光光度计的要求，可测元素达60余种。实际工作中希望能用一个灯进行多种元素的分析，即可免去换灯的麻烦，减少预热消耗的时间，又可降低原子吸收分析的成本。现已应用的多元素灯，一个灯最多可测6～7种元素。

(2)无极放电灯。无极放电灯也称为微波激发无极放电灯。此种光源的发射强度比空心阴极灯强100～1 000倍，且主要是共振线。该灯寿命长，共振线强度大，特别适用于共振线在紫外区的易挥发元素的测定。目前已制成Se、Te等18种元素的商用无极放电灯。它们优良的光谱特性，引起了人们的重视，故目前对此光源的研究和应用逐渐增多。

2. 原子化系统

原子化系统的作用是将试样中的待测元素转变成基态原子蒸气。待测元素由化合物离解成基态原子的过程称为原子化过程。在原子化过程中，如果温度过高，则基态原子可能进一步激发或产生电离，使基态原子数量减少，测定灵敏度降低。目前使试样原子化的方法主要有火焰原子化法和无火焰原子化法两种。

1)火焰原子化装置

在原子吸收光谱法中，火焰原子化装置经过几十年的研究发展，已经相当成熟，也是目前应用最为广泛的原子化装置之一。其优点是操作简便、分析速度快、分析精度好、测定元素范围广、背景干扰较小等。但它也存在一些缺点，如由于雾化效率低及燃气和助燃气的稀释，致使测定灵敏度降低；采用中温、低温火焰原子化时化学干扰较大；在使用中应考虑安全问题等。

火焰原子化装置包括雾化器和燃烧器两部分。

(1)雾化器。雾化器是火焰原子化器中的最重要的部件,它的作用是将试液雾化。目前普遍采用的是气动同轴型雾化器,其雾化效率可达10%以上。

根据伯努利方程,在毛细管外壁与喷嘴口构成的环形间隙中,由于高压助燃气(空气、氧化亚氮等)以高速通过,造成负压区,从而将试液沿毛细管吸入,并被高速气流分散成气溶胶(即成雾滴),此气溶胶大约有10%左右从燃烧缝进入火焰,参与吸收测量,其余的变成废液从废液管排出。为了减小雾滴的粒度,在雾化器前几毫米处放置一撞击球,喷出的雾滴碰撞在撞击球上,进一步分散成细雾,气溶胶的直径在微米数量级。在原子吸收分析中,对雾化器的要求是:喷雾多,雾滴微小而均匀,喷雾速度稳定,雾化效率高。

(2)燃烧器。燃烧器的作用是产生火焰,使进入火焰的气溶胶蒸发和原子化。燃烧器有两种类型,即预混合型和全消耗型。预混合型燃烧器(又称层流燃烧器)是用雾化器将试液雾化,在预混合室内将较大雾滴除去,使试液雾滴均匀,然后再喷入火焰。其特点是燃烧稳定、噪声小、吸收光程长。全消耗型燃烧器(又称紊流燃烧器)是将试液直接喷入火焰中,火焰燃烧不稳定,噪声大,目前已基本退出应用市场。以下主要介绍预混合型燃烧器:

试液雾化后进入预混合室(又称雾化室),与燃气在室内充分混合。其中较大的雾滴凝结在壁上形成液珠,经预混合室下方废液管排出,而细的雾滴进入火焰中。对预混合室的要求是:能使雾滴与燃气充分混合,"记忆"效应小(前测组分对后测组分的影响小),噪声低和废液排出快。预混合型燃烧器的主要优点是产生的原子蒸气多,火焰稳定性好,背景噪声较低,燃烧安全。缺点是试样利用率低,通常约为10%。

预混合型燃烧器使用最多的是单缝燃烧器。通常空气-乙炔火焰采用0.5 mm×100 mm的单缝燃烧器,氧化亚氮-乙炔火焰采用0.5 mm×50 mm的单缝燃烧器。燃烧速度较小的火焰燃烧器缝隙可稍大些;如果使用燃烧速度快的火焰,必须采用较小的燃烧缝,否则容易引起回火事故。多缝(常用3缝)燃烧器外侧狭缝的火焰可屏蔽大气,减小火焰噪声,因此3缝燃烧器的稳定性比一般的单缝燃烧器高,它的缺点是消耗燃料多,不能用于氧化亚氮-乙炔火焰。进行原子吸收分析时,为增加灵敏度,需要较长的原子吸收光程,故采用长缝式燃烧器。测定浓度高的样品时,有时需要将燃烧器旋转一定的角度。

燃烧器一般采用耐高温、导热性好的材料制成,常用钛铸造或拼制而成,为清洗积炭,应方便拆卸。缝式燃烧器采用带凹形沟面的结构,当火焰燃烧时,凹形沟面造成周围空气的对流状态,改善了火焰燃烧的动力学特性,减小了缝隙边缘的炭沉积。

(3)火焰。在原子吸收分析中,火焰的作用是提供一定能量,使试样雾滴蒸发、干燥并经热解离或还原作用,产生大量基态原子。一般易挥发或电离电位较低的元素(如Pb、Cd、Zn、碱金属及碱土金属等),应使用低温且燃烧较慢的火焰。与氧易生成耐高温氧化物而难解离的元素(如Al、V、Mo、Ti及W等),应使用高温火焰。原子吸收分析最常用的火焰是空气-乙炔火焰和氧化亚氮-乙炔火焰。

①乙炔-空气火焰。这种火焰是用途最广的一种火焰,最高温度约2 300 ℃,能测定35种以上元素,但测定易形成难解离氧化物的元素(例如Al、Ta、T、Zr等)时灵敏度很低,不宜使用。这种火焰在短波长范围内对紫外光吸收较强,易使信噪比变差,因此应根据不同的分析要求,选择不同特性的火焰。

化学计量的空气-乙炔火焰(中性火焰),燃助比为1:4,火焰温度较高,干扰少、稳定、背景低、噪声小,适用于测定许多元素。

贫燃性空气-乙炔火焰,其燃助比小于1:6,由于助燃气过量,大量冷的助燃气带走火焰中的热量,故火焰温度低。由于燃烧充分,火焰具有氧化性气氛,适用于测定不易氧化的元素,如Ag、Cu、Ni、Co、Pd等金属的测定。

富燃性空气-乙炔火焰,其燃助比大于1:3,由于燃气过量,燃烧不完全,火焰中存在大量半分解产物,故火焰呈强还原性气氛,适用于测定较易形成难熔氧化物的元素,如Mo、Cr、稀土元素等。

②氧化亚氮-乙炔火焰。这种火焰温度高达3 000 ℃,火焰中含有C、CO、NH_3等成分,因而具有强还原气氛,使许多解离能较高的难解离元素氧化物原子化(如Al、B、Be、T、V、W、Ta、Zr等),由于火焰温度高,可消除在空气-乙炔火焰中可能存在的某些化学干扰。

2)无火焰原子化装置

无火焰原子化装置也称为电热原子化装置,应用这种装置可提高试样的原子化效率和试样的利用率,测定灵敏度可提高10~200倍。无火焰原子化装置克服了火焰原子化装置样品用量多,不能直接分析固体样品的缺点。无火焰原子化装置有多种类型,下面介绍几种常用的无火焰原子化装置。

(1)石墨管原子化装置。这是使用最普遍的一种原子化装置,其实质就是一个石墨电阻加热器。常用的石墨管外径6 mm,内径4 mm,长30 mm左右,管的中央上方开有进样口,以便用微量进样器将试样注入石墨管内。

(2)石墨杯原子化装置。它适用于固体、胶体和液体样品,特别适用于有残渣产生的样品。石墨杯的位置如果横向放置,也可作管状原子化器使用。石墨杯原子化器设备简单,耗电量小,但绝对灵敏度较低。

(3)石墨棒原子化装置。韦斯特设计的棒状石墨原子化器直径通常为5 mm、长约50 mm,中间小孔可以滴加样品,其优点是设备简单、耗电量少。石墨棒作为发热体,其功率较小(仅0.5 kW),只要用空气冷却即可,由于它们所能容纳的试样量少(小于10 μL),因此灵敏度不高。

(4)钽舟原子化装置。在一圆形钢制底板上装有两个黄铜接线柱,钽舟固定在接线柱上端,钽舟用厚0.1 mm、宽5 mm的钽片压制,中间呈凹形,样品滴在凹处。为控制气氛,在底盘罩上一个带石英窗的硬质玻璃罩,通过排气一充气口用泵将吸收室抽成真空并充入一定压力的氩气,工作时电流为100 A左右。钽舟原子化器优点是体积小、耗电量小、取样量大。但在加热时需通入惰性气体保护,由于原子蒸气直接进入冷气氛,原子可能重新结合,故抗干扰能力较差,有被淘汰的趋势。

与火焰原子化法不同,无火焰原子化法采用直接进样和程序升温方式样品需经干燥→灰化→原子化→净化4个阶段,其原子化过程及损失途径如图5-8所示。

3)其他原子化方法

对于砷、硒、汞以及其他一些特殊元素,可以利用某些化学反应来使他们原子化。

(1)氢化物原子化装置。氢化物原子化法是低温原子化法的一种,主要用来测定As、Sb、Bi、Sn、Ge、Se、Pb、和Te等元素。这些元素在酸性介质中与强还原剂硼氢化钠(或钾)反应生

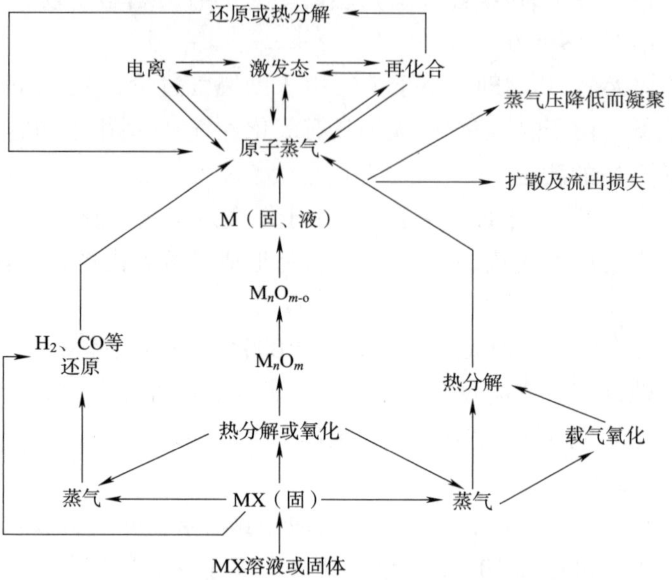

图 5-8　物质 MX 无火焰原子化过程及损失途径示意图

成气态氢化物，然后将此氢化物送入原子化系统进行测定。因此，其装置分为氢化物发生器和原子化装置两部分。例如对于砷，其反应为

$$AsCl_3 + 4KBH_4 + HCl + 8H_2O = AsH_3 + 4KCl + 4HBO_2 + 13H_2 \tag{5-16}$$

氢化物原子化法由于还原转化为氢化物时的效率高，生成的氢化物可在较低的温度（一般为 700～900 ℃）原子化，且氢化物生成的过程本身是一个分离过程，因而此法具有高灵敏度（分析砷，硒绝对灵敏度可达 10^{-9}g）、较少的基体干扰和化学干扰等优点。

（2）冷原子化装置。将试液中汞离子用 $SnCl_2$ 或盐酸羟胺还原为金属汞，然后用空气流将汞蒸气带入具有石英窗的气体吸收管中进行原子吸收测量。本法的灵敏度和准确度都较高（可检出 0.01 μg 的汞），是测定痕量汞的好方法。

3. 分光系统

分光系统可分为两部分：外光路系统和分光系统（单色器）。

1）外光路系统

原子吸收光谱仪外光路的作用是使光源发出的共振线能正确地通过被测试样的原子蒸气，并投射到单色器的狭缝上。

2）分光系统

分光系统（又称单色器）主要由色散元件（衍射光栅或棱镜）、反射镜、入射和出射狭缝等组成，其作用是将待测元素的共振线与邻近谱线分开。为了阻止非检测谱线进入检测系统，单色器通常放在原子化装置后的光路中。单色器的性能由线色散率，分辨率和集光本领决定。线色散率是指在光谱仪焦平面上两条谱线间的距离 Δx 与其波长差 $\Delta\lambda$ 的比值 $\Delta x/\Delta\lambda$，实际工作中常用线色散率的倒数 $\Delta\lambda/\Delta x$ 表示。分辨率是指仪器分辨邻近两条谱线的能力，可用该两条谱线的平均波长 λ 与刚好能分辨的两条谱线的波长差 $\Delta\lambda$ 的比 $\lambda/\Delta\lambda$ 表示。

原子吸收法测定时，要求单色器既要将共振线与邻近谱线分开，同时又要保证一定的出射

光强度,即集光本领。因此,光源强度一定时,就需要选用适当的光栅色散率与狭缝宽度配合,构成适于测定的光谱通带(或带宽)来满足要求,所谓通带是指通过单色器出射狭缝的光束波长间的范围。当光栅线色散率的倒数一定时,通带可通过选择狭缝宽度来确定,表示式为

$$W = DS \times 10^{-3} \tag{5-17}$$

式中,W 为光栅单色器的通带宽度(nm);D 为光栅线色散率的倒数(nm · mm^{-1});S 为狭缝宽度(μm)。

在原子吸收测定中,通带的大小是仪器的工作条件之一。通带增大即狭缝加宽,进入单色器的光强度增加,但同时出射光包含的波长范围也相应加宽,使单色器的分辨率降低。这样,未被分开的靠近共振线的其他非吸收谱线,或在火焰中不被吸收的光源发射背景辐射亦经出射狭缝而被检测器接收,从而导致测得的吸收值偏低,使工作曲线弯曲,产生误差。反之,调窄通带,可以改善实际分辨率,但进入单色器的光强度减小,使测定灵敏度降低。相应地要求提高光源的工作电流(增强光源强度),或增加检测器增益,这样,又伴随着谱线变宽和噪声增加。因此,应根据测定的需要调节合适的狭缝宽度。例如,如果待测元素的共振线没有邻近线的干扰(如碱金属、碱土金属等)及连续背景很小,那么狭缝宽度宜较大,这样能使集光本领增强,有效地提高信噪比,并可提高待测元素的检测极限。相反,若待测元素具有复杂光谱(如过渡元素、稀土元素等)或有连续背景,那么狭缝宽宜小,这样可减少非吸收谱线的干扰,得到线性好的工作曲线。

4. 检测系统

检测系统是将分光系统的出射光信号转变为电信号,进而放大、显示的装置。它由检测器、放大器、对数变换器、显示装置等组成。

1)检测器

检测器的作用是将单色器分出的光信号进行光电转换。应用光电池、光电管或光敏晶体管都可以实现光电转换。在原子吸收分光光度计中常用光电倍增管做检测器。光电倍增管的原理和连接线路如图5-9所示。光电倍增管中有一个光敏阴极K、若干个倍增极和一个阳极A。最后经过碰撞倍增了的电子射向阳极而形成电流。光电流通过光电倍增管负载电阻 R 而转换成电信号送入放大器。

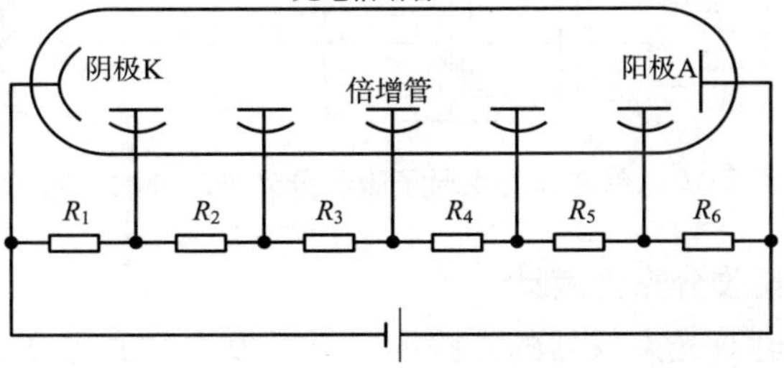

图5-9 光电倍增管的工作原理

2)放大器

放大器的作用是将光电倍增管输出的电压信号进行放大。由于原子吸收测量中处理的信号波形接近方波,因此多采用同步检波放大器,以改善信噪比。由于原子蒸气吸收后的光强

度并不直接与浓度呈直线关系,因此信号须经对数变换器进行变换处理后,才能提供给显示装置。

3)对数变换器

原子吸收光谱法中吸收前后光强度的变化与试样中待测元素的浓度关系,在火焰宽度一定时是服从朗伯比尔定律,吸收后的光强并不直接与浓度呈直线关系。因此为了在指示仪表上显示出与试样浓度成正比例的数值,就必须进行信号的对数变换。

4)显示装置

在显示装置里,信号可以转换成吸光度或透光率,也可以转换成浓度用数字显示器显示出来,还可以用记录仪记录吸收峰的峰高或峰面积。当前一些高级原子吸收分光光度计中还设有自动调零、自动校准、积分读数、曲线校正等装置,并可用微机绘制校准工作曲线以及高速处理大量测定数据等。

5.4.2 原子吸收分光光度计的类型

原子吸收分光光度计的型号很多,按光束数划分为单光束与双光束型;按分光、检测系统数划分为单道、双道和多道型。

1. 单道单光束原子吸收分光光度计

单道单光束仪器结构简单、灵敏度较高,能满足日常原子吸收分析要求。其缺点是光源或检测器的不稳定性可引起吸光度零点(或基线)漂移。因此,使用单光束仪器时,为了克服零点漂移现象,往往要使光源预热 20~30 min,并且在测量过程中,要时刻注意校正零位。其光路如图 5-10 所示。

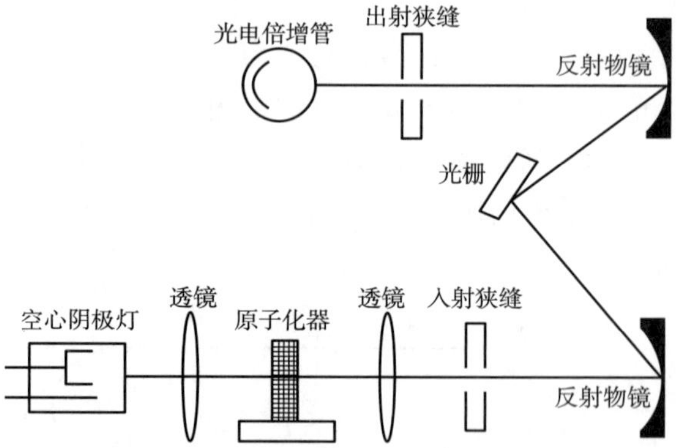

图 5-10　单道单光束原子吸收分光光度计的光路图

2. 单道双光束原子吸收分光光度计

如图 5-11 所示是单道双光束仪器的光路图。光源发出的共振线,被切光器分解成两光束—样品光束(S 光束)和参比光束(R 光束)。样品光束经反射镜 M,反射通过原子化器,被基态分子所吸收。参比光束从原子化器旁侧通过。两光束通过半透半反射镜 M,交替进入分光系统和检测器。

由于两个光束均由同一光源发出,并且共用一个检测器,因此消除了光源和检测器不稳定的影响,但不能消除原子化器不稳定的影响。双光束仪器的稳定性和检出限比单光束仪器好,光源不需预热就能进行分析,提高了分析速度,延长了灯的使用寿命。现代仪器多采用这种类型。

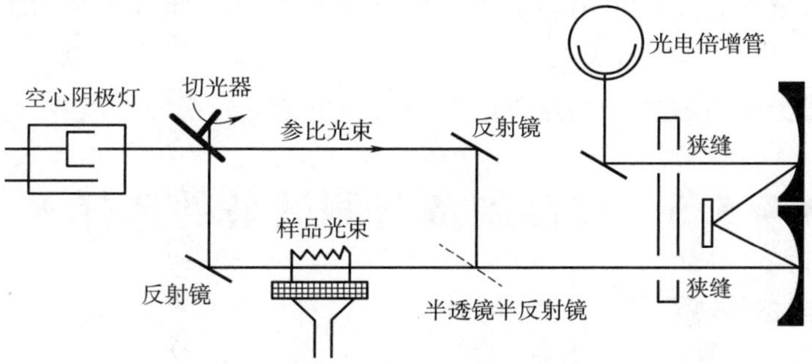

图 5-11 单道双光束原子吸收分光光度计的光路图

3. 双道和多道原子吸收分光光度计

双道双光束原子吸收分光光度计采用两个独立的光源、独立的分光系统和检测系统。图 5-12 所示为双道双光束仪器的光路图。

光源 A 的共振辐射由半透半反射镜 M1 分成两束光——样品光束 S 和参比光束 R,切光器分别将两光束进行调制,使它们相位差 180°。样品光束经 M2 反射,参比光束经 M4 反射到达 M3,交替进入 A 道。光源 B 经 M5 反射到 M1,像光源 A 光束一样传播,最后进入 B 道。

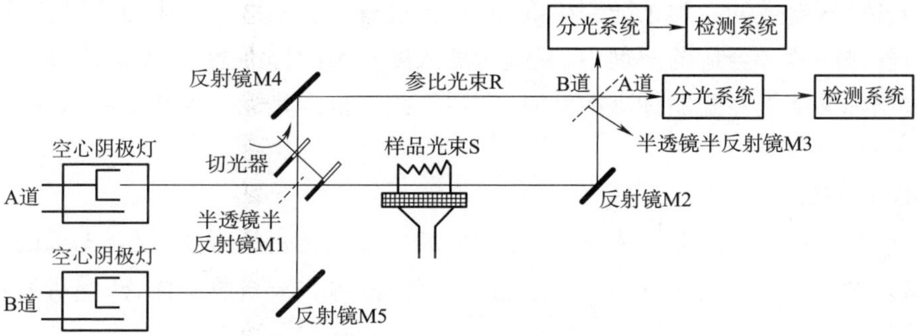

图 5-12 双道双光束原子吸收分光光度计的光路图

双道和多道原子吸收分光光度计具有以下性能:

(1)可以同时测定两种元素。

(2)将 A 道置被测元素灯,B 道置内标元素灯,使用 A/B 运算方式,可以在一定程度上消除喷雾系统和火焰系统带来的干扰。这种干扰主要是由于试样黏度、火焰漂移和雾化效率的变化而带来的干扰效应。当然,作为内标元素,应当具有与被测元素相似的化学性质和对火焰参数变化的响应特性。例如,Sr 可作 Cu 的内标,但 Cu 不能作 Ca 的内标。因为 Cu 对火焰参数变化响应迟钝,而 Ca 响应灵敏。

(3)可以进行背景校正。若将 A 道调节在被测元素共振吸收线处,B 道调节在吸收线邻近的非吸收线波长处,则运用 A-B 运算方式,可将背景扣除。B 道亦可用于氘灯连续光源,进行背景扣除。

由此可见,双道双光束型原子吸收分光光度计扩大了原子吸收分析的应用范围,消除了光源漂移、检测器和火焰系统不稳定的影响,测量的稳定性和检出限较好。但是,由于多使用一套分光系统和检测系统,使仪器结构复杂,价格昂贵。

多道原子吸收分光光度计采用多个独立光源、独立分光系统和检测系统,可进行多元素同时测定。

原子吸收光谱分析普遍使用的是单道单光束和单道双光束原子吸收分光光度计。

5.5 样品制备与测试条件选择

5.5.1 样品制备步骤

样品制备通常按照以下步骤进行:

1. 取样

取样要具有代表性,取样量的多少取决于试样中被测元素的性质,质量分数、分析方法和所要求的测量精度,同时要特别注意样品的污染问题,主要污染源来自水、大气、容器和所用试剂,污染是限制灵敏度和检出限的重要因素之一。

2. 标准样品的制备

标准样品的组成要尽可能接近未知试样的组成,当盐的质量分数在 0.1% 以上时,在标准样品中也应加入等量的同一盐类,以期在喷雾时与在火焰中发生的过程相似。

通常用各元素合适的盐类来配制标准溶液,当没有合适的盐类可供使用时,可以直接溶解相应的金属丝、棒、片于合适的溶剂中,配制所需浓度范围的标准溶液,不能用海绵状金属或金属粉末来配制标准溶液。配制标准溶液时,合适的浓度范围是能产生 0.2 ~0.8 单位吸光度之间的浓度。

3. 样品预处理

原子吸收光谱分析通常是溶液进样,被测样品应事先转化为溶液样品,无机试样大多采用酸溶解和碱熔融方法。有机试样通常先进行灰化处理,除去有机物基体,灰化后的残留物再用合适的酸溶解。

5.5.2 测试条件的选择

1. 分析线的选择

每种元素都有若干条分析线,通常选择其中最灵敏线(共振吸收线)作为分析线,因为这样可使测定具有较高的灵敏度。例如,测定 As、Se、Hg 等元素时,因其共振线处于远紫外区,此时火焰的吸收很强烈,因此不宜选择这些元素的共振线作分析线。当被测元素的浓度很高,或者为了避免邻近光谱线的干扰时,也可以选择次灵敏线(非共振吸收线)作为分析线。对于微量元素的测定,必须选用最强的吸收线。最适宜的分析线,应视具体情况通过实验确定。

2. 光谱通带宽度的选择

单色器光谱通带宽度 W 由狭缝宽度 S 和单色器线色散率的倒数 D 决定的。对于一定的仪器 D 是一定的,因此,W 只决定于狭缝宽度,选择通带宽度是以吸收线附近无干扰谱线存在并能够分开最靠近的非共振线为原则,适当放宽狭缝宽度,以增加检测的能量,提高信噪比和测定稳定性。过小的光谱通带使可利用的光强度减弱，不利于测定。合适的狭缝宽度由实验确定，如对谱线复杂的 Fe、Co、Ni 等元素就要采用较窄的通带，否则会使工作曲线线性范围变窄。

3. 空心阴极灯的工作电流

空心阴极灯的发射特性与工作电流有关，一般要预热 10 ~ 30 min 才能达到稳定的输出。选择灯电流的一般原则是在保证有足够强且稳定的光强输出条件下，尽量使用较低的工作电流，通常以空心阴极灯上标明的最大灯电流的一半至 2/3 为工作电流。

4. 燃烧器高度调节

燃烧器高度影响测定灵敏度、稳定性和干扰程度。一般在燃烧器狭缝口上方 2 ~ 5 mm 附近处火焰具有最大的基态原子密度，灵敏度最高。但对于不同的测定元素和不同性质的火焰有所不同。最佳的燃烧器高度，可通过绘制吸光度-燃烧器高度曲线来优选。

5. 原子化条件选择

火焰的选择和调节是保证高原子化效率的关键之一。火焰中燃烧气体由燃气与助燃气混合组成，不同种类火焰，其性质各不相同，通常使用空气-乙炔火焰。通过绘制吸光度-燃气，助燃气流量曲线，选出最佳的助燃气和燃气流量，一般空气与乙炔火焰的流量比在 1:3 ~ 1:4 之间。贫燃火焰（燃助比 1:4 ~ 1:6）为清晰不发亮蓝焰，适合于不易生成氧化物的元素的测定；富燃火焰（燃助比 1.2:4 ~ 1.5:4）发亮，还原性比较强，适合于易生成氧化物的元素的测定。对于易生成难解离化合物的元素，可选择乙炔-氧化亚氮火焰。

5.5.3 测试方法

1. 标准曲线法

用纯的试剂配制成各种质量浓度的标准溶液，喷雾测定吸光度数值，以质量浓度为横坐标、吸光度为纵坐标，绘制吸光度-质量浓度标准曲线（两者呈线性关系），在曲线上内插试样的吸光度数值即可求出试样的浓度，如图 5-13 所示。

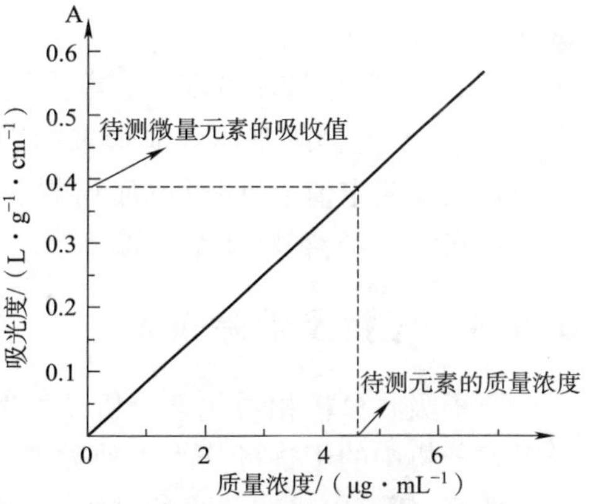

图 5-13 标准曲线法

测定时应该注意的是：标准溶液质量浓度范围应尽可能将试样溶液中待测元素的质量浓度包括在内。质量浓度范围的大小应以获得合适的吸光度读数为准（不同的仪器有所不同，通常吸光度读数为 0.2 ~ 0.8 较合适）。标准溶液的储备溶液的质量浓度不应小于 1 000 $\mu g \cdot mL^{-1}$。低质量浓度的试验溶液临用时，用逐级顺序稀释储备溶液来制备，不宜长时间放置，以避免较长时间放置引起质量浓度的变化。测定时，先由低质量浓度样品开始测定，然后测定高质量浓度样品，以避免记忆效应。若测定时间较长，应在实验过程中定期地用试剂空白溶液和标准溶液检查和校正仪器零点（或基线）的漂移与稳定性。此外，每次分析都应重新绘制工作曲线。

标准曲线法简便、快速，但仅适用于组成简单的试样。

2. 标准加入法

当试样的基体效应对测定有影响,或干扰不易消除,标准溶液配制麻烦、分析样品数量少时,采用标准加入法较好。标准加入法是将已知的不同质量浓度的几个标准溶液,加入几个相同量的待测样品溶液中去,然后一起测定,并绘制分析曲线,将绘制的直线延长,与横轴相交,交点至原点所对应的质量浓度即为待测试样的质量浓度,如图 5-14 所示。

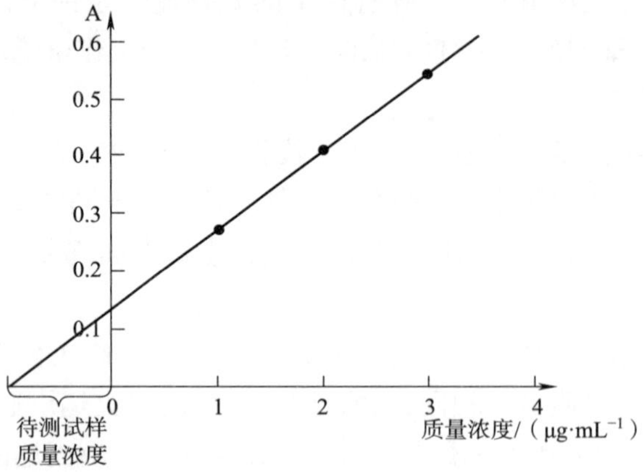

图 5-14 标准加入法

使用标准加入法时应注意以下几点:

(1)待测元素的质量浓度与其对应的吸光度应呈线性关系。

(2)为了得到较准确的外推结果,最少应采用 4 个点(包括试样溶液本身)来做外推曲线,并且第一份加入的标准溶液与试样溶液的质量浓度之比应适当,这可通过吸喷标准溶液和试样溶液,比较二者的吸光度来判断。增量值的选择一般是使第一个加入量产生的吸收值约为试样原吸收值的一半。

(3)对于斜率较小的曲线(灵敏度差),容易引入较大的误差。

(4)本法能消除基体效应带来的影响,但不能消除背景吸收的影响。因为相同的信号不仅加到试样测定值上,同时也加到增量后的测定值上,因此只有扣除背景之后,才能得到待测元素的真实含量,否则使结果偏高。

5.5.4 干扰及消除技术

原子吸收分析相对化学分析及发射光谱分析手段来说,是一种干扰较少的检测技术。原子吸收分析中的干扰可分为 4 种类型:物理干扰、化学干扰、电离干扰和光谱干扰。明确了干扰的性质,便可以采取适当的措施,消除和校正所存在的干扰。

1. 物理干扰

物理干扰是由于试样和参比物不同的物理性质如黏度、表面张力、密度等,以及试样在转移、蒸发和原子化过程中的物理性质的变化而引起的原子吸收强度变化的效应。它是非选择性干扰。消除物理干扰的主要方法是配制与被测试样相似组成的标准样品。在不知道试样组成和无法匹配试样时,可以采用标准加入法或稀释法来减小和消除物理干扰。

2. 化学干扰

原子吸收中最常见的干扰是化学干扰。化学干扰是一种选择性干扰,它是由于液相或气相中被测元素的原子与干扰物质组分之间形成热力学更稳定的化合物,从而影响被测元素化合物的解离及其原子化。例如,在盐酸介质中测定 Ca、Mg 时,若存在 PO_4^{3-},在较高温度时可形成磷酸盐或焦磷酸盐,它们之间的键很强,具有高熔点、难挥发、难解离等特点。即使能够分解,还会形成 CaO、MgO 等,这些化合物的解离要比氯化物困难得多,致使测定结果偏低。

通常可以采用几种方法来克服或抑制化学干扰,如采用化学分离,使用高温火焰,在试样溶液及标准溶液中添加一种释放剂、保护剂,使用基体改进剂等。在以上这些方法中,有时可以单独使用一种方法,有时需要几种方法联用。

(1)化学分离干扰物质,可以使用离子交换,沉淀分离、溶剂萃取等分离方法。但是由于离子交换和沉淀分离的实验过程过于复杂、冗长,抵消了原子吸收分析简便快速的特点,在实际使用中并不多见。萃取分离干扰物质的方法是原子吸收分析中经常使用的。因为在萃取分离干扰物质的过程中,不仅可以去掉大部分干扰物质,而且可以起到浓缩被测元素的作用。在原子吸收分析中常用的萃取剂多为醇、酯、酮类化合物。

(2)高温火焰具有更高的能量,会使在较低温度火焰中稳定的化合物解离。例如在乙炔-空气火焰中测定 Ca 时,存在 PO_4^{3-}、SO_4^{2-} 会有显著的干扰,但是如果改用乙炔-氧化亚氮高温火焰,这种干扰就被消除了。

(3)当一些元素易生成热稳定或难解离的化合物时,可以加入一种试剂,它优先与干扰组分反应,把待测元素释放出来,使之有利于原子化,从而消除干扰。例如,磷酸盐的存在对钙的测定有严重干扰,当加入释放剂 $LaCl_3$ 后干扰就被消除,这是因为

$$2CaCl_2 + 3H_3PO_4 = Ca_2P_2O_7 + 4HCl + H_2O$$

$$CaCl_2 + H_3PO_4 + LaCl_3 = LaPO_4 + 3HCl + CaCl_2$$

但是当加入过多的释放剂时,由于释放剂形成某种难熔的化合物,起到包裹作用,会使吸收信号下降。所以在选择释放剂时,既要考虑置换反应中热化学的有利条件,又要考虑质量作用定律,还要避免包裹作用的发生。这往往需要通过反复试验,才能找到合适条件。

(4)加入保护剂也是一种消除干扰的有效方法。保护剂共有 3 种类型:

①保护剂可以与被测元素形成稳定的配合物,特别是形成多环螯合物。它把被测元素保护起来,防止干扰物质与它作用。例如,在磷酸根体系中测定 Ca 时,会产生严重干扰,如果加入保护剂乙二胺四乙酸 EDTA 则可以消除干扰。这是因为 Ca 与 EDTA 可以在碱性、中性或不太强的酸性溶液中形成一个很稳定的配合物,而且它是一个配阴离子,由于静电互斥作用,使得 PO_4^{3-} 不能与 Ca^{2+} 接近,于是可以防止 PO_4^{3-} 的干扰。

②保护剂可以与干扰元素生成稳定的配合物,把被测元素孤立起来,于是避免了干扰。例如,8-羟基喹啉可以抑制铝对镁的干扰,因为8-羟基喹啉与铝形成螯合物 $Al[(C_9H_6)N]_3$,把干扰物控制起来,减少了铝的干扰作用。

③在被测溶液中加入保护剂后,它既与被测元素,又与干扰物质形成稳定的配合物,把它们二者都控制起来,于是消除了干扰。例如,Al 对 Mg 的干扰也可以通过加入 EDTA 进行消除,因为 EDTA 与 Mg 和 Al 都起螯合作用,于是避免了干扰。许多试验表明,保护剂与释放剂联合使用其效果比单独使用要好得多。

3. 电离干扰

当火焰温度较高,能提供足够的能量使原子电离而形成离子时,往往会发生电离干扰。电

离干扰主要发生在电离电位较低的元素上,如碱金属和部分碱土金属。因为这些元素被解离成基态原子之后,在火焰中还可以继续电离为正离子和自由电子,这样就会使基态原子数减少,降低吸光度,导致灵敏度降低。通常可以采用加入电离电位更低的碱金属盐抑制此种干扰。例如在测定钡时,适量加入钾盐可以消除钡的电离干扰。

4. 光谱干扰

光谱干扰是由于分析元素吸收线与其他吸收线或辐射不能完全分离所引起的干扰,包括谱线重叠,在光谱通带内多于一条吸收线,光谱通带内存在非吸收线、分子吸收、光散射等,其中分子吸收和光散射是形成光谱背景的主要因素。

(1)光谱通带内多于一条吸收线:对于理想的原子吸收分析,在光谱通带内光源只产生一条可供吸收的发射线,但是许多光源在光谱通带内产生多重发射,而且每一条发射谱线的强度不一样。这种情况可能来自空心阴极灯被测元素本身,也可能来自杂质以及空心阴极灯所充气体。要消除这种干扰可以通过提高光源发射强度,减少狭缝宽度来实现。

(2)谱线重叠:许多元素的吸收线有相互重叠或十分接近的情况。这时,当测定样品中含有两种谱线重叠的元素时,无论是测定哪一种元素,另外一种元素都产生干扰。当两元素的吸收线波长相差0.03 nm时,则认为重叠干扰十分严重。当干扰元素的重叠吸收线是非灵敏线时,则认为干扰并不明显,可以忽略。当干扰元素的重叠吸收线是灵敏线时,可以选用被测元素的其他无干扰的分析线进行测定,或者用分离干扰元素的方法来解决。

(3)光谱通带内存在非吸收线:若在光谱通带内,则存在非吸收谱线,非吸收线亦被检测,产生一个背景信号。消除这种干扰的方法是减小狭缝,使光谱通带小到可以分开这种干扰。

(4)分子吸收:分子吸收是指在原子化过程中生成的气体分子、氧化物以及盐类分子对辐射的吸收。分子光谱为连续光谱,若在火焰(石墨炉)原子化时,产生背景分子吸收则使测定结果偏高。

(5)光散射:光散射是指在原子化过程中产生的固体微粒对光产生散射,使被散射的光偏离光路而不为检测器所检测,导致吸光度值偏高。

消除分子吸收和光散射的主要方法是进行背景校正。背景校正的方法有:用邻近非共振线校正法,连续光源校正法、塞曼效应校正法、自吸收效应校正法。

5.6 原子吸收光谱的应用

原子吸收光谱主要应用于以下领域:

(1)环境分析领域。原子吸收在环境领域中的应用始于20世纪60年代,随着仪器的发展和商品化以及使用技术水平的提高,20世纪70年代,发达国家已形成原子吸收的环境分析标准监测方法体系。我国自20世纪80年代开始在重金属的标准监测方法中也加入了原子吸收法,目前已从常规的火焰原子吸收方法体系发展到以石墨炉原子吸收方法为主的方法体系。火焰法可直接测定水中$mg \cdot L^{-1}$和$\mu g \cdot L^{-1}$级的重金属,如Cu、Zn、Pb、Cd、Cr、Fe、Co、Ni、Mn、Ag等重金属及碱金属、碱土金属元素。Al、Mo、V、Be等元素在乙炔-空气火焰中易形成耐高温氧化物,测定灵敏度较低,多使用乙炔-氧化亚氮火焰。而石墨炉法多用于地表水、饮用水源地表水及大气颗粒物中重金属元素的监测分析。

(2)农业领域。原子吸收光谱分析早在20世纪70年代就已在农业领域中开始应用,并在20世纪80年代得到广泛发展,目前已成为一种常规的分析技术,并在土壤,水果和蔬菜、食品、饲料分析中确定为测定某些元素的国家标准。在土壤分析中常用于土壤背景值和土壤中微量元素的测定及调查重金属对农田的污染等。在植物、饲料和水产品分析中,除分析其主要元素如K、Na、Ca、Mg外,还测定其中的微量元素和重金属元素,如Cu、Mn、Zn、Fe、Mo等。

(3)冶金工业领域。钢铁中除分析线处于真空紫外区的C、S、P元素外,其他元素几乎都可以用原子吸收方法测定。只是有些元素的灵敏度较差,如B、W、Ta、Zr等,而大多数元素都可以被准确、快速地测定。

钢铁及高温合金钢中的有害杂质元素,如Pb、Bi、As、Sb,Sn等,可以采用氢化物发生-原子吸收法进行测定。这种方法简便易行,而且灵敏度可以满足测定的要求。

(4)石油工业领域。目前原子吸收光谱分析在石油工业方面的应用得到了迅速的发展。它可以用于原油、中间产品,最终产品和添加剂中金属及润滑油中的金属杂质的分析。不同样品可以用一种适当的溶剂加以稀释,直接喷入火焰中进行测定。

(5)生物组织领域。生物组织样品包括血液、尿、指甲、人发及软组织、胆汁、内脏等,根据样品元素的含量,可采用火焰及无焰两种方法测定。血液分析中常测定血清和血浆中的Ca、Mg、Fe、Cu、Zn、Pb、Cr、Mn、Ni、Sr等,而尿样分析中常测定Na、K、Ca、Cu、Fe、Cd、Cr等。

(6)有机物分析方面。先使有机药物与金属离子生成金属配合物,然后用间接法测定有机物。如8-羟基喹啉可制成8-羟基喹啉铜,溴丁东莨菪碱可制成溴丁东莨菪碱硫氰酸钴,分别测定铜和钴的含量,即可分别求得8-羟基喹啉和溴丁东莨菪碱的含量。

还有一些药物,分子结构中含有金属原子。例如,维生素B_{12}含有钴原子,可测定钴的含量,以求得维生素B_{12}的含量。

第6章 高效液相色谱法

6.1 概 述

高效液相色谱法(HPLC)以液体为流动相,采用高压输液系统,将具有不同极性的单一溶剂或不同比例的混合溶剂、缓冲液等流动相泵入装有固定相的色谱柱,在柱内各成分被分离后,进入检测器进行检测,从而实现对试样的分析。它利用物质吸附或分配系数的微小差异实现分离。当两相做相对移动时,被测物质在两相之间进行反复多次的质量交换,使溶质间微小的性质差异产生放大的效果。达到分离、分析及测定的目的。液相色谱与气相色谱相比,其最大特点是可以分离不可挥发且具有一定溶解性的物质或受热后不稳定的物质,这类物质在已知化合物中占有相当大的比例,这也确定了液相色谱在应用领域中的重要地位。与气相色谱法相配合,几乎可以承担绝大部分的有机物分离测试任务。高效液相色谱技术具有如下主要特点:

(1)高压。液相色谱以液体为流动相(称为载液),液体流经色谱柱受到阻力较大,为快速通过色谱柱,必须对载液施加高压,一般可达$(150 \sim 350) \times 10^5$ Pa。

(2)高速。流动相在柱内的流速较经典色谱快得多,一般可达 1 ~ 10 mL/min。高效液相色谱法所需的分析时间较之经典液相色谱法少得多,一般少于 1 h。

(3)高效。由于高效微粒固定相的使用,使理论塔板数可达到几万甚至几十万,而经典液相色谱柱色谱的理论塔板数仅有几十至100。

(4)高灵敏度。高效液相色谱已广泛采用高灵敏度的检测器,进一步提高了分析的灵敏度。如紫外检测器最小检测量达 $10^{-9} \sim 10^{-10}$ g,荧光检测器最小检测量达 $10^{-12} \sim 10^{-13}$ g。另外,用样量小,一般几个微升。

6.2 高效液相色谱的基本原理

6.2.1 高效液相色谱的主要类型及其分离原理

高效液相色谱按分离机制的不同分为液-固吸附色谱、液-液分配色谱(正相与反相)、体积排阻色谱(凝胶色谱)和离子交换色谱。

1. 液-固吸附色谱

流动相为液体,固定相为固体吸附剂的色谱技术称为液-固吸附色谱。它的分离原理是根据吸附剂对样品各组分的吸附能力大小不同而进行分离。其作用机制是:当试样进入色谱柱时,溶质分子(X)和溶剂分子(S)对吸附剂表面活性中心发生竞争吸附,未进样时,所有的吸附剂活性中心吸附的是溶剂分子(S),可表示如下

$$X_m + nS_a = X_a + nS_m \tag{6-1}$$

式中,X_m 为流动相中的溶质分子;S_a 为固定相中的溶剂分子;X_a 为固定相中的溶质分子;S_m 为流动相中的溶剂分子;n 为被吸附的溶剂分子数。

当吸附竞争反应达到平衡时

$$K = \frac{[S_m][X_a]}{[X_m][S_a]} \tag{6-2}$$

式中,K 为吸附平衡常数。K 越大,保留值越大。

液-固吸附色谱常用的固定相有硅胶、氧化铝、活性炭、聚合物小球等。硅胶是最常用的吸附剂,硅胶使用前需经加热处理,除掉其表面吸附水,使之活化。随着高效液相色谱技术在药物、生化方面的应用日益广泛,有机聚合物小球的应用有明显上升趋势。

液-固吸附色谱常用的流动相通常是弱极性有机溶剂或非极性溶剂与极性溶剂的混合物,如正构烷烃(己烷、戊烷、庚烷等)、二氯甲烷/甲醇、乙酸乙酯/乙腈等。通过调节溶剂极性,可以控制组分的保留时间。

吸附色谱在早期的 HPLC 分析中应用得最多,大多数用于非离子型化合物,离子型化合物易产生拖尾。现在,很多以前用吸附色谱分离的物质被更方便和更有效的化学键合相反相分配色谱所代替。目前吸附色谱仍旧是用于结构异构体分离和族分离最有效的方法。

2. 液-液分配色谱

将固定液涂渍在载体上作为固定相的液相色谱称为液-液分配色谱。液-液分配色谱的流动相与固定相之间应互不相溶(极性不同,避免固定液流失),有一个明显的分界面。当试样溶于流动相后,在色谱柱内经过两相分界面进入固定液中。由于试样组分在固定相和流动相之间的相对溶解度存在差异,因而具有不同的分配系数而实现分离。达到平衡时,服从下式:

$$K = \frac{c_s}{c_m} = k\frac{V_m}{V_s} \tag{6-3}$$

式中,c_s 为溶质在固定相中浓度;c_m 为溶质在流动相中的浓度;V_s 为固定相的体积;V_m 为流动相的体积;k 为无量纲系数。

液-液分配色谱与液-固吸附色谱有相似之处,即分离的顺序取决于 K,K 大的组分保留值大;但也有不同之处,液-固吸附色谱中,流动相对 K 影响不大,液-液分配色谱中流动相对 K 影响较大。

液-液分配色谱按固定相和流动相的极性不同可分为正相色谱和反相色谱。

1)正相色谱

固定相的极性较流动相的极性强的液相色谱称为正相色谱。正相色谱常采用极性固定相(如聚乙二醇、氨基与腈基键合相),流动相为相对非极性的疏水性溶剂(烷烃类,如正己烷、环己烷),常加入乙醇、异丙醇、四氢呋喃、三氯甲烷等以调节组分的保留时间。正相色谱常用于分离中等极性和极性较强的化合物(如酚类、胺类、羰基类及氨基酸类等)。

2)反相色谱

固定相的极性较流动相的极性弱的液相色谱称为反相色谱。反相色谱一般采用非极性固定相(如 C_{18}、C_8、C_4),流动相为水或缓冲液,常加入甲醇、乙腈、异丙醇、丙酮、四氢呋喃等与水互溶的有机溶剂以调节保留时间。反相色谱适用于分离非极性和极性较弱的化合物。

反相色谱在现代液相色谱中应用最为广泛,可以用于分离同系物、复杂稠环芳烃以及药物、激素、天然产物、农药残留量的测定等。据统计,它占整个 HPLC 应用的 80% 左右。

正相色谱与反相色谱的比较见表 6-1。

表 6-1　正相色谱与反相色谱比较表

类　　别	正相色谱	反相色谱
固定相极性	高→中	中→低
流动相极性	低→中	中→高
组分洗脱次序	极性小先洗出	极性大先洗出

3. 体积排阻色谱(凝胶色谱)

用化学惰性的多孔性物质作为固定相,试样组分按分子体积进行分离的液相色谱技术称为排阻色谱,又常被称作空间排阻色谱、分子筛色谱等。它的分离原理是依据待分离组分分子尺寸与固定相的孔径大小之间的相对关系而进行分离。比固定相孔径大的组分分子不能进入孔内,迅速流出色谱柱;比固定相孔径小的组分分子才能进入孔内而产生保留,组分分子体积越小,进入固定相孔内的概率越大,于是在固定相中停留(保留)的时间也就越长。

凝胶色谱又可分为凝胶渗透色谱和凝胶过滤色谱:

(1)凝胶渗透色谱。以有机溶剂为流动相的体积排阻色谱法称为凝胶渗透色谱,主要用于有机溶剂中可溶的高聚物(聚苯乙烯、聚氯乙烯、聚乙烯、聚甲基丙烯酸甲酯等)相对分子质量分布分析及分离,常用的凝胶为交联聚苯乙烯凝胶,流动相为四氢呋喃等有机溶剂。

(2)凝胶过滤色谱。以水或水溶液作为流动相的体积排阻色谱法称为凝胶过滤色谱。常用的固定相是亲水性凝胶,凝胶的代表是葡聚糖系列,流动相使用水溶液或缓冲溶液。此色谱主要适合水溶性高分子化合物(如多肽、蛋白质、核酸、多糖等)的分离。

凝胶色谱主要用于高分子化合物的相对分子质量及相对分子质量分布测定和高分子杂质测定。

4. 离子交换色谱

离子交换色谱是以离子交换作用分离离子型化合物的液相色谱技术。它的分离原理是基于作为固定相的离子交换剂的表面有交换基团,流动相中样品离子与固定相中带电荷的交换基团之间进行离子交换,依据这些离子与交换基团作用力大小不同而分离。凡是能够进行电离的物质都可以用离子交换色谱进行分离。

离子交换色谱常用的固定相是离子交换树脂,包括阳离子型和阴离子型两大类型。发生阳离子交换的树脂称为阳离子交换树脂,阴离子交换树脂与溶液中的阴离子发生交换。如:

$$\text{阳离子交换:} R—SO_3H + M^+ = R—SO_3M + H^+$$

$$\text{阴离子交换:} R—NR_4OH + X^- = R—NR_4X + OH^-$$

缓冲液常用作离子交换色谱的流动相。阴离子交换树脂作固定相,采用酸性缓冲溶液;阳离子交换树脂作固定相,采用碱性缓冲溶液。被分离组分在离子交换柱中的保留时间除与组分离子与树脂上的离子交换基团作用强弱有关外,它还受流动相的 pH 和离子强度影响。pH 可改变化合物的解离程度,进而影响其与固定相的作用。流动相的盐浓度大,则离子强度高,不利于样品的解离,导致样品较快流出。

离子交换色谱主要用来分离离子或可解离的化合物,不仅用于无机离子的分离,还用于有机物分离(如氨基酸、核酸、蛋白质等)。

6.2.2 高效液相色谱分离方法的选择

高效液相色谱方法繁多,每一种分离类型适用于一定的分离对象。对于一个分析试样,选择合适的分离方法和最优化操作条件需要理论预测和实验相结合。首先应尽可能了解样品的有关性质,其次必须熟悉各种色谱方法的主要特点及其应用范围。选择色谱分离方法的主要根据有:样品相对分子质量的大小,在水中和有机溶剂中的溶解度、极性和稳定程度以及化学结构等。

(1)相对分子质量。对于相对分子质量较低(一般在 200 以下)、挥发性比较好、加热又不易分解的样品,可以选择气相色谱进行分析。相对分子质量在 200 ~ 2 000 的化合物,可用液-固吸附、液-液分配和离子交换色谱;相对分子质量高于 2 000 则可用空间排阻色谱。

(2)溶解度。水溶性样品最好用离子交换色谱和液-液分配色谱;微溶于水,但在酸或碱存在下能很好电离的化合物,也可用离子交换色谱;油溶性样品或相对非极性的混合物,可用液-固色谱。

(3)化学结构。若样品中包含离子型或可离子化的化合物,或者能与离子型化合物相互作用的化合物(例如配位体及有机整合剂),可首先考虑用离子交换色谱,但空间排阻和液-液分配色谱也都能应用于离子化合物;异构体的分离可用液-固色谱;具有不同官能团的化合物、同系物可用液-液分配色谱;对于高分子聚合物,可用空间排阻色谱。HPLC 分离类型的选择如图 6-1 所示。

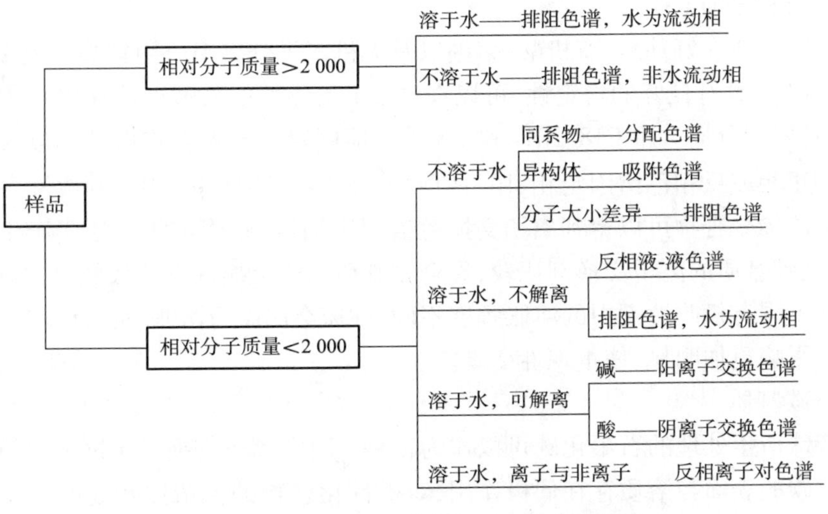

图 6-1 按照样品性质选择 HPLC 分离类型

6.2.3 高效液相色谱固定相

1. 固定相基质

由于 HPLC 分离过程涉及物理化学作用、流体动力学、热力学过程等，所以对固定相基质材料的物理化学性质有比较严格的要求。液相色谱固定相基质按其化学组成主要分为硅胶、有机聚合物、石墨化碳和有机-无机杂化基质。

1）硅胶基质

硅胶及键合硅胶是开发最早、研究深入、应用广泛的 HPLC 固定相，这主要是基于硅胶基质良好的物理特性与完善的制备工艺，通过控制全多孔硅胶微粒的制作工艺，能够得到平均孔径变化范围宽（如 8 nm、30 nm、100 nm）、粒度选择性范围较大（如 10 μm、5 μm、3 μm）、孔径分布范围窄、孔结构理想的填料，能满足大、小分子的分析及制备。硅胶颗粒具有高机械强度和高比表面积，可利用广泛的表面键合反应来满足正相、反相、离子交换、疏水作用和体积排阻色谱等多种不同分离模式的需求，采用硅胶基质作为固定相能获得较高的柱效，重现性也较好。但是，硅胶基质通常只能在 pH = 2 ~ 8 时使用，pH 过高，Si—O 键易断裂。造成硅胶基体的溶解流失，导致色谱峰形变差，分离度下降，色谱柱寿命缩短等不良后果；流动相酸性过强，键合相则易水解。利用键合反应制备改性硅胶的 HPLC 固定相，需要对硅胶表面进行活化，完全羟基化。这时硅胶表面硅羟基最大浓度约为 8 $\mu mol/m^2$，使用效果最佳。游离硅羟基酸性很强，能与碱性溶质产生强相互作用，因此该类硅胶固定相往往使碱性化合物保留值增加、峰变宽、拖尾。完全羟基化的硅胶基质固定相氢化硅羟基浓度较高，有时可达总数的 25% ~ 30%，氧化硅羟基的酸性比游离硅羟基弱，有利于碱性化合物的色谱分离。

硅胶基质的纯度对许多极性化合物的分离也极为重要，硅胶中的 Fe、Al、Ni、Zn 等金属杂质能与溶质配合，引起不对称或拖尾峰，甚至化合物完全被固定相吸附，不能洗脱。硅胶晶格中的其他金属（尤其是铝）能使表面硅羟基活性增强，酸性增强。HPLC 分离，尤其是碱性与强极性化合物的 HPLC 分离需用高纯硅胶。

2）多孔聚合物基质

多孔聚合物填料在氨基酸、有机酸、多糖以及无机离子分离中应用较多。大多数多孔聚合物在 pH = 1 ~ 13 时具有良好的稳定性，可以在高 pH 条件下使强碱性溶质以自由态或非电离态存在，得到较好的分离。用 C18、NH_2 和 CN 等官能团对多孔聚合物微粒加以改性能够得到不同选择性的正相或反相色谱固定相，用—COOH、—SO_3H、NH_2 和 NR^{3+} 等改性多孔二乙烯基苯交联的聚苯乙烯聚合物可以得到离子交换色谱固定相，这些固定相广泛用于生物样品的分离、提纯。与硅胶基质的离子交换剂比较，聚合物基质离子交换剂有柱效低、分离慢的缺点，并且这种基质在不同有机改性剂中的溶胀程度不同，柱床会因微粒溶胀不同而变化，在梯度洗脱中溶胀现象的影响更加明显，使重现性变差。

3）石墨化碳基质

不经过特殊衍生处理的石墨化碳可以作为正相、反相、离子交换等不同分离模式的色谱固定相。石墨化碳的表面与溶质存在偶极作用，对极性化合物的保留比普通的烷基键合硅胶或多孔聚合物强，因此可用于分离强亲水性化合物。此外，石墨化碳固定相 pH 稳定性非常好，可以在低或高 pH 条件下使用，还可用于高温快速分离。相对于硅胶基质固定相，多孔石墨化碳具有特殊的性质，在极性化合物和非极性化合物的同时分离、二糖和糖肽的分离中表现出独特的优势。

4）有机-无机杂化基质

Waters 公司采用甲基三乙氧基硅烷和四乙氧基硅烷混合前体，制备了含有无机硅与有机硅氧烷单元的高纯杂化微球，其中有机硅烷单元分布于颗粒内部及表面，甲基取代了约 1/3 的表面硅羟基，相对纯硅胶基质，杂化基质表面硅羟基的分布更加有序，通过键合反应引入烷基链的空间位阻作用相对减少，所以键合反应得到的固定相在表面均匀性和残留硅羟基两方面均有明显的改善。杂化硅胶微球在一定程度上结合了聚合物基质稳定性好及硅胶基质高效和机械强度高的特点，能够改善碱性化合物分离的拖尾现象，在 pH = 1 ~ 12 的流动相条件下具有较好的稳定性。

2. 固定相形态

目前，HPLC 分析中常用的几种填料类型如图 6-2 所示，主要包括全多孔微球、薄壳型微球、灌流色谱填料和整体材料，其中由于全多孔微球填料能够很好地兼顾柱效、样品容量、使用寿命、灵活性以及有效利用率等众多理想的性质，应用最为普遍。但是，全多孔微球内微孔中分子传质较慢，尤其是对于体积较大的蛋白质等生物大分子，峰展宽严重，柱效降低。薄壳型微球在无孔微球表面具有多孔薄壳，实现了高速传质，也可通过降低填料粒径，获得更高的柱效。灌流色谱所采用的固定相中存在两种孔结构：一种是孔径在 600 ~ 800 nm 内的特大孔，称为通孔或穿透孔；另一种是孔径在 50 ~ 150 nm 内连接特大孔的较小的孔，称为扩散孔。贯通的大孔可以允许流动相直接进入填料颗粒的内部并贯穿而过。整体材料，又称为连续固定相，是用原位聚合的方法，在色谱柱空柱管内所形成的整体、连续的分离介质。整体材料基质主要有聚合物和硅胶基质两种。相对而言，聚合物基质的整体材料应用更多，主要有聚丙烯酰胺、聚苯乙烯和聚甲基丙烯酸酯等类型，可用于多肽、低聚核苷酸、合成聚合物和小分子化合物的分析。整体材料中通常也具有孔径较大的通孔和孔径较小的微孔，具有传质快、反压低等优点，近年来发展较快。

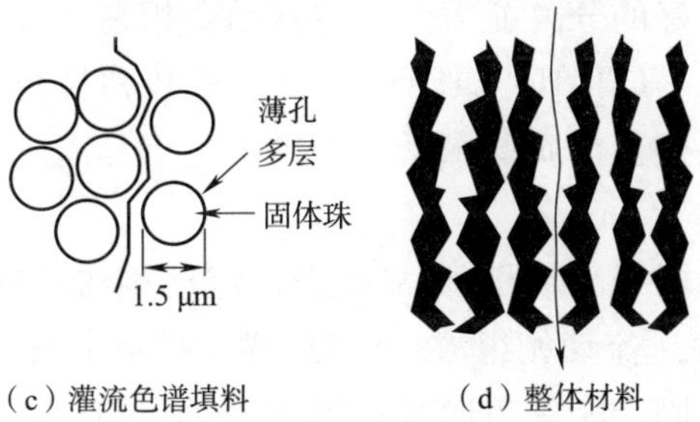

图 6-2　HPLC 的微粒类型

3. 固定相种类

将特定的官能团键合到基质表面，所形成的固定相称为化学键合相。采用化学键合相的色谱方法称为化学键合相色谱法。化学键合相可作为分配色谱、离子交换色谱、手性拆分色谱及亲和色谱等多种分离模式的固定相。由于化学键合相的官能团不易流失，在高效液相色谱的整个应用中占80%以上，高效液相色谱中的应用化学键合相的优越性包括：减弱了表面活性作用点，清除了某些可能的催化活性，耐溶剂冲洗，热稳定性好，表面改性灵活。

1）正相色谱固定相

正相色谱是最常用的HPLC分离方法之一，固定相一般采用硅胶、氧化铝和极性基团键合的硅胶等。正相色谱固定相极性大于流动相，样品的保留值随流动相极性降低而增加。正相色谱中，溶质在柱中固定相上不断进行吸附-解吸循环，由于不同被测物在吸附剂上吸附作用的差异而获得分离。溶质和固定相间的吸附作用有两类：①溶质和溶剂分子对吸附剂表面特定位置的竞争作用，这使得溶剂组成的改变往往会引起分离情况发生很大变化；②溶质所带官能团与吸附剂表面相应的活性中心之间的相互作用，这种作用与溶质分子的几何形状有关，当官能团的位置与吸附中心匹配时，作用较强，反之则作用较弱。

溶质所带官能团的性质是决定其吸附作用的主要因素，若溶质分子所带官能团的极性强，数目多，则保留也强。不同异构体的相对吸附作用常有较大差异，因而正相色谱法分离异构体比其他色谱法更为优越。

硅胶是最常用的正相色谱固定相。由于硅胶能溶解在高pH溶液中，为延长使用寿命，硅胶基质的色谱柱的使用环境不应在pH = 8以上。此外，硅胶基质表面的酸性，使其不适宜分离碱性化合物。

Al_2O_3作为正相色谱固定相，对于不饱和化合物，特别是芳香族化合物，多环芳烃，有较强的保留能力，可以将芳烃异构体很好地分离；也适用于碱性化合物的分离。

极性键合相的表面能量分布相对均匀，吸附活性一般比硅胶低。最常用的有氰基（—CN）、二醇基（DIOL）、氨基（$—NH_3$）等极性键合相，适于对中等极性组分的分离。$—NH_3$基具有强的氢键结合能力，对某些多官能团化合物，如甾体、强心苷等有较强的分离能力。在胺性介质中，这种键合相作为一种离子交换剂，可用于分离酚、羧酸、核苷酸等。氨基可与糖类分子中的羟基发生选择性相互作用，因而当用乙腈/水作流动相时可以分离单糖、二糖和多糖，这已成为一种糖类分析的常规方法。此时尽管从流动相角度看这是反相色谱，但从机理上讲为正相色谱，因为流动相中水含量的增加使溶质的保留值减少。氰基键合相的分离选择性与硅胶相似，但可与某些含有双键的化合物发生选择性相互作用，因而对双键异构体或含有不等量双键数的环状化合物有更好的分离能力。二醇基键合相是缩甘油氧丙基硅烷键合相的水解产物[$Si—(CH_2)_3—O—CH_2—CHOH—CH_2OH$]，使有机酸和某些低聚物可获得好的分离。二醇基的另一个用途是进行某些蛋白质的水系体积排阻色谱分离。

2）反相色谱固定相

反相色谱固定相的极性弱于流动相，样品在极性流动相和非极性固定相间分配，疏水性强（非极性）的化合物保留较强。流动相组成一定时，样品按照其疏水性由弱到强的顺序流出色谱柱。用于反相色谱分离的固定相一般通过在基质（如高纯硅胶、有机聚合物、石墨化碳及有机-无机杂化材料等）表面共价键合有机硅烷或沉积聚合物有机涂层，其中应用最为广泛的为硅胶基质的化学键合相固定相。化学键合反相固定相借助于化学反应的方法将烷基、氰基、苯基等基团以共价键连接在基质上制得，样品的保留值与键合相性质直接相关，随着键合相硫水基团链长的增加或疏水性的增加而增大。烷基链长可以是 C2、C4、C6、C8、C16、C18 和 C22 等，应用最广的是 C18 又称 ODS，即十八烷基硅烷键合硅胶。长链烷基键合相（ODS）有较高的碳含量和好的疏水性，对各种类型的样品分子有较强的适应能力，从非极性的芳烃到氨基酸、肽、儿茶酚胺和许多药物的分析皆可使用。如果采用更短的烷基（如 C6、C8）或苯基取代十八烷基，制备的固定相具有与 C18 不同的保留性质和稳定性。多环芳烃键合相与 C18 性质接近，适合于芳香族化合物的分离。键合短链烷基（C3、C4）的大孔硅胶（20 ~ 40 nm）键和含氟硅烷键合相的发展，满足了蛋白质、酶等生物大分子分离的需要。由于碳氟键的极性比碳氢键更强，氟的引入使卤代化合物或其他极性化合物在固定相上保留更强，分离选择性也会发生变化。全氟烷基键合固定相可以应用于表面活性剂分析、超临界流体色谱、离子对分离等方面。

3）离子交换色谱固定相

离子交换色谱采用离子交换树脂作为固定相，依据样品离子与固定相表面离子交换基团的交换能力（交换系数）的差别而分离。其分离机理建立在样品分子与固定相表面基团之间电荷相互作用的基础上，这种相互作用可能表现为离子与离子、偶极子与离子或者其他动态平衡作用力的形式。按所使用的离子交换剂的不同，离子交换色谱可分强阴、强阳、弱阴、弱阳离子交换色谱四种模式。

离子交换固定相也称离子交换剂、主要有键合硅胶和聚合物两类。离子交换剂上的活性离子交换基团决定着其性质和功能。

离子交换键合相通过化学键合带有离子交换基团的有机硅烷分子得到，带磺酸基、羧酸基者为阳离子交换剂：带季氨基（$—R_4N^+$）或氨基（$—NH_2$）者为阴离子交换剂。硅胶基质离子交换键合相具有刚性强、耐压及没有树脂那种固有的溶胀和收缩现象等优点。此外，硅胶基质粒度小、均匀性好、表面传质过程快，因而柱效比离子交换树脂柱高。离子交换键合相柱的操作比树脂柱简单，通常在室温下操作即可获得良好的分离。

有机高分子类离子交换固定相如纤维素、葡聚糖、琼脂糖的衍生物等具有全 pH 范围适用、可以选择各种缓冲液流动相体系、使用寿命长、色谱柱易于再生、填料色谱容量高、非特异性吸附少有利于保持样品生物活性等特点，因此在离子交换色谱固定相中占据主要地位。通常用聚苯乙烯和二乙烯基苯进行交联共聚生成不溶性的聚合物基质，再对芳环进行磺化制成强酸性阳离子交换剂：或对芳环进行季铵盐化，制成带有烷基胺官能团的强碱性阴离子交换剂。

两性离子交换剂是一类具有特殊结构的离子交换剂，在其基质中既含有阳离子交换基团，又含有阴离子交换基团。这类离子交换剂在与电解质接触时可形成内盐。用水洗的办法很容易使其再生。偶极子型离子交换剂作为两性离子交换剂的一种特殊类型，通过氨基酸键合到葡聚糖或琼脂糖上制得，其在水溶液中可形成偶极子，这种离子变换剂非常适合于能与偶极子发生相互作用的生物大分子的分离。

4）体积排阻色谱固定相

体积排阻色谱法又称凝胶色谱法。体积排阻色谱最广泛的用途是测定合成聚合物的相对分子质量分布;对于某些大分子样品如蛋白质、核酸等,也是一种很有效的分离纯化手段。此外,能简便快速地分离样品中分子量相差较大的简单混合物,因而非常适合于未知样品的初步探索性分离,无须进行复杂实验就能较为全面地了解样品组成分布的概况。按淋洗体系通常分为两大类,即适合于分离水溶性样品的凝胶过滤色谱,以及适合于分离油溶性样品的凝胶渗透色谱,两种方法的分离原理虽然相同,但柱填料及其分离对象和使用技术完全不同。

凝胶色谱固定相包括具有确定孔径的半刚性的交联聚合物凝胶和刚性的无机凝胶两大类,不同的凝胶在性能、使用及装柱方法等方面存在明显差异。常用的聚合物凝胶包括葡聚糖或琼脂糖凝胶、二乙烯基苯、丙烯酸酯、聚苯乙烯等。其中交联苯乙烯或聚甲基丙烯酸酯凝胶多用于合成高分子的分离;联苯乙烯主要用于油溶性化合物的分离;而交联甲基丙烯酸酯柱则多用于水溶性合成高聚物的分离。无机凝胶主要是硅胶,硅胶粒径通常为 5 ~ 10 μm,孔径范围为 50 nm ~ 0.1 μm,能够在含水流动相和极性有机溶剂中使用,一般用于生物大分子的分离。无机凝胶在高压或高流速下柱床稳定,热稳定性好,能够长期使用。

改性硅胶和未改性硅胶均可作为体积排阻色谱固定相,既可用于非水溶剂,也可以用水溶液为流动相。经改性的多孔硅胶或可控孔径玻璃,可以直接用于中性糖的寡聚物和聚合物的分离,硅胶在作为凝胶过滤色谱固定相用于生物高分子分离时,往往须对其表面加以改性以增加其亲水性。硅胶表面残余硅羟基的极性可能导致样品不可逆吸附,改性硅胶通过键合小分子硅烷化试剂屏蔽硅羟基。此外,调整流动相性质也可降低硅胶表面对溶质的非特异性吸附。传统的凝胶过滤色谱分离介质都是软质凝胶,软质凝胶的粒度分布范围宽,颗粒强度低,不能经受高压操作,分离速度慢,只适于普通柱层析。此外还发展出多系列颗粒分布范围较窄、机械强度良好和化学稳定性高的交联结构的多糖型凝胶。除了可以在较高流速下进行操作外。也能够实现宽 pH 值内使用。用于凝胶渗透色谱分离的高聚物型体积排阻色谱固定相多采用交联共聚的苯乙烯-二乙烯苯多孔微球。其孔的形态与大小因致孔方法而异,单纯由交联度控制的孔一般是均匀的微孔,排除极限可达 5×10^5 聚苯乙烯相对分子质量;结构非均匀的固定相通常采用不良溶剂致孔,排除极限可高达 10^7 聚苯乙烯相对分子质量。

5)亲和色谱固定相

亲和色谱(Affinity Chromatography,AFC)是利用生物分子之间特异性相互作用实现分离的液相色谱分离模式。亲和色谱是一种特异性的分离技术,这种特异性相互作用是活性生物大分子固有的特征,例如酶能与底物、抑制物、辅酶等结合;抗体能与互补的抗原相结合;凝集素能与细胞的表面抗原以及某些糖类相结合;激素能与蛋白及细胞受体形成复合物;基因可与核酸和阻遏蛋白相互作用等。亲和色谱以其极高的选择性不可代替地应用于复杂生物体系的分离分析中。

传统的亲和色谱多使用天然或合成高分子载体(葡聚糖凝胶、琼脂糖凝胶等),机械强度差难以提高淋洗速度。高效亲和色谱采用可控孔径硅胶、可控孔径玻璃等无机基质,机械强度高且易于通过各种化学键合而增加配基牢度,具有很好的应用前景。有机聚合物基质主要有多糖型和高聚物型两大类。无机基质的主要缺陷为耐受 pH 值范围较窄(pH = 2 ~ 8),并且残余硅羟基可造成非特异吸附而降低收率,甚至导致产品失活。

按照亲和色谱配体性能即填料所携带配体对被分离物质的选择性特征,可分为专用性和通用性两大类。就亲和配体的连接方式而言,既可以将配体与基质直接偶联,也可以在基质与配体之间插入一适当长度的链状间隔臂间接连接。由于适当的间隔壁链段可以有效地克服基质表面的几何位阻效应，使得配体更容易与被分离物结合，通常带有间隔臂的 AFC 填料往往具有更为优异的色谱性能。对于以小分子为配体分离大分子的亲和填料来说，间隔臂的作用显得更为重要。AFC 填料的间隔臂按其结构类型，主要包括烃类、链状的聚胺类、肽类、链状聚醚类等。

6）疏水相互作用固定相

疏水相互作用色谱填料的表面具有弱疏水性特征，在高离子强度流动相条件下，蛋白质分子中的疏水性部分与填料表面产生疏水性相互作用而被吸附，当流动相的离子强度逐渐降低时，蛋白质样品则按其疏水性特征被依次洗脱，疏水性越强，洗脱的时间越长，进而实现分离。与反相色谱比较，疏水相互作用色谱方法避免了流动相中使用大量有机溶剂，能有效地保持被分离物质的生物活性，因此在生化样品的分离纯化方面被广泛采用。

7）手性色谱固定相

手性色谱固定相拆分的基础在于未消旋的手性固定相和手性溶质之间的对映体分子作用力的差别。手性固定相一般可分为配体交换手性固定相、高分子型手性固定相、键合及涂敷型手性固定相、分子印迹固定相等类型。

配体交换色谱是指在形成离子配合物的空间内形成配合键的同时，固定相与被拆分的分子之间发生内部相互作用，这种相互作用是通过金属配合物的配合空间来完成的，是连于中心金属离子上的配位体的交换过程。

键合及涂敷型手性固定相是将具有手性识别作用的配基通过稳定的共价键连接或以物理方法涂敷于适当的固相载体上，制备出手性固定相。按照配基的不同，也可以分为 Prikle 型固定相、多糖类手性固定相、环糊精类手性固定相、蛋白质类手性固定相、抗生素手性固定相等。

Prikle 型固定相是键合手性异构体固定相，有二硝基苯甲酸氨基酸型、乙内酰脲衍生型、N-芳基氨基酸衍生型、二苯并呋喃酮衍生型以及 DNB-氨基酸型等手性填料。其配基分子中的羟其是自由的和离子化的，可以通过 π－π、氢键，以及静电相互作用，进行手性拆分。

HPLC 中常用的固定相的种类和特点见表 6-2。

表 6-2　HPLC 中常用的固定相

类　别	固　定　相	特　　点
反相（与离子对）固定相	C_{18}（十八烷基或 ODS）	稳定性好，保留能力强，用途广
	C_8（辛基）	与 C_{18} 相似，但保留能力降低
	C_3、C_4	保留能力弱；多用于肽类与蛋白质分离
	C_1［三甲基硅烷（TMS）］	保留最弱，最不稳定
	苯基，苯乙基	保留适中，选择性有所不同
	CN（氰基）	保留值适中，正相与反相均可使用
	NH_2（氨基）	保留弱，用于烃类，稳定性不够理想
	聚苯乙烯基	在 $1 < pH < 13$ 流动相中稳定，某些分离峰形好，柱寿命长

续上表

类　别	固 定 相	特　点
正相色谱固定相	CN(氰基)	稳定性好,极性适中,用途广
	OH(二醇基)	极性大于 CN
	NH_2(氨基)	极性强,稳定性不够理想
	硅胶	耐用性好,价廉,操作不够方便,多用于制备色谱
尺寸排阻色谱固定相	硅胶	耐用性好,作吸附剂用
	硅烷化硅胶	吸附性弱,溶剂兼容性好,适用于有机溶剂
	OH(二醇基)	不够稳定,在凝胶过滤色谱中应用较多
	聚苯乙烯基	广泛用于凝胶渗透色谱,与水和强极性有机溶剂不相溶
离子交换色谱固定相	键合相	稳定性与重现性均不理想
	聚苯乙烯基	柱效不高,稳定,重现性好

6.2.4　液相色谱流动相

与气相色谱不同,液相色谱流动相不仅可选择的种类多,而且它参与色谱分离过程,是影响分离效果一个非常重要的可调因素。通过对流动相的调整,可便捷地改变分离选择性。在实际分离分析工作中,流动相的选择和优化是液相色谱分离分析方法建立的重要内容。

1. 流动相选择的一般要求

液相色谱所采用的流动相通常为各种低沸点有机溶剂与水或缓冲溶液的混合物,对流动相选择的一般要求如下:

(1)化学稳定性好,不与固定相和样品组分发生化学反应;

(2)与所用检测器相匹配,不影响检测器的正常工作;

(3)对待分析样品要有足够的溶解能力,有利于提高检测灵敏度;

(4)黏度小,以保证合适的柱压降;

(5)沸点低,以有利于制备分离时样品的回收。

选择液相色谱流动相溶剂的基本步骤如下:

(1)选择具有合适物理性质的溶剂,如沸点、黏度、紫外光吸收波长范围等;

(2)选择具有合适洗脱强度的溶剂,分离简单样品,$2\leqslant k'\leqslant 5$;复杂样品,$0.5\leqslant k'\leqslant 20$;

(3)考虑溶剂的分离能力,所选流动相溶剂对于被分离组分具有较高的分离指数。

2. 液相色谱流动相的性质

流动相所采用溶剂的性质与分析方法直接相关,其物理和化学性质确定了方法所采用的条件。

大多数情况下,高效液相色谱的分析方法采用紫外检测器,因此必须考虑所用溶剂在紫外波段的吸收。通常要求流动相应有较弱的紫外吸收,相反地,如采用间接紫外检测则应选用紫外吸收较强的试剂。当使用示差折光检测器时,需考虑溶剂的折射率。示差折光检测器的灵敏度与流动相和样品折射率的差值成正比。高效液相色谱/质谱联用技术逐渐得到普及,为了保证系统的正常运行,并有较高的检测灵敏度,要求流动相中不应含有难分解、难挥发的盐类。

可能与样品或固定相发生化学反应的溶剂不能作为色谱流动相使用。在高效液相色谱中几乎不用醛、烯及含硫化合物作为溶剂;酮和硝基化合物也很少使用。溶剂在使用前必须经纯化处理,如醚类长期存放会产生过氧化物,使用前必须除去溶剂中的过氧化物,以保证流动相溶剂的惰性。

溶剂的沸点与其黏度密切相关,低沸点溶剂的黏度通常较低。通常选用沸点高于柱温 20 ~ 50 ℃、黏度不大于 5×10^{-4} Pa·s 的溶剂作为流动相。由低沸点溶剂组成的混合流动相也会因蒸发而导致组成随时间改变。使用高沸点溶剂会因其高黏度引起的流动相线速度限制和传质阻力而损失柱效。如要使用黏度较大的溶剂,可以加入一定比例的稀释剂,或适当升高柱温。

液相色谱流动相对分离选择性的影响不仅涉及流动相与固定相的相互作用,也涉及流动相和被分离物质之间的相互作用。为了对流动相的综合作用力给出定量的描述,通常采用"极性"来表示溶剂与溶质的相互作用强度。Snyder 根据 Rohrschneider 的溶解度数据提出了计算总的溶剂极性参数 P' 的方法,以溶剂与乙醇、二氧六环、硝基甲烷等几种极性溶质的作用度量流动相的极性。纯溶剂的极性参数定义为

$$P' = \lg(K''_g)_{乙醇} + \lg(K''_g)_{二氧六环} + \lg(K''_g)_{硝基甲烷} \tag{6-4}$$

式中,K''_g 为溶剂在乙醇、二氧六环、硝基甲烷中的极性分配系数。混合溶剂的极性被定义为

$$P' = \varphi_a P'_a + \varphi_b P'_b \tag{6-5}$$

式中,P'_a、P'_b 分别为纯溶剂 a、b 的极性参数;φ_a、φ_b 分别为溶剂 a、b 在混合溶剂中的体积分数。

Synder 也提出了一种根据溶剂与溶质分子间作用力的大小对溶剂的选择性进行分类的方法。将溶剂的选择性参数分为静电力(由偶极矩决定,X_n)、给质子力(X_d)和受质子力(X_e),分别表示溶剂的偶极作用、给予质子和接受质子的能力,三者之和为 1。定义为:

$$X_n = \frac{\lg(K''_g)_{硝基甲烷}}{P'},\quad X_d = \frac{\lg(K''_g)_{二氧六环}}{P'},\quad X_e = \frac{\lg(K''_g)_{乙醇}}{P'}$$

液相色谱流动相经常采用混合溶剂,如甲醇-水、乙腈-水等。对于所选择的溶剂,必须首先了解其相互混溶性。梯度洗脱时,溶剂的混溶性会影响到实际的分离效果。

3. 液相色谱流动相的种类

1)正相色谱流动相

在正相色谱中,由于固定相的极性大于流动相的极性,所以增加流动相的极性(P' 值增大),洗脱能力增强。一般选择具有合适 P' 值的溶剂,使样品的洗脱强度值在 1 ~ 10。在饱和烷烃(如正己烷)中加入一种极性较大的溶剂(如异丙醇)作为极性调节剂构成的混合溶剂是正相色谱常用的流动相。调节极性溶剂的浓度可以改变流动相洗脱强度。确定溶剂的极性参数 P' 值后,若分离选择性不好,可以改用其他类型的强溶剂。对于难以达到所需要分离选择性的情况,也可以考虑使用三元或四元溶剂体系。正相色谱中常用的溶剂可按其对于固定相的吸附强度进行分类。通常以溶剂强度参数 ε_0 值作为衡量溶剂强度的指标。ε_0 被定义为

$$\varepsilon_0 = \frac{E}{A} \tag{6-6}$$

式中,E 为吸附能;A 为吸附剂的表面积。显然,ε_0 表示溶剂分子在单位吸附剂表面上的吸附自由能,ε_0 越大,固定相对溶剂的吸附能力越强,则溶质的洗脱强度值越小,即溶剂的洗脱能力越强。

在正相色谱中,二元以上的混合溶剂比纯溶剂更实用。混合溶剂系统的溶剂强度可随其组成连续变化,很容易找出具有适宜溶剂强度的溶剂系统。混合溶剂也可以保持溶剂的低黏度以降低柱压和提高柱效,提高选择性改善分离。可以通过选择具有等溶剂强度但性质不同的溶剂来改善分离选择性。正相色谱分离的选择性不仅取决于 ε_0,而且也受溶质与溶剂分子间的氢键作用等二次效应的影响。

2)反相色谱流动相

在反相色谱中,溶质按其疏水性大小进行分离,极性越大或疏水性越小的溶质,与非极性固定相的结合越弱,越先被洗脱。

反相色谱流动相通常以水作为基础溶剂。加入一定量的能与水互溶的极性调节剂(如甲醇、乙腈、四氢呋喃等)配制成混合流动相。极性溶剂所占比例对溶质的保留值和分离选择性有显著影响。一般情况下,甲醇-水系统已能满足多数样品的分离要求,是反相色谱最常用的流动相。一般推荐采用乙腈-水系统做初始实验,因为与甲醇相比,乙腈的溶剂强度较高且黏度低,同时满足紫外检测器在 185 ~ 205 nm 的要求。

反相色谱流动相洗脱强度由有机溶剂的浓度和类型共同决定,常用溶剂洗脱强度的强弱顺序为水(最弱) < 甲醇 < 乙腈 < 乙醇 < 四氯呋喃 < 丙醇 < 二氯甲烷(最强),溶剂的强度随着其极性的增加而降低。除二氯甲烷与水无法混溶外,其他溶剂都可与水混溶。二氯甲烷常用来清洗被强保留样品污染的反相色谱柱。

反相色谱中有机调节剂的浓度与溶质的容量因子之间满足对数线性关系。可表示为

$$\ln k = a + cC \tag{6-7}$$

式中,k 为容量因子;C 为有机调节剂浓度;a、c 分别为与流动相性质、固定相性质有关的常数。反相高效液相色谱分离极性和离子型化合物时常采用缓冲溶液作为流动相。缓冲溶液应具有足够高的离子强度,这样可避免出现不对称峰和峰分裂。流动相的 pH 对可解离溶质的影响很大,在分离肽类和蛋白质等生物大分子时,经常要加入修饰性的离子对试剂。三氟乙酸(TFA)是最常用的离子对试剂,使用浓度为 0.1%,使流动相的 pH 为 2 ~ 3,以有效地抑制氨基酸上 α-羧基的解离,增加溶质的疏水性,改善分离效果。

3)离子交换色谱流动相

离子交换色谱常用缓冲溶液作为流动相。被分离组分在离子交换柱中的保留除与样品离子和树脂上的离子交换基团作用的强弱有关外,也受流动相的 pH、离子强度等的影响。pH 可改变化合物的解离程度,流动相的离子强度越高,越不利于样品的解离。

离子交换色谱多以水溶液为流动相。水不仅是理想的溶剂,同时还具有使样品离子化的特性。在以水为流动相的离子交换色谱中,溶质保留值和分离度主要通过流动相的 pH 和离子强度来调节。在流动相中有时也加入少量的乙醇、四氢呋喃、乙腈等有机溶剂,以增加样品的溶解度,减少峰拖尾现象。

改变 pH 可以改变离子交换基团上可解离的 H^+ 或 OH^- 的数目,因此流动相 pH 直接影响固定相的离子交换容量。对阳离子交换剂而言,pH 降低,交换剂的离子化受到抑制,交换容量降低,组分的保留值减小。对于阴离子交换剂而言,则恰好相反。

改变流动相的 pH,也会影响弱电离的酸性或碱性溶质的形态分布,进而改变其保留值。pH 增大,在阴离子交换色谱中带负电组分的保留值增大,在阳离子交换色谱中带正电组分的

保留值将减小。流动相 pH 的变化也能改变分离的选择性。使用阳离子交换剂时,常选用含磷酸根离子、甲酸根离子、醋酸根离子或柠檬酸根离子的缓冲液;使用阴离子交换剂时,则常选用含氨水、吡啶等的缓冲液。

在离子交换色谱中,溶剂的强度主要取决于流动相中盐的总浓度即离子强度、增加流动相中盐的浓度,样品离子与所加盐的离子争夺离子交换基团上反电荷位点的能力降低,保留值降低。

由于不同种类的离子与离子交换剂作用强度不同,因此流动相中所加盐的类型对样品离子的保留值有很大影响,常用 $NaNO_3$ 来控制离子交换色谱中流动相的离子强度。

4)体积排阻色谱流动相

体积排阻色谱法依据凝胶的孔容及孔径分布、样品相对分子质量大小及其分布以及相互匹配情况实现样品的分离。由于分离效果与样品,流动相之间的相互作用无关,因此改变流动相的组成一般不会改善分离度。

目前凝胶渗透色谱多采用示差折光检测器,应使流动相的折光指数与被测样品的折光指数有尽可能大的差别,以提高检测灵敏度。

体积排阻色谱法中流动相的选择除需满足一般的流动相选择原则外,还必须与凝胶固定相相匹配,能浸润凝胶。当采用软质凝胶时,流动相应能使凝胶溶胀。为增加样品溶解度而采用高柱温操作时,可选用高沸点溶剂。凝胶渗透色谱主要用于高聚物相对分子质量的测定。四氢呋喃对于样品一般有良好的溶解性能和适宜的黏度,且可使小孔径聚苯乙烯凝胶溶胀,因此被广泛使用。四氢呋喃在储运过程中特别是在光照射条件下,容易生成过氧化物,使用前应去除。二甲基甲酰胺、邻二氯苯、间甲酚等溶剂可在高柱温条件下使用;强极性的六氟异丙醇、三氟乙醇等可用于粒度小于 10 μm 的凝胶柱。

如凝胶过滤色谱中,通常使用不同 pH 的缓冲水溶液作为流动相。当使用亲水性有机凝胶(葡聚糖、琼脂糖、聚丙烯酰胺等)、硅胶或改性硅胶作固定相时,为消除吸附作用,以及样品与基体的疏水作用,通常在流动相中添加少量无机盐,如 NaCl、KCl、NH_4Cl 等,维持流动相的离子强度为 0.1 ~0.5。

6.3　高效液相色谱仪

高效液相色谱仪是实现液相色谱分析的设备,其基本单元组成如图 6-3 所示,主要包括输液系统、进样器、色谱柱、检测器和数据处理系统等单元,此外也包括注射器辅助的在线脱气、柱温控制、自动进样等组件,以及相应的连接管路、接头等。

1. 输液系统

高效液相色谱柱填料颗粒较小,通过柱子的流动相受到的流动阻力很大,因此需要采用高压泵输送流动相携带样品在色谱柱中实现分离,并最后到达检测器进行检测。因此,对高压输液泵的要求包括:流量稳定输出的流动相基本无脉冲、流量范围宽、输出压力高、密封性能好、死体积小、流动相易于更换等。分析生物样品时,流动相常用腐蚀性较大的缓冲液,这种情况对于泵材料的耐腐蚀性能要求较高,通常需要采用 PEEK 材料的泵体。对液相色谱输液系统的综合评价涉及许多方面,包括基本功能、基本参数、耐用性、使用方便性、组合和扩展性等,通

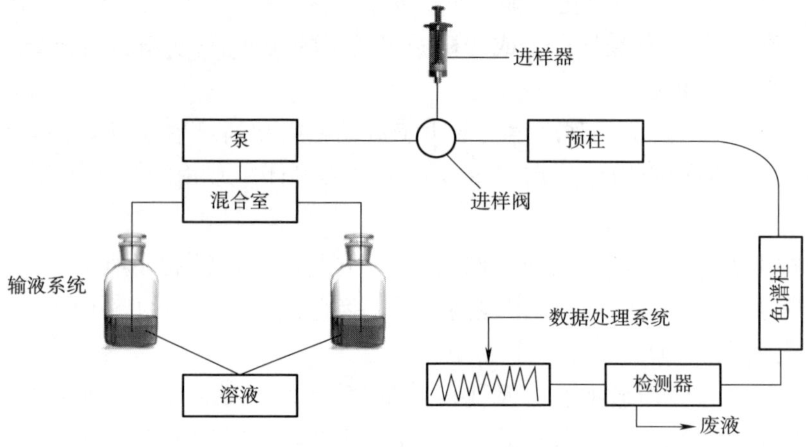

图 6-3　高效液相色谱仪的组成

常可以用流量的准确度、流量的稳定性、压力的准确性、压力脉动性、系统密封性、梯度重复性和准确性等基本指标来衡量其性能。传统 HPLC 泵的最高工作压力一般为 6 000 psi(1 psi = 6.895 kPa)左右。对于填料粒径 3 ~ 5 μm,色谱柱内径 3 ~ 5 mm 的情况,可以保证流动相流速在 1 ~ 3 mL/min;对于小于 2 μm 的小粒径色谱填料,输液系统的工作压力需达 10 000 psi 以上。

液相色谱高压泵按输液性能可分为恒流泵和恒压泵两类。恒流泵在液相色谱分析中应用较广泛,而恒压泵在色谱柱装填中应用较多。按机械结构的不同,输液泵也可分为液压隔膜泵、气动放大泵、螺旋注射泵和往复式柱塞泵四种,其中往复式柱塞泵在高效液相色谱中应用最多。往复式柱塞泵主要由单向阀、柱塞杆、密封圈、凸轮及驱动部分组成。电机驱动凸轮运转使柱塞杆在液缸内往复运动,周期性地将储存在泵腔内的液体以高压排出。凸轮运转一周,柱塞杆往复运动一次,完成一次吸液和排液过程。流量可通过改变柱塞杆直径、柱塞运动频率加以调节。按照柱塞和输液的流路结构的不同,双柱塞泵又可以分为并联式和串联式结构两种。并联式往复泵的两个泵头分别从溶剂瓶吸液,而串联式泵只有主泵头从溶剂瓶吸液。

除高压泵外,输液系统还包括储液及脱气装置和梯度洗脱装置。储液装置用于存储足够量、符合 HPLC 要求的流动相。流动相通过色谱柱时其中的气泡受压而收缩,流入检测器中时,因压力骤降被释放出来,可造成基线不稳,噪声增大,甚至使仪器不能正常工作。这种情况在梯度淋洗时尤为突出,因此流动相在进入高压泵前必须经过脱气处理。

梯度洗脱是采用两种(或多种)不同洗脱能力的溶剂,在分离过程中按一定程序连续改变流动相的浓度配比和极性的一种洗脱模式。梯度洗脱技术能够有效提高分离度、缩短分析时间、改善峰型、降低最小检测量并提高分析精度。按照流动相混合的状态,梯度洗脱装置可以分为高压梯度和低压梯度两种模式。高压梯度洗脱采用两个或多个高压泵将不同种类的溶剂增压后分别输送到同一个梯度混合器中进行混合,混合后的流动相再进入进样阀和色谱柱完成分离。流动相中需要改变几种组分就需要几台高压输液泵,通过设定的程序,不同输液泵在特定时间将几种组分按照特定比例进行混合,形成流动相组成的变化曲线,即梯度洗脱曲线。

低压梯度洗膜在常压下将不同组分的溶剂混合后再用高压输液泵送入进样阀和色谱柱，利用一个可编程控制器操作电磁比例阀控制不同溶剂的流量变化，溶剂按不同比例被输送到系统混合器中混合，最后由一台高压输液泵将混合好的流动相输送到系统中。

2. 进样器

进样器是将待分析样品引入色谱柱的装置。液相色谱进样装置需满足重复性好、死体积小、保证柱中心进样、进样时流量波动小、便于实现自动化等多项要求。通常采用六通阀实现取样、进样两种功能，如图6-4所示。

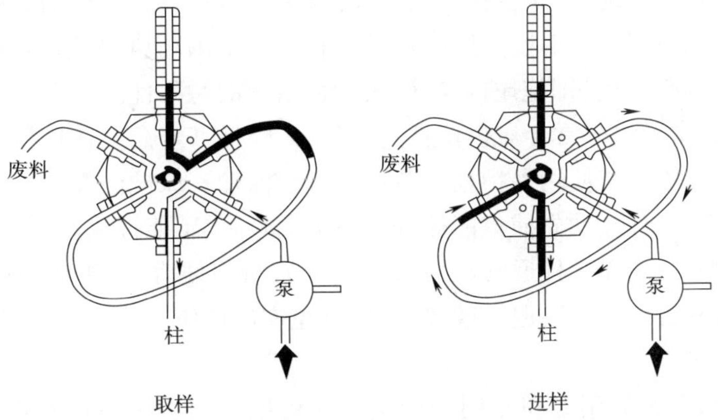

图6-4　六通进样阀结构示意图

3. 色谱柱

色谱柱是色谱仪的心脏。柱效高、选择性好、分析速度快是对色谱柱的基本要求。基于不同原理，高效液相色谱柱和固定相可以有不同的分类方式。液固色谱固定相按基质材料可分为无机氧化物、聚合物等主要类型；按结构和形状分为薄壳型和全孔型、无定型和球形、整体柱等；按填料表面改性与否分为吸附型和化学键合型；按照分离模式大致可以分为正相、反相、离子交换、疏水作用、体积排阻、亲和、手性等类型；按照分离规模及色谱柱的几何参数，可以分为制备柱、分析柱、微型柱等类型。

在分析型高效液相色谱中，采用的固定相粒度通常为3 μm、5 μm、7 μm及10 μm，最小甚至可达1 μm，而制备色谱所采用的固定相粒度通常大于10 μm。现代高效液相色谱大多采用小粒径填料以获得高柱效，因阻力较大需要在高压下运行，这也要求色谱柱及其连接必须满足耐高压、不泄漏、接头死体积小等条件。为了保证色谱柱具有良好的密封性能，通常使用带套的线密封连接方式。

色谱柱的类型和构型（固定相粒度、柱长、柱内径等）的选择通常由分离目的决定，对于特定类型的色谱柱，不同的品牌之间可能存在很大的差异。通常评价色谱柱主要指标包括：某指定容量因子（k值）目标化合物的理论塔板数N、峰不对称因子（A_{as}）、两种不同溶质的选择性（α）、色谱柱的反压、k的重现性、键合相浓度、色谱柱的稳定性等。

理论塔板数（N）是色谱柱的一个重要特性指标，一根色谱柱的理论塔板数越高，则溶质从色谱柱上流出曲线的方差或峰宽越小，色谱峰越尖锐，表明色谱柱对溶质的分离能力越强，即柱效越高。提高色谱柱理论塔板数的因素包括：色谱柱填充均匀、增加色谱柱长度、在最佳流速下运行、采用较小粒度填料、采用低黏度流动相、升高色谱柱温度、采用小分析化合物测定。HPLC 填充柱效的理论值可达到 50 000 ~ 160 000 理论塔板数/m。5 000 理论塔板数/m 柱效的色谱柱即可满足一般样品分析的要求。较难分离的样品可能需 20 000 理论塔板数/m 柱效的柱子。采用 100 ~ 300 mm 的柱长可满足大多数样品分析的需要。由于柱效受柱内、外多种因素的影响,因此为使色谱柱达到其应有的效率,应尽量减小系统的死体积。

不对称的色谱峰可能导致塔板数与分离度测定不准确、定量不准确、分离度降低与检测不出峰尾中的小峰、保留值的重现性不好等问题。实际工作中,通常可以用峰不对称因子 A_{as} 表示峰形的不对称或拖尾长度,理想色谱峰的 A_{as} 值为 0.95 ~ 1.1(绝对的对称峰为 $A_{as}=1.0$),实际分析中被测样品的 A_{as} 值一般应小于 1.5。美国药典、中国药典等机构规定用 5% 峰高处峰宽与峰顶点至前沿的距离比(即拖尾因子 T)表示色谱峰的对称性。

此外,样品中难洗脱组分常会对色谱柱造成污染,降低其寿命。在日常使用中尤其是成分复杂的实际样品分析中常需使用保护柱对色谱柱进行保护。保护柱安装在进样器和分析柱之间,通过流动相和样品溶液,预先捕集能被分析柱牢固吸附、不能被流动相所洗脱的物质,保护并延长分析柱使用寿命。保护柱通常较短(1 ~ 2 cm),价格便宜,便于清洗或更换。其中所填充的固定相一般与分析柱的相同但粒度较大,以避免增加柱压。

4. 检测器

HPLC 检测器可分为通用型和专用型两类。通用型检测器包括示差折光检测器、介电常数检测器、电导检测器和磁光旋转检测器等,其适用范围广,但由于对流动相有响应,易受温度变化、流动相流速和组成变化的影响,噪声和漂移都较大、检测灵敏度较低,不能用于梯度洗脱的分离模式。专用型检测器对样品中组分的某种物理或化学性质敏感,而这一性质为流动相所不具备,至少在操作条件下不响应,因此可以用于测量被分离组分某类特性的变化。这类检测器包括紫外检测器、荧光检测器、质谱检测器、放射性检测器等。

1)紫外检测器(UV)

紫外检测器是通过紫外-可见光对组分进行响应的一种检测器,属于非破坏型、浓度敏感型检测器。由于紫外检测器结构简单,使用维修方便,一直是 HPLC 中应用最为广泛的检测器。紫外检测器既可检测 190 ~ 350 nm 范围(紫外光区)的光强度变化,也可向可见光范围 350 ~ 900 nm 延伸。紫外检测器灵敏度高;对于具有中等强度紫外吸收的溶质,最小检测量可达 ng/mL 数量级。线性范围宽,受操作条件变化和外界环境影响很小,对流速和温度变化不敏感,可用于梯度洗脱分离。

与紫外-可见分光光度计相同、紫外检测器主要由光源、分光系统、流通池和检测系统 4 部分组成。从光源和分光系统得到的特定波长的单色光通过流通池时,一部分光被溶液中的吸光性溶质吸收,剩余的透射光到达检测系统的光电转换组件。光电转换组件将接收到的光信号转换成电信号,再经过电子线路放大等步骤,最终得到与待测吸光物质浓度呈正相关的输出信号。

紫外检测器基于朗伯比尔定律,通过测定样品在流通池中吸收紫外-可见光的强度来确定样品含量,属于吸收光谱类型的分析仪器。当由光源产生的单色光通过样品池中的溶液时,如果溶剂不吸收光,则流通池中被测物的浓度 c、吸收值 A、被测物摩尔吸收系数 ε 和流通池长度 L 的关系符合朗伯比尔定律:

$$A = c\varepsilon L \tag{6-8}$$

由于吸光度与吸光系数、溶质浓度和光路长度成正比,因此在固定波长和固定流通池条件下,紫外检测器的输出信号强度与样品浓度成正比。这也是紫外检测器进行定量分析的基础。

紫外检测器要求被检测样品组分有紫外吸收,而使用的流动相无紫外吸收或紫外吸收波长与被测组分紫外吸收波长不同。

2)二极管阵列检测器(DAD)

与传统紫外检测器相比,二极管阵列检测器可以在一次运行中同时采集不同波长的紫外光谱,而获得多波长下的色谱图,便于组分的定性和定量。二极管阵列检测器运行结束后,能显示任一所需波长的(通常为190~400 nm之间)色谱图。因此,DAD与单一波长紫外检测器相比,能够提供更多的样品组成信息,而且每个峰的紫外光谱图可作为最终HPLC方法选择最佳波长的重要依据,也可以通过比较一个峰中不同位置的UV光谱,估算峰纯度。

二极管阵列检测器通常包括硬件部分(主机)和数据处理系统两部分,硬件部分测量通过流通池的流动相及样品的光信号,光信号被转换为电信号后输送给计算机,然后通过数据处理系统得到结果。

DAD硬件系统由光学系统、数据采集电路、数据采集接口三部分组成。从光源发出的光通过透镜进入流通池,通过流通池的光线照射到凹面全息光栅上,分光后经过二极管阵列和放大电路、控制电路进行信号处理后发送给计算机系统。

DAD数据处理软件是DAD检测器系统最重要的组成部分。一般DAD数据处理软件由方法设置、数据采集、色谱数据处理、光谱数据处理、三维谱图显示、色谱峰纯度检测、谱图库管理、谱图库检索、报告输出以及仪器诊断等功能模块组成。

3)荧光检测器(FD)

荧光检测器具有极高的检测灵敏度和良好的选择性。荧光检测器比紫外检测器的灵敏度一般高10~1 000倍,可达ng/L级,甚至可用于低至pg/L级样品的定量分析。荧光检测器对痕量分析与复杂样品基质都很理想,在药物和生化分析中有着广泛的用途。

芳香族化合物、生化物质、如有机胺、维生素、激素、酶等被入射的紫外光照射后,能吸收一定波长的光,使原子中的某些电子从基态中的最低振动能级跃迁到较高电子能态的某些振动能级。电子在消耗一定的能量后回到第一电子激发态的最低振动能级,再跃迁回到基态中的某些振动能级,发射出比原来所吸收的频率较低、波长较长的光,即荧光,被这些物质吸收的光称为激发光(λ_{ex}),产生的荧光称为发射光(λ_{em})。荧光强度可表示为

$$F = 2.3QKI_0c\varepsilon L \tag{6-9}$$

式中,Q为光量子效率,一般在0.1~0.9之间;K为荧光收集效率;I_0为入射光强度;c为荧光物质溶液浓度;ε为摩尔吸收系数;L为流通池长度。

由式(6-9)可见,在固定的实验条件下,样品的荧光强度与其在溶液中的浓度成正比。任何荧光化合物都有两种特征的光谱,激发光谱和发射光谱,选择合适的激发和发射波长能够有效改善检测灵敏度和选择性。激发波长可通过荧光化合物的激发光谱来确定,在激发光谱曲线的最大波长处处于激发态的分子数目最多,能产生最强的荧光,因此在只考虑灵敏度的情况下,应选择在最大激发波长处进行检测。

只要选作流动相的溶剂不会发射荧光，荧光检测器就能用于梯度洗脱。

4）激光诱导荧光检测器（LIFD）

与传统光源相比，激光光源具有光照密度大、方向性强、谱线宽度小、单色性好等诸多优点。在荧光检测技术中，检测灵敏度正比于激发光强度。通过简单的聚焦，激光光强比普通光源高出几个数量级，因此 LIFD 检测灵敏度要比普通荧光检测器通常高出 2～3 个数量级，是目前检测器灵敏度最高的 HPLC 检测器。

激光诱导荧光检测器主要由光源（激光器）、光学系统、流通池及光检测元器件等组成。激光作为相干光源具有较高的光子流量，极大地增强了荧光检测的信噪比，有利于提高分析检测的灵敏度。

5）示差折光检测器（RID）

示差折光检测器也称光折射检测器，是一种最先使用且用途广泛的通用型检测器。由于折射率是所有化合物的一个重要物理性质，理论上讲，任一化合物至少可在浓度不太低的情况下采用示差折光检测器进行检测。示差折光检测器按结构可分为反射式、折射式、干涉式等类型。其共同特点是检测器的响应信号反映了样品流通池和参比池之间的折射率之差。示差折光检测器通过连续测定色谱柱流出液折射率的变化对样品浓度进行检测。溶有溶质的流动相和流动相本身的折射率之差反映了流动相中溶质的浓度，示差折光检测器的响应信号 R 与溶质浓度 c_i 成正比，属于浓度型检测器，其检测限可达 10^{-7}～10^{-6} g/mL。示差检测器要求系统的操作参数，如温度、压力、流速等恒定，避免由于系统操作参数的变化而产生测量误差。由于流动相组成变化会造成折射率变化，这一检测器不适用于进行梯度洗脱分析。

6）蒸发光散射检测器（ELSD）

蒸发光散射检测器是一种通用型 HPLC 检测器，可检测挥发性低于流动相的样品，尤其适合无发色基团样品的分析。ELSD 对各种物质具有几乎相同的响应，使浓度测定更加简单易行。目前，ELSD 主要用于碳水化合物、类脂、表面活性剂、聚合物、药物、氨基酸和天然产物的检测，而且其应用领域仍在进一步拓展。蒸发光散射检测器利用流动相与被检测物质之间蒸气压的差异，将洗脱液雾化成气溶胶，溶剂在加热的漂移管中被挥发掉后，不挥发组分粒子经过光散射流通池，使从光源发出的光发生散射而被检测。在气溶胶中散射光可以用 Rayleigh 公式描述：

$$I = K\frac{UV^2}{\lambda^4}\left(\frac{n_1^2 - n_2^2}{n_1^2 + n_2^2}\right)I_0 \tag{6-10}$$

式中，K 为与粒子形状、观察视线同入射光线的夹角及其距离有关的常数；U 为单位体积内的粒子数；V 为单个粒子的体积；λ 为入射光波长；n_1、n_2 分别为分散相和分散介质的折射率；I_0 为入射光强度。

蒸发光散射检测器主要由雾化器、加热漂移管和光散射池 3 部分组成，如图 6-5 所示。雾化器与分析柱出口直接相连。洗脱液进入雾化器针管，并在针的末端和充入的气体（通常为氮气）混合形成均匀的微小液滴。通过调节气体和流动相的流速来调节雾化器产生的液滴大小。漂移管的作用在于使气溶胶中的易挥发组分挥发，而不挥发组分经过漂移管进入光散射池。受到散射后的光信号被光电转换系统记录并输出。

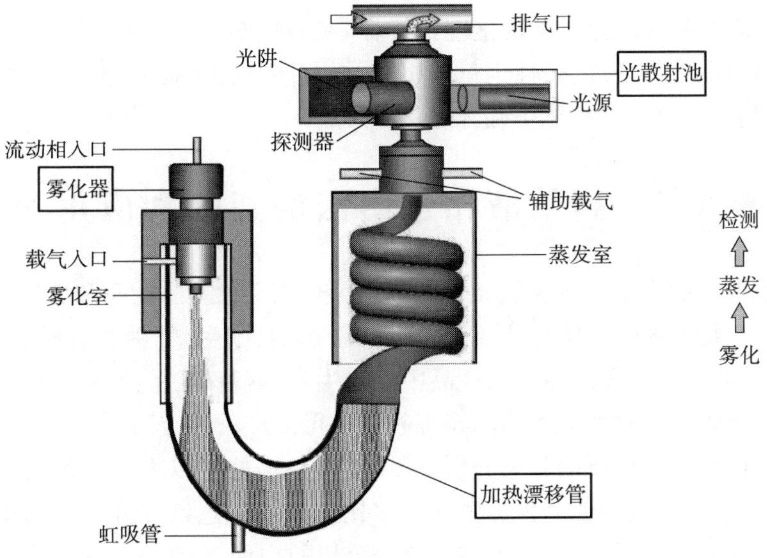

图6-5 蒸发光散射检测器工作原理示意图

7)质谱检测器(MSD)

用于高效液相色谱检测器的质谱仪主要包括四极杆式质谱、离子阱质谱、飞行时间质谱和傅里叶变换离子回旋共振质谱。质谱检测器可以给出相对分子质量的信息,因而可用于定性和结构分析。高效液相色谱与质谱联用接口近年来有了革命性的发展。电子喷射离子源的出现,使质谱成为小分子和生物大分子分析的最主要手段。

8)电化学检测器(ECD)

电化学检测器根据电化学原理,通过测定被测物质的各种电化学性质,如电极电位、电流、电量、电导或电阻等,进而确定样品组成及含量。电化学检测器主要包括安培、极谱、库仑和电导检测器等。前3种统称为伏安检测器,以测量电极电流的大小为基础;而电导检测器则以测量液体的电阻变化为依据。其中以安培检测器的应用最多。

9)化学发光检测器(LCD)

化学反应的中间体或产物从激发态跃迁返回到基态时,会伴随有化学发光(CL)现象。用于液相色谱检测的化学发光是指由高能量、不放热、不做功,由于化学反应而释放出能量,激发反应体系中某些分子而产生次级光发射。化学发光检测不需要外部光源,消除了由于光源不稳定而导致波动的缺陷,从而使噪声下降、信噪比提高,配合灵敏的光检测技术,使此种检测技术具有灵敏度高、线性范围宽、仪器结构简单等优点。

10)手性检测器(CD)

检测手性化合物的检测器主要有旋光检测器和圆二色性检测器。旋光检测器对手性化合物检测的专属性好。采用高激光功率(300 W)的二极管激光器作为光源,由于激光束的发散度小,因而可以采用小孔径长光程的流通池,使检测灵敏度大幅提高。圆二色性检测器(CDD)较旋光检测器具有更高的选择性。光学活性物质对左、右旋圆偏振光的吸收率不同,两者之差称为光学活性物质的圆二色性。

5. 数据处理系统

色谱数据处理系统在数据采集时能对进样器、泵及阀进行实时控制,可实现自动进样、数据采集、泵及阀控制、数据处理、定性定量分析、数据存储、报告输出等分析过程的完全自动化,使样品的分离、制备或鉴定工作能正确开展。

6.4 高效液相色谱法的建立和应用

高效液相色谱法适合于分析沸点高、分子量大、热稳定性差的物质和生物活性物质。它们约占全部有机化合物的80%。如食品及饲料中的添加剂、维生素、糖和有机酸等营养物质、农产品中的农药及其残留量、畜产品及水产品中的抗生素、氨基酸、蛋白质、核碱、核苷、核苷酸和核酸等。在食品分析、环境检测、医药临床等领域中得到广泛的应用。

液相色谱法作为一种重要的分离分析手段,通过色谱柱可以将复杂样品中的不同组分很好地分离,这种能力是任何其他分析方法所无法比拟的。对色谱柱分离后的组分进行定性及定量,是色谱分析的重要环节。液相色谱是色谱分析的一种,色谱的基本定性定量方法大多数适用于液相色谱,但液相色谱也有一些特殊的定性定量方法。

6.4.1 高效液相色谱的分析步骤

高效液相色谱的主要分析步骤如下:

(1)了解样品信息,样品信息包括样品的大概组成、被分析化合物的物理性质、化合物的UV光谱图、浓度范围。

(2)了解分析的目的、定性、定量、或单组分、多组分分析等。

(3)根据样品性质进行预处理,大多数样品进行HPLC分析时,都需经称重或稀释。一般样品溶液应尽可能与流动相的组成相近,也即最好用流动相溶解或稀释样品。如果要求的定量精度高,还需注意稀释带来的误差。许多样品有背景干扰,还有些样品中有损害色谱柱的成分,通常对此类样品进行前处理,如溶液萃取、液固萃取、提取、蒸馏等。

(4)选择合适的分析方法,一般根据样品相对分子质量的大小、在水中和有机溶剂中的溶解度、极性和稳定程度以及化学结构等物理、化学性质选择色谱分离方法。表6-3列出了液相色谱法分离方式的具体选择办法。

表6-3 液相色谱法分离方式的选择

样品相对分子质量范围	样品溶解性	样品特性	分离方法	流动相说明
2 000 以上	溶于有机溶剂	—	凝胶渗透色谱	低黏度溶剂、甲苯、四氢呋喃
	溶于水	—	凝胶过滤色谱	水、缓冲溶液
2 000 以下	溶于有机溶剂	分子质量差别大	凝胶渗透色谱	甲苯、四氢呋喃
		异构体(非极性)	吸附色谱	庚烷
		非极性、弱极性、中等极性	反相色谱	甲醇-水、乙腈-水
		极性和中等极性	正相色谱	庚烷、二氯甲烷
	溶于水	分子质量差别大	凝胶过滤色谱	水、缓冲溶液
		中性、非离子性	反相色谱	水、甲醇-水、乙腈-水

续上表

样品相对分子质量范围	样品溶解性	样品特性		分离方法	流动相说明
2 000 以下	溶于水	离子性	弱酸性	反相离子排阻色谱	缓冲溶液-甲醇、乙腈
			弱碱性	反相离子对色谱	离子对-缓冲溶液
			强酸性或碱性	离子交换色谱或离子色谱	含盐的水溶液、缓冲溶液

6.4.2 液相色谱定性定量的方法

1. 液相色谱定性分析的方法

液相色谱与气相色谱相比，定性的难度更大。液相色谱过程中影响溶质迁移的因素较多，同一组分在不同色谱条件下的保留值可能相差很大。即便在相同的操作条件下，同一组分在不同色谱柱上的保留也可能有很大差别。

1）利用检测器的选择性定性

样品经色谱柱分离后进入并联或串联的几种检测器（2 种或 2 种以上），视其响应情况可以初步判别未知化合物的具体类别。

对于烃类及其衍生物，在紫外光谱区（90 ~ 400 nm）的吸收很小。以共轭双键结合的分子（如芳香烃等）有较强的吸收，分子中苯环的数量越多，吸收越强。对于包含几种烃类组分的混合物样品，将色谱柱中的流出物同时引入并联的 2 种检测器，或按顺序依次引入串联的 2 种检测器，可以得到 2 张色谱图，对比各组分在不同谱图上的相对峰高可初步判别组分所属化合物的类型。

2）利用反相色谱中的 a、c 指数定性

理论研究表明，在以硅胶为固定相的反相色谱中，溶质保留值与流动相组成关系式中的系数能够反映溶质的结构特征，因此可用于溶质的辅助定性。卢佩章等给出了 460 种化合物在 C_{18}柱上不同条件下的 a、c 指数，并提出了不同柱系统、不同冲洗剂浓度组成时 a、c 指数之间的换算方法。在相同的色谱条件下，如果样品中某一组分的 a、c 指数与一已知标样相同，即可认定两者为同一种化合物。

此外，溶质的容量因子作为一种结构型物性参量，其对数值与同系物中的碳数之间存在良好的线性关系。

$$\ln k = a + bn \tag{6-11}$$

式中，a、b 为常数；n 为同系物中的碳数。对于包含有同系物组分的样品，如果已知部分同系物在色谱图中的位置，可以根据碳数规律推测其他同系组分。

最近，一系列推测保留值变化与溶质分子结构关系的软件被发展起来，可能用于辅助定性，但精度十分有限。

2. 液相色谱定量分析方法

1）标准加入法

采用标准加入法的校正标准液应该在空白基体中制备以便对实际样品提供最好的校正。例如，对于药物中有效成分的测定，基体可以选用不含药物的本底来配制，而研究药物在动物体内的代谢，可以以饲料中不加药物的动物体液作为空白本底。在这些情况下，标准加入法可以用来绘制定量校正曲线。痕量分析时标准加入法有较多应用。

2)痕量组分定量分析方法

痕量分析的目的不同于混合物中主成分的定量检测,需要解决的问题是测定混合物中一种或几种组分的低浓度。痕量分析的主要目的在于准确求出痕量组分的浓度,通常由于本身低浓度的限制,一般只要求精密度在5%~15%内。

痕量组分在分析之前常需要经过固相萃取、液液萃取、过滤、组合柱和柱后反冲技术等处理步骤,以使其浓度达到可以检测的范围,或去除一些可能影响分离、检测的组分。为最大限度地消除干扰并得到最佳的准确度,痕量组分峰必须与邻近峰完全分开。两峰靠得很近且痕量组分峰较主成分峰先流出时,测量结果较精确。相反地,痕量组分峰在主成分峰拖尾的边缘上洗脱时,精确定量将很困难。

痕量组分的定量分析常采用峰高定量法。这种方法受峰重叠影响较小(准确度最好)且具有足够的精密度。为了在痕量分析中得到最好的灵敏度,一般尽可能加大进样量。假若样品量有限,使用较小内径的色谱柱可以有效提高检测灵敏度。

痕量分析通常采用等度洗脱的分离模式,外标校正法定量、大多数痕量组分的校正均是在样品基体中进行。在空白溶液中加入校正标准物,并进行正常的样品制备。在精心设计的痕量分析方法中,校正曲线应该能外延至纵坐标的零点。如果外延至零点以下,说明在分离中已有部分样品损失。如果校正线外延至零点以上,说明基线干扰或样品中的其他组分产生干扰。在痕量分析中大多数系统分析物的绝对回收率至少为75%。当回收率太低或不稳定时,适当的内标能改善痕量分析的精度。假若空白样品无法得到也可采用标准加入法。

6.4.3 液相色谱操作中的注意事项

液相色谱操作中的注意事项主要包括如下几个方面:

(1)流动相。使用流动相尽量要清洁(包括水),必要时需重新蒸馏或过滤,进入色谱柱之前应脱气和过滤,避免堵塞泵内或污染色谱柱的柱头,给分析带来麻烦。

(2)pH范围。一般反相烷基键合固定相要求在pH=2~8时使用,pH>8.5会引起基体硅胶溶解。

(3)缓冲溶液要求。缓冲溶液在pH=2~8时要有大的缓冲容量,背景小,与有机溶剂互溶,这样可提高平衡速度,可掩蔽吸附剂表面上的硅醇基,分离极性和离子性化合物时选用具有一定pH的缓冲溶液是必要的。缓冲溶液中盐的浓度应适当,以避免出现不对称峰和分叉峰。

(4)样品的净化预处理。对于组成未知的复杂样品,若直接进入色谱柱,可能使色谱柱污染而失效。通常在分离柱前加一小段与分离柱填料相同的保护柱,延长色谱柱的使用寿命,但富集在保护柱中的杂质,可能随流动相缓慢流出而污染样品。为此对样品先做适当的净化预处理是必要的。样品的净化预处理方法可用经典的柱色谱法,对样品按极性大小做组分预分离。操作虽然麻烦,但通常净化效果很好。

(5)系统的压力。系统的压力应低于15 MPa。一般HPLC仪器可承受30~40 MPa的压力。但实际工作中,最好是工作压力小于泵最大允许压力的50%,因为长期在高压状态下工作,泵、进样阀、密封垫的寿命将缩短。另外随着色谱柱的使用,微粒物质会逐步堵塞柱头而使柱压升高。

(6)最大样品量。样品量对谱图宽度和保留值有一定的影响,对于25 cm的柱子,在一般操作条件下最大允许样品量约为0.1 mg,此时不会明显地改变分离情况。

(7)色谱柱清洗。每日用强溶剂冲洗,用梯度洗脱除去每次进样分析的后期流出物。

第7章 圆二色性光谱法

7.1 概　　述

一般而言,分析手性化合物光学纯度的方法有色谱、核磁共振、比旋光度、圆二色性(CD)光谱法等;确定手性配合物绝对构型的方法有X射线单晶衍射、旋光色散(ORD)和圆二色性光谱(关联)法或其他方法。其中,ORD和CD是分析、表征和研究配合物基态手性立体结构和绝对构型的十分有用的谱学手段。

7.1.1 旋光色散和圆二色性光谱技术的发展

虽然早在19世纪末,法国物理学家Aime Cotton就发现了ORD和CD现象,但是真正的ORD研究是从20世纪30年代开始的。自1955年ORD光谱仪研制成功和1960年第一台商品化的能同时测定ORD和CD的光谱仪问世以来,对ORD和CD光谱才开始有了系统的研究。随着近几十年来对手性技术日益广泛而深入的研究,与ORD和CD光谱有关的基本原理、仪器介绍、测试方法等,及其在有机化学、配位化学、超分子化学、手性识别、生物化学等方面的应用在国内外已有多部专著出版。ORD和CD现象的研究与配位化学的发展密切相关。1895年,法国物理学家Aime Cotton在研究Cu(Ⅱ)和Cr(Ⅲ)的酒石酸配合物水溶液的吸收光谱时,发现它们在可见光区的吸收带区域内呈现反常ORD和CD现象,这就是后来所称的康顿效应(CE)。配位化学创始人Werner为了证明配位理论中的八面体假说,在1911年首次成功拆分出(+)-cis-$[CoCl(NH_3)(en)_2]Cl_2$和(−)-cis-$[CoCl(NH_3)(en)_2]Cl_2$,从实验上证明了六配位金属配合物主要具有八面体几何结构特征,这一为配位化学理论的确立提供决定性证据的表征方法正是旋光度法,它主要与ORD现象有关。继1951年Bijvoet首次用反常X射线衍射法确定右旋酒石酸铷钠盐的绝对构型,第一个被Bijvoet法确定绝对构型的手性配合物是λ-$[Co(en)_3]_2Cl_6 \cdot NaCl \cdot 6H_2O$,包括随后被确定绝对构型的一系列含三(双齿)或二(双齿)配体的手性配合物,已成为用ORD和CD关联法确定手性配合物绝对构型的经典标准物以及用于验证相关的理论计算和结构预测。

ORD和CD这两种手性测量方法可以提供互补的信息,但CD光谱曲线的极值(峰或谷)通常可与UV-Vis光谱的吸收峰关联,更易于辨析,况且ORD附件的选取还有价格上的原因,因此在可选择的测试方法中,CD谱比ORD谱更受欢迎。此外,振动圆二色性以及与之互补的振动拉曼光学活性是新近发展的手性光学技术,在X射线区域内进行圆二色NTG测定,基于对左右圆偏振光激发的荧光强度差值随波长变化的测量-荧光 CD 光谱，特别是能够探测手性分子激发态结构信息的圆偏振发光光谱等都是值得关注的。

CD 光谱仪是进行立体化学研究的重要光谱仪器之一，它的研究对象主要是光学活性(手性)化合物或生物大分子。换言之，作为分析手性化合物立体结构和电子跃迁的重要谱学手段，同时配合 X 射线单晶衍射或其他结构分析方法，CD 光谱可以提供手性分子的绝对构型、优势构象以及有关反应机理和手性物质光学纯度等方面的信息，同时还具有特殊用途的、其他谱学方法难以替代的光谱指纹技术。近年来 CD 光谱研究在配位化学、有机化学、分析化学、高分子化学、金属有机化学、化学生物学、药物化学、医学和材料科学等所有与手性物质有关的前沿领域的重要地位正逐渐显现。

相对于手性有机化合物，一些动力学上惰性的经典手性配合物构型稳定，便于同时比较其溶液和固体 CD 光谱，甚至可以获得合适的单晶以分析其单晶 CD 光谱，因此早期的固体 CD 光谱研究主要围绕经典的惰性手性 Co(Ⅲ)配合物展开。此外，由于手性配合物中所含各种发色团的旋转能力与它所处的配位环境密切相关，并且 CD 光谱较电子光谱能够更灵敏地反映出配位环境(或配位立体构型)的变化，对手性配合物的溶液和固体 CD 光谱研究已成为配位立体化学研究中的一个重要组成部分，同时在 CD 光谱研究中向来受到极大关注。

7.1.2 偏振光的基础知识

1. 自然光和偏振光

众所周知，光是横电磁波，其电场矢量 $\boldsymbol{E}$ 与磁场矢量 $\boldsymbol{H}$ 相互垂直，且均与光波传播方向垂直。由于产生感光作用的主要是光波的电场矢量 $\boldsymbol{E}$，因而一般情况下就将电场矢量 $\boldsymbol{E}$ 作为光波的振动矢量来讨论。各种光源，如日光、烛光、钠灯、汞灯、氙灯及卤素灯等所发出的光均系自然光。虽然某一个原子或分子在某一瞬间发出的电磁波振动方向一致，但是各个原子或分子发光的振动方向不同，这种变化频率极快。因此，自然光是大量原子或分子发光的总和，可认为其电磁波的振动在各个方向上的概率相等。

自然光在穿过某些物质，经过反射、折射或吸收后，电磁波的振动可以被限制在一个方向上，其他方向振动的电磁波被大大削弱或消除。这种在某个确定方向上振动的光称为偏振光，如图 7-1 所示。偏振光的振动方向与光波传播方向所构成的平面称为振动面。如果光的振动方向始终都在一个平面内，称为平面偏振光；朝着光源的方向看去，这种光的振动方向是一条直线，故又称为直线偏振光或线偏振光。线偏振光的振动面不是随机分布的，而是固定的。例如，z 偏振(光矢量平行于 z 轴)的偏振光沿 x 轴方向传播时，其偏振平面为 xz 平面；z 偏振的偏振光沿 y 轴方向传播时，其偏振平面为 yz 平面；y 偏振(光矢量平行于 y 轴)的偏振光沿 x 轴方向传播时，偏振平面为 xy 平面。

可以认为，自然光是大量的、不同取向的、彼此无关的、无特殊优越取向的线偏振光的集合。显然，自然光对于传播方向具有轴对称性。

2. 圆偏振光及椭圆偏振光

另外两种更复杂的偏振光分别为圆偏振光和椭圆偏振光。首先，可以通过考察电场矢量 $\boldsymbol{E}$ 的移动来描述圆偏振光。如图 7-2 所示，可将 $\boldsymbol{E}$ 的末端视为沿一个圆柱(该圆柱以光的传播方向为轴)表面的螺旋线移动(其螺距为波长，圆柱半径为振幅)，并从三方面来认识圆偏振

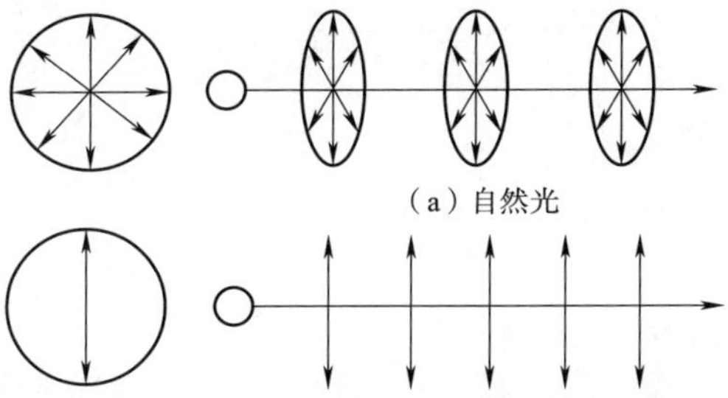

图 7-1　自然光和线偏振光

光：①从一个固定时刻来看，空间各点的电场矢量 $\boldsymbol{E}$ 排列在一条螺旋线上；②从空间固定一点来看，每一点的电场矢量 $\boldsymbol{E}$ 随时间以角速率匀速旋转，$\boldsymbol{E}$ 的长度不变，端点描绘一个圆；③随着时间的推移波形（螺旋线）向前传播在传播方向上各点的相位越来越落后，这里又分为两种情况，一种是右圆偏振光，另一种是左圆偏振光。以右圆偏振光为例，如图 7-2 所示，在某一固定时刻（$t=t_0$）沿着光传播的 z 方向看去，空间各点的电矢量 $\boldsymbol{E}$ 排列在右手螺旋线上；当固定空间一点（$z=z_0$），迎着光源的方向看去，每一点的电矢量 $\boldsymbol{E}$ 都是右旋的，即顺时针方向旋转。在图 7-2 中 $\boldsymbol{E}$ 被看成是向着观察者以右手螺旋线方式移动，如图 7-2(a) 所示。由于观察者是以 6→5→4→3→2→1→0 的顺序看到 $\boldsymbol{E}$，如图 7-2(b) 所示，这与 $\boldsymbol{E}$ 随时间变化的角度在取向上是相反的（意味着电场矢量转角的倒退）。

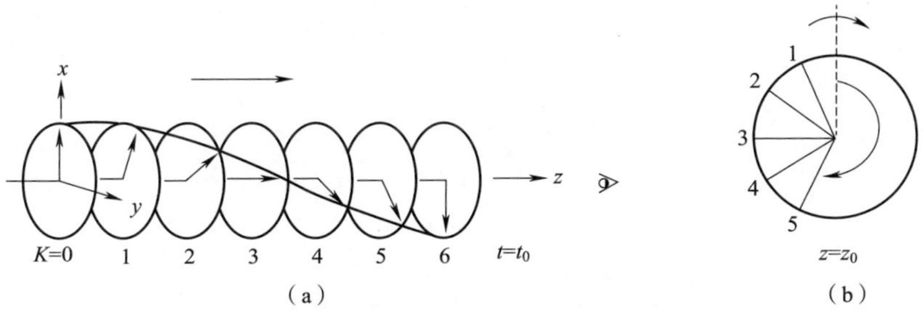

图 7-2　右圆偏振光示意图

可以将一束平面偏振光抽象为以相同振幅、传播速率和相位运动，但以相反螺旋方向前进的左右两圆偏振光的矢量和。两圆偏振光组分是彼此对应的。即两者互为镜像，如图 7-3(a) 和图 7-3(b) 所示。在光传播的任何时刻，由两圆偏振光的矢量叠加而成的平面偏振光的振动方向始终不变，如图 7-3(c) 所示。

椭圆偏振光则比圆偏振光更为复杂。固定空间一点看，空间每一点的电场矢量 $\boldsymbol{E}$ 随时间匀速旋转，而矢量的长度亦随时间周期性变化，矢量端点描绘一个椭圆，有两个极大值和两个极小值。在电场矢量旋转过程中，极大值和极小值的方位不变。

椭圆偏振光可通过两列频率相同、振动方向相互垂直，且沿同一方向传播的平面偏振光叠加得到。在光波沿 z 方向传播的情况下，如图 7-4 所示，可用一个椭圆方程来描述椭圆偏振光。

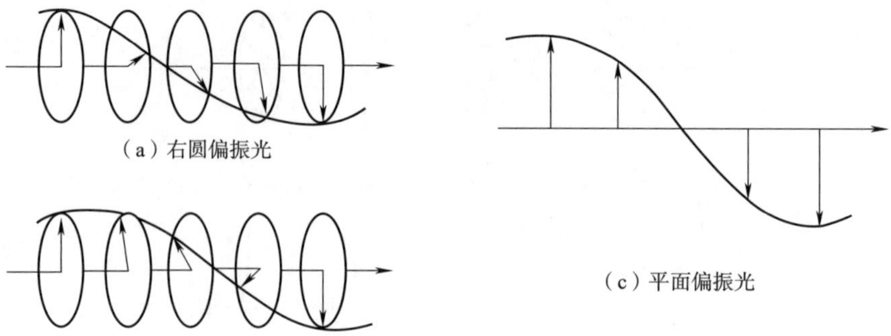

（a）右圆偏振光

（b）左圆偏振光

（c）平面偏振光

图 7-3　左右圆偏振光的叠加示意图

注：水平箭头表示光的传播方向；垂直箭头表示瞬时的电场矢量方向。

$$\frac{\boldsymbol{E}_x^2}{{A_x}^2}+\frac{\boldsymbol{E}_y^2}{{A_y}^2}-2\left(\frac{\boldsymbol{E}_x}{A_x}\right)\left(\frac{\boldsymbol{E}_y}{A_y}\right)\cos\ \Delta\varphi=\sin^2\Delta\varphi \tag{7-1}$$

式中，$\boldsymbol{E}_x$ 为 x 方向偏正的电场矢量，其偏正平面为 xz 平面；$\boldsymbol{E}_y$ 为 y 方向偏正的电场矢量，其偏正平面为 yz 平面；A_x 为 $\boldsymbol{E}_x$ 的振幅；A_y 为 $\boldsymbol{E}_y$ 的振幅；$\Delta\varphi$ 为两列光波的位相差。

由于 $\boldsymbol{E}_x$和 $\boldsymbol{E}_y$的总值是在 $\pm A_x$和 $\pm A_y$之间变化，因振幅 A_x和 A_y不等，合矢量 $\boldsymbol{E}$ 端点的轨迹是一个椭圆，它与以 $\boldsymbol{E}_x=\pm A_x$、$\boldsymbol{E}_y=\pm A_y$为界的矩形框相内切，如图 7-5 所示。在图 7-5 所示椭圆的主轴（长轴或短轴）与 x 轴构成 β 角，β 值可由下式求出：

$$\tan 2\beta=\frac{2A_xA_y}{{A_x}^2-{A_y}^2}\cos\ \Delta\varphi$$

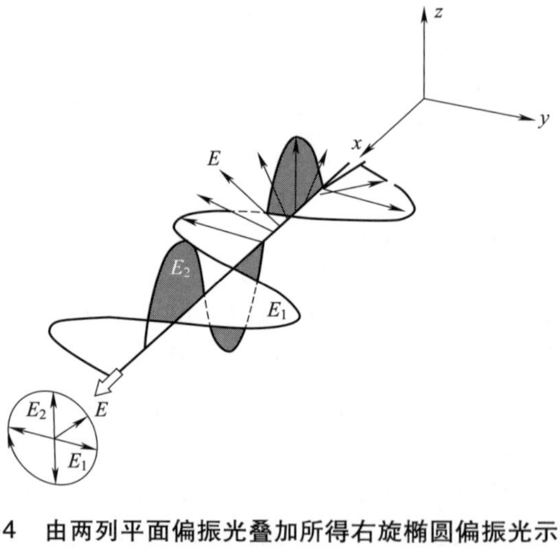

图 7-4　由两列平面偏振光叠加所得右旋椭圆偏振光示意图

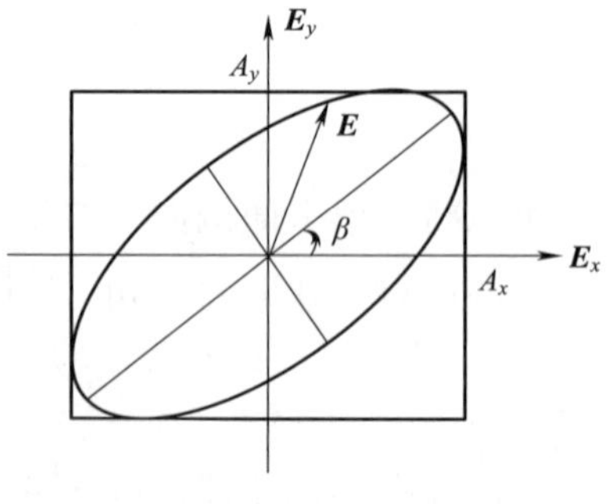

图 7-5　椭圆偏振光

显然，椭圆主轴的长短和取向与这两列光波的振幅 A_x和 A_y以及它们的相位差都有关系。

与圆偏振光类似，椭圆偏振光也可进一步分为右旋椭圆偏振光和左旋椭圆偏振光。当迎着光的传播方向观察时，若一个场点的电场矢量端点描出的椭圆沿顺时针方向旋转，称之为右旋椭圆偏振光；当迎着光的传播方向观察时，若一个场点的电场矢量端点描出的椭圆沿逆时针方向旋转，称之为左旋椭圆偏振光。

必须指出:与圆偏振光的描述类似,在图 7-4 所示的右旋椭圆偏振光的传播方向 z 上,各点的电场矢量相位是随着 z 的增加而逐点落后的,因此同一时刻沿 z 方向场中各点电场矢量的相对取向与传播方向之间,在右旋椭圆偏振光中,正好构成右手螺旋。在左旋椭圆偏振光中,则正好构成左手螺旋。

圆偏振光只是椭圆偏振光在一定条件下的一个特例,即当 $A_x = A_y = A_0$、$\Delta\phi = \pm\pi/2$ 时,式(7-1)将变成一个圆方程,这时在光的传播方向上任意一个场点电场矢量端点的轨迹是一个圆。

由于波场中沿传播方向上各点的振动在相位上有确定的联系,而且光是横波,电场矢量始终在光传播方向的垂直平面内,因此我们认识圆偏振光和椭圆偏振光,可以只需从光波传播方向的垂直平面(横平面)内电场矢量的运动特征来认识。迎着光传播方向看,右圆偏振光(右旋椭圆偏振光)的电矢量在横平面内是右旋的,即电场矢量端点描出的圆(椭圆)沿着顺时针方向旋转;相反地,迎着光传播方向看,左圆偏振光(左旋椭圆偏振光)的电场矢量在横平面内是左旋的,即电矢量端点描出的圆(椭圆)沿着逆时针方向旋转。

7.2　旋光色散、圆二色性和康顿效应

7.2.1　旋光色散(ORD)

1. ORD 的特点

旋光性的一个显著特征是同一手性物质对于不同波长的入射偏振光有不同的旋光度,其几乎与波长的平方成反比。例如在透明光谱区,同一手性物质对紫光(396.8 nm)的旋光度大约是对红光(762.0 nm)旋光度的 4 倍,这就是所谓旋光色散现象。旋光度 α 和波长 λ 之定量关系大致可以表示为:

$$\alpha = A + \frac{B}{\lambda^2} \tag{7-2}$$

式中,A 和 B 是两个待定常数。表 7-1 所示为水晶的旋光度随波长而变化的实测数据。

表 7-1　右旋水晶的旋光度随波长的变化

波长/nm	旋光度/(°)·mm^{-1}	波长/nm	旋光度/(°)·mm^{-1}	波长/nm	旋光度/(°)·mm^{-1}
226.5	210.9	435.8	41.55	589.3	21.72
250.3	153.9	467.8	35.60	648.8	18.02
303.4	95.02	486.1	32.76	670.7	16.54
340.3	72.45	508.5	29.73	728.1	13.92
404.7	48.95	546.0	25.54	794.8	11.59

旋光色散现象的起因是当入射平面偏振光中的左、右圆组分在手性介质中的折射率 n_l 和 n_r 不同而产生圆双折射,而且折射率还与波长有关,见表 7-2,即手性介质的圆双折射会随波长发生变化。因此,旋光度将随入射偏振光的波长不同而不同,以比旋光度 $[\alpha]_\lambda^t$ 或摩尔旋光度 $[M]_\lambda^t$ 对平面偏振光的波长或波数作图称为 ORD 曲线。旋光色散和圆双折射现象也可用旋光度来表示。

根据表 7-2 给出的右旋水晶折射率数据，可以计算其在不同波长下的旋光度。

表 7-2　右旋水晶的折射率随波长的变化

波长/nm	n_r	n_l	$\Delta n = n_l - n_r$
396. 8	1. 588 10	1. 588 21	0. 000 11
762. 0	1. 539 14	1. 539 20	0. 000 06

对于紫光，其旋光度为：

$$\alpha = \frac{\pi}{\lambda}(n_l - n_r) = \frac{\pi}{\lambda}\Delta n = \frac{\pi}{396.8 \times 10^{-6}} \times 1.1 \times 10^{-4} = 49.9°/\text{mm} \tag{7-3}$$

对于红光，其旋光度为：

$$\alpha = \frac{\pi}{\lambda}(n_l - n_r) = \frac{\pi}{\lambda}\Delta n = \frac{\pi}{762 \times 10^{-6}} \times 6 \times 10^{-5} = 14.17°/\text{mm} \tag{7-4}$$

显然，按式(7-3)进行的理论计算结果与表 7-1 给出的实验数据十分接近，这说明旋光色散现象不仅与波长λ 有关，而且与手性物质在不同波长下的折射率差值 Δn 有关。

2. 两类 ORD 曲线

一般而言，ORD 曲线可分为两种类型，即正常和反常 ORD 曲线。

对于某些在 ORD 光谱测定波长范围内无吸收的手性物质，例如某些饱和手性碳氢化合物或石英晶体，其$[M]_\lambda^t$ 的绝对值一般随着波长的增大而变小。旋光度为负值的化合物，ORD 曲线从紫外到可见区呈单调上升；旋光度为正值的化合物，ORD 曲线从紫外到可见区呈单调下降。两种情况下都逼近横轴，但不与横轴相交，即 ORD 谱线只是在一个相内延伸，既没有峰也没有谷，这类 ORD 曲线称为正常的或平坦的 ORD 光谱。图 7-6 给出正常 ORD 曲线的例子。显然，欲测定这类物质的旋光度最好用波长较短的光源。

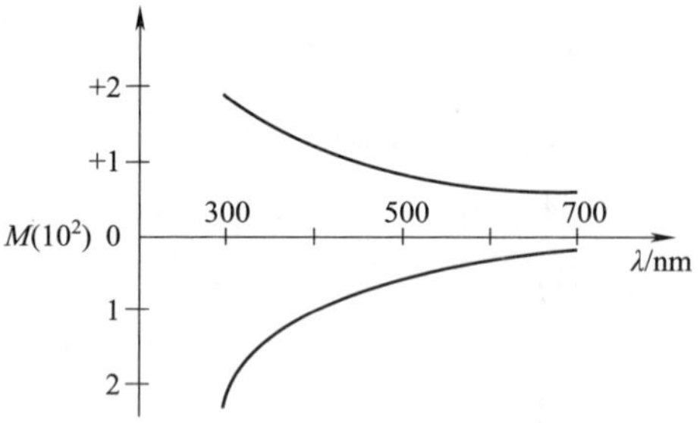

图 7-6　透明光谱区的旋光色散曲线

当手性物质存在发色团，在 CD 光谱测定波长范围内有吸收时，则原先在电子吸收带附近处于单调增加或减少中的摩尔旋光度或比旋光度可以在某一个波长内发生急剧变化，并使符号反转，把这种现象称为反常色散。与图 7-6 所示的正常 ORD 曲线相比，理想的反常 ORD 曲线通常呈现极大值、极小值以及一个拐点，因此认为反常 ORD 曲线呈 S 形。它的起因可能是在λ_0处圆双折射 Δn 值的突变，一般在吸收光谱的最大吸收λ_{max}处可以观察到反常色散曲线的拐点；另一种说法认为，ORD 曲线就像 CD 曲线的一阶导数，在 CD 的极大吸收处出现拐点。呈现反常色散的场合同时可以看到圆二色性，即 CD 曲线通常在吸收光谱的λ_{max}附近出现峰或谷，或可能将吸收峰分裂为一正一负两个 CD 谱峰。反常 ORD 曲线的摩尔振幅 a 可表示为

$$a = \frac{|[M]_1 + [M]_2|}{2} \tag{7-5}$$

式中，$[M]_1$ 为反常色散波峰处的摩尔旋光度；$[M]_2$ 为反常色散波谷处的摩尔旋光度。

有些化合物同时含有两个以上不同的发色团，其反常 ORD 曲线可有多个峰和谷，呈现复

杂的康顿效应。实际上每一条 ORD 曲线都是分子中各个发色团的综合效应,包括分子的每一种取向和每一种构象的贡献。

由于反常色散是与手性化合物的吸收谱带相关联的,虽然前者主要起因于圆双折射,但是将反常 ORD 谱与紫外可见光谱对照更有实际应用价值。

3. 旋光度和比旋光度

一束平面偏振光的振动在图 7-7 中以向量 **OA** 表示,它在极限位置 A 与 A'之间作简谐振动。在沿 AA'的任一点上,都可以将线矢量(平面偏振光)看成是旋转方向相反,而角速度相等的矢量 **OB** 和 **OC** 的总和。在图 7-7(a)所示位置的 **OB** 和 **OC** 的矢量加和结果为 **OA**。在任一情况下,总是得到一个沿着 AA′的矢量。

当平面偏振光通过只含有某一对映体的手性样品时,由于该对映体对其左、右圆组分的折射率不同($n_l \neq n_r$),左、右圆组分在该样品溶液中的传播速率 v_l 和 v_r,随之不同,则右圆组分和左圆组分的旋转角亦不同。如图 7-7(b)所示,假设在某一入射单色平面偏振光作用下,手性对映体对左圆组分的传播速率 v_l 小于右圆组分的传播速率 v_r(由于 $n=\dfrac{c}{v}$,$v_l<v_r$,因而 $n_l>n_r$);迎着光源的方向观察,在到达手性样品溶液内一定深度的某一点时,左圆组分的相位将比右圆组分的相位落后一点,即矢量 **OB** 与 **OC** 的相位不再相同,这样就使通过该手性样品后(重新回到各向同性的空气介质中)的出射左、右圆偏振光再进行矢量加和所得线偏振光,其偏振面相对于入射偏振平面顺时针偏转了角度 α,这一偏转角即为旋光度,其符号为正。若手性样品引起偏振面逆时针旋转,则 α 为负。

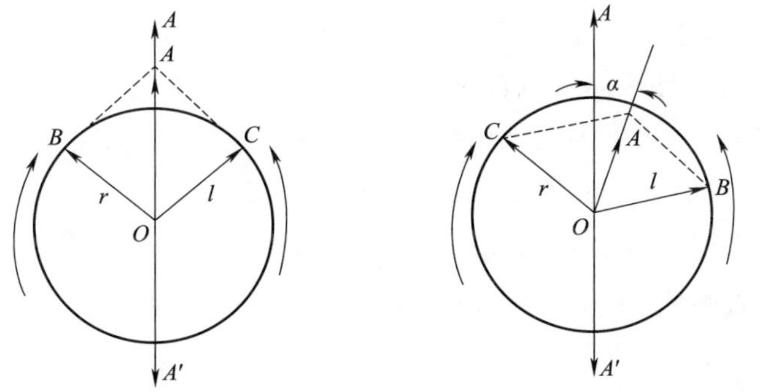

(a)左右圆组分通过外消旋体　　(b)左右圆组分通过手性介质

图 7-7　出射左右圆组分的加和和偏振光平面的旋转示意图

如果平面偏振光射入某一外消旋体溶液,虽然其中每一种对映体对偏振光左、右圆组分的折射率不等(分别记作 $n_l \neq n_r$,$n'_l \neq n'_r$),但由于它们之间是等量的对映体关系,又有 $n_l = n'_l$,$n_r = n'_r$。显然,在该溶液中它们导致偏振光左、右圆组分传播的减慢程度是一样的,这样就使通过该消旋体后的出射左、右圆偏振光再进行矢量加和所得合矢量的偏振面不发生偏转,如图 7-7(a)所示。

实际应用中,常以比旋光度$[\alpha]_\lambda^t$ 来表示手性物质的旋光程度:

$$[\alpha]_\lambda^t = \frac{100\alpha}{lc} \tag{7-6}$$

式中,$[\alpha]_\lambda^t$ 为比旋光度,$\mathrm{deg \cdot dm^{-1} \cdot cm^3 \cdot g^{-1}}$;$\alpha$ 为旋光度,即实测旋转角,deg;l 为样品池长

度或光程,dm;c 为手性样品溶液质量浓度,g · 100 mL^{-1};t 为测定温度,℃;λ 为测定波长,nm。

比旋光度虽然是反映手性化合物特征的一个重要物理常数,但不适用于比较具有不同分子量的手性化合物的旋光能力。因此,在比较不同手性化合物之间的旋光性强弱时,以摩尔旋光度$[M]_\lambda^t$ 来表示更为确切:

$$[M]_\lambda^t = \frac{[\alpha]_\lambda^t M_w}{100} = \frac{\alpha}{l(\mathrm{dm}) \times c'(\mathrm{mol} \cdot 100\ \mathrm{mL}^{-1})} \tag{7-7}$$

式中,$[M]_\lambda^t$ 为摩尔旋光度,deg · m^{-1} · mL · mol^{-1};M_w为手性化合物的分子量,g · mol^{-1};c'为手性样品溶液浓度,mol · 100 mL^{-1}。

旋光仪测量的基本原理为:来自光源的各向同性自然光被偏振器调制为线偏振光后,通过手性介质,所得旋光度信号被光电倍增管所检测。图 7-8 给出了旋光仪的工作原理示意图。商业化的旋光仪所提供的光源有钠灯、汞灯或卤素灯,可选波长通常有 589 nm、577 nm、546 nm、435 nm 和 365 nm 等,但是普通旋光仪一般只提供标准波长 589 nm(钠光的 D 线)。

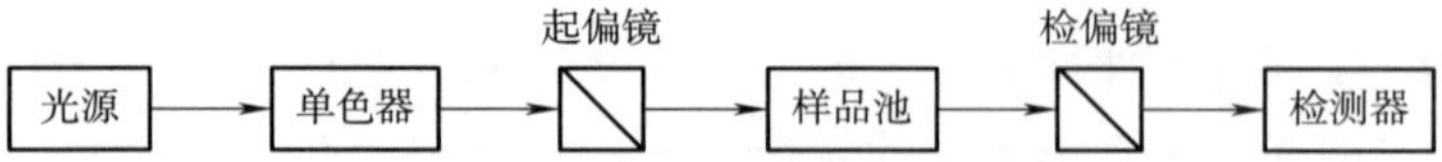

图 7-8 旋光仪工作原理示意图

4. 绝对构型

对以上两种类型 ORD 曲线的分析,说明在这两种情况下旋光度与波长变化密切相关。因此,欲指定一种光学异构体的旋光度符号,只有当测定旋光度的波长确定时才有意义。因为具有特征发色团的某种光学异构体可以在某一波长下使偏振光平面右旋,但在另一波长时则左旋,有时甚至在某一特定波长下不表现出旋光性。在实验的基础上区别光学异构体的符号过去常用 D、L 表示;一般默认在标准波长 589 nm 下测定旋光度时的符号,D 为$(+)_\lambda$,L 为$(-)_\lambda$(对于配合物中的手性配体,则分别以小写 d 和 l 表示)。如果在不同波长下测定旋光性,则应在比旋光度表示符号$[\alpha]_\lambda^t$ 中注明测定波长(nm),例如$(+)_{589}$-$[Co(en)_3]^{3+}$或$(-)_{546}$-$[Co(edta)]^-$等。

所谓的绝对构型是指经物理方法确认的手性分子中的原子在空间的排布方式。在研究手性化合物的立体化学时,初学者往往会将某个测定波长下的旋光方向(+),或(−),与分子的绝对构型简单地对应起来,误以为旋光方向直接反映着分子的构型。事实上,一个对映体的旋光方向不仅与分子的构型有关,而且受溶剂、浓度、温度、实验测定时所用偏振光的波长等因素的影响。例如,右旋酒石酸在乙醚中的比旋光度是$[\alpha]_D = +7.4°$,但此化合物在氯仿溶液中变为左旋,比旋光度是$[\alpha]_D = -3.19°$;如果在 50 ℃下测定此化合物的氯仿溶液,则又变为右旋,$[\alpha]_D = +1.26°$。苹果酸右旋体在 64% 的水溶液中的旋光度$[\alpha]_D = +2.72°$,但它的 21% 的水溶液则变为左旋,$[\alpha]_D = -0.90°$。

5. 旋转强度

另一个用来表述康顿效应的参数是旋转强度 R。手性分子的旋光性和圆二色性都与 R 有关,可对某个特定的康顿效应进行数值积分,求得 R:

$$R = 2.296 \times 10^{-39} \int_0^\infty [\varepsilon_l(\lambda) - \varepsilon_r(\lambda)] \frac{1}{\lambda} \mathrm{d}\lambda \text{ (CGS 单位)} \tag{7-8}$$

式中,λ 为波长,nm;$\varepsilon_l(\lambda)$为介质对左圆偏振光的摩尔消光系数,$mol^{-1} \cdot L \cdot cm^{-1}$;$\varepsilon_r(\lambda)$为介质对右圆偏振光的摩尔消光系数,$mol^{-1} \cdot L \cdot cm^{-1}$;CGS 单位为国际通用单位制式,厘米-克-秒单位制。

当康顿效应的曲线近似于高斯曲线时,可用以下经验式表示 R:

$$R = 4.069 \times 10^{-39} \Delta\varepsilon_{ext} \frac{\Delta\lambda}{\lambda_{ext}} \tag{7-9}$$

式中,$\Delta\lambda$ 为高斯曲线半宽度,nm;λ_{ext}为康顿效应极大值的波长,nm;$\Delta\varepsilon_{ext}$为λ_{ext}处的左右圆摩尔消光系数之差,$mol^{-1} \cdot L \cdot cm^{-1}$。

因此,由 CD 光谱的某个特定康顿效应可以容易地进行旋转强度 R 的计算,从而进行理论上的处理。而旋转强度 R(类似于吸收光谱中的偶极强度)亦是 CD 和 ORD 的强度因子,理论上它正比于分子的电偶极跃迁矩和磁偶极跃迁矩标量积的虚部:

$$R_{0n} = -\mathrm{Im}\{ \langle\psi_0|\hat{\mu_e}|\psi_n\rangle \langle\psi_n|\hat{\mu_m}|\psi_0\rangle \} \tag{7-10}$$

式中,$\hat{\mu_e}$为电偶极跃迁矩算符;$\hat{\mu_m}$为磁偶极跃迁矩算符;ψ_0 为基态波函数;ψ_n 为激发态波函数。

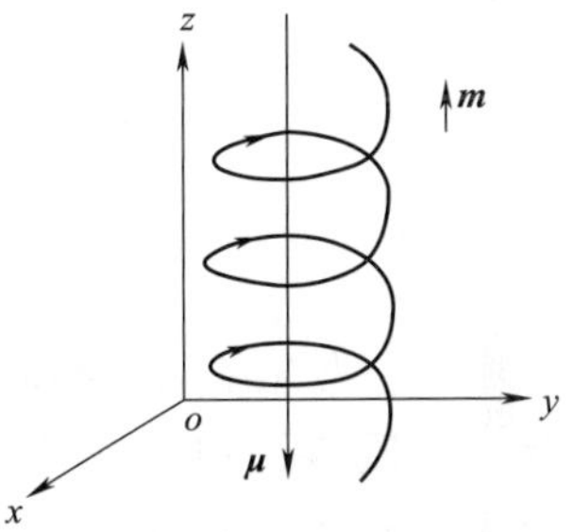

图 7-9 电偶极跃迁矩和磁偶极跃迁矩的相对取向

图 7-9 描述了电偶极跃迁矩和磁偶极跃迁矩的相对取向。图中表示沿着负 z 方向的左手螺旋电荷位移(左手法则)。当电偶极跃迁矩和磁偶极跃迁矩互为平行,旋转强度为正;当两者为反平行,则旋转强度为负。因此可以根据荷移跃迁过程中电场子迁移的螺旋性来推测康顿效应的符号。

7.2.2 圆二色性吸收与椭圆率

若手性物质在偏振光的波长范围内吸收,则它对左右两圆偏振光的吸收程度不同,即它对左、右圆组分的摩尔消光系数不同($\varepsilon_l \neq \varepsilon_r$)。如果两圆偏振光的吸收率或消光值不同,即 $A_l \neq A_r$,则二者的差值为

$$\Delta A = A_l - A_r \tag{7-11}$$

称为圆二色性吸收,简称圆二色性。也常用摩尔消光系数表示圆二色性:

$$\Delta\varepsilon = \varepsilon_l - \varepsilon_r = \frac{(A_l - A_r)}{Cl} \tag{7-12}$$

上两式中,A_l、A_r、ε_l、ε_r 依次为介质对左、右旋圆偏光分量的吸收率和摩尔消光系数;C 为样品中旋光性物质的浓度,g/mL;l 为光程,dm;ΔA 及 $\Delta\varepsilon$ 均是波长的函数,因此常以 ΔA_λ 及 $\Delta\varepsilon_\lambda$ 来表示波长为λ 处的圆二色性吸收。ΔA_λ (或 $\Delta\varepsilon_\lambda$)随波长的变化就是圆二色性谱。

由于存在圆二色性吸收,平面偏振光通过光学活性介质后,其两圆偏振光分量的强度将不同,它们合成的不再是平面偏振光,而是椭圆偏振光。此椭圆偏振光电场矢量端点在空间的轨迹投影到垂直于光传播方向的平面上为一椭圆。由理论分析可得,对于波长为λ 的平面偏振光,穿过光学活性介质后,观察到的椭圆偏振光的椭圆率 θ_λ 与圆二色吸收的关系为:

$$\begin{aligned}\theta_\lambda &= \frac{2.303\times180}{4\pi}(A_l - A_r) = \frac{2.303\times180}{4\pi}\Delta A_\lambda \\ &= \frac{2.303\times180}{4\pi}Cl(\varepsilon_l - \varepsilon_r) = \frac{2.303\times180}{4\pi}Cl\Delta\varepsilon_\lambda\end{aligned} \tag{7-13}$$

可以看出,平面偏振光通过光学活性介质后成为椭圆偏振光是介质存在圆二色性吸收的结果,椭圆率与圆二色性吸收成正比。

与旋光度对应,在实际工作中,还常用比椭圆率$[\psi]_\lambda$,摩尔椭圆率$[\theta]_\lambda$及平均残基椭圆率$[\theta]_{\lambda\mathrm{MRw}}$,它们分别定义为:

$$[\psi]_\lambda = \frac{\theta_\lambda}{C_\mathrm{w} l} \tag{7-14}$$

$$[\theta]_\lambda = [\psi]_\lambda \frac{M_\mathrm{w}}{100} \tag{7-15}$$

$$[\theta]_{\lambda\mathrm{MRw}} = [\psi]_\lambda \frac{M_\mathrm{Rw}}{100} \tag{7-16}$$

式中,C_w 为光学活性物质浓度,g/mL;l 为光程,dm;M_w 为摩尔质量,g;M_Rw 为平均残基摩尔质量,g,它等于生物大分子的摩尔质量除以其残基数,一般为 110 ~ 115。

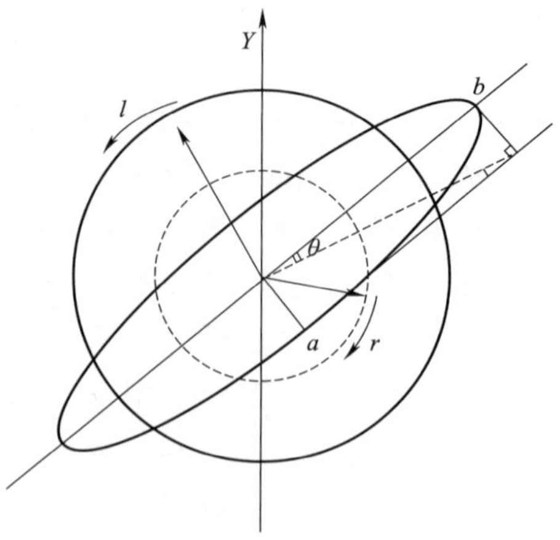

图 7-10 摩尔椭圆率的物理意义

摩尔椭圆率的物理意义如图 7-10 所示,当平面偏振光通过在紫外区有吸收峰的旋光性介质时,它所包含的左旋和右旋圆偏振光分量不仅传播速度不同(因折射率不同),而且强度也不同(圆二色性)。在图 7-10 中用代表矢量的箭头长短来表示强度,因此在迎着它的传播方向观察时,它们的矢量和将描出一个椭圆轨迹。这椭圆的长轴即二矢量相位相同时的值(左右圆偏光矢量之和),短轴即二矢量相位相反时的值(左右圆偏光矢量差),短轴与长轴比例的正切 $\tan\theta$ 就同时反映了圆双折射和圆二向色性。

若将上面含有$[\theta]_\lambda$ 的方程联立求解,则可以得到如下一个非常有用的表达式,即

$$[\theta]_\lambda = \frac{100\theta_\lambda}{Cl} = 3\,300(\varepsilon_l - \varepsilon_r) = 3\,300\Delta\varepsilon_\lambda \tag{7-17}$$

式中,C 为样品的物质的量浓度;l 为样品的厚度,cm。

CD 光谱具有较好的分辨率,可以对掩埋在较强吸收带中的较小康顿效应表现出一个可检测的灵敏度,从圆二色现象产生的角度去理解,这是因为对于某个特定的 CD 电子跃迁,只有与该跃迁有关的优势手性构型或构象才对康顿效应有贡献,而对于 ORD 曲线而言,在多种手性构象并存的情况下,有时很难排除背景的干扰。

不过,应当指出的是,虽然目前 ORD 谱有逐渐被 CD 谱所取代的趋势,但有时 ORD 的作用又是不可替代的。由于手性物质的 ORD 可以在整个测定波长范围内被观察到,正常 ORD 可用来表征在仪器的波长测定范围内不具有特征吸收的手性样品,特别是对某些在给定波长范围呈现很强的吸收而其 CD 信号相对较弱,以致难以获得理想 CD 光谱的手性样品,反常 ORD 中的 S 形曲线的长波一翼仍然可能给出其有用的结构信息,因此建议在可能的条件下,最好对一个含发色团的手性化合物同时做反常 ORD 和 CD 光谱表征。

图 7-11 所示为 CD 光谱仪的简要工作原理：单色线偏振光被 CD 调制器调制为交替的左圆和右圆偏振光，手性试样对偏振光的左、右圆组分有不同程度的吸收作用，变动的光强度在检测器上产生交流/直流信号，从而测量出比例与 ΔA 相关的周期性信号。

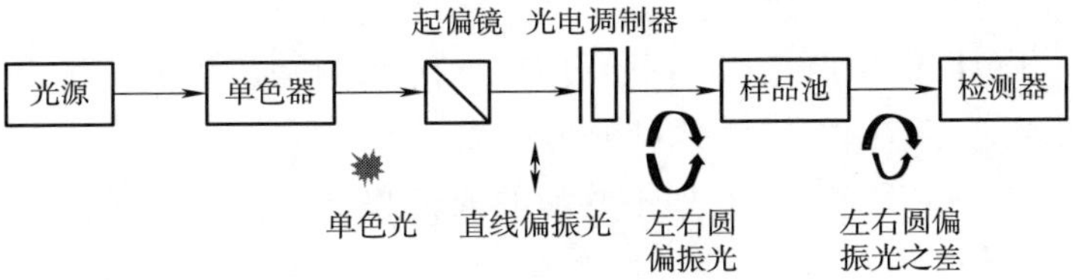

图 7-11 CD 光谱仪工作原理示意图

7.2.3 ORD 与 CD 的关系及康顿效应

CD 和反常 ORD 是同一现象的两个表现方面，它们都是手性分子中的不对称生色团与左右圆偏振光发生不同的作用引起的。CD 光谱反映了光和分子间的能量交换，只能在有最大能量交换的共振波长范围内测量；而 ORD 主要与电子运动有关，即使在远离共振波长处也不能忽略其旋光度值。因此，反常 ORD 与 CD 是从两个不同角度获得的同一信息，如果其中一种现象出现，对应的另一种现象也必然存在。为了纪念首次发现这两种现象的法国物理学家 Aime Cotton，它们一起被称为康顿效应（CE）。正 CE 相应于在 ORD 曲线中，在吸收带极值附近随着波长增加，$[\alpha]$ 从负值向正值改变（相应的 CD 曲线中 $\Delta\varepsilon$ 为正值）；负 CE 的情形正好相反。同一波长下互为对映体的手性化合物的 $[\alpha]_\lambda$ 值或 $\Delta\varepsilon_\lambda$ 值在理想情况下绝对值相等但符号相反；一对 CD（或反常 ORD）曲线互为镜像。

如同折射率曲线和吸收曲线之间有 Kramers-Kronig 关系式一样，ORD 的摩尔旋光度和 CD 的摩尔椭圆率之间也由于 Kramers-Kronig 变换（简称 K-K 变换）而相互关联，已知其中一个参数可对另一个参数进行计算。对于一个孤立的康顿效应，有：

$$[\theta(\lambda)] = -\frac{2}{\pi\lambda}\int_0^{\infty}[M(\lambda')]\frac{\lambda'^2}{\lambda^2-\lambda'^2}\mathrm{d}\lambda' \tag{7-18}$$

$$[M(\lambda)] = \frac{2}{\pi}\int_0^{\infty}[\theta(\lambda')]\frac{\lambda'^2}{\lambda^2-\lambda'^2}\mathrm{d}\lambda' \tag{7-19}$$

从实际应用上来看，ORD 和 CD 两种方法可以单独使用，更经常地，二者可与 UV-Vis 光谱一起配合使用。一般而言，CD 谱比 ORD 谱应用更为广泛，因为 CD 谱峰的位置、强度、符号及其形状可以提供更多有用的结构信息；当几个吸收峰相重叠时，一些附加的 CD 康顿效应，可引入一个重要参数，即波长相关不对称（或称各向异性）因子 $g(\lambda)$：

$$g(\lambda) = \frac{\varepsilon_l(\lambda) - \varepsilon_r(\lambda)}{\varepsilon(\lambda)} \tag{7-20}$$

$$\varepsilon(\lambda) = \frac{\varepsilon_l(\lambda) + \varepsilon_r(\lambda)}{2} \tag{7-21}$$

显然，$g(\lambda)$ 因子的绝对值不可能大于 2。对于一个对映纯的光学异构体，$g(\lambda)$ 的值为：

$$g(\lambda) = g(\lambda)^{\max} = \frac{\Delta\varepsilon(\lambda)}{\varepsilon(\lambda)} \tag{7-22}$$

因此，可用$g(\lambda)$因子来表示某个手性样品的对映纯度。$g(\lambda)$因子在判断该康顿效应的电子跃迁类型时，也有重要应用。

7.2.4 康顿效应的分类

有机物分子中发色团能级跃迁受到不对称环境的影响是产生 CD 和 ORD 康顿效应的本质原因。造成康顿效应的结构因素大致可分为三类：

（1）由固有的手性发色团产生的，如不共面的取代联苯化合物 A，螺烯 B 等。

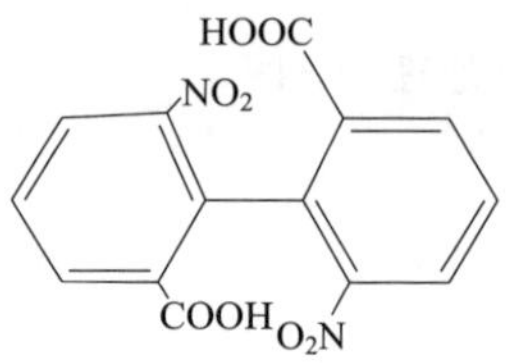

A

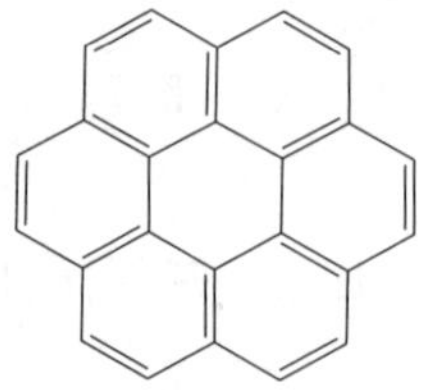

B

（2）原发色团是对称的，但处于手性环境中而被歪曲。如手性环酮 C 中的羰基无邻位手性中心时是对称的，手性烯烃 D(+)-3-蒈烯(carene)中的双键也一样。

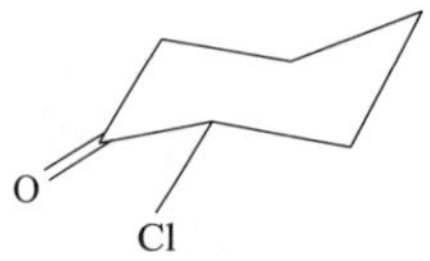

C

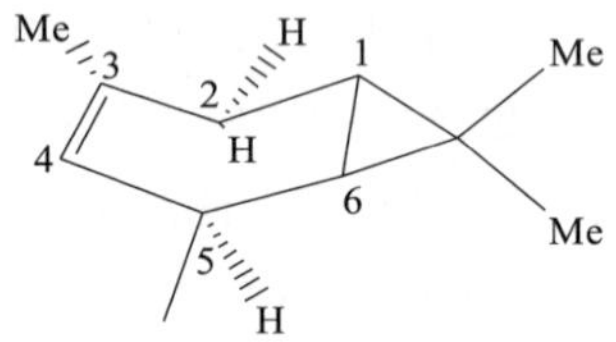

D

（3）由分子轨道不互相交叠的发色团偶极相互作用产生的，如 E。

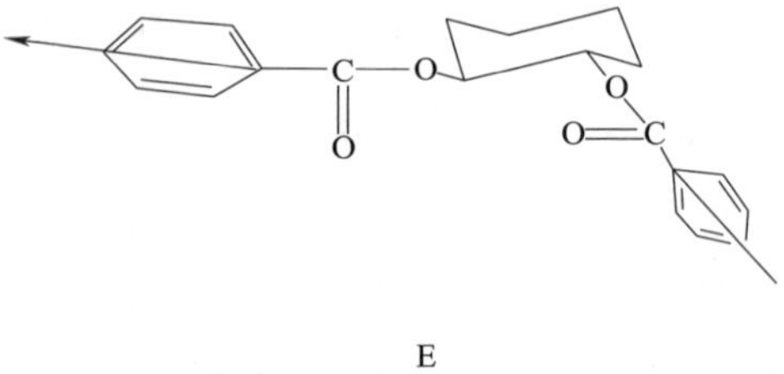

E

7.3 圆二色性的应用

7.3.1 圆二色性测量在分子生物学研究中的应用实例

生物大分子的光学活性来源于其特有的空间结构。在紫外区段（190～240 nm），主要的生色团是肽链，这一波长范围的 CD 谱包含着生物大分子主链构象的信息。如图 7-12(a) 是多聚 L-赖氨酸的典型 CD 谱，α-螺旋构象的 CD 谱在 222 nm 处和 208 nm 处呈负峰，在 190 nm 附近有一正峰。无规卷曲构象的 CD 谱在 198 nm 附近有个负峰，在 220 nm 附近有一个小而宽的正峰。β-折叠的椭圆值不像 α-螺旋那样恒定。在一般情况下，实验中得到的 CD 谱线，如图 7-12(b)所示,可以看作一定百分比的 α-螺旋 β-折叠和无规卷曲构象的 CD 谱的线性叠加。

$$[\theta]_\lambda = f_a [\theta]_{\lambda,a} + f_\beta [\theta]_{\lambda,\beta} + f_\gamma [\theta]_{\lambda,\gamma} \tag{7-23}$$

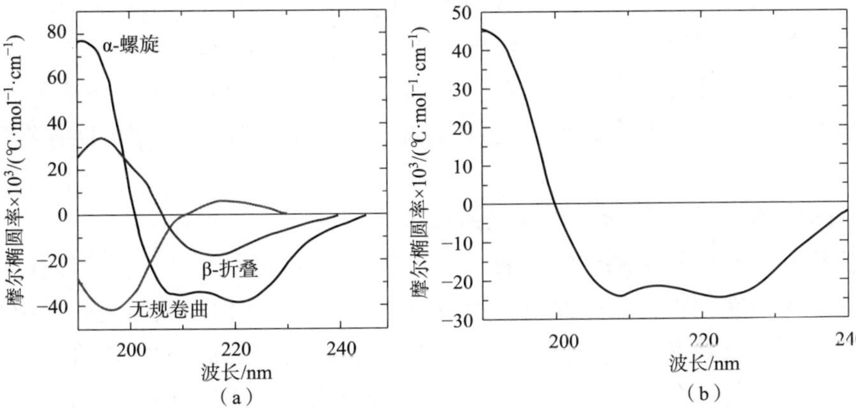

图 7-12 多聚 L-赖氨酸的 CD 光谱及某个样品的 CD 光谱

每一波长处的椭圆率看作在相应波长处一定比例的 α-螺旋,β-折叠及无规卷曲椭圆率值的线性叠加,$[\theta]_{\lambda,a}$、$[\theta]_{\lambda,\beta}$、$[\theta]_{\lambda,\gamma}$分别为 α-螺旋、β-折叠和无规卷曲在波长$\lambda$ 处的椭圆率值。根据上式由计算机拟合可以得到 α-螺旋、β-折叠和无规卷曲构象所占的百分数f_α、f_β 和f_γ。

在近紫外区(240 ~ 300 nm),占支配地位的生色团是芳香氨基酸侧链,这一区域的 CD 谱能给出“局域”侧链间相互作用的信息。

在波长大于 300 nm 的区域,包括可见区域,对 CD 谱的贡献主要来自像血红素一类含有金属离子的生色团,这一波段的 CD 谱对金属离子的氧化态、配位体以及链-链相互作用均是敏感的。

通常由样品的 CD 谱形状、谱峰位置,强度及它们随实验条件的变化本身就可以得到很重要的结构信息,最重要的 CD 谱参量是谱峰(谷)位置及该处摩尔椭圆率。

迄今为止,CD 谱在研究蛋白质、核酸等生物大分子在溶液中的构象方面取得了许多重要成果。在将 CD 谱用于生物膜的研究方面,由于膜系统不是真溶液,对入射光束存在着散射及“阴影”等作用,使 CD 谱产生严重畸变,主要是红移和幅度变小,从而限制了该技术在生物膜研究中的广泛应用。现在人们采取了多种方法,例如用超短光程的样品杯(如 0.1 mm),或将膜上蛋白溶解下来研究,或用超声波等技术将膜破碎,或对实验谱进行某些校正等,以克服上述不利因素造成的困难,使 CD 谱在膜分子生物学研究中也成为一种很有用的手段,下面是几个应用实例。

1. 克山病病区粮饲养的豚鼠心肌线粒体膜的研究

克山病是一种病因不明的地方性心肌病,但缺硒是一个重要的发病条件,在我国东北到西南的 15 个省区及俄罗斯远东地区曾有相当高的发病率。其主要病变是心肌的灶状坏死及心肌细胞,尤其是线粒体膜系统的形态、结构和功能的异常。

对用克山病病区粮饲养的豚鼠进行的研究发现,这些实验动物的红细胞、肝细胞中的硒含量及谷胱甘肽过氧化物酶(CSHPx,一种含硒的酶)的活性明显低于对照组动物,表明它们的组织抗氧化能力显著下降。同时也发现,谷胱甘肽转硫酶(GST)活性下降,脂质过氧化物(LPO)水平增高,但也发现个别动物的GST活性接近对照,其LPO水平也并未增高,这不仅证明GSHPx、GST等抗氧化酶类与LPO间存在相关关系,同时也表明这种氧应激效应的保持可能是低硒非病区居民和病区居民中不患克山病的重要原因之一。对各组动物心肌线粒体膜脂组成的分析表明,它们的总磷脂(PL)量无明显差异,但病区组动物心肌线粒体膜脂组分出现异常,特别是作为心肌线粒体细胞色素C氧化酶(CCO)结合所必需的界面脂——心磷脂(CL)明显减少,模型动物的CCO含量无明显改变,但其活性明显低于对照组,表明可能存在酶的构象的改变。

2. 疏水表面对球状蛋白二级结构变化的诱导

生物相容性材料和生物传感器的发展使人们对功能生物分子在界面的组装产生了浓厚的兴趣。蛋白质吸附是在固体衬底表面组装蛋白的方法之一。蛋白质吸附是一个相当复杂的过程,与溶液条件(温度、pH和离子强度)、固体表面性质、蛋白质的特性及其他相关因素有关。利用CD谱可得疏水表面诱导蛋白二级结构改变的重要信息。图7-13、图7-14分别是在不同条件下吸附在疏水石英板表面的牛血清白蛋白(BSA),肌红蛋白和细胞色素C的CD谱。

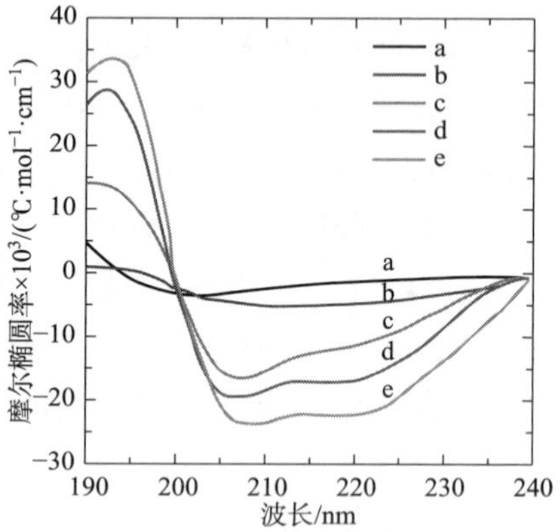

图7-13 在不同吸附情况下牛血清蛋白(BSA)在疏水石英板表面的CD谱

在图7-13中,曲线a、b、c、d粗略地代表在吸附的不同阶段BSA的CD谱,其中a为1 μg/mL,60 s;b为5 μg/mL,60 s;c为60 μg/mL,60 s;d为60 μg/mL,30 min;e为BSA在溶液中的CD谱(e为60 μg/mL)。在吸附的初始阶段,吸附的BSA的CD曲线a在202 nm附近有一负的谱带,这是无规卷曲构象蛋白膜的特征。稍后,如曲线b所示,在215 nm有最小值,可指认为是I-β结构,由于在207 nm处曲线未与零轴交叉,表明存在着一定量的无规卷曲。曲线c在209 nm和221 nm显示双负峰,这是存在部分α-螺旋构象的特征。曲线d在221 nm存在更强的负谱带意味着α-螺旋的百分比更大。曲线e(溶液中BSA的CD谱)在221 nm处的负谱带的强度几乎与209 nm处的负谱带相同,这表明,处于不同吸附阶段的蛋白质分子由于受到不同程度的诱导作用而呈现出不同的二级结构特征,初始阶段吸附的BSA分子丧失了有序结构,形成了以无规卷曲为主的二级结构,吸附中间阶段的BSA呈现出以β结构为主的二级结构,而吸附后期的BSA分子则保留了大部分的α-螺旋结构。

图7-14(a)给出了肌红蛋白(MHb)的吸附情况。在低的表面浓度下,在202 nm处有一负谱带,这是无规卷曲的特征。随着表面浓度增加,曲线2显示出I-β结构和部分无规卷曲构象的CD谱特征,曲线3为α-螺旋、β结构和无规卷曲混合构象的CD谱,由2至3,随吸附表面蛋白浓度增加,a-螺旋构象的百分比稳步增加,但均低于该蛋白在溶液中的α-螺旋百分比(约为80%,如曲线4所示,它在221 nm处存在明显的负谱带)。因此肌红蛋白吸附的情况与BSA是类似的。

细胞色素C与BSA和MHb有些不同,如图7-14(b)所示,曲线1在215 nm附近有一负谱带,在204 nm与零轴交叉,接近于典型的I-β结构的CD谱,说明在吸附的初始阶段,细胞色素

C 较 BSA 和肌红蛋白有较少的无规卷曲和较多的 β 结构。曲线 3 是在饱和吸附的条件下，吸附的细胞色素 C 的 CD 谱，在 208 nm 和 221 nm 存在双负峰，意味着此时以 α-螺旋构象为主。曲线 2 是细胞色素 C 在溶液中的 CD 谱，由于含有较多的 β 结构（约 25%），使 α-螺旋在 208 nm 和 211 nm 的典型双负峰移动到 210 nm 和 217 nm。因此，细胞色素 C 在溶液中比在饱和吸附的条件下含有更多的 β 结构。

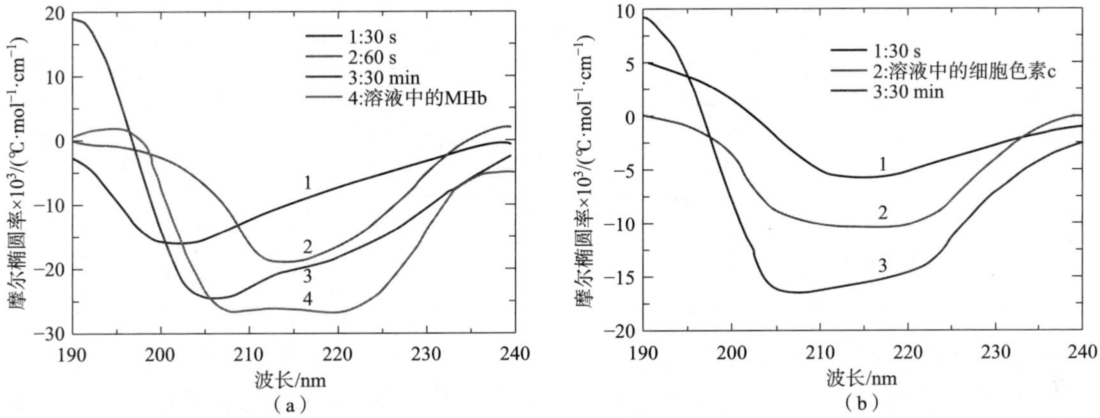

图 7-14　肌红蛋白在石英板表面的 CD 谱及细胞色素 C 在石英表面吸附后的 CD 谱

用 CD 谱得到了在不同吸附阶段，吸附到疏水表面的球状蛋白的二级结构，这对于进一步分析疏水表面与这些蛋白质分子间的相互作用提供了有力的实验证据。

3. 磷脂膜诱导的蜂毒素二级结构的变化

蜂毒素是一种欧洲蜂毒汁的主要成分，由 26 个氨基酸组成，相对分子质量为 2 840，多肽链中含有 6 个正电荷。它是一种高度水溶性的多肽（ >250 mg/mL），执行功能时通过水相到达细胞膜。与红细胞膜直接相互作用，它不需特异性受体。对蜂毒素与脂双层相互作用的研究不仅对了解其毒理机制有特殊意义，而且对理解膜脂-膜蛋白相互作用亦有普遍意义。

利用 LB 膜技术可以控制脂单层的膜压力，这样可使蜂毒素处于吸附在膜表面及插入膜内两种不同状态，通过这两种不同状态下的 CD 谱，就可得到它在这两种状态下多肽链二级结构变化的信息。

图 7-15 给出了在三种不同状态下蜂毒素的 CD 谱。在溶液中，蜂毒素 CD 谱在 208 nm 和 222 nm 处几乎无峰，分析认为此时的蜂毒素以无规卷曲状态存在（曲线 c）。

蜂毒素处于吸附状态时的 CD 谱在 204 nm 和 222 nm 呈现 2 个负峰，尽管 222 nm 峰幅值较小，仍可说明此时已被诱导出部分的 α-螺旋。蜂毒素插入膜内的 CD 谱在 208 nm 和 222 nm 处有 2 个负峰，且 222 nm 峰显著，表明此时蜂毒素含大量 α-螺旋。由计算机处理 CD 谱得到：对于吸附在磷脂膜上的蜂毒素，其 α-螺旋、β-折叠和无规卷曲三种构象的百分数为 27%、20% 和 53%（曲线 b），而插入膜中的蜂毒素（曲线 a），这三种构象的含量依次为 84%、1% 和 15%。说明主要以无规卷曲形式存在的蜂毒素无序结构，在插入膜中后其有序结构达到最大值。这些结果对于进一步阐明膜多肽跨膜机理有一定启示。

CD 谱方法的主要优点是使用简便快速，需要的样品量相对较少，且对样品无破坏，是分子生物学研究的重要手段，能够获取蛋白、多肽二级结构的信息，在核酸、多糖等生物聚合物的研

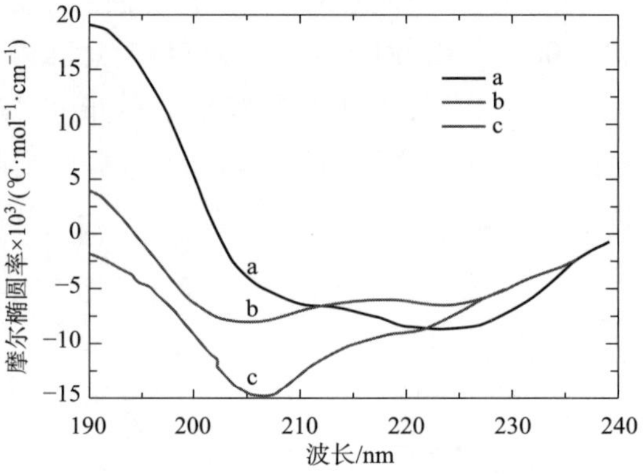

图 7-15　蜂毒素的 CD 谱

究方面也有大量的应用。

荧光 CD 和磁 CD 近年来在分子生物学研究中也有许多的应用。

当然,与其他一些方法一样,CD 测量也存在着某些局限性。就方法学本身而言,CD 测量尚有不少问题需要解决,如各种因素引起的谱形畸变如何消除,膜上蛋白构象的定量分析等,需要进一步探讨。

7.3.2　各类化合物的 ORD 和 CD 谱

1. 羰基化合物

这是一类目前研究得比较细且深入的化合物。虽然人们很早就知道羰基发色团是对称的,但如果其处于不对称的环境中亦可诱导其电子分布不对称而产生一个康顿效应。通常其在紫外光照射下发生 n→π * 跃迁,有一个弱吸收带,属 R 带。

羰基是由于被手性环境所诱导的具有光学活性的发色基团,以环己酮为例来介绍经验规律——八区律。把环己酮按如图 7-16(a)所示的位置排好,即以环己酮 C ═O 键的中心为原点,如用 *xy* 平面、*xz* 平面,*yz* 平面(A、B、C)三个平面来隔开,那么就会产生八个空间。从环己酮氧的一侧来看,*xy* 平面后方的四个空间称后八区,*xy* 平面前方的四个空间称为前八区。一般化合物只考虑后八区。

由观察者的位置来看,图 7-16 中取代基对后八区的康顿效应贡献如图 7-16(b)所示。实验事实还指出:

(1)位于 ABC 三个分割面上的取代基,对康顿效应贡献为零。

(2)位于正、负区的取代效应可以相互抵消。

(3)取代基对于康顿效应贡献的大小随着与生色团的距离增加而减小。

(4)贡献大小还与取代基的性质有关。

以 2,2′,5-三甲基环己酮为例,图 7-17(a)所示为该环己酮衍生物在坐标系中应放的位置,图 7-17(b)是它的投影图。可以看出,C_1、C_2、C_4、C_6、C_7均在分割面上,从而对康顿效应没有贡献,C_3和 C_5的贡献相互抵消,C_8和 C_9的贡献均为正,所以这个化合物应当有正的康顿效应,即 CD 谱中 $\Delta\varepsilon > 0$,吸收峰在横坐标上方;ORD 谱中,长波位置出现峰,短波方向出现谷;这与实验结果一致。注意:C_5上的甲基处于平伏键位置,指向纸平面内。在其转环后的产物(同一物

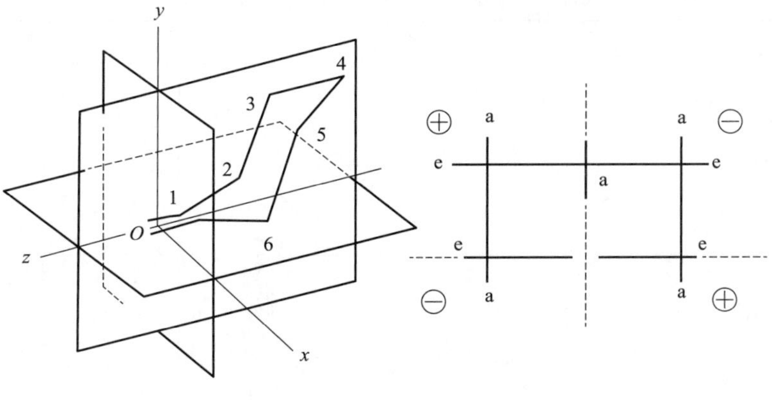

（a）　　　　（b）

图 7-16　八区律投影图

质不同构型）分子中，C_5位的甲基处于直立键位置，为保持在坐标系中规定的位置，必须把分子翻转。这时的投影如图 7-18 所示，它应当有负的康顿效应。可见应用康顿效应确定构型时，首先应当知道它的构象（本例中需已知 C_5上甲基处于平伏键位置）。反过来，如果已知化合物中 C_5的构型，通过测定康顿效应的正、负来判断它的构象。

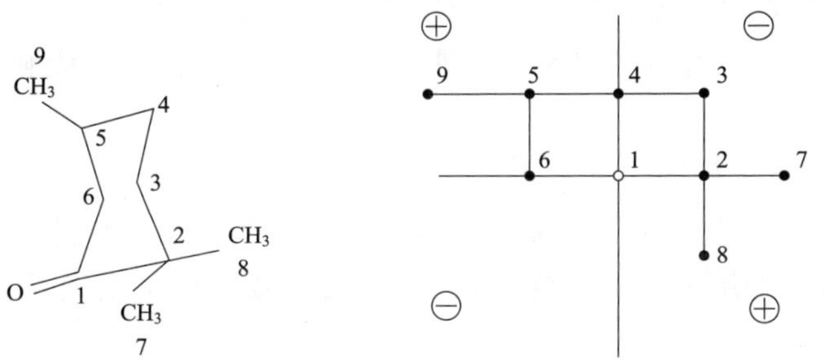

（a）　　　　（b）

图 7-17　八区律用于 2,2′,5-三甲基环己酮

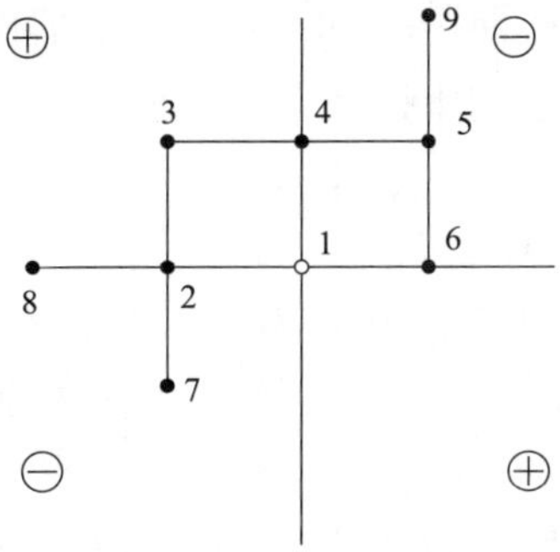

图 7-18　C_5上甲基处于直立键时平面投影图

当邻接于羰基的取代是含氧基团，如羟基、乙酰酯基，烷氧基时，它对于酮的康顿效应的贡献可以受到与羰基作用的分子内的氢键作用或受到酮和酯羰基相互作用的影响，这些影响是复杂的，有的情况下使康顿效应服从八区律，有时却服从于反八区律，在有些情况下，又表现出一个非零的平伏键贡献，具体变化规律见表 7-3。应当注意的是在解释有关的资料和数据之前首先要考虑到溶剂的极性和分子的刚性。

2. 酸和酯

在羧酸和酯中，接近 210 ~ 220 nm 处的弱带一般被认为是“禁阻的”n→π＊跃迁。在不饱和酯中 n→π＊跃迁接近于 240 nm，因此酸和酯在 210 nm 处会表现出一个康顿效应，这个康顿效应对应于 n→π＊跃迁。如乳酸、α-氨基酸、α-羟基酸和 α-卤代酸，在接近 240 nm 和低于 210 nm 处有相反符号的两个 CD 带，它预示着含有旋光异构体，但预先不能判定康顿效应符号与旋光方向的关系。对于 α-羟基酸和 α-氨基酸，L-构型是一般与在 200 nm 处观察到的正康顿效应有关，而 D-构型则与负的康顿效应有关。

表 7-3　甾体乙酮醇和乙酰酯的八区行为

结　　构	行　　为	$\Delta\varepsilon$(环己烷)
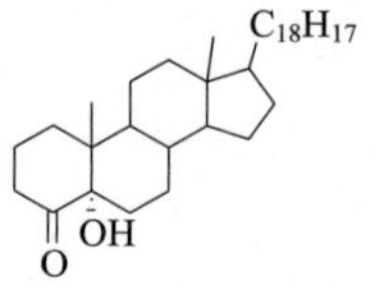	八区律	−1.1(306 nm)
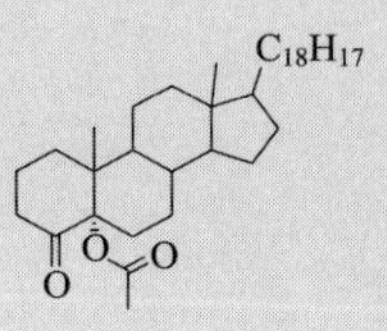	反八区律	−2.3(299 nm)
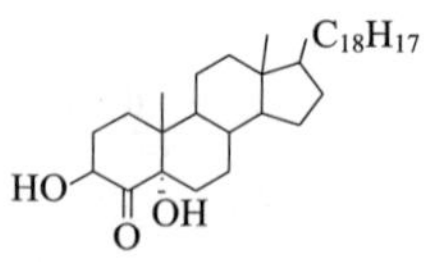	平伏键贡献	−2.25(286 nm)

3. 饱和烃

在能使用的 ORD 和 CD 仪器操作范围内,脂肪族和大多数脂环烃类没有 UV 吸收,因而并不能观察到康顿效应。然而对于三元环(环丙烷),在 190 nm 处可测到一个相当强的康顿效应。

4. 单烯烃

在 200 nm 附近有一个孤立的双键吸收。乙烯通常的吸收在 162 nm 处,烷基取代使这个吸收发生了红移。烯烃上的氢被氧所取代,如烯醇醚类和烯醇乙酸酯类,或者被氮所取代,如在烯胺和烯酰胺类化合物中吸收也将发生红移。

八区律:八区律是按烯烃的对称平面分开的,如图 7-19 所示是乙烯的横断对称平面,在不同区的符号则是从已知构型的烯烃实验值而获得的。在八个投影区,如果我们沿着 z 轴和 y 轴来看,其符号分布如图 7-19(b)、(c)、(d)所示,其中图 7-19(b)是前四区,沿着 z 轴方向看去;图 7-19(c)是后四区,沿着 z 轴方向看去;图 7-19(d)为沿着 y 轴看到后四区。

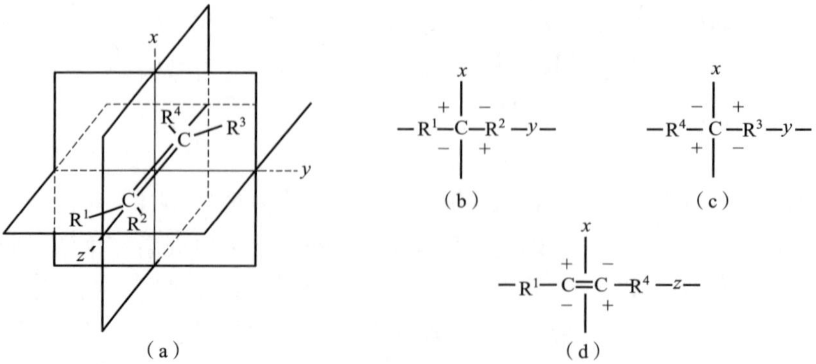

图 7-19　烯烃的八区律

第8章 核磁共振波谱法

8.1 概　　述

核磁共振(nuclear magnetic resonance spectroscopy,NMR)是指处于外磁场中的自旋原子核系统在外加磁场的作用下产生裂分,当受到相应频率的电磁波作用时,裂分的磁能级之间吸收能量,发生原子核能级的跃迁,产生共振现象。检测电磁波被吸收的情况即可得到核磁共振谱。因此,就本质而言,核磁共振波谱是物质与电磁波相互作用而产生的,属于吸收光谱(波谱)范畴。根据核磁共振波谱图上共振峰的位置、强度和精细结构可以研究分子结构。在有机化合物中,经常研究的是^{1}H核和^{13}C核的共振吸收谱。

1946年美国斯坦福大学的F. Bloch和哈佛大学E. M. Purcell领导的两个研究组首次独立观察到核磁共振信号,由于该重要的科学发现,他们两人共同荣获1952年诺贝尔物理学奖。NMR发展最初阶段的应用局限于物理学领域,主要用于测定原子核的磁矩等物理常数。

1950年前后,W. G. Proctor等发现处在不同化学环境的同种原子核有不同的共振频率,即化学位移。接着又发现因相邻自旋核而引起的多重谱线,即自旋-自旋耦合,这一切开拓了NMR在化学领域中的应用和发展。

20世纪60年代,计算机技术的发展使脉冲傅里叶变换核磁共振方法和谱仪得以实现和推广,引起了该领域的革命性进步。随着NMR和计算机理论与技术不断发展并日趋成熟,NMR无论在广度和深度方面均出现了新的飞跃性进展,具体表现在以下几方面:

(1)仪器向更高的磁场发展,以获得更高的灵敏度和分辨率,现已有300 MHz、400 MHz、500 MHz、600 MHz,甚至900 MHz的超导NMR谱仪。

(2)利用各种新的脉冲系列,发展了NMR的理论和技术,在应用方面做了重要的开拓。

(3)提出并实现了二维核磁共振谱以及三维和多维核磁谱、多量子跃迁等NMR测定新技术,在归属复杂分子的谱线方面非常有用。瑞士核磁共振谱学家R. R. Ernst因在这方面所做出的贡献,而获得1991年诺贝尔化学奖。

(4)固体高分辨NMR技术、HPLC-NMR联用技术以及碳、氢以外核的研究等多种测定技术的实现大大扩展了NMR的应用范围。

(5)2002年诺贝尔化学奖授给了瑞士苏黎世联邦高等工业学院的库尔特·维特里希(Kurt Wuthrich)教授。他开拓了利用NMR技术测定溶液中蛋白质、核酸三维结构的NMR方法。把异核滤波技术用于研究超分子结构的分子间的相互作用,研究大分子在溶液中的水合作用,建立了横向弛豫优化的异核相关谱和交叉极化增强的实验方法,并将其运用于生物大分子结构,分子量可达800 kDa。

核磁共振技术是20世纪50年代中期开始应用于化学研究领域,并不断发展成为有机物结构分析最有用的工具之一。它可以解决化学研究中的以下问题:

(1)结构测定或确定,一定条件下可测定构型和构象;

(2)化合物的纯度检查;

(3)混合物分析,主要信号不重叠时,可测定混合物中各组分的比例;

(4)质子交换、单键旋转、环的转化等化学变化速度的测定及动力学研究。

NMR的优点是:能分析物质分子的空间构型、测定时不破坏样品、信息精密准确。

NMR波谱学是近几十年发展迅速的一门新学科。它与紫外光谱、红外吸收光谱、质谱等方法配合,已成为化合物结构测定的有力工具。

8.2 核磁共振基本原理

8.2.1 核磁共振的基本原理

原子核由质子和中子组成,质子和中子都有确定的自旋角动量,它们在核内有轨道运动,相应的有轨道角动量,所有这些角动量的总和就是原子核的自旋角动量,反映了原子核的内部特性,是原子核的重要性质之一。不同原子核的自旋运动情况不同,所产生的自旋角动量也不同,一般以核的自旋量子数 I 表示核的自旋角动量。自旋量子数与原子的质量及原子序数之间有一定的关系,一般分为3种情况,见表8-1。

表8-1 自旋量子数与质量数及原子序数之间的关系

分类	质量数	原子序数	自旋量子数 I	NMR信号	示　例
Ⅰ	偶数	偶数	0	无	^{12}C、^{16}O、^{32}S
Ⅱ	偶数	奇数	整数1,2,3…	有	^{2}H、^{14}N
Ⅲ	奇数	偶数或奇数	半整数1/2,3/2,5/2…	有	^{1}H、^{13}C、^{15}N、^{19}F、^{31}P、^{17}O

实验证明:原子核作为带电荷的质点,自旋时可以产生磁矩,但并非所有的原子核自旋都产生磁矩。只有那些原子序数或质量数为奇数的原子核,自旋时才具有磁矩,才能产生核磁共振信号。如^{1}H、^{13}C、^{15}N、^{17}O、^{19}F、^{29}Si、^{31}P等。

$I=0$ 的核可看作一种非自旋的球体;

$I=1/2$ 的核可看作一种电荷分布均匀的自旋球体,核磁共振现象简单、谱线窄,适宜检测;

$I>1/2$ 的核可看作是一种电荷分布不均匀的自旋椭圆体,电荷分布不均匀,共振吸收复杂。

目前研究和应用较多的是^{1}H和^{13}C核磁共振谱。

有机物中的主要元素为C、H、N、O等,^{1}H、^{13}C为磁性核。而^{1}H的天然丰度较大(99.985%)、磁性较强,易于观察到比较满意的核磁共振信号,因而用途最广。^{13}C丰度较低,只有^{12}C的1.1%,灵敏度只有^{1}H的1.59%。但现代技术使碳谱^{13}C NMR在有机结构分析中起着重要作用。

与宏观物体在自旋时产生角动量一样,原子核在自旋时也产生角动量,称为自旋角动量P,自旋角动量P的大小与自旋量子数存在以下关系:

$$P=\frac{h}{2\pi}\sqrt{I(I+1)} \tag{8-1}$$

式中,I为自旋量子数,可以为0、1/2、1、3/2、2…;h为普朗克常数,其值为6.626×10^{-34} J·s。

由于自旋角动量P是一个矢量,不仅有大小,而且有方向。当原子核外存在一静电场,且其磁力线沿Z轴方向,根据量子力学原则,它在直角坐标系Z轴上的分量P_Z为:

$$P_Z=\frac{h}{2\pi}m \tag{8-2}$$

式中,m为原子核的磁量子数,可取I、$I-1$、$I-2$、…、$-I$等值。

众所周知,原子核是带正电荷的粒子,自旋的核有循环电流,相当于一个小的磁铁,因而产生磁场,形成磁矩。其磁矩用μ表示,μ与自旋角动量P有以下关系:

$$\mu=\gamma P \tag{8-3}$$

式中,γ为磁旋比或旋磁比,是自旋核的磁矩和角动量之比。不同的核具有不同的磁旋比,对某元素是定值,是各种核的特征常数,其值越大,核的磁场越强,在核磁共振中越易被检测。另外,也存在着:

$$\mu_Z=\gamma P_Z \tag{8-4}$$

8.2.2 原子核的取向和能级分裂

当磁核处于无外加磁场时,磁核在空间的分布是无序的,自旋磁核的取向是混乱的。但当把磁核置于外磁场H中时,磁矩矢量沿外磁场的轴向只能有一些特别值,不能任意取向。按空间量子化规则,自旋量子数为I的核,在外磁场中有$2I+1$个取向,取向数目用磁量子数m来表示,$m=-I$、$-I+1$…$I-1$、I或$m=I$、$I-1$、$I-2$、…、$-I$。

对^{1}H核,自旋量子数$I=1/2$,磁量子数m只有两个:+1/2和−1/2。

$m=+1/2$,相当于核的磁矩与外磁场方向顺向排列;$m=-1/2$,相当于核的磁矩与外磁场方向逆向排列,如图8-1和图8-2所示。

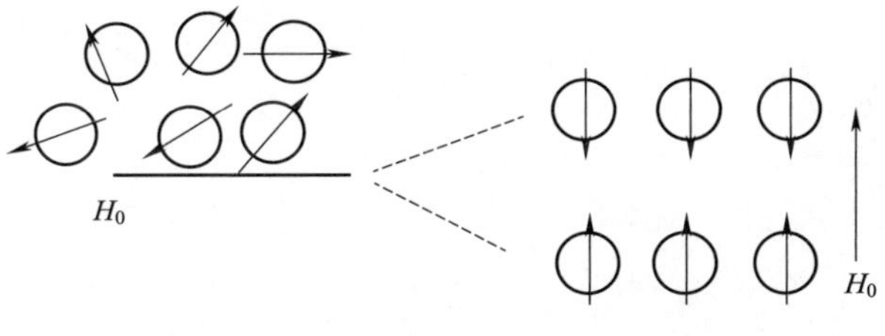

图8-1 原子核在磁场中的能级分裂

设外加磁场与Z轴重合,这两种排列的能量为:$\Delta E=-\mu\cdot H=-\mu H\cos\theta$,$\theta$为核磁矩与外磁场之间的夹角。当$\theta=0$时,$E$最小,为$-\mu H$,即顺向排列的磁核能量最低;$\theta=180°$时,$E$最大,为$\mu H$,即逆向排列的磁核能量最高。其能级差为:

$$\Delta E = 2\mu H \tag{8-5}$$

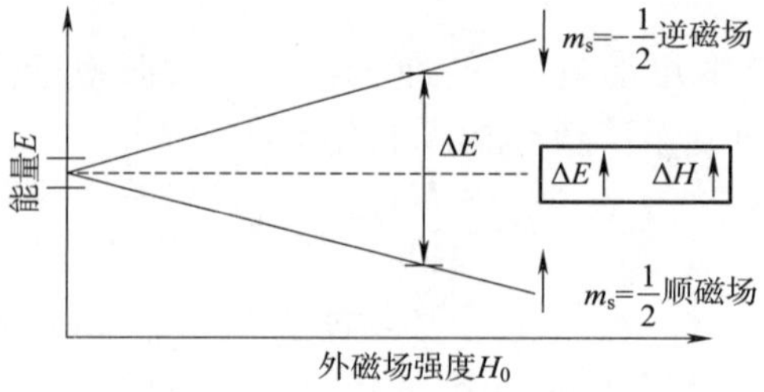

图 8-2　分裂能级差与外加磁场的关系

把式(8-2)、式(8-3)代入式(8-5),可得:

$$\Delta E = E_{-\frac{1}{2}} - E_{+\frac{1}{2}} = \frac{h}{2\pi}\gamma H \tag{8-6}$$

可以看出,对于自旋量子数 $I = 1/2$ 的原子核来说,在磁旋比一定的情况下,由低能级向高能级跃迁所需要的能量与外加磁场的磁场强度成正比。当 $H = 0$、外加磁场不存在时,ΔE 等于零,各磁核间不存在能量差,各磁核能量相同、能级简并;当存在外加磁场时,磁核产生能级分裂,外加磁场越大,能级分裂得越大,能级间跃迁所需要的能量越大。

8.2.3　原子核的回旋和共振现象

当一个原子核的核磁矩处于外磁场 H 中,由于核自身的旋转,而外磁场又力求它取向于磁场方向,在这两种力的作用下,核会在自旋的同时绕外磁场 H 的方向进行回旋,其运动情况与陀螺的运动十分相像,这种运动称为进动或旋进,如图 8-3 所示。

进动的角速度 ω 与外磁场强度 H 成正比,比例常数为磁旋比 γ,进动频率用 ν 表示。

$$\omega = 2\pi\nu = \gamma H \tag{8-7}$$

式中,γ 为核的磁旋比;H 为外加磁场强度;ν 为原子核的进动频率。对于指定原子核,磁旋比 γ 为定值,进动频率 ν 与外加磁场成正比;在同一个外加磁场中,不同原子核因 γ 的不同而拥有不同的进动频率 ν。

当使用与外加磁场方向成直角的振荡线圈照射磁核时,振荡线圈所产生的电磁波就会产生与外部磁场垂直的直线振荡磁场 H_1,如图 8-4 所示。

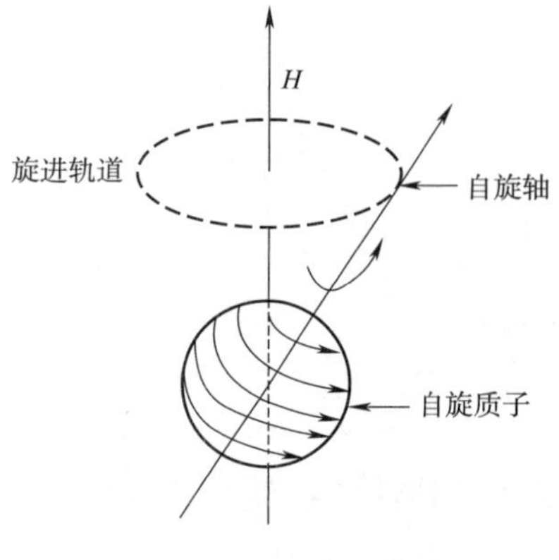

图 8-3　磁核的进动示意图

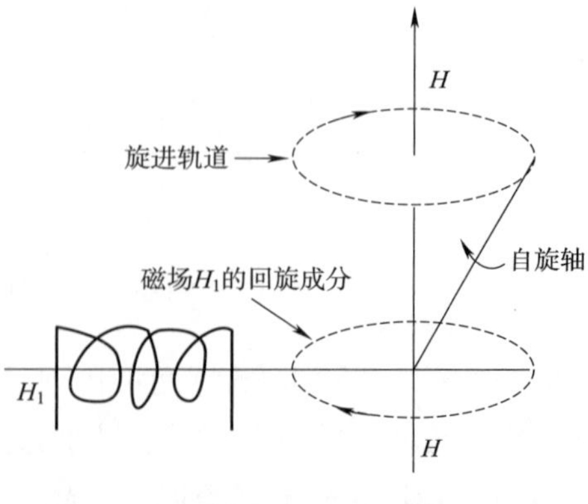

图 8-4　振荡线圈作用于外加磁场示意图

H_1 可以分解为两个矢量成分，即位相相同而向相反方向旋转的两个回旋成分，其中有一个回旋成分的旋转方向与原子核的进动方向一致。

如果外部磁场 H 不变而把射电频率（即振荡线圈产生的频率）改变，H_1 的回旋磁场频率就会不断变化，如果这个频率与旋进运动的频率相同（即能量相同），低能态的自旋核吸收电磁辐射能跃迁到高能态，这种现象称为核磁共振。

被吸收的电磁波的频率为：

$$\nu = \frac{\gamma}{2\pi}H \tag{8-8}$$

式(8-8)是发生核磁共振的条件。可见，发生共振时射电频率与磁场强度 H 成正比，即所用的外加磁场强度越高，发生核磁共振所需的射电频率也越高。

由上式还说明以下两点：

(1)对于不同的原子核，由于磁旋比 γ 的不同，发生共振的条件不同，即在同一外加磁场中，发生共振时 ν 不同，见表 8-2。

表 8-2 有机物中常见的磁铁的性质

核	自然界丰度/%	自旋量子数 I	磁矩（核磁子）	4.69 T 磁场中共振频率/MHz	相对灵敏度
^{1}H	99.98	1/2	2.79	200.00	1.000
^{13}C	1.11	1/2	0.70	50.30	0.016
^{15}N	0.37	1/2	-0.28	45.60	3.85×10^{-6}
^{19}F	100	1/2	2.63	188.25	0.83
^{31}P	100	1/2	1.13	81.05	0.066

由表可见，不同原子核发生共振时的频率各不相同，根据这一点可以鉴别各种元素。

(2)对于同一种核，γ 一定，当外加磁场强度一定时，共振频率也一定；当外加磁场强度改变时，共振频率也随之改变。如当氢核在 1.409 T 的磁场中，共振频率为：

$$\nu = \frac{\gamma}{2\pi}H = \frac{26.75\times10^{7}\times1.409}{2\times3.14} = 60\times10^{6}/(\mathrm{s}) = 60\ \mathrm{MHz}$$

式中，γ 为氢核的磁旋比，其值为 $26.75\times10^{7}\,\mathrm{rad\cdot T^{-1}\cdot s^{-1}}$。

而在 2.350 T 的外加磁场中，共振频率为 100 MHz。

由上可知，产生核磁共振现象的条件为：①自旋量子数 $I\neq0$ 的自旋核；②自旋核需置于外加磁场 H 中；③有一与外加磁场垂直的射频场 H_1 且射频场的频率与自旋核的旋进频率相等。

8.2.4 NMR 中的弛豫过程

如前所述 ^{1}H 核在磁场作用下，被分裂为 $m=+1/2$ 和 $m=-1/2$ 两个能级，处于高、低能态核数的比例服从玻尔兹曼分布：

$$\frac{N_j}{N_0} = e^{-\frac{\Delta E}{kT}} \tag{8-9}$$

式中，N_j 和 N_0 分别为处于高能态和低能态的氢核数；ΔE 为两种能态的能级差；k 为玻尔兹曼常数；T 为热力学温度。若将 10^6 个质子放入温度为 25 ℃、磁场强度为 4.69 T 的磁场中，则处于高能态的核与处于低能态的核的比为：

$$\frac{N_j}{N_0}=e^{-3.27\times10^{-5}}=0.999\ 967$$

则处于高、低能级分别为 $N_j=499\ 992$（个），$N_0=500\ 008$（个）

即处于低能级的核比处于高能级的核只多16个。

若以合适的射频照射处于磁场的核，核吸收外界能量后，由低能级跃迁到高能态，其净效应是吸收，产生共振信号。此时^{1}H核的玻尔兹曼分布被破坏。当数目稍多的低能级核跃迁至高能态后，从 $+1/2\to-1/2$ 的速率等于从 $-1/2\to+1/2$ 的速率时，试样达到"饱和"，不能再进一步观察到共振信号。但是，在正常情况下，不会出现共振信号消失的现象，为了持续不断地观察到共振信号，被激发到高能态的核必须通过适当的途径将其获得的能量释放到周围环境中去，使核从高能态降低到原来的低能态，这一过程称为弛豫过程。也就是说，弛豫过程是核磁共振现象发生后得以保持的必要条件。否则，信号一旦产生，将很快达到饱和而消失。由于核外被电子云包围，所以它不可能通过核间的碰撞释放能量，而只能以电磁波的形式将自身多余的能量向周围环境传递。在NMR中有两种重要的弛豫过程，即自旋-晶格弛豫和自旋-自旋弛豫。

（1）自旋-晶格弛豫又称纵向弛豫。自旋核都是处在所谓晶格包围之中。核外围的晶格是指同分子或其他分子中的磁性核。晶格中的各种类型磁性质点对应于共振核作不规则的热运动，形成一频率范围很大的杂乱的波动磁场，其中必然存在有与共振频率相同的频率成分，高能态的核可通过电磁波的形式将自身能量传递到周围的运动频率与之相等的磁性粒子（晶格），使周围分子产生热运动，同时自己回到低能态，使高能态的核数减少、低能态的核数增加，故称为自旋-晶格弛豫。纵向弛豫过程所经历的时间用 T_1 表示，它与核的种类、样品状态等有关。T_1 越长，纵向弛豫的效率越高。一般液体样品的 T_1 较小为 $10^{-4}\sim10^{2}$ s，固体或高黏度样品的 T_1 较大，甚至可达几小时。

（2）自旋-自旋弛豫又称横向弛豫。它是指邻近的两个同类的磁等价核处在不同的能态时，它们之间可以通过电磁波进行能量交换，处于高能态的核将能量传递给低能态的核后弛豫至低能态，这时系统的总能量未发生改变，但此核处在某一固定能态的寿命却因此变短。横向弛豫过程所经历的时间用 T_2 表示。液体样品的 T_2 一般为1 s左右，固体样品的 T_2 一般较小，约为 $10^{-4}\sim10^{-5}$ s。

通常，吸收线的宽度与弛豫时间成反比，即弛豫时间长，核磁共振的谱线窄；反之，核磁共振的谱线宽。而谱线太宽，于分析不利。通过选择合适的共振条件，可以得到满足要求的共振吸收谱线。如固体样品的 T_2 一般很小、谱线很宽，可将其制备成溶液进行测定。

8.3 核磁共振波谱仪和实验方法

核磁共振波谱仪是检测和记录核磁共振现象和结果的仪器。在化学研究中，常用于有机物、药物以及高分子材料等的定性和定量分析。用于有机物结构分析的波谱仪由于要检测不同化学环境的磁核的化学位移以及磁核之间自旋产生的耦合，所以必须具有很高的分辨率。核磁共振波谱仪的型号和种类很多，按照产生磁场的来源不同，可分为永久磁体、电磁铁和超导磁体;按照磁场强度不同而所需的射频不同可分为 60 MHz、100 MHz、300 MHz、500 MHz 甚至 900 MHz 等型号,频率高的仪器,分辨率高、灵敏度高。一般按照产生射频的照射方式不同,将仪器分为连续波核磁共振波谱仪(CW-NMR)和脉冲傅里叶变换核磁共振波谱仪(PFT-NMR)两类。

核磁共振谱图提供了 3 类非常有用的信息:化学位移、耦合常数和积分曲线。应用这些信息,可以推测分子结构。

8.3.1 实现核磁共振的方法

由前可知,需满足 $\nu=\frac{\gamma}{2\pi}H$,才可实现核磁共振。式中,射频频率 ν 和外加磁场 H 为可变量,其他为常数。可采用以下两种方式实现核磁共振:

(1)扫频。将样品置于强度不变的外磁场 H 中,逐渐改变照射用的射频频率比,直到满足 ω 的取值要求,产生共振。扫描方式较为复杂,现在已很少使用。

(2)扫场。用频率 ν 固定不变的射频照射样品,缓慢改变外磁场 H,直到满足 ω 的取值要求,产生共振。由于扫场易于实现和控制,故现在市售的仪器一般都采用此方式。

8.3.2 核磁共振波谱仪

1. 连续波核磁共振波谱仪(CW-NMR)

连续波核磁共振波谱仪广泛使用于 20 世纪 80 年代以前,但自从 PFT-NMR 出现后,其重要性大为下降。这类仪器的结构如图 8-5 所示。

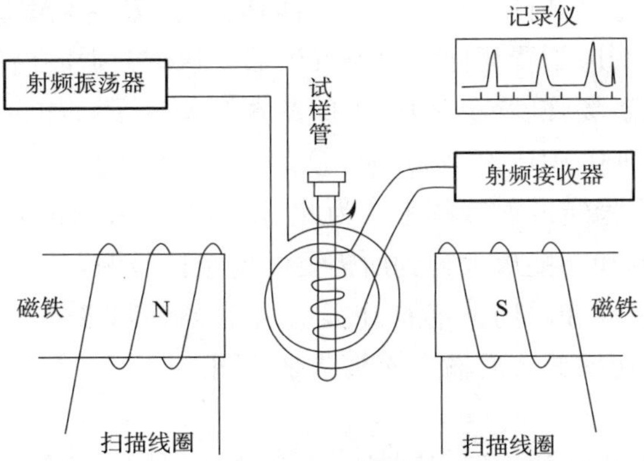

图 8-5 连续波核磁共振波谱仪结构示意图

总的工作原理是:将适量样品放入样品管中,把样品管放入探头中,样品管以一定的速率旋转以消除由磁场的不均匀性产生的影响。如果由磁铁产生的磁场是固定的,通过射频振荡器线性地改变它所发射的射频频率,当射频频率与磁场强度相匹配时,样品就会吸收此频率的射频产生核磁共振,此吸收信号被接收,经检测、放大后,由记录仪(或电子计算机)给出该样品的核磁共振谱。下面简单介绍一下核磁共振波谱仪的组成:

1)磁铁

磁铁是核磁共振仪最基本的组件。要求能提供强而稳定、均匀的磁场。核磁共振仪使用的磁铁有三种:永久磁铁,电磁铁和超导磁铁。由永久磁铁和电磁铁获得的磁场一般不能超过2.5 T。而超导磁体可使磁场高达20 T以上,并且磁场稳定、均匀。目前超导核磁共振仪的频率一般为200 ~600 MHz,已有900 MHz的超导核磁共振波谱仪面世。超导磁体是用铌钛超导材料绕成螺旋管线圈,置于液氦杜瓦瓶中,然后在线圈上逐步加上电流,待达到要求后撤去电源。由于超导材料在液氦温度下电阻为零,电流始终维持不变,因而形成了稳定的永久磁场。为了减少液氦的挥发,通常使用双层杜瓦瓶,内层装入液氦,外层装入液氮,以利于保持低温。由于运行过程中液氦和液氮的消耗,因此,超导核磁共振仪的维持费用较高。

2)探头

探头装在磁极间隙内,用来检测核磁共振信号,是仪器的心脏部分。探头除包括样品管外,还有发射线圈、接受线圈、预放大器和变温元件等。发射线圈和接收线圈相互垂直,并分别和射频振荡器、射频接收器相连。待测试样放在试样管内,再置于绕有发射线圈和接受线圈的套管内。磁场和频率源通过探头作用于试样。

为了使磁场的不均匀性产生的影响平均化,试样探头还连一压缩空气管,压缩空气管中的压缩空气使试样管能沿其纵轴以每分钟几百转的速度旋转。

3)射频振荡器

射频振荡器(也称射频发生器)用于产生一个与外加磁场强度相匹配的射频频率,以便提供能量使磁核从低能态跃迁到高能态。因此,射频振荡器相当于紫外或红外吸收光谱中的光源。所不同的是,根据核磁共振的基本原理,在相同的外磁场中,不同的核种因磁旋比不同而有不同的共振频率。所以,同一台仪器用于测定不同类型的核时需要配置不同频率的射频发生器。如一台超导磁体产生7.05 T的磁场强度,则测定^{1}H谱所用的射频发生器应产生频率为300 MHz的电磁波;测定^{13}C所用的射频发生器则应产生75.43 MHz的电磁波;如果还要测定其他磁核的共振信号,则应配置相应的射频发生器。核磁共振波谱仪的型号习惯上用^{1}H的共振频率表示,而不是用磁场强度或其他核种的共振频率表示。如300 MHz的核磁共振波谱仪是指^{1}H的共振频率为300 MHz,外加磁场强度为7.05T的仪器。

高分辨波谱仪要求有稳定的射频频率。为此,仪器通常采用恒温下的石英晶体振荡器得到基频,再经过倍频、调频和功能放大得到所需要的射频信号源。

为了提高基线的稳定性和磁场锁定能力,必须用音频调制磁场。为此,从石英晶体振荡器中得到音频调制信号,经功率放大后输入探头调制线圈。

4)射频接收器

射频接收器接受从探头预放大器得到的载有核磁共振信号的射频输出,经一系列检波、放大后,显示在示波器和记录仪上,得到核磁共振谱,相当于紫外或红外吸收光谱仪中的接收器。

现代NMR仪器常配有一套积分装置,可以在NMR谱图上以阶梯形式显示出积分数据。由于积分信号不像峰高那样易受多种条件的影响,可以通过它来估计各类核的相对数目及含量,有助于定量分析。

射频接收器还具有信号累加的功能。若将试样重复扫描数次,并使各点信号在计算机中进行累加,则可提高连续波核磁共振仪的灵敏度。当扫描次数为N时,信号强度正比于N,而噪声强度正比于$\sqrt{N}$,因此,信噪比扩大了$\sqrt{N}$倍。

5)扫描线圈

由前述可知,核磁共振波谱仪的扫描方式有扫场和扫频两种。

扫描线圈或者扫描控制单元是连续波核磁共振波谱仪特有的一个部件,用于控制扫描速度、扫描范围等参数。因为,扫描速度的大小会影响信号峰的显示。速度太慢,不仅增加了实验时间,而且信号容易饱和;相反,扫描速度太快,会造成峰形变宽、分辨率降低。在 CW-NMR 仪器中,扫描方式一般采用扫场方式,通过在扫描线圈内加一定电流,产生 10^{-5} T 磁场变化来进行核磁共振扫描。相对于 NMR 的均匀磁场来说,这样变化不会影响其均匀性。通常,为了得到一张无畸变的核磁共振图,扫描磁场的速度往往很慢,以使核的自旋体系与环境始终保持平衡,这样,扫描一张谱图需要 100 ~ 500 s,测量一个样品的时间较长。

2. 脉冲傅里叶变换核磁共振波谱仪(PFT-NMR)

连续波核磁共振谱仪采用的是单频发射和接收方式,在某一时刻内,只能记录谱图中很窄的一部分信号,即单位时间内获得的信息很少。在这种情况下,对那些核磁共振信号很弱的核,如 ^{13}C 和 ^{15}N 等,即使采用累加技术,也得不到良好的效果。为了提高单位时间的信息量,可采用多通道发射机同时发射多种频率,使处于不同化学环境的核同时共振,再采用多通道接收装置同时得到所有的共振信息。例如,在 100 MHz 共振仪中,质子共振信号化学位移范围为 10 时,相当于 1 000 Hz;若扫描速度为 2 $Hz \cdot s^{-1}$,则连续波核磁共振仪需 500 s 才能扫完全谱。而在具有 1 000 个频率间隔 1 Hz 的发射机和接收机同时工作时,只要 1 s 即可扫完全谱。显然,后者可大大提高分析速度和灵敏度。傅里叶变换 NMR 谱仪是以适当宽度的射频脉冲作为"多通道发射机",使所选的核同时激发,得到核的多条谱线混合的自由感应衰减信号的叠加信息,即时间域函数,然后以快速傅里叶变换作为"多通道接收机"变换出各条谱线在频率中的位置及其强度。每施加一个脉冲,就能接收到一个自由感应衰减信号,得到一张常规的核磁共振图。脉冲的时间非常短,仅为毫秒级。即使作累加测量,时间间隔也小于数秒,加上计算机傅里叶变换,用 PFT-NMR 测定一张谱图仅需几秒到几十秒,比 CW-NMR 所需时间大为减少。

傅里叶变换核磁共振仪测定速度快,除可进行动态过程、瞬变过程、反应动力学等方面的研究外,还易于实现累加技术。因此,从共振信号强的 ^{1}H、^{19}F 到共振信号弱的 ^{13}C、^{15}N 核,均能测定。

8.4　试样的制备

8.4.1　样品管的要求

根据仪器和实验的要求,可选择不同外径(φ =5、8、10 mm)的样品管。微量操作还可使用微量样品管。为保持旋转均匀及良好的分辨率,管壁应均匀而平直。为防止溶剂挥发,尚需盖上塑料管帽。

8.4.2　溶液的配制

试样质量浓度一般为 500 ~ 1 000 g/L,约需纯样 15 ~ 30 mg。对于 φ =5 mm 的样品管,最

小充满高度约为 25 mm,液体最小体积为 0.3 mL。对傅里叶变换核磁共振仪,试样量可大大减少,^{1}H 谱一般只需 1 mg 左右,甚至可少至几微克;^{13}C 谱需要几毫克到几十毫克试样。

8.4.3 标准试样

进行实验时,每张图谱都必须有一个参考峰,以此峰为标准,求得试样所有信号的相对化学位移,一般简称化学位移。于试样溶液中加入约 1% 的标准试样。它的所有氢都是等价的,信号峰只有一个。与绝大多数有机化合物相比,四甲基硅烷(TMS)的共振峰出现在高磁场区。此外,它的沸点较低(26.5 ℃),容易回收。在文献上,化学位移数据大多以它作为标准试样,其化学位移 $\delta=0$。值得注意的是,在高温操作时,需用六甲基二硅醚(HMDS)为标准试样,它的 $\delta=0.4$。在水溶液中,一般采用3-甲基硅丙烷磺酸钠(DSS)作标准试样,它的三个等价甲基单峰的 $\delta=0$,其余三个亚甲基是复杂的耦合多重峰,在 1% 浓度下,淹没在噪声背景中。

8.4.4 溶　　剂

^{1}H 谱的理想溶剂是四氯化碳和二硫化碳。此外,还常用氯仿、丙酮、二甲基亚砜、苯等含氢溶剂。为避免溶剂质子信号的干扰,可采用它们的氘代衍生物,即把溶剂中所有的氢原子置换成氘原子。值得注意的是,由于取代不完全,在氘代溶剂中常常因残留 ^{1}H,在 NMR 谱图上出现相应的共振峰,见表 8-3。

表 8-3　常用溶剂残留质子的化学位移(以 TMS 为参比)和裂分数

溶　剂	残留质子		^{13}C NMR	
	化学位移	多重峰数	化学位移	多重峰数
乙腈-d_3	1.95	5	117.7,1.3	1.7
丙酮-d_6	2.05	5	206.0,29.8	1.7
二甲基亚砜-d_5	2.50	5	39.5	7
二氧六环-d_8	3.55	多重峰	67.4	5
甲醇-d_4	3.35,4.84	5,1	49.0	7
重水-d_2	4.75	1	—	—
硝基甲烷-d_3	4.29	5	57.3	7
二氯甲烷-d_2	5.35	3	53.8	5
苯-d_6	7.20	1	128.5	3
三氯甲烷-d_1	7.28	1	77.0	3
吡啶-d_5	8.70,7.20,7.58 (α-H,β-H,γ-H)	多重峰	149.9,135.5,123.5 (α-C,β-C,γ-C)	3,3,3
乙酸-d_4	2.05,11.53	5,1	178.4,20.0	1,7
三氟乙酸	11.34	1	163.3,116.5	4,4
二硫化硫	—	—	192.8	1
四氯化碳	—	—	96.0	1
四氯乙烯	—	—	123.4	1

在核磁共振实验中,选择合适的溶剂是非常重要的,一个优良的溶剂应满足以下要求:

(1)溶剂分子是化学惰性的,与样品分子没有化学反应;

(2)溶剂分子最好是磁各向同性的,不影响样品分子的磁屏蔽;

(3)溶剂分子不含被测定的磁性核,或者磁性核的信号不干扰样品信号;

(4)价格便宜。

8.5 核磁共振氢谱

8.5.1 化学位移

1. 化学位移的定义

根据式 $\nu=\frac{\gamma}{2\pi}H$,在 1.409 T 的外加磁场中,所有的质子都将吸收 60 MHz 的电磁波能量而发生跃迁,或者说,如固定射频磁场的频率不变(60 MHz),则所有质子都应在 1.409 T 的外加磁场中发生共振,产生共振峰。但是,实验发现,化合物中各种不同的原子核,在 60 MHz 频率下,共振磁场强度稍有不同。这种由于原子核在分子中所处的化学环境不同造成的在不同的共振磁场下显示吸收峰的现象称为化学位移。这种现象表明,共振频率不完全取决于核本身,还与被测核在分子中所处的化学环境有关。

2. 屏蔽效应和去屏蔽效应

在前面的讨论中,我们把原子核当作孤立的粒子,即裸露的核,就是没有考虑核外电子。实际上,一个分子中,每一个原子核的周围都布满了核外电子,当裸露的核处于外加磁场 H 中,这些核外电子云受 H 的诱导产生一个方向与 H 相反、大小与 H 成正比的诱导磁场,诱导磁场的产生使原子核实际受到的外磁场强度减小。也就是说,核外电子对原子核有屏蔽作用,如图 8-6 所示。

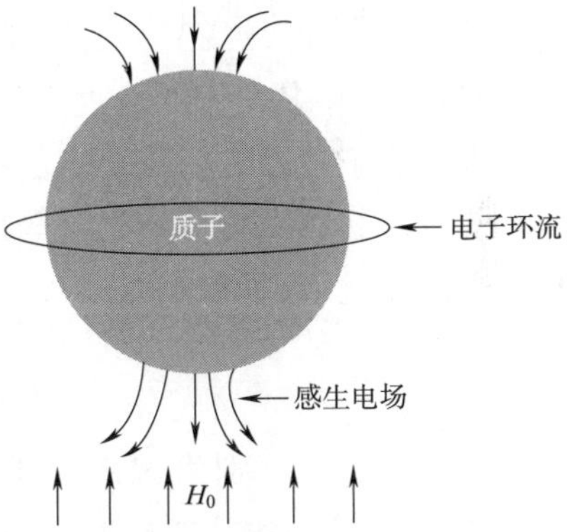

图 8-6 核外电子对外加磁场的屏蔽作用

由此可见,产生化学位移的主要原因是由于原子核外围的电子以及与该原子核相邻的其他原子核的核外电子在外加磁场的感应下会产生对抗磁场,从而对外加磁场产生一种屏蔽效应,也称抗屏蔽效应。其大小可用屏蔽常数 σ 来反映。于是,产生核磁共振的有效磁场可以表示为:

$$H_{effe}=H(1-\sigma) \tag{8-10}$$

共振方程应为:

$$\nu=\frac{\gamma}{2\pi}H_{effe} \tag{8-11}$$

由于屏蔽效应,必须增加外界场强 H 以满足共振方程,获得共振信号,故质子的吸收峰向高场移动。若核所处的感应磁场的方向与外磁场方向相同时,则质子所感受到的有效磁场是 H 与 $H_{感应}$ 的加和,所以要降低外加场强以抵消感应磁场的作用,满足共振方程以获得核磁信号。这种核外电子对外磁场的追加(补偿)作用称为去屏蔽效应。去屏蔽效应使吸收峰位置向低场位移。屏蔽效应和去屏蔽效应如图 8-7 所示。

一般 σ 值为 $10^{-5} \sim 10^{-3}$。对 60 MHz 仪器，化学位移的差异范围换算成频率约在 600 Hz 之内。尽管这种差异范围很小，但却是一个很重要的现象，是核磁共振在化学中应用的基础。

屏蔽作用的大小与核外电子云密度有很大关系，核外电子云密度越大，核受到的屏蔽作用越大，实际受到的外加磁场强度降低越多，共振频率降低也越多。如果要维持原有的频率共振，则外加磁场强度必须增加得越多。正是这种屏蔽效应的存在，不同化学环境的同一种原子核的共振频率不同。

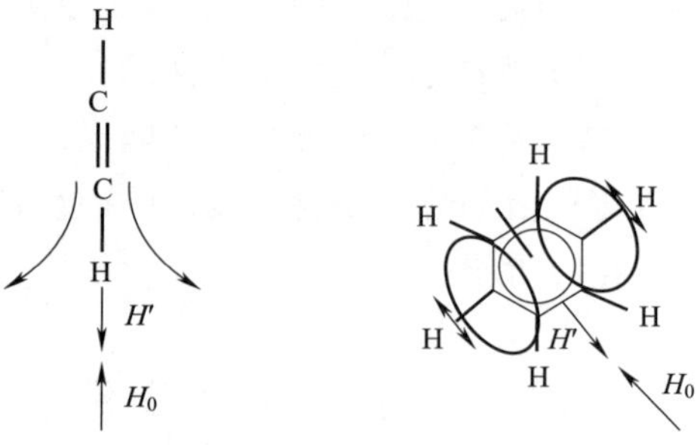

（a）屏蔽效应　　（b）去屏蔽效应

图 8-7　屏蔽效应与去屏蔽效应

3. 化学位移的表示方法

在有机化合物中，化学环境不同的氢核化学位移的变化，只有百万分之十左右。如选用 60 MHz 的仪器，氢核发生共振的磁场变化范围为(1.409 2 ±0.000 014 0) T；如选用 1.409 2 T 的核磁共振仪扫频，则频率的变化范围相应为(60 ±0.000 6) MHz。在确定结构时，常常要求测定共振频率绝对值的准确度达到正负几个赫兹。要达到这样的精确度，显然是非常困难的。但是，测定位移的相对值比较容易。因此，一般都以适当的化合物(如 TMS)为标准试样，测定相对的频率变化值来表示化学位移。

从式 $\nu = \frac{\gamma}{2\pi}H$ 可知，共振频率与外部磁场呈正比。例如，若用 60 MHz 仪器测定 1,1,2-三氯丙烷时，其甲基质子的吸收峰与 TMS 吸收峰相隔 134 Hz；若用 100 MHz 仪器测定时，则相隔 223 Hz。为了消除磁场强度变化所产生的影响，以使在不同核磁共振仪上测定的数据统一，通常用试样和标样共振频率之差与所用仪器频率的比值 δ 来表示。由于数值很小，故通常乘以 10^6。这样，就为一相对值：

$$\delta = \frac{\nu_{\text{sample}} - \nu_{\text{TMS}}}{\nu_0} \times 10^6 = \frac{\Delta\nu}{\nu_0} \times 10^6$$

式中，δ 和 ν_{sample} 分别为试样中质子的化学位移及共振频率；ν_{TMS} 是 TMS 的共振频率(一般 $\nu_{\text{TMS}} = 0$)；$\Delta\nu$ 是试样与 TMS 的共振频率差；ν_0 是操作仪器选用的频率。

可见，用 δ 表示化学位移，就可以使不同磁场强度的核磁共振仪测得的数据统一起来。如用 60 MHz 和 100 MHz 仪器上测得的 1,1,2-三氯丙烷中甲基质子的化学位移均为 2.23。

人们规定，在四甲基硅峰左边的 δ 值为正，位于其右边的峰 δ 值为负。多数有机物中的氢的 δ 在 0 ~ 15 之间，0 为高场，15 为低场。

8.5.2　核磁共振氢谱

核磁共振氢谱(H NMR)，也称为质子磁共振谱(PMR)。由于几乎所有的有机物分子中都含有氢，而且 ^{1}H 在自然界的丰度达 99.98%，远远大于其他两个同位素 ^{2}H 和 ^{3}H。此外 ^{1}H 的磁旋比 γ 较大，绝对灵敏度是所有磁核中最大的，这样 ^{1}H 核磁共振最早和最广泛地得到了发展、研究和应用，在 20 世纪 70 年代以前，核磁共振几乎就是指核磁共振氢谱。

核磁共振氢谱中横坐标为化学位移 δ 值，它的数值代表了谱峰的位置，即质子的化学环境，是 ^1H NMR 谱提供的首要信息。$\delta=0$ 处的峰为内标物 TMS 的谱峰。图的横坐标从右向左代表了磁场强度减弱或者频率增加的方向，也是 δ 值增加的方向。将图的右端称为高场，左端称为低场，以便于讨论质子峰位置的变化。谱图的纵坐标代表谱峰的强度。谱峰强度的精确测量是依据谱图上台阶状的积分曲线，每一个台阶的高度代表其下方对应峰的面积，峰的面积与其代表的质子数成正比，因此，谱峰面积是 ^1H NMR 谱提供的第二个重要信息，目前使用的 PFT-NMR 不再给出积分曲线和台阶，而是在横坐标的下方谱峰的相应位置给出每一组峰的面积的相对比例，该数字与该组峰的质子数成正比。图中有的位置上谱峰出现了多重峰形，由此可以得到耦合常数，并可推测耦合的对象。这是自旋耦合引起的谱峰裂分，这是 ^1H NMR 谱提供的第 3 个重要信息。

1. 影响化学位移的因素

化学位移取决于核外电子云密度，凡能引起核外电子云密度改变的因素都能影响 δ 值。

1）各向异性效应

当分子中某些基团的电子云排布不呈球形对称时，它对邻近的氢核产生一个各向异性的磁场，从而使某些空间位置的氢核受屏蔽，而另一些空间位置的氢核去屏蔽。这一现象称各向异性效应。

如下列分子的 δ 值不能用电负性来解释，其 δ 值的大小与分子的空间构型有关。

表 8-4 δ 的大小与分子空间构型的关系

分子空间构型	CH_3CH_3	$CH_2=CH_2$	$CH\equiv CH$	$C_6H_5—H$	RCHO
δ 值	0.96	5.25	2.80	7.26	7.8～10.8

造成这种结果的原因就在于，在含双键或三键的体系中，在外磁场作用下，其环电流有一定的取向，因此产生的感应磁场对邻区的外磁场起着增强或减弱的作用，这种屏蔽作用的方向性，称为磁各向异性效应。

（1）单键。碳-碳单键是碳原子 sp^3 杂化轨道重叠而成，电子产生的各向异性较小。随着 CH_3 中氢被碳取代，去屏蔽效应增大。所以 CH_3、CH_2、CH 中质子的 δ 值依次增大。

（2）双键。双键轨道平面是碳以 sp^2 杂化重叠而成，π 电子在平面上下形成环电流。在外磁场作用时，乙烯或羰基双键上的 π 电子环流产生一个感应磁场以对抗外加磁场，感应磁场在双键及双键平面的上下方与外磁场方向相反，该区域称屏蔽区，用（+）表示，处于屏蔽区的质子峰移向高场，δ 值变小。由于磁力线的闭合性，在双键周围侧面，感应磁场的方向与外磁场方向一致，该区称去屏蔽区，用（−）表示。处于去屏蔽区质子峰移向低场，δ 值较大。乙烯分子中的氢处于去屏蔽区，因此其吸收峰移向低场，如图 8-8 所示。

（3）三键。三键是由 sp 杂化的 σ 键与两个 π 键组成，炔烃与烯烃相比，应处于较低场，但事实正好相反。这是由于三键呈直线形，π 电子云呈圆柱形分布，构成桶状电子云，绕碳-碳键成环流。乙炔质子处于屏蔽区，使质子的 δ 值向高场移动，如图 8-9 所示。

（4）芳环。芳环中的 6 个碳原子都是以 sp^2 杂化的，每一个碳原子的 sp^2 杂化轨道与相邻的碳原子形成 6 个碳-碳 σ 键，每一个碳原子又以 sp^2 杂化轨道与氢原子的 s 轨道形成碳-氢 σ

键,由于 sp^2 杂化轨道的夹角是 120°,所以 6 个碳原子和 6 个氢原子处于同一平面上。每一个碳原子还有一个垂直于此平面的 p 轨道,6 个 p 轨道彼此重叠,在平面的上下形成环形 π 电子云。在外磁场 H 的作用下 π 电子云形成大 π 电子环流。电子环流所产生的感应磁场,使苯环平面上下两圆锥体为屏蔽区,其余为去屏蔽区。苯环质子处在去屏蔽区,所得共振信号位置与大多数质子相比在较低场,如图 8-10 所示。

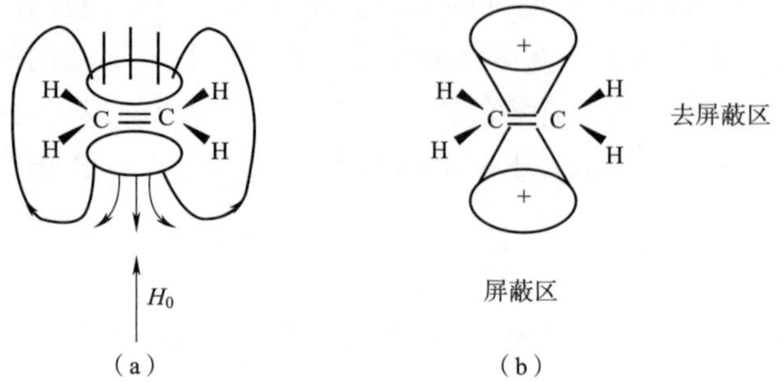

图 8-8 双键的磁各向异性

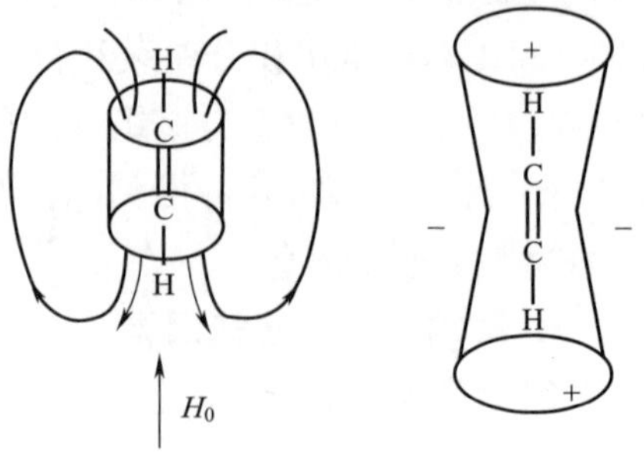

图 8-9 三键的磁各向异性

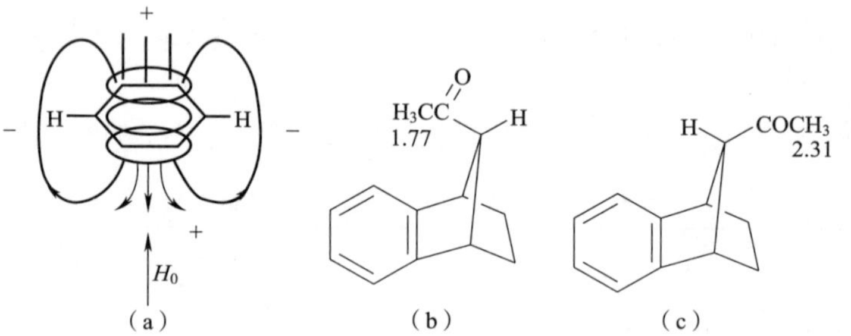

图 8-10 芳环的磁各向异性

注:(b)中 CH_3 位于苯环上方屏蔽区;(c)中 CH_3 位于去屏蔽区;1.77,2.31 表示化学位移。

2)电负性

电负性大的原子或基团(吸电子基)降低了氢核周围的电子云密度,屏蔽效应降低,化学位移向低场移动,δ 值增大;氢核周围吸电子基团越多,屏蔽效应越低;给电子基团增加了氢核周围的电子云密度,屏蔽效应增大,化学位移移向高场,δ 值降低。

如 CH_3X 中 X 分别为不同取代物时,电负性及 δ 值见表 8-5。又如不同氯化甲烷的 δ 值见表 8-6。

表 8-5 CH_3X 的电负性及 δ 值

X	F	O	Cl	Br	I	H
电负性	4.0	3.5	3.1	2.8	2.5	2.1
δ 值	4.26	3.40	3.05	2.68	2.16	0.23

表 8-6 不同氯化甲烷的 δ 值

氯化甲烷	CH_3Cl	CH_2Cl_2	$CHCl_3$
δ 值	3.05	5.30	7.27

3）共轭效应

以苯、苯甲醚和硝基苯为例来说明共轭效应的影响。

苯环上的氢被供电子基（如 CH_3O）取代，由于发生了 CH_3O 与苯环的 p-π 共轭，使苯环的电子云密度增大，而且使苯环邻、对位的电子云密度大于间位，使邻、对位质子的 δ 值小于间位质子。但由于甲氧基供电子效应使苯环上总的电子云密度增加了，所以间位的 δ 值仍然小于未取代苯上氢的 δ 值。

苯环上的氢被吸电子基（如 NO_2）取代，由于 π-π 共轭，使苯环上的邻、对位的电子云密度比间位更小，故邻、对位质子的 δ 值大于间位质子。但由于吸电子效应使苯环上总的电子云密度减少了，所以间位的 δ 值仍然大于未取代苯上氢的 δ 值，如图 8-11 所示。

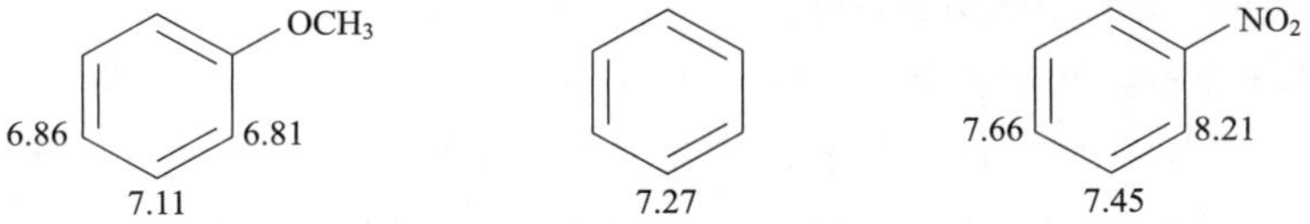

图 8-11　共轭效应对化学位移的影响

4）氢键效应的影响

—OH、—NH_2 等基团能形成氢键，如 β-二酮的烯醇式形成的氢键和醇形成的分子间氢键。两个电负性基团靠近形成氢键的质子，它们分别通过共价键和氢键产生吸电子诱导作用，造成较大的去屏蔽效应，使质子周围的电子云密度降低，吸收峰移向低场，δ 值增大，如图 8-12 所示。

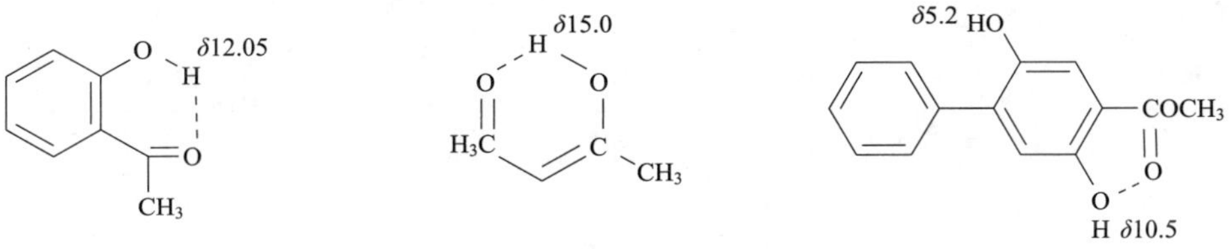

图 8-12　氢键效应对化学位移的影响

5）范德华效应

当两质子非常靠近时，负电荷的电子云互相排斥，质子周围的电子云密度减少，从而降低了对质子的屏蔽，使信号向低场位移，δ 值增大，该效应称为范德华效应，如图 8-13 所示。

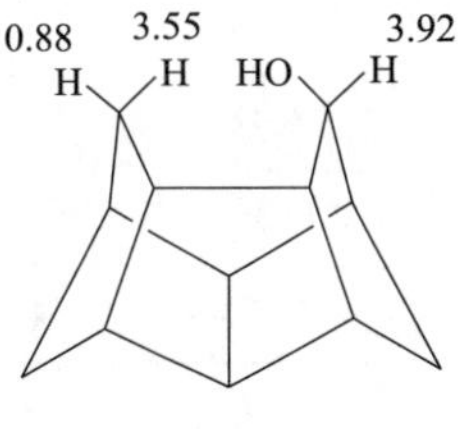

图 8-13　范德华效应

这种效应与相互影响的两个原子之间的距离有关。当两个原子间隔 0.17 nm（即范德华半径之和）时，该作用对化学位移的影响约为 0.5，距离为 0.2 nm 时约为 0.2，当原子间的距离大于 25 nm 时可不再考虑此效应。

6）溶剂效应

同一化合物在不同溶剂中的化学位移会有所差别，这种由于溶质分子受到不同溶剂影响而引起化学位移的变化称为溶剂效应。溶剂效应主要是由于溶剂的各向异性效应或者溶剂与溶质之间形成氢键而产生的。一般化合物在 CCl_4 和 $CDCl_3$ 中测得的 NMR 谱重现性较好。因此，在报道 NMR 数据或与文献值进行比较时必须注意所用的溶剂。

7）化学交换的影响

在某些化学交换的过程中，质子具有两种或两种以上不同存在形式，根据不同存在形式之间的转化速率的不同，质子显示出不同的核磁共振谱图。如果两种形式之间转化速率很大，将出现一种化学位移平均化信号；如果转化速率很慢，则显示出两种形式各自不同的化学环境信号，在这两种极端之间，将观察到展宽的波峰。由这种波谱可以获得有关化学交换过程的信息。常见的交换过程有质子交换、构象互换和部分双键旋转。

最典型的例子是环己烷两种椅式构象的相互转变。在温度较低时，如 −89 ℃，转换速度很慢，可以观察到直立的、平伏的两种不同质子的信号，但在室温下，这两种等价的椅式构象转换速度很快，致使环己烷的核磁共振谱图只有单一的锐锋。

2. 化学位移与分子结构的关系

化学位移是确定分子结构的一个重要信息，主要用于基团的鉴定。基团具有一定的特征性，处在同一类基团中的氢核其化学位移相似，因而其共振峰在一定的范围内出现，即各种基团的化学位移具有一定的特征性。例如，—CH_3 氢核的化学位移一般为 0.8 ~ 1.5，羧羟基氢为 9 ~ 13。自 20 世纪 50 年代末高分辨核磁共振仪问世以来，人们测定了大量化合物的质子化学位移数值，建立了分子结构与化学位移的经验关系。常见特征质子的化学位移见表 8-7。

表 8-7　常见特征质子的化学位移（黑体字的氢是研究的质子）

质子的类型	化学位移	质子的类型	化学位移
$R\mathbf{CH_3}$	0.9	$RO\mathbf{H}$	0.5 ~ 5.5（温度、溶剂、浓度影响较大）
$R_2\mathbf{CH_2}$	1.3	$ArO\mathbf{H}$	4.5 ~ 4.7（分子内缔合 10.5 ~ 16）
$R_3\mathbf{CH}$	1.5	$R\mathbf{CH_2}OH$	3.4 ~ 4
$R_2C{=}\mathbf{CH_2}$	4.5 ~ 5.9	$RO\mathbf{CH_3}$	3.5 ~ 4
$R_2C{=}CR\mathbf{H}$	5.3	$RC\mathbf{H}O$	9 ~ 10
$R_2C{=}CR{-}\mathbf{CH_3}$	1.7	$RCOCR_2{-}\mathbf{H}$	2 ~ 2.7
$RC{\equiv}C\mathbf{H}$	7 ~ 3.5	$HCR_2COO\mathbf{H}$	2 ~ 2.6
$ArCR_2{-}\mathbf{H}$	2.2 ~ 3	$R_2\mathbf{CH}COOR$	2 ~ 2.2
$R\mathbf{CH_2}F$	4 ~ 4.5	$RCOO\mathbf{CH_3}$	3.7 ~ 4
$R\mathbf{CH_2}Cl$	3 ~ 4	$RC{=}CCO\mathbf{CH_3}$	2 ~ 3
$R\mathbf{CH_2}Br$	3.5 ~ 4	$RN\mathbf{H_2}$ 或 $R_2N\mathbf{H}$	0.5 ~ 5（峰不尖锐，常呈馒头形）
$R\mathbf{CH_2}I$	3.2 ~ 4	$RCONR\mathbf{H}$ 或 $ArCONR\mathbf{H}$	5 ~ 9.4

3. 谱线强度

谱线强度又称峰面积、谱线积分、积分强度等。

核磁共振谱上谱线强度也是提供结构信息的重要参数。特别是氢谱中，在一般实验条件下由于质子的跃迁概率及高低能态上核数的比值与化学环境无关，所以谱线强度直接与相应质子的数目成正比。即同一化学位移的核群的谱峰面积与谱带所相应的基团中质子数目成正比。

8.5.3 核磁共振氢谱的自旋耦合和自旋裂分

1. 核的化学等价和磁等价

(1)化学等价。在核磁共振谱中,有相同化学环境的核具有相同的化学位移。这种有相同化学位移的核称为化学等价。例如,在对硝基苯甲醛中,与硝基或者醛基相邻的两个氢核的化学环境相同,化学位移相同,它们是化学等价的。又如,在苯环上,6 个氢的化学位移相同,它们也是化学等价的。

有许多看似化学等价,其实不是化学等价,如因单键的自由旋转,甲基上的 3 个氢或饱和碳原子上 3 个基团都是化学等价的,亚甲基或同碳上的两个基团情况较为复杂:一般情况下,固定环上亚甲基两个氢是化学等价的,如环己烷以及取代的环己烷上的亚甲基;与手性碳相连的亚甲基上的两个氢不是化学等价的;单键不能快速旋转时,同碳上的两个相同基团也可能不是化学等价的。

(2)磁等价。所谓磁等价是指分子中的一组氢核,其化学位移相同,且对组外任何一个原子核的耦合常数也相同。例如,在二氟甲烷中,H_1 和 H_2 质子的化学位移相同,并且它们对 F_1 或 F_2 的耦合常数也相同,即 $J_{H_1F_1}=J_{H_2F_1}$,$J_{H_2F_2}=J_{H_1F_2}$,因此,H_1 和 H_2 称为磁等价核。应该指出,它们之间虽有自旋干扰,但并不产生峰的分裂;而只有磁不等价的核之间发生耦合时,才会产生峰的分裂。磁等价比化学等价要求的条件更高。

化学等价的核不一定是磁等价的,而磁等价的核一定是化学等价的。例如,在 1,1-二氟乙烯中,两个 ^{1}H 和两个 ^{19}F 虽然化学环境相同,是化学等价的,但是由于双键不能自由旋转,H_1 与 F_1 是顺式耦合,与 F_2 是反式耦合。同理 H_2 和 F_2 是顺式耦合,与 F_1 是反式耦合。所以 H_1 和 H_2 是磁不等价。

产生磁不等价的原因主要包括:

(1)单键旋转受阻时产生磁不等价质子,如低温下的环己烷。通过对称轴的旋转能够互换的质子称为磁等价质子。

(2)单键带有双键性质时产生磁不等价质子,如酰胺 RCON**H**$_2$。

(3)与手性碳原子相连的同碳质子是不等价质子,如 C*—C**H**$_2$—。

(4)双键上的同碳质子,如 C**H**$_2$═CHR。

2. 自旋耦合和自旋裂分

使用低分辨率的核磁共振仪时各类化学环境等同的质子只形成一个个单峰,当使用高分辨率的核磁共振仪时,则发现吸收峰分裂成多重峰。谱线的这种精细结构是由于邻近质子的相互作用引起了能级的裂分而产生的。这种由于邻核的自旋而产生的相互干扰作用称为自旋-自旋耦合,由自旋耦合引起的谱线增多的现象称为自旋-自旋裂分。

1)自旋耦合产生的原因

在外磁场作用下,质子自旋产生一个小小的磁矩,通过成键价电子的传递,对邻近的质子产生影响。质子自旋有两种取向,如其取向与外磁场方向相同(顺向排列),则其邻质子所受到的总磁场强度为 $H+H'$,扫描时,当外磁场强度比 H 略小时,相邻质子即发生能级跃迁;而其取向与外磁场方向逆向排列的质子则使其邻质子所受到的总磁场强度为 $H-H'$,扫描时,外磁场强度比 H 略大时,相邻质子才发生能级跃迁。因此,当发生核磁共振时,一个质子发出的信号就被邻近的自旋质子分裂成两个,即自旋裂分。邻近质子数目越多,则分裂峰的数目越多。例如,被一个和两个质子裂分及对周围质子的影响如图 8-14 所示。

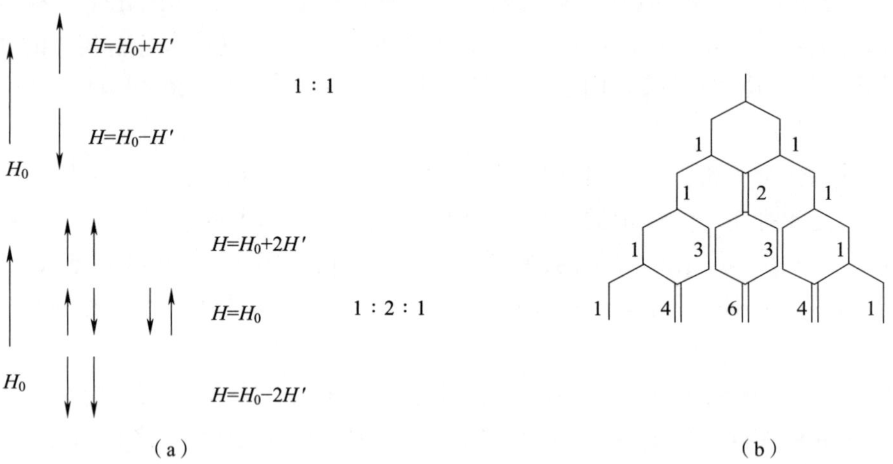

图 8-14　被一个和两个质子裂分及对周围质子的影响

再如,CH_3CH_2Br,CH_3有 3 个氢,自旋组合有 4 种方式,使邻近的 CH_2裂分成四重峰,强度为 1∶3∶3∶1;而 CH_2有 2 个氢,自旋组合有 3 种方式,使邻近的 CH_3裂分成三重峰,强度为 1∶2∶1。裂分后峰的总面积等于裂分前的峰面积。

2)自旋耦合的条件和限度

(1)质子必须是不等性的。

(2)耦合作用通常发生在邻位碳上,随着距离的增大自旋间的相互作用很快消失,两个质子间少于或等于 3 个单键(中间插入双键或三键可以发生远程耦合)。相隔 4 个单键可视为零。

(3)耦合作用通过成键电子传递,通过重键的耦合作用比单键大。

(4)如果是活性氢,如—OH、—COOH、—CHO 等,通常只出现单峰,可看作无耦合。

3)耦合常数

根据 Pauling 原理(成键电子对的自旋方向相反)和 Hund 规则(同一原子成键电子应自旋平行)及对应的电子自旋取向与核的自旋取向同向时,势能稍有升高,电子的自旋取向与核的自旋取向反向时,势能稍有降低,以 Ha—C—C—H_b为例分析。无耦合时,H_b有一种跃迁方式,所吸收的能量为 ΔE($\Delta E = h\nu_b$),在 H_a的耦合作用下,H_b有两种跃迁方式,对应的能量分别为 ΔE_1、ΔE_2:

$$\Delta E_1 = h\left(\nu_b - \frac{J}{2}\right) = h\nu_1 \tag{8-12}$$

$$\Delta E_2 = h\left(\nu_b + \frac{J}{2}\right) = h\nu_2 \tag{8-13}$$

同样,在 H_b的耦合作用下,H_a也被裂分为双峰,分别出现在$\left(\nu_a - \frac{J}{2}\right)$和$\left(\nu_a + \frac{J}{2}\right)$处,峰间距等于 J_{ab}。在这里,J 为耦合常数,表示自旋耦合状况的量度,其大小表示耦合作用的强弱,且不随外加磁场的改变而改变。由上所述可知,自旋-自旋耦合是相互的,耦合的结果产生谱线增多,即自旋裂分。

耦合常数 J 是推导结构的又一重要参数。在 ^{1}H NMR 谱中,化学位移(δ)提供不同化学环境的氢。积分高度 h 代表峰面积,其简比为各组氢数目之比。裂分峰的数目和 J 值可判断相互耦合的氢核数目及基团的连接方式。

在这里,J_{ab}表示质子 a 被质子 b 裂分,J_{ba}表示质子 b 被质子 a 裂分。J 的单位是 Hz。对于一级谱图来说,互相耦合的两组质子,其 J 值相同。J 值的大小与质子之间键数有关。键数越少,J 值越大;键数越多,J 值越小。按照相互耦合质子之间相隔键数的多少,可将耦合作用分为同碳耦合、邻碳耦合和远程耦合三类:

(1)同碳耦合。指间隔两个单键的耦合,用 $^2J_{HH}$ 表示,一般为负值,变化范围较大,与结构有密切关系。$^2J_{HH}$ 随着取代基电负性的增加而向正的方向变化;随着键角的增加也向正的方向变化。

(2)邻碳耦合。邻位碳上质子间的耦合,用 $^3J_{HH}$ 表示。$^3J_{HH}$ 一般为正值。在结构分析时,可以用于赤式和苏式构型的确定;六元环中取代基位置的确定等。

(3)远程耦合。大于三键的耦合,耦合一般较弱,耦合常数为 0 ~ 3 Hz,很少观察到峰的分裂。不同分子的耦合常数的观察值和经验规律对图谱解析是非常有用的。

3. 简单耦合和高级耦合

通常,自旋干扰作用的强弱与相互耦合的氢核之间的化学位移差距有关,按 $\Delta v/J$ 来确定耦合种类。若系统中两组相互干扰的氢核的化学位移差距 Δv 比耦合常数 J 大很多,$\Delta v/J > 10$ 的体系,干扰作用弱,称为简单耦合,所得谱图为一级谱图;而 $\Delta v/J < 10$ 的体系,则干扰作用强,称为高级耦合,其谱图属于高级谱图。简单和高级耦合共振谱的分类基本规则如下:对高级耦合体系,其核以 A、B、C 或 K、L、M 等相连英文字母表示,称为 ABC 多旋体系;对简单耦合体系其核以 A、M、X 等不相连的字母表示,称为 AMX 多旋体系。磁等价的核用相同字母如 A_2 或 B_3 或 C_4;表示;化学等价而磁不等价的核,以 AA′表示。

对于高级耦合体系,可采用增强磁场、同位素取代、去耦技术等使谱图简化。对于简单耦合体系,其裂分规律如下:

(1)全同的氢只有耦合,但不出现裂分,在 NMR 上只出现单峰。如 OCH_3。

(2)相邻质子耦合所具有的裂分数,由相邻质子数目决定,即 $n+1$ 规律:某组环境完全相等的 n 个核($I=1/2$),在 H 中共有($n+1$)种取向,使与其发生耦合的核裂分为($n+1$)条峰,这就是 $n+1$ 规律。具体概括如下:某组环境相同的氢,若与 n 个环境相同的氢发生耦合,则被裂分为($n+1$)条峰。某组环境相同的氢,若分别与 n 个和 m 个环境不同的氢发生耦合,则被裂分为($n+1$)×(m+1)条峰,且 J 值不等。如 $Cl_2CHCH_2CHBr_2$,亚甲基裂分为(1+1)×(1+1)=4,即四重峰;再如高纯乙醇,CH_2 被 CH_3 裂分为四重蜂,每条峰又被 OH 中的氢裂分为双峰,共八条峰,(3+1)×(1+1)=8。实际上由于仪器分辨有限或巧合重叠,造成实测峰的数目小于理论值。

(3)一组多重峰的中点,就是该组氢的化学位移值。

(4)磁等价的核相互之间也有耦合作用,但没有峰裂分的现象。如 $ClCH_2CH_2Cl$,只有单重峰。

(5)只与 n 个环境相同的氢耦合时,裂分峰的强度之比近似为二项式 $(a+b)^n$ 展开式的各项系数之比,n 为磁等价核的数目。$(1+1)\times(1+1)$ 情况下,四重峰相等。若为复杂的 $(n+1)\times(n'+1)\times(n''+1)$……情况,各峰常不易分辨。

(6)在实测谱图中,相互耦合核的两组峰的强度会出现内侧峰偏高、外侧峰偏低。Δv 越小内侧峰越高,这种规律称向心规则。利用向心规则可以找出 NMR 谱中相互耦合的峰。

(7)谱线以化学位移为中心左右对称,相互耦合的质子持有相同的耦合常数,即裂分线之间的距离相等。

8.5.4 核磁共振氢谱的解析

一般按照以下步骤对一张核磁共振氢谱进行解析:

(1)先观察图谱是否符合要求。

①四甲基硅烷的信号是否正常;

②基线是否平整;

③积分曲线中没有吸收信号的地方是否平整。如果有问题,解析时要引起注意,最好重新测试图谱。

(2)区分杂质峰、溶剂峰、旋转边峰、^{13}C 卫星峰。

①杂质峰。杂质含量相对样品比例很小,因此杂质峰的峰面积很小,且杂质峰与样品峰之间没有简单整数比的关系,容易区别。

②溶剂峰。氘代试剂不可能达到 100% 的同位素纯度(大部分试剂的氘代率为 99%~99.8%),因此谱图中往往呈现相应的溶剂峰,如 $CDCl_3$ 中的溶剂峰的 δ 值约为 7.27。

③旋转边峰。在测试样品时,样品管在 ^1H NMR 仪中快速旋转,当仪器调节未达到良好工作状态时,会出现旋转边带,即以强谱线为中心,呈现出一对对称的弱峰,称为旋转边峰。

④^{13}C 卫星峰。^{13}C 具有磁矩,可以与 ^1H 耦合产生裂分,称为 ^{13}C 卫星峰,但由于 ^{13}C 的天然丰度只为 1.1%,只有氢的强峰才能观察到,一般不会对氢的谱图造成干扰。

(3)根据积分曲线,观察各信号的相对高度,计算样品化合物分子式中的氢原子数目。可利用可靠的甲基信号或孤立的次甲基信号为标准计算各信号峰的质子数目。

(4)先解析图中 CH_3O、CH_3N、$CH_3C{=}O$、$CH_3C{-}C$、$CH_3{-}C$ 等孤立的甲基质子信号,然后再解析耦合的甲基质子信号。

(5)解析羧基、醛基、分子内氢键等低磁场的质子信号。

(6)解析芳香核上的质子信号。

(7)比较滴加重水前后测定的图谱,观察有无信号峰消失的现象,了解分子结构中所连活泼氢官能团。

(8)根据图谱提供的信号峰数目、化学位移和耦合常数,解析一级类型图谱。

(9)如果一维 ^1H NMR 难以解析分子结构,可考虑测试二维核磁共振谱配合解析。

(10)组合可能的结构式,根据图谱的解析,组合几种可能的结构式。

(11)对推出的结构进行指认,即每个官能团上的氢在图谱中都应有相应的归属信号。

8.6 核磁共振碳谱

8.6.1 核磁共振碳谱及其特点

核磁共振氢谱是通过确定有机物分子中氢原子的位置，而间接推出结构的。事实上，所用有机物分子都是以碳为骨架构建的，如果能直接确定有机物分子中碳原子的位置，无疑是最好的办法。由于^{13}C核的天然丰度仅仅是^{1}H的1/100，因而灵敏度很低。只有脉冲傅里叶核磁共振仪问世，碳谱才应用于常规测试。核磁共振碳谱测定技术近30年来迅速发展和普及。和核磁共振氢谱相比，核磁共振碳谱有许多优点：

(1)氢谱的化学位移δ值很少超过10，而碳谱的δ值可以超过200，最高可达600。这样，复杂和相对分子质量高达400的有机物分子结构的精细变化都可以从碳谱上分辨。因此，对于结构较复杂的分子的核磁共振谱，其氢谱一般会产生重叠峰，根本无法分辨。而碳谱则有多条清晰可见的谱线，非常容易分析。

(2)碳谱直接反映有机物碳的结构信息，对常见的$CH_2{=}O$、$CH_2{=}CH_2{=}CH_2$、$—N{=}C{=}S$和$—N{=}C{=}O$等有机物官能团可以直接进行解析。

(3)利用核磁共振辅助技术，可以从碳谱上直接区分碳原子的级数(伯、仲、叔和季)。这样不仅可以知道有机物分子结构中碳的位置，而且还能确定该位置碳原子被取代的状况。

当然，核磁共振碳谱也有一些缺点：主要是^{13}C同位素原子核在自然界中的丰度低，而且^{13}C的磁矩也只有^{1}H的1/4，因此，碳谱测定不仅需要高灵敏度的核磁共振仪器，而且所需样品量也要增加。另外，测定核磁共振碳谱的技术和费用也都高于氢谱。因此，往往是先测定有机物样品的氢谱，若难以得到准确的结构信息再测定碳谱，一个有机物同时测定了氢谱和碳谱一般就可以推断其结构。

核磁共振碳谱测定的基准物质和氢谱一样仍为四甲基硅烷(TMS)，但此时基准原子是TMS分子中的^{13}C，而不是^{1}H。碳谱仍然需要在溶液状态下测定，虽然溶剂中含有氢不影响^{13}C测定，但考虑到同一样品一般都要在测定碳谱前测定氢谱，故仍然采用氘代试剂。

核磁共振碳谱中，因^{13}C的自然丰度仅为1.1%，因而^{13}C原子间的自旋耦合可以忽略，但有机物分子中的^{1}H核会与^{13}C发生自旋耦合，这样同样能导致峰分裂。现在的核磁共振技术已能通过多种方法对碳谱进行去耦处理，如此得到的核磁共振碳谱都是完全去耦的，谱图都是尖锐的谱线，而没有峰分裂。但必须指出，和氢谱不同，碳谱不能判断碳原子的数目，即碳谱谱线的大小强弱与碳原子数无关。谱线高，并不意味是多个碳原子，有时只能表示该碳原子是与较多的氢原子相连。因此，核磁共振碳谱只能通过化学位移δ值来提供结构信息。

核磁共振碳谱图中谱线的数目，表示有机物分子中碳原子数的种类，即有多少谱线就说明有机物分子至少由多少种碳原子组成。

综上所述，核磁共振氢谱和碳谱技术有许多共性，原理基本相同，只是针对测定的原子核对象改变而有一些相应的改变。如重氢交换技术对碳谱就不适合，但位移试剂和去耦等技术是一样的。除此之外，除非采用特定技术条件，碳谱峰高与碳原子数无关，谱图解析中只关注化学位移，而氢谱则是峰面积和化学位移具有同等重要的地位。同时碳谱都是完全去耦的谱线,而氢谱却都是多重分裂并且有可能重叠的峰。

8.6.2 核磁共振碳谱的化学位移

核磁共振碳谱主要关注谱线的化学位移 δ 值,不同类型的碳原子在有机物分子中的位置不同,则化学位移 δ 值不同。反之,根据不同的化学位移可以推断有机物分子中碳原子的类型。有机物分子中常见不同类型的碳原子的化学位移见表 8-8。

表 8-8 常见不同类型的碳原子的化学位移

碳原子类型		化学位移/ppm	碳原子类型		化学位移/ppm
	酮类	188 ~ 228	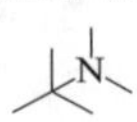	季碳胺	65 ~ 75
	醛类	185 ~ 208	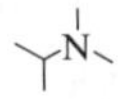	叔碳胺	50 ~ 70
	酸类	165 ~ 182	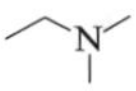	仲碳胺	40 ~ 60
	酯、酰胺、酰氯、酸酐	150 ~ 180	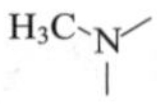	伯碳胺	20 ~ 45
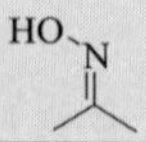	肟	155 ~ 165	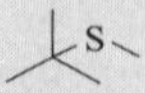	季碳硫醚	55 ~ 70
	亚甲胺	145 ~ 165	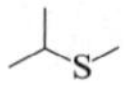	叔碳硫醚	40 ~ 55
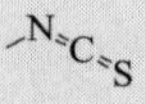	异硫氰化物	120 ~ 140	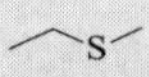	仲碳硫醚	25 ~ 45
	硫氰化物	110 ~ 120	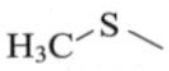	伯碳硫醚	10 ~ 30
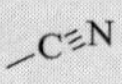	氰	110 ~ 130		季碳卤化物	I 35 ~ 75 Cl
 X=O,S,N	芳杂环	115 ~ 155	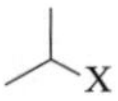	叔碳卤化物	I 30 ~ 65 Cl
	芳环	110 ~ 135	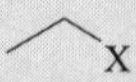	仲碳卤化物	I 10 ~ 45 Cl
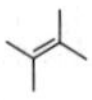	烯	110 ~ 150	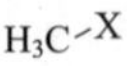	伯碳卤化物	I -35 ~ 35 Cl
	炔	70 ~ 100		季碳烷烃	35 ~ 70
	季碳醚	70 ~ 85		叔碳烷烃	30 ~ 60
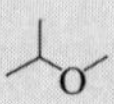	叔碳醚	65 ~ 75		伯碳烷烃	25 ~ 45
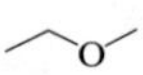	仲碳醚	40 ~ 70	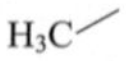	仲碳烷烃	-20 ~ 30
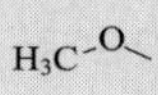	伯碳醚	40 ~ 60		环丙烷	-5 ~ 5

注:化学位移为相对值,单位 ppm 表示百万分之一。

从表 8-8 可以看出:核磁共振碳谱的化学位移值,按有机物的官能团有明显的区别。根据表中不同碳核的核磁共振的化学位移值,可以推断有机物分子中的不同碳原子的位置,从而得到有机物分子的结构。核磁共振碳谱的解析,常常需要辅以必要的测定技术,这在复杂结构的天然产物分子核磁共振碳谱的解析中尤其重要。在核磁共振碳谱的辅助技术中,除了能像氢谱一样采用位移试剂外,现在迅速发展应用的是采用脉冲序列技术,这主要是测定有机物分子中碳原子的级数问题,即确定碳核的季、叔、仲、伯,解决碳谱谱线多重性。常用的有 APT (attached proton test)、INEPT (insensitive nuclei enhanced by polarization transfer) 和 DEPT (distortionless enhancement by polarization transfer)等方法,由这些方法测定出的核磁共振碳谱一般被称作相应的谱,如 DEPT 谱等。

8.6.3 核磁共振碳谱中去耦的方法

1. 碳谱中的耦合现象

因为^{13}C 的天然丰度为 1.1%,^{1}H 的天然丰度为 99.98%,在^{1}H NMR 谱中,^{13}C 对^{1}H 的耦合仅以极弱的峰出现,可以忽略不计。而在碳谱中,如果不对^{1}H 去耦,^{13}C 总是会被^{1}H 分裂。这种情况下,虽然提供了丰富的结构信息,但谱图相互交错,难以归属,给谱图分析和结构推导带来了很大困难。耦合裂分的同时,也大大降低了^{13}C NMR 的灵敏度。解决这些问题的办法,通常采用去耦技术。

2. 常用的去耦技术

1)质子噪声去耦(PND)

质子噪声去耦也称作宽带去耦,是测定碳谱时最常用的去耦方式。它是在测碳谱时,以一相当宽的射频场 H_1 照射各种碳核,使其激发产生^{13}C 核磁共振吸收,同时,附加另一射频场 H_2(又称去耦场),使其覆盖全部质子的共振频率范围,且用强功率照射,使所有的质子达到饱和,则与其直接相连的碳或邻位、间位碳感受到平均化的环境,由此去除^{13}C 和^{1}H 之间的全部耦合,使每种碳仅给出一条谱线。

质子噪声去耦不仅使^{13}C NMR 谱大大简化,而且由于耦合的多重峰合并,使其噪声比提高、灵敏度增大。而且灵敏度增大的程度远大于峰的合并程度,这种灵敏度的额外增强是 NOE 效应的结果。所谓 NOE 是指在^{13}C NMR 实验中,观测^{13}C 的共振吸收时,照射^{1}H 核使其饱和,由于干扰场 H_2 非常强,同核弛豫过程不足使其恢复到平衡,经过核之间偶极的相互作用,^{1}H 核将能量传递给^{13}C 核,^{13}C 核吸收这部分能量后,犹如本身被照射而发生弛豫。这种由双共振引起的附加异核弛豫过程,能使^{13}C 核在低能级上分布的核数目增加,共振吸收信号增强,称为 NOE。各种碳原子的 NOE 不同,质子噪声去耦谱的谱线强度不能定量反映碳原子的数量。

2)选择氢核去耦(SPD)及远程选择氢核去耦(LSPD)

两种方式均是在氢核信号归属明确的前提下,用很弱的能量选择性地照射某种特定的氢核,分别消除它们对相关碳的耦合影响。SPD 或 LSPD 表现在图谱上峰形发生变化的信号只是与之有耦合相关或远程耦合相关的^{13}C 信号。

3)偏共振去耦(ORD)

与质子宽带去耦法相似,偏共振去耦也是在样品测定的同时另外加一个照射频率,只是这个照射频率的中心频率不在质子共振区的中心,而是移到比 TMS 质子共振频率高 100 ~ 500 Hz 的位置上。由于在分子中,直接与^{13}C相连的^{1}H核与该^{13}C的耦合最强,^{13}C与^{1}H之间相隔原子数目越多,耦合越弱。用偏共振去耦的方法,就消除了弱的耦合,只保留了与^{13}C相连的^{1}H的耦合。一般来说,在偏共振去耦时,^{13}C峰裂分为 n 重峰,就表明它与 $n-1$ 个氢相连。这种偏共振的^{13}C NMR 谱,对分析结构有一定的用途。

4)门控去耦和反门控去耦(GD and IGD)

质子噪声去耦失去了所有的耦合信息,偏共振去耦也损失了部分耦合信息,而且都因 NOE 不同而使信号的相对强度与所代表的碳原子的数目不成比例。为了测定真正的耦合常数及各类碳的数量,门控去耦和反门控去耦是一个较好的方法。

在 PFT-NMR 中有发射门(用于控制射频脉冲的发射时间)和接收门(用于控制接收门的接收时间)。门控去耦是指用发射门和接收门来控制去耦的实验方法,用这种方法与用单共振法获得的^{13}C NMR 谱较为相似,但用单共振法得到同样一张谱图,需要累加的次数更多、耗时更长。门控去耦法借助了 NOE 的技术,在一定程度上弥补了这一方法的不足。

反门控去耦(又称抑止 NOE 门控去耦)是加长脉冲间隔,增加延迟时间。尽可能抑止 NOE,使谱线强度能够代表碳数多少的方法。由此方法测得的碳谱称为反门控去耦谱,亦称为定量碳谱,其信号强度也将基本上与所含碳数成正比。

5)不失真极化转移技术(DEPT)

不失真极化转移技术目前已成为^{13}C NMR 测定中常用的方法。DEPT 是将两种特殊的脉冲系列分别作用于高灵敏度的^{1}H和低灵敏度的^{13}C NMR 上,将灵敏度较高的^{1}H核磁化转移至灵敏度较低的^{13}C核上,从而大大提高了^{13}C的观测灵敏度。能利用异核间的耦合对^{13}C核信号进行调制的方法来确定碳原子的类型。谱图上不同类型的^{13}C信号均表现为单峰,分别朝上或朝下伸出,或者从谱图上消失,以取代在 ORD 谱中朝同一方向伸出的多重谱线,因而信号之间很少重叠,灵敏度高。DEPT 谱的定量性很强。

DEPT 谱有下列 3 种谱图:

(1)DEPT45 谱,在这类谱图中,CH、CH_2、CH_3均出正峰。

(2)DEPT90 谱,在这类谱图中,只有 CH 出正峰,其余均出负峰。

(3)DEPT135 谱,在这类谱图中,只有 CH、CH_3出正峰,CH_2出负峰。

8.6.4 核磁共振碳谱的解析

核磁共振碳谱解析步骤如下:

1)鉴别谱图中的非真实信号峰

(1)溶剂峰。虽然碳谱不受溶剂中氢的干扰,但为兼顾氢谱的测定及磁场需要,仍常采用氘代试剂作为溶剂,氘代试剂中的碳原子均有相应的峰。

(2)杂质峰。杂质含量相对于样品少得多,其峰面积极小,与样品化合物中的碳呈现的峰不成比例。

(3)测试条件的影响。测试条件会对所测谱图有较大影响。如脉冲倾斜角较大而脉冲间隔不够长时,往往导致季碳不出峰;扫描宽度不够大时,扫描宽度以外的谱线会折叠到图谱中,这些均造成解析图谱的困难。

2)不饱和度的计算

根据分子式计算不饱和度,推测图谱烯碳的情况。

3)分子对称性的分析

若谱线数目等于分子式中碳原子数目,说明分子结构无对称性;若谱线数目小于分子式中碳原子数目,说明分子结构有一定的对称性。此外,化合物中碳原子数目较多时,有些核的化学环境相似,可能会产生 δ 值重叠的现象。

4)碳原子级数的确定

由低核磁共振或 DEPT 等技术可确定碳原子的级数,由此可计算化合物中与碳原子相连的氢原子数。若此数目小于分子式中的氢原子数,二者之差值为化合物中活泼氢的原子数。

5)推导可能的结构式

先推导出结构单元,并进一步组合成若干可能的结构式。

6)对碳谱的指认

将核磁共振碳谱中各信号峰在推出的可能结构式上进行指认,找出各碳谱信号相应的归属,从而在被推导的可能结构式中找出最合理的结构式,即正确的结构式。

8.6.5 液体高分辨核磁共振波谱

进行物质结构分析,需要高质量的核磁共振谱图,以便能分辨出精细的化学结构,往往要采用液体高分辨核磁共振波谱。被测物质为溶液,一般是将固体或液体样品溶解于氘代溶剂中进行检测,由于液体样品的均匀性要比用固体样品好,因此所获得的图谱分辨率大大优于固体谱。在液体高分辨核磁共振波谱中常用的有核磁共振氢谱(^{1}H-NMR)和碳谱(^{13}C-NMR)。

8.6.6 其他核磁共振波谱技术

除核磁共振氢谱和碳谱外,还有一些其他核的核磁共振谱,如^{19}F、^{31}P、^{15}N 等,主要反映相关原子的结构信息。固体高分辨核磁共振波谱是核磁共振波谱学的另一个重要部分。20 世纪 70 年代初,随着核磁共振技术和理论的发展,尤其是快速魔角旋转技术和脉冲傅里叶技术的发展和应用,使得直接测定固体状态下高分辨核磁共振波谱成为可能。虽然固体 NMR 的应用目前还远远少于液体 NMR,但也已被越来越广泛地用于研究高分子聚合物、酶、分子筛催化剂、陶瓷、玻璃、木头、纤维及生物细胞膜等。

液相色谱-核磁共振(LC-NMR)联用技术是一种高效、快速获得混合物中未知化合物结构信息的技术,它可将经色谱分离后的峰通过接口直接进行 NMR 检测。LC-NMR 的应用范围很广,如聚合物、药物及临床化学、食品工业、合成化学、环境保护、天然产物分析等。LC-NMR 为混合物中各组分的准确定性分析提供了强有力的工具,但由于 NMR 本身检测灵敏度较低(尤其对一些天然丰度较低的核),有时色谱中使用的溶剂对 NMR 测定有影响,LC-NMR 在许多应用方面受到了一定的限制,还有待进一步改进。

8.7 核磁共振波谱分析法的应用

核磁共振谱能提供的参数主要有氢谱和碳谱的化学位移,质子的裂分峰数、耦合常数以及各组峰的积分高度等。这些参数与有机化合物的结构有着密切的关系。因此,核磁共振谱是鉴定有机、金属有机以及生物分子结构和构象等的重要工具之一。此外,核磁共振谱还可应用于定量分析,相对分子质量的测定及应用于化学动力学的研究和生物医学等领域。

8.7.1 结构鉴定

核磁共振波谱和红外吸收光谱一样,有时仅根据本身的图谱,即可鉴定或确认某化合物。对比较简单的一级图谱,可用化学位移鉴别质子的类型。它特别适合于鉴别如下类型的质子:CH_3O—,CH_3CO—,CH_2 ═C—,Ar—CH_3,CH_3 CH_2—,$(CH_3)_2CH$—,—CHO,—OH 等。对复杂的未知物,可以配合红外吸收光谱、紫外光谱、质谱、元素分析等数据,推定其结构。

8.7.2 定量分析

积分曲线高度与引起该组峰的核数呈正比关系。这不仅是对化合物进行结构测定时的重要参数之一,而且也是定量分析的重要依据。用核磁共振技术进行定量分析的最大优点是无须引进任何校正因子或绘制工作曲线,即可直接根据各共振峰的积分高度的比值算出该自旋核的数目。在核磁共振谱线法中常用内标法进行定量分析。测得共振谱图后,内标法可按下式计算:

$$m_S = \frac{A_S M_S n_R}{A_R M_R n_S} m_R = \frac{\frac{A_S}{n_S} M_S}{\frac{A_R}{n_R} M_R} m_R \tag{8-14}$$

式中,m 和 M 分别表示质量和分子量;A 为积分高度;n 为被积分信号对应的质子数;下标 R 和 S 分别代表内标和试样。外标法计算方法同内标法。当以被测物的纯品为外标时,则式(8-14)可简化为

$$m_S = \frac{A_S}{A_R} m_R \tag{8-15}$$

式中,A_S 和 A_R 分别为试样和外标同一基团的积分高度。

8.7.3 分子量的测定

在一般碳氢化合物中,氢的质量分数较低,因此,单纯由元素分析的结果来确定化合物的相对分子质量是较困难的。如果用核磁共振技术测定其质量分数,则可按下式计算未知物的分子量或平均分子量:

$$M_S = \frac{A_R n_S m_S}{A_S n_R m_R} M_R \tag{8-16}$$

式中,各符号的含义同前。

8.7.4　化学反应动力学研究中的应用

研究化学反应动力学是核磁共振波谱法的一个重要方面。例如,研究分子的内旋转,测定反应速率常数等。

虽然用核磁共振技术难以观察到分子结构中构象的瞬时变化,但是通过研究核磁共振谱对温度的关系,可获得某些动力学信息。例如,在室温时,因 N, N—二甲基乙酰胺中的部分双键性质,因此阻碍了 N—C 键的活化能,N—C 键便可以自由旋转。根据出现一个峰时的温度,可以计算该过程的活化自由能。

8.7.5　生物医学中的应用

在生物医学研究中,NMR 技术具有独到的特点。它能在各个层次上探知生命过程中结构、功能以及代谢等特征,小至测定一个氢原子,大至测定整个动物或人体。二维(2D)NMR技术可在溶液中测定蛋白质及核酸等生物大分子的三维空间结构。用^{31}P-NMR 和^{19}F-NMR 光谱测定细胞的 pH,为深入探索细胞的结构与功能提供了新的途径和手段。而近年来出现的活体 NMR 技术则可无损伤地在分子水平上对活的生命体中的许多器官和部位进行直接观测。下面简要介绍一下这方面的应用情况。

1. 用 NMR 技术测定生物大分子的结构

多肽、蛋白质及核酸等生物大分子的生物活性与其空间结构密切相关,因此测定这些生物大分子的空间结构十分重要。20 世纪 70 年代以前大都采用单晶 X 射线晶体衍射的方法测定。但在许多情况下难以得到适用的单晶样品,无法用此法测定。而且生物大分子自然存在状态的溶液中的构象,显著不同于结晶态时的构象。因此研究溶液中生物大分子构象及其动态的技术尤为需要。用 NMR 技术不仅可以方便地测定氨基酸和核苷酸序列,而且还可以确定溶液中蛋白质和核酸的空间结构。用 NMR 技术测定生物大分子的结构可无损伤地在近似生理状态的水溶液中进行,不必把样品制成结晶,而且还可以对生物大分子化合物的作用过程进行连续的动态观察。随着多维 NMR 技术的不断发展和应用,近年来,有关这类研究的报道也越来越多。目前多维 NMR 是适合于研究溶液中生物大分子构象的重要技术。

2. 用 NMR 技术测定细胞内的 pH

细胞内 pH(pHi)的改变会影响细胞的代谢和功能已被越来越多的实验所证实。目前普遍应用 pH 敏感电极测定细胞内的 pH,测定时必须将微电极插入细胞内,这样难免要破坏细胞膜。对于较小的细胞,微电极也难插入。1973 年 Moon 首次利用^{31}P-NMR 技术测定了红细胞内的 pHi。用 NMR 技术测定 pHi 的原理是,细胞内的一些含磷的化合物,如二磷酸甘油酯、无机磷酸盐以及 ATP 中 Y 位 P 原子的化学位移会随介质中 pH 的改变而改变,因此测定这些磷原子的化学位移的变化可计算出 pHi。当所测定的细胞内上述磷原子信号较低时可在细胞内掺入 2-脱氧葡萄糖磷酸酯等化合物作为探针。

NMR 技术测定 pHi 的方法不损伤细胞膜的完整性,可以测定很小的细胞乃至亚细胞内的pHi,简便易行。对一些重要的细胞反应的 pHi 还可以进行动态追踪测定。测定的系统除单个细胞外,也可以是灌流器官或活体动物组织。该技术已被广泛用于阐明骨骼肌代谢与疾病的关系,区别动物和人体的氧化性纤维和糖酵解纤维,表示器官(如心脏等)的生物能态以及探讨肿瘤细胞和组织的代谢等许多生理、生化、病理和药理等方面的研究中。

3. 动物活体 NMR 技术

1978 年,Chance 等用表面线圈技术测定麻醉小鼠在正常和缺氧时脑内高能磷酸化合物的图谱,结果与活杀动物取脑测定得到的图谱基本相似。利用放在动物体表外的表面线圈探头,可以有选择地测定动物某一小体积内的信号。现在活体 NMR 技术可测定多种核素,如^{1}H、^{2}H、^{13}C、^{14}N、^{15}N、^{17}O、^{19}F、^{31}P 和^{39}K 等。能直接定量测定生物体内许多重要的生化物质,如乳酸盐、Ach、GABA、氨基酸、ADP、ATP、磷酸胆碱、磷酸肌酸、磷酸单酯、Ca^{2+}、Mg^{2+}、Na^{+}、K^{+}等,以及 5-氟尿嘧啶和环磷酰胺等许多药物及其代谢产物。根据磁腔的大小,测定的动物可以是小鼠、大鼠、兔、狗和小猪等。目前该技术已经在较广的研究领域中得到应用。如脑的代谢和有关研究,缺氧等对心脏功能和代谢的影响,缺血等对肝、肌肉代谢的影响,肿瘤的代谢及化疗、放疗和热疗对肿瘤影响的研究,药物代谢以及药理作用的研究等。

第9章 荧光光谱技术

9.1 概 述

早在19世纪末和20世纪初就已观察到荧光现象,但荧光光谱作为一种新的分析技术,直到1964年后才得以应用。荧光和磷光同属于发光光谱,反映了分子在吸收辐射能被激发到较高电子能态后,为了返回基态而释放出能量。荧光(fluorescence)是分子在吸收辐射之后立即(在10^{-8} s数量级)发射的光,而磷光(phosphorescence)则是在吸收能量后延迟释放的光。两者的区别是:荧光是由单态—单态的跃迁产生的,而磷光所涉及的是三重态—单态跃迁。

基态物质分子吸收了一定能量后,跃迁至激发态,当激发态分子以辐射跃迁形式释放能量返回基态时,便产生分子发光。依据激发模式的不同,分子发光可分为光致发光、场致发光、热致发光和化学发光等。荧光和磷光都属于光致发光。荧光和磷光是由不同的发光机理过程产生的。普通的荧光在光照射停止之后几乎立即停止,而磷光寿命较长,往往延续一定时间才停止。因此可通过发光寿命的长短来区分荧光和磷光。

荧光光谱通过激发光谱和发射光谱提供包括荧光强度、量子产率、荧光寿命、荧光偏振等多个物理参数,具有灵敏度高(含$1\times10^{-6}\sim100\times10^{-6}$质量比的生色团即可产生足够强的检测信号)、选择性强、用样量少、方法简便等优点。尤其是荧光探针或标记的引入极大地扩展了荧光光谱在高聚物研究中的应用。目前,荧光光谱已经深入到高聚物科学的各个领域,它能提供分子水平的信息,在高聚物构象、形态、动态以及共混相容性等方面的研究已取得显著的成功。

9.2 荧光光谱

9.2.1 荧光光谱的基本原理

荧光光谱与紫外光谱一样都是电子光谱,不同的是前者为电子发射光谱,后者为电子吸收光谱。

样品受到光源发出的光照射,其分子和原子中的电子由基态激发到激发态。激发态有两种电子态:一种为激发单线态,处于这种状态的两个电子的自旋是配对的(反相平行),自旋量子数的代数和$s=0$,保持单一量子态,即$2s+1=1$;第二种为激发三线态,处于这种状态的两个电子的自旋不配对(同相平行),自旋量子数的代数和$s=1$,在激发时分裂为3个量子态,即

$2s+1=3$。

一个所有电子自旋都配对的分子的电子态，称为单重态，用 S 表示。分子中的电子对的电子自旋平行的电子态称为三重态，用 T 表示。

当电子从最低激发单线态 S_1，回到单线基态 S_0 时，发射出光子称为荧光。这一辐射过程（$S_1 \rightarrow S_0$）的寿命很短，约 10^{-8} s，所以在许多分子中它能有效地与其他转移激发能的过程相竞争。当电子从最低激发单线态 S_1 进行系间蹿跃到最低激发三线态 T_1，再从 T_1 回到单线基态 S_0 时，发射出光子，称为磷光。三线态持续寿命较长，因此磷光的发射速率很慢，可达 0.01 ~ 100 s。荧光和磷光的发射过程如图 9-1 所示。

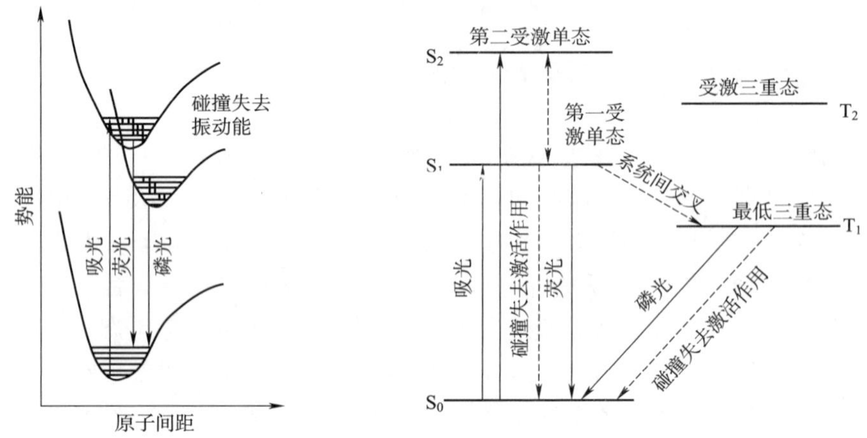

图 9-1　荧光和磷光发射过程示意图

9.2.2　荧光的性质

1. 荧光激发光谱

固定第二单色器的波长，使测定的荧光波长保持不变，而不断改变第一单色器的波长，测定相应的荧光强度，所得到的荧光强度与激发波长的谱图称为激发光谱。它不仅反映了激发波长与荧光强度之间的关系，还为确定最大激发波长提供了依据。图 9-2 所示为不同电化学条件下制备的氧化铝样品的阻挡层在不同发射波长下所对应的激发光谱图，从图中可以看出，虽然样品结构不同，但是对应的第一激发波长基本都在 272 nm 处。

2. 荧光发射光谱

固定第一单色器的波长，使激发光的波长和强度保持不变，而不断改变荧光的测定波长（即发射波长），测定相应的荧光强度，所得到的荧光强度与发射波长的谱图称为发射光谱。它不仅反映了在某一固定的激发波长下所测得的荧光的波长分布，还为确定最大发射波长提供了依据。图 9-3 为不同结构氧化铝样品的阻挡层在 272 nm 激发波长下所对应的发射光谱图，从图中可以看出，发射波长基本均在 421 nm 处。

3. 发射光谱的形状与激发波长无关

虽然分子的吸收光谱可能含有几个吸收带，但其发射光谱却通常只含有一个发射带。这是由于分子无论被激发到高于 S_1 态的哪个激发态，由于振动弛豫和内转化的速率很快，以致

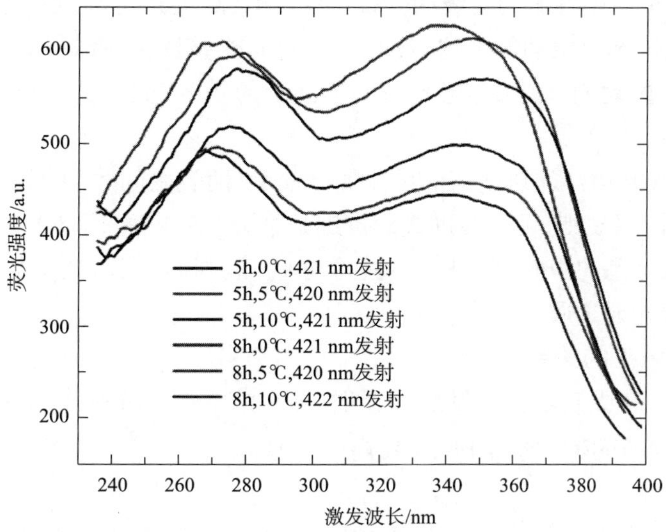

图 9-2 不同氧化铝样品的阻挡层在不同发射波长下所对应的荧光激发光谱图

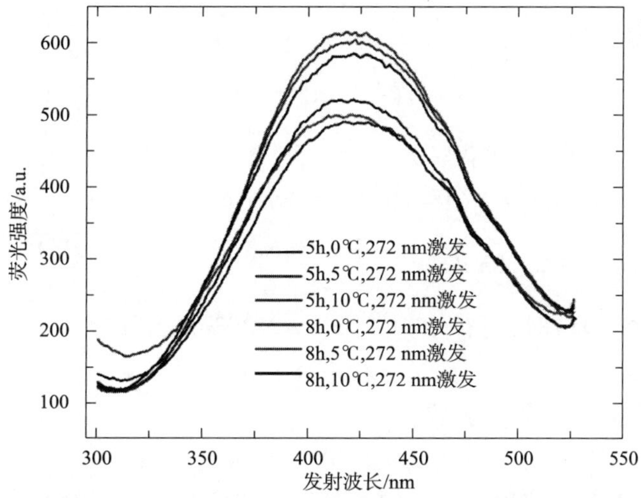

图 9-3 不同氧化铝样品阻挡层在 272 nm 激发波长下所对应的荧光发射光谱图

很快地丧失多余的能量，而回到 S_1 态的最低振动能级，然后经过 $S_1 \rightarrow S_0$，产生分子荧光，因而发射光谱通常只含一个发射带，且发射光谱的形状与激发波长无关，只与基态中振动能级的分布情况以及各振动能级的跃迁概率有关。

不过也有例外，例如薁，由于 S_1 与 S_2 两个激发态之间的能量间隔比一般分子大，因而它可能由 S_1 和 S_2 态发生荧光。

4. 镜像对称

发射光谱与吸收光谱的第一吸收带之间呈"镜像对称"。分子由 S_0 态跃迁到 S_1 态各振动能级时产生的吸收光谱，其形状决定于该分子 S_1 态中各振动能级能量间隔的分布情况（称为该分子的第一吸收带），而分子由 S_1 态的最低振动能级跃迁至 S_0 态的各振动能级所产生的荧光光谱同样有多个峰，也就是说，荧光光谱的形状取决于 S_0 态中各振动能级能量间隔分布。

由于分子的 S_0 态和 S_1 态中各振动能级的分布形状相似,故荧光光谱和吸收光谱形状相似。

在吸收光谱中,S_1 态的振动能级越高,与 S_2 态间的能差越大,吸收峰的波长越短;相反,在荧光光谱中,S_0 态的振动能级越高,与 S_1 态间的能差越小,该荧光的波长越长。因此,形状相似,呈镜像对称关系。

发射光谱与吸收光谱必须以适当的单位加以表示,两者之间才会呈现严格的"镜像对称"关系。应用"镜像对称"规则,可以帮助我们辨别某个吸收带究竟是属于第一吸收带中的另一振动带,还是更高电子态的吸收带。根据"镜像对称"规则,若荧光光谱与吸收光谱不成镜像对称,则表示有散射光或杂质存在。

5. 荧光强度与浓度的关系

荧光既然是物质在吸光之后所发射的辐射,那么溶液的荧光强度(I_f)应与该溶液吸收的光强度(I_a)以及该物质的荧光量子产率(Y_f)有关,即:

$$I_f = Y_f I_a \tag{9-1}$$

而吸收的光强度等于入射的光强度(I_0)减去透射的光强度(I_t),于是有:

$$I_f = Y_f(I_0 - I_t) = Y_f I_0 \left(1 - \frac{I_t}{I_0}\right) \tag{9-2}$$

又由朗伯比尔定律可知:

$$\frac{I_t}{I_0} = 10^{-abc} \tag{9-3}$$

将式(9-3)代入式(9-2)中,可得:

$$I_f = Y_f I_0 (1 - 10^{-abc}) = Y_f I_0 (1 - e^{-2.303abc}) \tag{9-4}$$

$$e^{-2.303abc} = 1 - 2.303abc - \frac{(-2.303abc)^2}{2!} - \frac{(-2.303abc)^3}{3!} - \cdots\cdots$$

当 abc 非常小($\ll 0.05$)时,则有 $e^{-2.303abc} = 1 - 2.303abc$,所以

$$I_f = 2.303 Y_f I_0 abc \tag{9-5}$$

当用摩尔吸光系数 ε 代替 a 时,得:

$$I_f = 2.303 Y_f I_0 \varepsilon bc \tag{9-6}$$

由式(9-6)可知,某种荧光物质在一定频率及强度的激发光照射下,只有当溶液的浓度足够小,对激发光的吸光度很低时,所测得的溶液的荧光强度才与该物质的浓度成正比。若浓度较高,荧光强度与浓度间的线性关系将发生偏离,有时甚至随溶液浓度的增大而降低。

利用低浓度下荧光物质的荧光强度与浓度成正比的特点,可对物质进行定量测定。

6. 结构因素对分子荧光的影响

分子的荧光与分子的共轭体系、刚性的平面结构及电子跃迁类型($\pi\rightarrow\pi^*$,$n\rightarrow\pi^*$)有关。强的荧光物质通常具有大的共 π 键体系及刚性的平面结构,这是因为任何引起分子振动或转动增加(可导致激发态分子的能量损失)的结构或基团都能使分子产生荧光猝灭。

(1)刚性的平面结构。分子的刚性结构阻止了激发态分子因振动和转动引起的能量损失,而分子的平面结构可以使分子中离域的 π 电子移动并弛豫到具有更低能量的定域轨道,这两者均可增加发光的概率,致使荧光发射强度增大。例如:荧光黄(又称荧光素)中氧的桥联使分子呈平面构型,具有一定的刚性,在 0.1 mol 的 NaOH 溶液中,其 $Y_f = 0.92$;而酚酞在

0.1 mol 的 NaOH 溶液中，虽有大的共轭体系，但没有氧桥，不易保持分子刚性的平面结构，因而不发射荧光。它们的分子结构如图 9-4 所示。

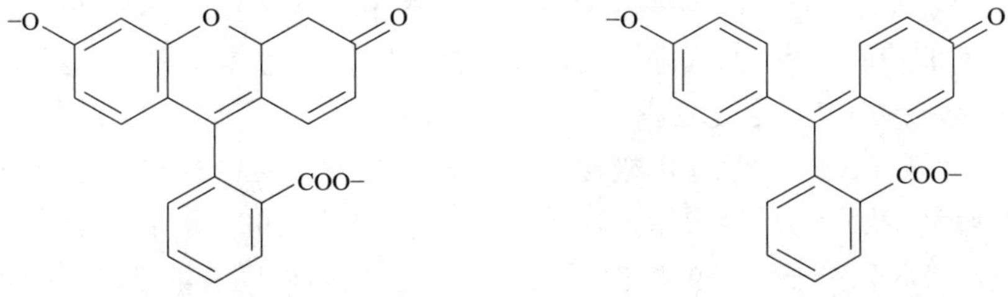

（a）荧光黄，0.1 mol的NaOH溶液发射荧光，荧光效率为0.92　　（b）酚酞，0.1 mol的NaOH溶液不发射荧光

图 9-4　荧光黄及酚酞的分子结构

几种具有刚性平面的荧光化合物的结构如图 9-5 所示。

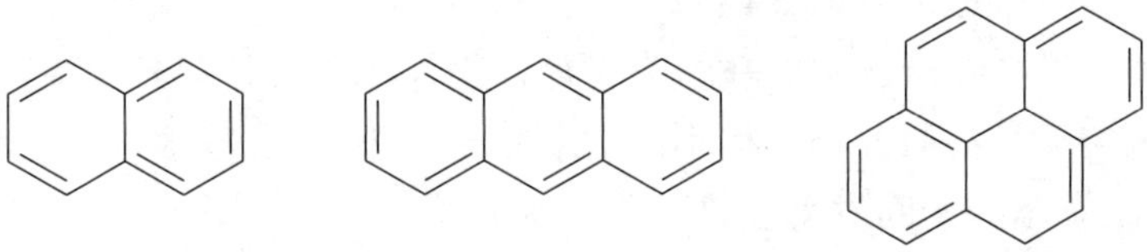

（a）萘　　（b）蒽　　（c）芘

图 9-5　具有刚性平面的荧光化合物的结构

（2）电子跃迁类型。对于大多数不含杂原子的芳香族或共轭体系的化合物，从 $S_0 \to S_1$ 的跃迁是 $\pi \to \pi^*$ 跃迁，摩尔吸光系数都较大（即吸收辐射光的量大），观察这类化合物的荧光就强。

对于含有杂原子的发光体系，从 $S_0 \to S_1$，可以是 $n \to \pi^*$ 跃迁，也可以是 $\pi \to \pi^*$ 跃迁。$n \to \pi^*$ 跃迁的摩尔吸光系数小（即吸收辐射光的量小），观察这类化合物的荧光就弱。

（3）取代基的影响。邻对位取代基（如 NH_2、NHR、NR_2、OH、OR）为推电子取代基，$p \to \pi$ 共轭引起分子刚性芳环的电子云密度升高，产生的荧光的概率增大，导致荧光的波长和强度增大。而间位取代基（如 COOH、COOR、CHO、CRO 等）的 $\pi \to \pi^*$ 共轭引起分子刚性芳环的电子云密度降低，产生荧光的概率减小，导致荧光的强度降低，这类化合物的 $n \to \pi^*$ 跃迁，也造成荧光强度的下降。烷基取代基的引入，对分子的荧光强度影响不大，但由于其可增加荧光分子的振动和转动自由度，使其激发波长和发射波长略向长波方向移动，且分辨率降低。

（4）重原子效应。重原子效应有内部重原子效应和外部重原子效应。分子中引入相对较重的原子（通常指 Cl、Br、I）会使得荧光分子中自旋轨道偶合作用增加，造成分子激发态的单重态和三重态电子在能量上更加接近（即两者之间的能量差减小），导致产生荧光的概率下降，而产生磷光的概率增大。这种因为重原子的引入而出现荧光减弱、磷光增强的现象称为内部重原子效应。因溶剂的重原子造成的影响称为外部重原子效应。

内部重原子效应可以用一卤代萘的相对荧光强度来说明。F、Cl、Br、I 一元取代萘的相对荧光强度以 1 700:120:3:1 的比例递减，而其相对磷光的强度以 1:5:5:7 的比例递增。

7. 环境因素对分子荧光的影响

环境因素对分子荧光的影响主要指溶剂、温度、pH、氢键、顺磁性等，统称环境效应。

(1)溶剂。溶剂对荧光的影响除溶剂本身折射率和介电常数的影响外，主要是指荧光分子与溶剂分子间的特殊作用(如氢键的生成或配合作用)，这种作用取决于荧光分子基态和激发态的极性及其溶剂对其稳定化的程度。溶剂的这种影响与对紫外光谱的影响类似。

对于 π→π * 跃迁，分子激发态的极性远大于基态的极性，随着溶剂极性的增加，对分子激发态的稳定程度增大，而对于分子基态的影响很小，导致荧光发射的能量下降，发射波长红移。

对于 n→π * 跃迁，分子基态的极性远大于激发态的极性，随着溶剂极性的增加，对分子基态的稳定程度增大，而对于分子激发态的影响很小，导致荧光发射的能量升高，发射波长蓝移。

(2)温度。随着体系温度的升高，荧光物质的荧光量子产率通常是下降的。这是因为温度升高会加快分子运动的速度，增加分子间的碰撞，这种碰撞可以发生在荧光分子与溶剂分子之间，也可以发生在荧光分子之间，当处于激发态的分子与另一个荧光分子或溶剂分子碰撞时，都会发生能量的转移，造成发射光谱减弱。

(3)pH。对含有酸性或碱性功能基的荧光化合物，pH 会对其荧光光谱产生影响。其原因在于，pH 不同则这类荧光物质分子结构不同(出现弱酸或弱碱的离解)，以及质子的迁移反应相当迅速，可以在激发态分子间发生。这种作用无论发生在荧光分子的基态，还是激发态，都会影响分子的荧光发射。例如 2-萘酚在水溶液中于 359 nm 波长处出现单一的荧光发射宽谱带，但萘酚盐阴离子的荧光发射谱带的激发波长位于 429 nm。

(4)氢键。荧光分子与溶剂间氢键的作用可以以多种形式影响分子的荧光。如氢键可使分子中杂原子的非键电子更加稳定，氢键也可增加荧光体系中内部能量的转换，这都会造成荧光波长及强度的改变。

(5)顺磁性。荧光体系中有顺磁性物质存在，如溶解的氧分子，它对荧光和磷光有着强的猝灭作用，这种猝灭作用在水溶剂中有时观测不到。

9.2.3 荧光光谱技术

1. 时间分辨发光光谱技术

时间分辨发光光谱技术是基于不同发光体的发光衰减速率的不同，配置带时间延迟设备的脉冲光源和带有门控时间电路的检测器件，通过选择延迟时间 t_d 和门控时间 t_g，对发射单色器进行扫描，得到时间分辨发射光谱，从而实现对光谱重叠但发光寿命不同的组分的分辨和分别测定。或者固定激发与发射波长，对门控时间 t_g 扫描，得到发光强度随时间的衰减曲线，从而实现发光寿命的测量。

2. 同步扫描技术

根据激发和发射单色器在扫描过程中彼此间所保持的关系，同步扫描技术可分为固定波长差、固定能量差和可变角(可变波长)同步扫描。同步扫描技术具有光谱简化、谱线窄化、分辨率提高、光谱重叠减少、选择性提高、散射光影响减少等诸多优点。

同步荧光分析法是提高分析选择性、解决多组分荧光物质同时测定的良好手段之一。同步荧光法在许多环境污染物(如 1-萘酚、2-萘酚、苯酚、苯胺、对苯二酚、间苯二酚等)以及它们的混合物分析中都显示出良好的效果，并且简便快速。

3. 三维荧光技术

三维荧光光谱是近几十年发展起来的一种新的荧光分析技术。普通荧光分析所测得的光谱是二维谱图，包括固定激发波长和扫描发射波长所获得的发射光谱，及固定发射波长和扫描激发波长所获得的激发光谱。但是，实际上荧光强度应是激发和发射这两个波长变量的函数。

描述荧光强度随激发波长和发射波长变化的关系图谱，即为三维荧光光谱。由于三维荧光光谱反映了发光强度随激发波长和发射波长变化的情况，因而能提供比常规荧光光谱和同步荧光光谱更完整的光谱信息，可作为一种很有价值的光谱指纹技术。这种技术在环境监测、临床化学和法庭判证等方面，对于目标物的检测和鉴别均能提供良好的信息。

4. 固体荧光

固体表面荧光测定有两种方法：一种是直接测定固体物质表面的荧光；另一种是将待测组分吸附在固体物质表面，然后进行荧光测定。采用的固体物质品种众多，有硅胶、氧化铝、滤纸、硅酮橡胶、乙酸钠、溴化钾、纤维素等。

固体表面荧光测定常与薄层色谱法或高效薄层色谱法联合使用。样品点滴在薄层色谱板上，经分离后对各个组分进行荧光强度的测定以及荧光发射光谱和激发光谱的测绘。由样品的荧光强度和标准物质的荧光强度对比可以进行定量分析。

9.3　荧光分光光度计

9.3.1　荧光分光光度计的基本组成

荧光分光光度计的实物如图9-6所示。主要由激发光源、单色器、光学系统、检测系统及信号记录显示系统等组成。

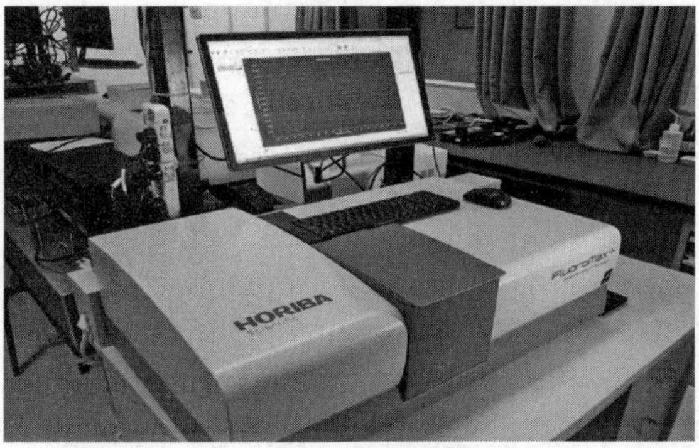

图9-6　荧光分光光度计

1. 激发光源

激发光源是原子荧光光谱仪的主要组成部分。在一定条件下，荧光强度与激发光源的发射强度成正比，因此一个理想的光源应当具有下列条件：①发射强度高，无自吸；②稳定性好，噪声小；③发射的谱线窄且纯度高；④价格便宜且有足够长的使用寿命；⑤操作简便，不需要复杂的电源；⑥适用于各种元素分析，即能制造出各种元素的同类型的灯。

在我国的氢化物-无色散原子荧光光谱仪器的发展过程中曾经用过的激发光源有微波无

极放电灯和空心阴极灯。目前国内外的氢化物-无色散原子荧光商业仪器用的激发光源基本都是空心阴极灯(包括高性能空心阴极灯)。而激光光源是原子荧光的一种理想光源,具有商业开发前景,也是目前原子荧光仪器研究的主要热点之一。

空心阴极灯是依靠阳极和空心阴极之间的放电激发的一种特殊的低压辉光放电灯,当把电压加到电极上时,气体在电场作用下发生电离,由于离子向电极移动,于是产生一定的电流。如果电压足够高,则气体阳离子将获得足够大的能量,使一些金属原子从金属表面上溅射出来而形成原子蒸气云,这一过程称为溅射。一部分溅射出来的金属原子与在空心阴极放电过程中产生的带电粒子发生碰撞,以及不同能级的原子之间碰撞,使特定元素的金属原子被激发,激发态的原子在跃迁回基态的过程中产生强烈的特征共振光辐射。最后,金属原子又扩散回阴极表面或管子的玻璃壁上而重新积淀出来。

2. 单色器

荧光分光光度计配有激发单色器和发射单色器,激发单色器用于荧光激发光谱的扫描及选择激发波长,发射单色器用于扫描荧光发射光谱及分离荧光发射波长。

单色器通常有光栅单色器和棱镜单色器两种,荧光分光光度计用得最多的是光栅单色器。

3. 光学系统

光学系统的作用是充分利用激发光源的辐射能量有效地激发荧光,并将激发的荧光信号接收下来,同时又不让散射光和杂散光进入检测系统。荧光与吸收光谱分析仪器基本结构相同,差别在于:①荧光是二次发光,是各向同性的,因此,荧光很难收集,强度弱,但可在180°以内的任意角度灵活配置检测器,为避免激发光源强的一次辐射进入检测器影响对荧光弱信号的检测,检测器与激发光束不在同一直线上,通常成直角配置,在与激发光源光轴成90°方向检测荧光;②荧光强度与激发光束的强度成正比,因此,在光路设计上,主要考虑增大光源辐照蒸气的立体角,提高集光本领,减少散射光对检测弱荧光信号的影响;③荧光仪器可以做成无色散元件的非色散型仪器或多元素同时检测仪器。

4. 检测系统

由于荧光的强度一般较弱,所以要求用于荧光分光光度计的检测器具有较高的灵敏度。现代荧光光谱仪中普遍使用光电倍增管作为检测器,新一代荧光光谱仪中使用了电荷耦合元件检测器,可一次获得荧光二次光谱。在检测系统中,核心部件是光电倍增管。下面就这种检测器的工作原理和主要检测电路作一简单介绍。

光电倍增管的示意图如图9-7所示,它由光电阴极、若干倍增极和阳极三部分组成。光电阴极由半导体光电材料制成,入射光就在它上面打出光电子。倍增极数目为4~14个不等。在各倍增电极上加上电压。阳极收集电子,外电路形成电流输出,其输出电流与入射光强成正比。

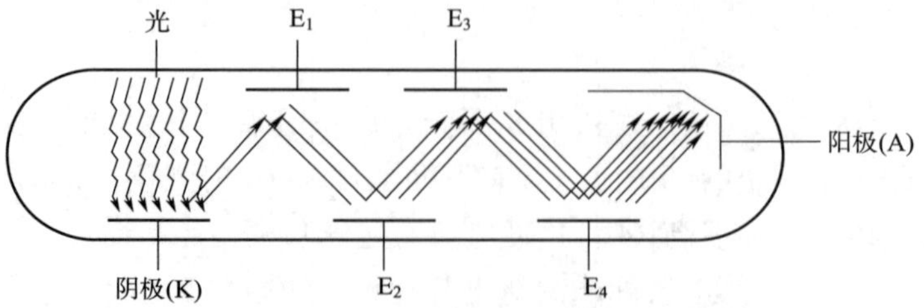

图9-7　光电倍增管示意图

工作时,在阴极 K 上加一负电压(即仪器条件设置中的负高压),各个倍增极上均加上电压。从阴极开始,各个倍增极的 E_1、E_2、E_3 等电位依次升高,阳极 A 电位最高。入射光在光电阴极上激发电子,由于各极间有电场存在,所以阴极激发电子被加速轰击第一倍增极,这些倍增极具有这样的特性,在受到一定数量的电子轰击后,能放出更多的电子,称为“二次电子”。

5. 信号处理、显示和记录

由检测器出来的信号经过放大处理之后,可用荧光屏显示或记录仪记录。荧光信号是弱信号检测,要求检测电路能有效地放大有用信号,最大限度地消除噪声信号,提高信噪比。通常采用两种方法消除噪声:一种是利用频谱特性消除噪声,另一种是用抵偿法消除噪声。火焰噪声、暗电流噪声分布在一定频谱范围,在几百赫以下较强,随着频率增高而趋向减小。通过调制激发光源获得高频脉冲原子荧光信号,用窄带放大器、选频放大器或相敏放大器,只放大荧光信号,抑制与消除噪声信号。在双通道仪器中,从一个通道采集荧光信号与噪声信号,从另一通道采集噪声信号,两通道采集的信号相减,得到消除噪声后的净荧光信号。后一种方法有利于消除高背景噪声,但要求电子器件具有良好的对称性。

9.3.2 荧光分光光度计的工作原理

荧光分光光度计的基本工作原理如图 9-8 所示,从光源发出的光经第一单色器(激发单色器)分光后入射到样品池上,产生的荧光经第二单色器(发射单色器)分光后进入检测器,检测器把荧光强度信号转化成电信号并经过放大器。

放大后,经信号记录显示系统输出信号。通常在激发单色器与样品池之间及样品池与发射单色器之间还装有滤光片架,以便不同荧光测量时选择使用各种滤光片。滤光片的作用是为了消除或减小瑞利散射光及拉曼散射等的影响。在更高级的荧光仪器中,激发和发射滤光片架同时也可安装偏振片以备荧光偏振测量时选用。仪器由计算机控制,并可进行固体物质的荧光测量及低温条件下的荧光测量等。

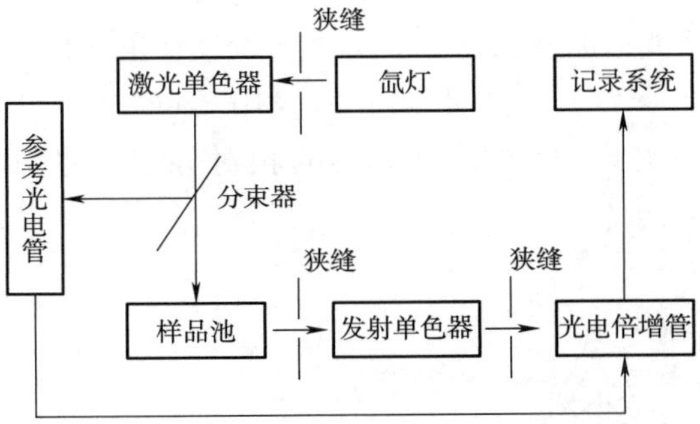

图 9-8 荧光分光光度计的工作原理

9.4 荧光光谱技术的应用

荧光光谱法应用在高分子材料研究中虽然只有 20 年的历史,然而其应用已深入到高分子、原子科学中的许多领域。由于其灵敏度极高,在高分子溶液、共混物等方面的研究十分引人注目。

9.4.1 在高分子中的应用

1. 高分子在溶液中的形态转变

合成聚合物的激基缔合物荧光最早是在聚苯乙烯溶液中发现的,聚苯乙烯在溶液中的激基缔合作用已被许多学者所研究。所谓高分子溶液中的激基缔合物,是指对于像聚苯乙烯这类聚合物中的苯环或其他芳环等具有平面 π 电子共轭结构的发色基团,除单独存在外,还有可能由于分子链处于某种构象时,邻近的两平面结构相互平行靠近产生相互作用,从而形成一种激基缔合物。这种激基缔合物吸光后发出了不同于单独发色基团的异常荧光。反映在荧光谱图上,就表现为聚合物(如聚苯乙烯)溶液的荧光谱峰与相应的结构单元(如乙苯)的荧光谱峰有明显不同,如图 9-9 所示。

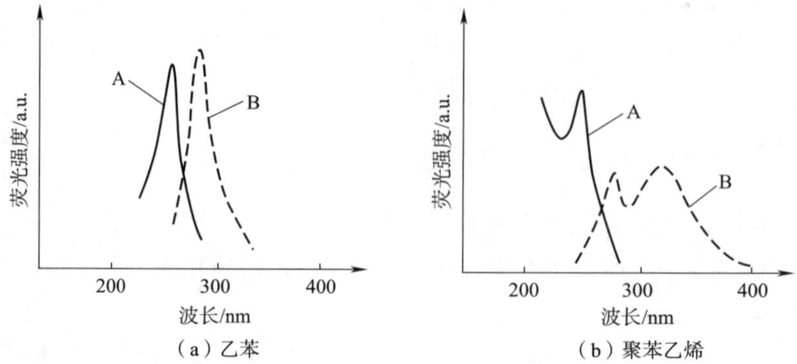

图 9-9 乙苯和聚苯乙烯的吸收光谱(A)和激发光谱图(B)

钱人元等研究了聚苯乙烯在二氯乙烷和环已烷中激基缔合物的形成随浓度的变化,并将激基缔合物与单体单元的荧光强度之比 I_E/I_M 对浓度作图,发现 $I_E/I_M \sim \lg c$ 曲线上存在一个明显的转折 c_S。如图 9-10(a)所示为聚苯乙烯在二氯乙烷溶液中的荧光激发谱(曲线 1、2 的发射波长分别为 330 nm、285 nm,激发狭缝宽度为 2.5 nm)和发射谱(3、4、5、6 的生色团浓度分别为 1.04×10^{-3} mol/L、2.45×10^{-3} mol/L、3.67×10^{-1} mol/L、1.10 mol/L)。图 9-10(b)为该荧光谱的 I_E/I_M 对 lgc 的关系图,试样 1、2、3 的相对分子质量分别为 9.54×10^3、2.52×10^5、6.09×10^5,I_E/I_M 为 I_{330}/I_{285}。

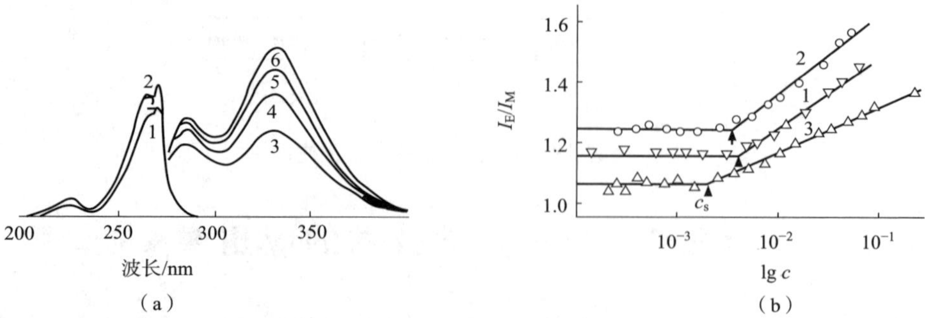

图 9-10 聚苯乙烯-二氯乙烷溶液的荧光激发谱和发射光谱以及荧光谱 I_E/I_M 与 lg c 的关系曲线

聚苯乙烯是柔性链高分子,二氯乙烷是它的良溶剂。高分子在极稀的良溶剂中呈扩张线团形态,线团的扩张是链段与溶剂间相互作用产生链段间排斥力,即所谓的体积排斥效应的结果。由于线团间距离大而不存在线团与线团间的相互作用,在极稀的浓度范围内,线团的平均尺寸和链段在线团内分布的平均空间密度没有浓度依赖性,因而线团中芳环层叠对的空间密度也没有溶剂浓度的依赖性,I_E/I_M为恒定值。随着浓度的增加,孤立的高分子线团逐渐靠近,当浓度达某一值 c_S时,高分子的形态开始受邻位线团的影响,线团上局部靠近的链段间的排斥力抵消了线团内链段之间的排斥力而使线团收缩,其结果是线团内链段的空间密度增大,链内非相邻生色团间形成芳环层叠对的概率增加,因此 I_E/I_M随浓度的升高而增加。随着浓度的继续增大,邻近线团越来越多,线团间距越来越小,线团进一步收缩以至不同线团上的链段开始互相贯穿。此结论同中子、X 射线小角散射的结果一致。

2. 高分子共混物的相容性和相分离

不同品种的高分子均聚物共混,有可能获得具有新的功能,或综合两者优点的新材料体系。自 20 世纪 70 年代以来,这一领域的研究有了很快的发展。组成共混物的高分子间若存在特殊相互作用,包括氢键、偶极-偶极、离子-离子、电荷转移络合等,便会产生有利于互相溶解的混合焓,因而形成相容体系。

用荧光光谱法表征高分子共混体系的相容性主要有两种方法:激基缔合物法和 Forster 能量转移法。

Frank 发展了用含芳香基均聚物的激基缔合物来研究高聚物相容性的技术。用 0.2% 聚β-乙烯萘与不同的聚烷基丙烯酸甲酯共混,发现 I_E/I_M随两组分溶度参数差增大而升高。当溶度参数差接近零时,I_E/I_M最小,表明两组分以分子水平相容。后来 Frank 又将该技术用于研究聚苯乙烯/聚乙烯基甲基醚共混物的相分离。对于 PS-聚乙烯基甲基醚体系从甲苯溶液中成膜表现出相容的性质,从四氢呋喃(THF)溶液中成膜则出现相分离。在相同的聚苯乙烯含量时,相分离体系的 I_E/I_M远高于相容体系。钱人元等发现,对从甲苯中成膜的聚苯乙烯-聚乙烯基醚体系,聚苯乙烯含量低于 5%(质量分数)时,I_E/I_M为一常数,小于聚苯乙烯在良溶剂中的数值,这表明两种聚合物以分子水平相容。这与 Ernst R. R. 用二维 NMR 研究共混物自旋扩散谱的结论是一致的。

江明等用荧光光谱法研究了含氢键体系的相容性。所用的含荧光生色团的聚合物是乙烯基萘(VN,90%)和少量甲基丙烯酸甲酯(MMA)的共聚物(PVM),后者提供了与对应聚合物生成氢键的羰基,与之共混的对应聚合物为含羟基的聚苯乙烯[PS(OH)]。在羟基含量很低时,I_E/I_M几乎不随—OH 的含量而改变,表明了 PVM 在 PS(OH)中的状态是独立成形的。在羟基含量较高(>2.8%)时,I_E/I_M在一个低值的水平上保持不变,这表明体系中形成激基缔合物的可能性大为减少,即 PVM 已和 PS(OH)充分贯穿和均匀混合了。介于此两区域之间明显存在一个转变区。氢键作用的增强使 PVM 链由自身聚集的状态过渡到在 PS(OH)基质中的充分均匀混合。荧光光谱法给出的如此之低含量下的相容行为的变化,是其他相容性技术如差示扫描量热技术(DSC)或动态力学方法等所无法观察到的。

激基缔合物法仅适用于研究含生色团的均聚物的共混体系。而 Forster 能量转移法却具有更普遍的意义。这一方法的基本原理在于:当某种体系中同时存在一种荧光能量给体 D 和一种能量受体 A 时,它们之间的能量转移效率 E 与其间距的 6 次方成反比,即 $E=1/[1+$

$(D/R_0)^6$]。这里的 D 是两生色团之间的距离，R_0是所谓特征距离，它取决于 D 的发射光谱和 A 的吸收光谱间重叠的程度及体系的折光指数等。对给定的体系来说，它是一个常数。通常，R_0值为 2 ~ 4 nm，由于生色团间的能量转移效率强烈依赖于两者的距离，如将两种荧光生色基团分别标记到两种聚合物上，则可通过其能量转移效率的变化来了解 2 ~ 4 nm 尺度下异种分子间相互混合的程度。显然，体系由相分离状态向相容性状态变化时，其能量转移效率将有较大的增加，因为前者只有在两相界面上才发生能量转移。

例如，应用能量转移技术可研究聚氢化丁二烯-聚甲基丙烯酸甲酯嵌段共聚物（PHB-b-PMMA）对线性低密度聚乙烯（LLDPE）/聚甲基丙烯酸甲酯（PMMA）共混体系的增容以及界面的变化，其中 LLDPE 和 PMMA 分别用萘（能量给体）和蒽（能量受体）进行标记。在不相容共混体系中，给体和受体较大的间距导致能量转移效率偏低，但是如果存在界面扩散，给体-受体的间距将缩短，能量转移效率将提高。如图 9-11 给出了 LLDPE/PMMA 共混物在添加增容剂前后荧光谱图的变化，以及不同增容剂含最对能量转移效率的影响（其中 I_D/I_A为能量给体和能量受体的荧光强度之比）。在增容剂含量低于 8%（质量分数）时，能量转移效率随含量增加而增加（即 I_D/I_A减小），表明嵌段共聚物增强了共混界面的黏合，使不相容的两种均聚物彼此更加靠近。但当含量高于 8% 时，共聚物趋向于在共混组分中形成微区，反而使能量转移效率下降（即 I_D/I_A增加）。

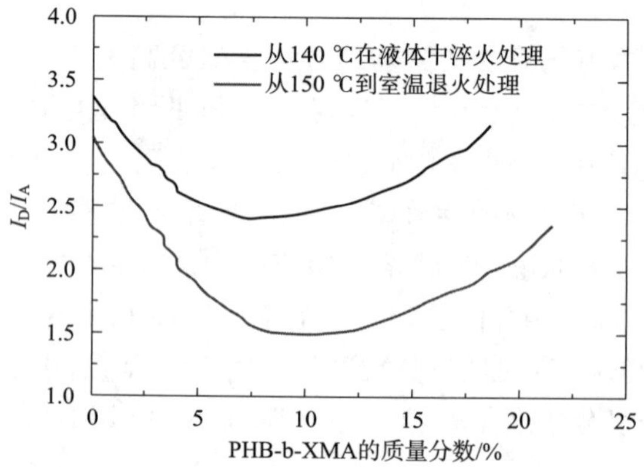

图 9-11　PHB-b-PMMA 在 LLDPE/PMMA 共混物（2:1 质量比）中的含量与能量转移效率的关系曲线图

9.4.2　在高聚物中的应用

1. 研究高聚物的降解与老化

高聚物的降解和老化过程可以利用中间和最终产物中发光基团的荧光光谱变化进行动态的描述。图 9-12（a）给出了某种聚酯膜在 300 ℃经不同时间热降解后在 330 nm 波长激发时的荧光发射光谱，结果显示热降解后荧光发射强度明显增加，发射波长随热处理时间的延长而红移（由 1 h 的 380 nm 移至 5 h 的 415 nm），同时热处理 2 h 后在 450 nm 处出现宽肩峰。这些结果表明热老化过程由两个协同效应组成，即羟基化作用形成单羟基单元，随之快速发生双羟基化反应生成双羟基单元。聚酯膜经紫外光降解不同时间后在 330 nm 波长激发时的荧光发射光谱如图 9-12（b）所示，其变化与热老化不同。光降解后在 460 nm 处的荧光发射强度随处理时间的延长而显著增强，但无红移现象，由此表明光降解后主要的反应是单羟基化的快速反应，仅生成极少量的双羟基单元。进一步分析还说明光老化在形成高聚物的短链段的同时伴有结构的重排和聚集。

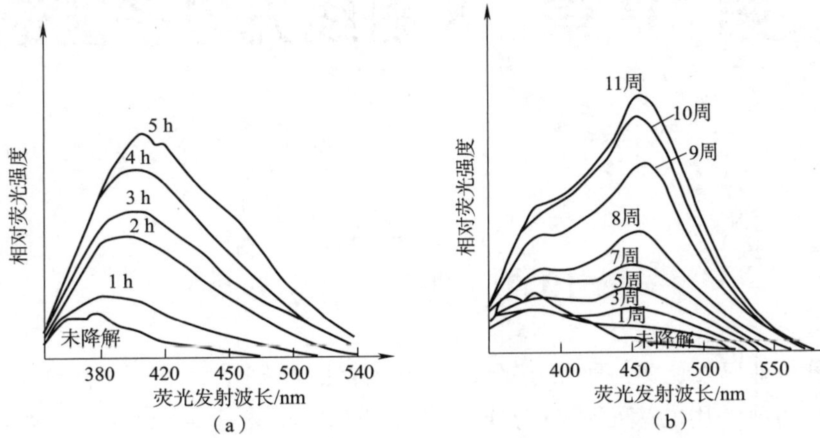

图 9-12　聚酯膜在 300 ℃热降解不同时间后的荧光发射光谱
及聚酯膜在经紫外光降解后的荧光发射图谱（激发波长均为 330 nm）

2. 发光聚合物材料的荧光光谱研究

为研究聚合物发光材料，往往将小分子发光物质引入聚合物长链中。如图 9-13 显示出取代肉桂酸单体铕盐与相应的聚合物的荧光谱，其激发光波长固定在 241. 1 nm。曲线 1 为取代肉桂酸单体铕盐，曲线 2 为其聚合物。可见，取代肉桂酸单体铕盐的荧光强度大，聚合后荧光减弱，在 700 nm 处峰的变化尤为明显。铕（Eu）是稀土金属，具有一定数目的共轭单位的低分子有机配体与稀土金属盐形成的有机盐类具有较高的发光效率，其单体聚合后，由于羟酸盐基聚集引起亚微观的不均匀性，导致 Eu^{3+} 的荧光部分淬灭，致使荧光强度减弱。

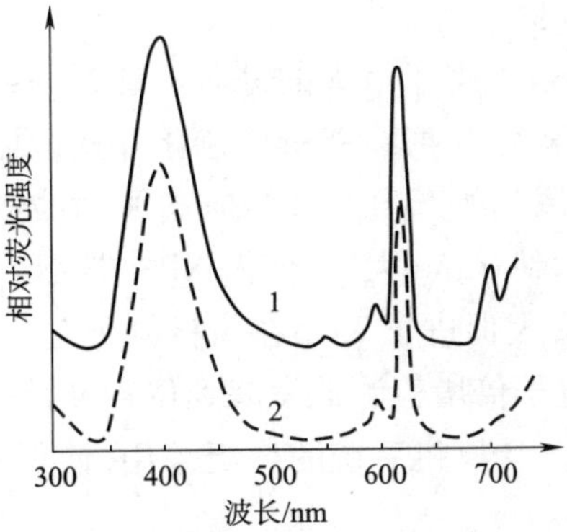

图 9-13　聚合物发光材料的荧光光谱

注：其中 1 为取代肉桂酸单体铕盐；2 为相应的聚合物。

第 10 章 X 射线光电子能谱技术

10.1 概　　述

固体表面分析业已发展为一种常用的仪器分析方法，特别是对于固体材料的分析和元素化学价态分析。目前常用的表面成分分析方法有 X 射线光电子能谱（XPS）、俄歇电子能谱（AES）、静态二次离子质谱（SIMS）和离子散射谱（ISS）。AES 分析主要应用于物理方面的固体材料科学的研究，而 XPS 的应用面则广泛得多，更适合于化学领域的研究。SIMS 和 ISS 由于定量效果较差，在常规表面分析中的应用相对较少。但近年随着飞行时间质谱（TOFMS）的发展，使得质谱在表面分析上的应用也逐渐增加。

X 射线光电子能谱（XPS）也被称作化学分析用电子能谱（ESCA）。该方法是在 20 世纪 60 年代由瑞典科学家 Kai Siegbahn 教授发展起来的。由于在光电子能谱的理论和技术上的重大贡献，1981 年，Kai Siegbahn 获得了诺贝尔物理学奖。现在，XPS 无论在理论上还是在实验技术上都已获得了长足的发展，已从刚开始主要用来对化学元素的定性分析，发展为表面元素定性、半定量分析及元素化学价态分析的重要手段。XPS 的研究领域也不再局限于传统的化学分析，而扩展到现代迅猛发展的材料学科。目前该分析方法在日常表面分析工作中的份额约为 50%，是一种最主要的表面分析工具。

在 XPS 谱仪技术发展方面也取得了巨大的进展。在 X 射线源上，已从原来的激发能固定的射线源发展到利用同步辐射获得 X 射线能量单色化并连续可调的激发源；传统的固定式 X 射线源也发展到电子束扫描金属靶所产生的可扫描式 X 射线源；X 射线的束斑直径也实现了微型化，最小的束斑直径已能达到 6 μm 大小，使得 XPS 在微区分析上的应用得到了大幅度的加强。图像 XPS 技术的发展，大大促进了 XPS 在新材料研究上的应用。在谱仪的能量分析检测器方面，也从传统的单通道电子倍增检测器发展到位置灵敏检测器和多通道检测器，使得检测灵敏度获得了大幅度的提高。计算机系统的广泛采用，使得采样速度和谱图的解析能力也有了很大的提高。

由于 XPS 具有很高的表面灵敏度，适合于涉及表面元素定性和定量分析的应用，同样也可以应用于元素化学价态的研究。此外，配合离子束剥离技术和变角 XPS 技术，还可以进行薄膜材料的深度分析和界面分析。因此，XPS 方法可广泛应用于化学化工、材料、机械、电子材料等领域。

10.2 仪器结构和工作原理

10.2.1 XPS 谱仪的基本结构

虽然 XPS 方法的原理比较简单,但其仪器结构却非常复杂。图 10-1 是 X 射线光电子能谱的方框图。下面对主要部件进行简单的介绍。

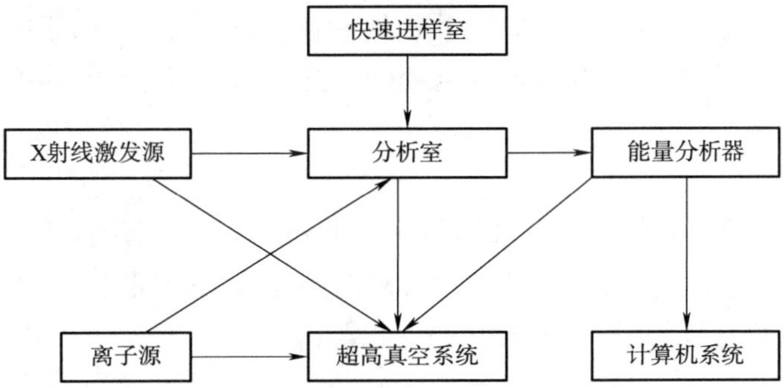

图 10-1 X 射线光电子能谱仪结构框图

1. 超高真空系统

在 X 射线光电子能谱仪中必须采用超高真空系统,主要是出于两方面的原因。首先,XPS 是一种表面分析技术,如果分析室的真空度很差,在很短的时间内试样的清洁表面就可以被真空中的残余气体分子所覆盖。其次,由于光电子的信号和能量都非常弱,如果真空度较差,光电子很容易与真空中的残余气体分子发生碰撞作用而损失能量,最后不能到达检测器。在 X 射线光电子能谱仪中,为了使分析室的真空度能达到 3×10^{-8} Pa,一般采用三级真空泵系统。前级泵一般采用旋转机械泵或分子筛吸附泵,极限真空度能达到 10^{-2} Pa;采用油扩散泵或分子泵,可获得高真空,极限真空度能达到 10^{-8} Pa;而采用溅射离子泵和钛升华泵,可获得超高真空,极限真空度能达到 10^{-9} Pa。这几种真空泵的性能各有优缺点,可以根据各自的需要进行组合。现在的新型 X 射线光电子能谱仪,普遍采用机械泵-分子泵-溅射离子泵-钛升华泵系列,这样可以防止扩散泵油污染超高真空分析室。

2. 快速进样室

X 射线光电子能谱仪多配备有快速进样室,其目的是在不破坏分析室超高真空的情况下进行快速进样。快速进样室的体积很小,以便在 5 ~ 10 min 内达到 10^{-3} Pa 的高真空。有一些谱仪,把快速进样室设计成样品预处理室,可以对样品进行加热,蒸镀和刻蚀等操作。

3. X 射线激发源

在普通的 XPS 谱仪中,一般采用双阳极靶激发源。常用的激发源有 Mg K_α X 射线(光子能量为 1 253.6 eV)和 Al K_α X 射线(光子能量为 1 486.6 eV)。没经单色化的 X 射线的线宽可达到 0.8 eV,而经单色化处理以后,线宽可降低到 0.2 eV,并可以消除 X 射线中的杂线和轫致辐射。但经单色化处理后,X 射线的强度大幅度下降。

4. 离子源

在 XPS 中配备离子源的目的是对样品表面进行清洁或对样品表面进行定量剥离。在

XPS 谱仪中,常采用 Ar 离子源。Ar 离子源又可分为固定式和扫描式。固定式 Ar 离子源由于不能进行扫描剥离,对样品表面刻蚀的均匀性较差,仅用作表面清洁。对于进行深度分析用的离子源,应采用扫描式 Ar 离子源。

5. 能量分析器

X 射线光电子的能量分析器有两种类型,半球型能量分析器和筒镜型能量分析器。半球型能量分析器由于对光电子的传输效率高和能量分辨率好等特点,多用在 XPS 谱仪上。而筒镜型能量分析器由于对俄歇电子的传输效率高,主要用在俄歇电子能谱仪上。对于一些多功能电子能谱仪,由于考虑到 XPS 和 AES 的共用性和使用的侧重点,选用能量分析器主要依据分析方法而定,以 XPS 为主的采用半球型能量分析器,而以俄歇为主的则采用筒镜型能量分析器。

6. 计算机系统

由于 X 射线光电子能谱仪的数据采集和控制十分复杂,商用谱仪均采用计算机系统来控制谱仪和采集数据。由于 XPS 数据的复杂性,谱图的计算机处理也是一个重要的部分。如元素的自动标识、半定量计算,谱峰的拟合和去卷积等。

10.2.2 XPS 谱仪的工作原理

X 射线光电子能谱基于光电离作用,当一束光子辐照到样品表面时,光子可以被样品中某一元素的原子轨道上的电子所吸收,使得该电子脱离原子核的束缚,以一定的动能从原子内部发射出来,变成自由的光电子,而原子本身则变成一个激发态的离子。在光电离过程中,固体物质的结合能可以表示为:

$$E_k = h\nu - E_b - \phi_s \tag{10-1}$$

式中 E_k —出射的光电子的动能,eV;

$h\nu$ —X 射线源光子的能量,eV;

E_b —特定原子轨道上的结合能,eV;

ϕ_s —谱仪的功函,eV。

谱仪的功函主要由谱仪材料和状态决定,对同一台谱仪基本是一个常数,与样品无关,其平均值为 3 ~4 eV。

在 XPS 分析中,由于采用的 X 射线激发源的能量较高,不仅可以激发出原子价轨道中的价电子,还可以激发出芯能级上的内层轨道电子,其出射光电子的能量仅与入射光子的能量及原子轨道结合能有关。因此,对于特定的单色激发源和特定的原子轨道,其光电子的能量是特征的。当固定激发源能量时,其光电子的能量仅与元素的种类和所电离激发的原子轨道有关。因此,我们可以根据光电子的结合能定性分析物质的元素种类。

在普通的 XPS 谱仪中,一般采用的 Mg K_α 和 Al K_α X 射线作为激发源,光子的能量足够促使除氢、氦以外的所有元素发生光电离作用,产生特征光电子。由此可见,XPS 技术是一种可以对所有元素进行一次全分析的方法,这对于未知物的定性分析是非常有效的。

经 X 射线辐照后,从样品表面出射的光电子的强度与样品中该原子的浓度呈线性关系,可以利用其进行元素的半定量分析。鉴于光电子的强度不仅与原子的浓度有关,还与光电子的平均自由程、样品的表面光洁度,元素所处的化学状态,X 射线源强度以及仪器的状态有关。

因此,XPS技术一般不能给出所分析元素的绝对含量,仅能提供各元素的相对含量。由于元素的灵敏度因子不仅与元素种类有关,还与元素在物质中的存在状态,仪器的状态有一定的关系,因此不经校准测得的相对含量也会存在很大的误差。还须指出的是,XPS是一种表面灵敏的分析方法,具有很高的表面检测灵敏度,可以达到10^{-3}原子单层,但对于体相检测灵敏度仅为0.1%左右。XPS是一种表面灵敏的分析技术,其表面采样深度为2.0~5.0 nm,它提供的仅是表面上的元素含量,与体相成分会有很大的差别。而它的采样深度与材料性质、光电子的能量有关,也与样品表面和分析器的角度有关。

虽然出射的光电子的结合能主要由元素的种类和激发轨道所决定,但由于原子外层电子的屏蔽效应,芯能级轨道上电子的结合能在不同的化学环境中是不一样的,有一些微小的差异。这种结合能上的微小差异就是元素的化学位移,它取决于元素在样品中所处的化学环境。一般地,元素获得额外电子时,化学价态为负,该元素的结合能降低。反之,当该元素失去电子时,化学价为正,XPS的结合能增加。利用这种化学位移可以分析元素在该物种中的化学价态和存在形式。元素的化学价态分析是XPS分析最重要的应用之一。

10.3 XPS实验技术

10.3.1 样品的制备技术

X射线能谱仪对分析的样品有特殊的要求,在通常情况下只能对固体样品进行分析。由于涉及样品在真空中的传递和放置,待分析的样品一般都需要经过一定的预处理,具体分述如下:

1. 样品的大小

由于在实验过程中样品必须通过传递杆,穿过超高真空隔离阀,送进样品分析室。因此,样品的尺寸必须符合一定的大小规范,以利于真空进样。对于块状样品和薄膜样品,其长宽最好小于10 mm,高度小于5 mm。对于体积较大的样品则必须通过适当方法制备成合适大小的样品。但在制备过程中,必须考虑处理过程可能对表面成分和状态的影响。

2. 粉体样品

对于粉体样品有两种常用的制样方法。一种是用双面胶带直接把粉体固定在样品台上,另一种是把粉体样品压成薄片,然后再固定在样品台上。前者的优点是制样方便,样品用量少,预抽到高真空的时间较短,缺点是可能会引进胶带的成分。后者的优点是可以在真空中对样品进行处理,如加热,表面反应等,其信号强度也要比胶带法高得多。缺点是样品用量太大,抽到超高真空的时间太长。在普通的实验过程中,一般采用胶带法制样。

3. 含有挥发性物质的样品

对于含有挥发性物质的样品,在样品进入真空系统前必须清除掉挥发性物质。一般可以通过对样品加热或用溶剂清洗等方法。

4. 表面有污染的样品

对于表面有油等有机物污染的样品,在进入真空系统前必须用油溶性溶剂(如环已烷,丙酮等)清洗掉样品表面的油污。最后再用乙醇清洗掉有机溶剂,为了保证样品表面不被氧化,一般采用自然干燥。

5. 带有微弱磁性的样品

由于光电子带有负电荷，在微弱的磁场作用下，也可以发生偏转。当样品具有磁性时，由样品表面出射的光电子就会在磁场的作用下偏离接收角，最后不能到达分析器，因此，得不到正确的 XPS 谱。此外，当样品的磁性很强时，还有可能使分析器探头及样品架磁化的危险，因此，绝对禁止带有磁性的样品进入分析室。一般对于具有弱磁性的样品，可以通过退磁的方法去掉样品的微弱磁性，然后就可以像正常样品一样分析。

10.3.2 离子束溅射技术

在 X 射线光电子能谱分析中，为了清洁被污染的固体表面，常常利用离子枪发出的离子束对样品表面进行溅射剥离，清洁表面。然而，离子束更重要的应用则是样品表面组分的深度分析。利用离子束可定量地剥离一定厚度的表面层，然后再用 XPS 分析表面成分，这样就可以获得元素成分沿深度方向的分布图。作为深度分析的离子枪，一般采用 0.5 ~ 5 keV 的 Ar 离子源。扫描离子束的束斑直径一般在 1 ~ 10 mm 范围，溅射速率范围为 0.1 ~ 50 nm/min。为了提高深度分辨率，一般应采用间断溅射的方式。为了减少离子束的坑边效应，应增加离子束的直径。为了降低离子束的择优溅射效应及基底效应，应提高溅射速率和降低每次溅射的时间。在 XPS 分析中，离子束的溅射还原作用可以改变元素的存在状态，许多氧化物可以被还原成较低价态的氧化物，如 Ti、Mo、Ta 等。在研究溅射过的样品表面元素的化学价态时，应注意这种溅射还原效应的影响。此外，离子束的溅射速率不仅与离子束的能量和束流密度有关，还与溅射材料的性质有关。一般的深度分析所给出的深度值均是相对于某种标准物质的相对溅射速率。

10.3.3 样品荷电的校准

对于绝缘体样品或导电性能不好的样品，经 X 射线辐照后，其表面会产生一定的电荷积累，主要是正电荷。样品表面荷电相当于给从表面出射的自由的光电子增加了一定的额外电压，使得测得的结合能比正常的要高。样品荷电问题非常复杂，一般难以用某一种方法彻底消除。在实际的 XPS 分析中，一般采用内标法进行校准。最常用的方法是用真空系统中最常见的有机污染碳的 C 1s 的结合能为 284.5 eV，进行校准。

10.3.4 XPS 的采样深度

X 射线光电子能谱的采样深度与光电子的能量和材料的性质有关。一般定义 X 射线光电子能谱的采样深度为光电子平均自由程的 3 倍。根据平均自由程的数据可以估计各种材料的采样深度。一般对于金属样品为 0.5 ~ 2 nm，对于无机化合物为 1 ~ 3 nm，而对于有机物则为 3 ~ 10 nm。

10.4 XPS 谱图分析技术

10.4.1 表面元素定性分析

这是一种常规分析方法，一般利用 XPS 谱仪的宽谱扫描程序。为了提高定性分析的灵敏度，一般应加大分析器的通能，提高信噪比。图 10-2 是典型的 XPS 定性分析图。通常 XPS 谱图的横坐标为结合能，纵坐标为光电子的计数率。在分析谱图时，首先必须考虑的是消除荷电位移。对于金属和半导体样品由于不会荷电，因此不用校准。但对于绝缘样品，则必须进行校准。因为，当荷电较大时，会导致结合能位置有较大的偏移，导致错误判断。使用计算机自动标峰时，同样会产生这种情况。一般来说，只要该元素存在，其所有的强峰都应存在，否则应考虑是否为其他元素的干扰峰。激发出来的光电子依据激发轨道的名称进行标记。如从 C 原子的 1s 轨道激发出来的光电子用 C 1s 标记。由于 X 射线激发源的光子能量较高，可以同时激发出多个原子轨道的光电子，因此在 XPS 谱图上会出现多组谱峰。大部分元素都可以激发出多组光电子峰，可以利用这些峰排除能量相近峰的干扰，以利于元素的定性标定。由于相近原子序数的元素激发出的光电子的结合能有较大的差异，因此相邻元素间的干扰作用很小。

由于光电子激发过程的复杂性，在 XPS 谱图上不仅存在各原子轨道的光电子峰，同时还存在部分轨道的自旋裂分峰 $K_{\alpha 2}$产生的卫星峰，携上峰以及 X 射线激发的俄歇峰等伴峰，在定性分析时必须予以注意。现在，定性标记的工作可由计算机进行，但经常会发生标记错误，应加以注意。对于不导电样品，由于荷电效应，经常会使结合能发生变化，导致定性分析得出不正确的结果。

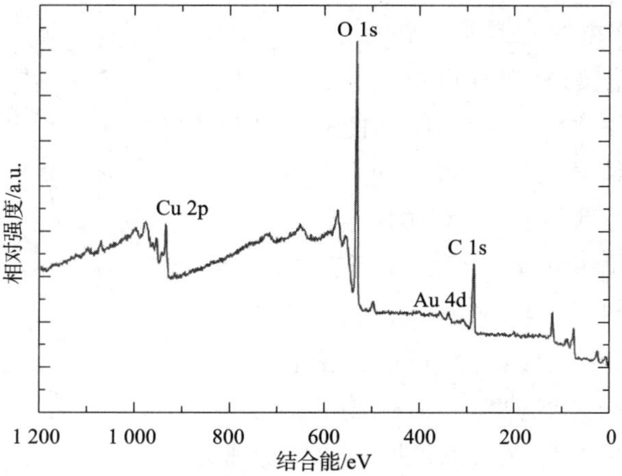

图 10-2　高纯 Al 基底上通过电化学沉积形成的 Cu 的氧化物薄膜的 XPS 谱图（激发源为 Mg K_α）

从图 10-2 可见，在薄膜表面主要有 Cu、Au、C、O 元素存在。Au 的信号较弱，而 O 的信号很强。这结果表明形成的薄膜主要是铜的氧化物。

10.4.2　表面元素的半定量分析

首先应当明确的是 XPS 并不是一种很好的定量分析方法。它给出的仅是一种半定量的分析结果，即相对含量而不是绝对含量。由 XPS 提供的定量数据是以原子百分比含量表示的，而不是我们平常所使用的质量百分比。这种比例关系可以通过下列公式换算：

$$c_i^{\mathrm{wt}} = \frac{c_i \times A_i}{\sum_{i=1}^{n} c_i \times A_i} \tag{10-2}$$

式中，c_i^{wt} 为第 i 种元素的质量分数；c_i 为第 i 种元素的 XPS 摩尔分数；A_i 为第 i 种元素的相对原子质量。

在定量分析中必须注意的是，XPS 给出的相对含量也与谱仪的状况有关。因为不仅各元素的灵敏度因子是不同的，XPS 谱仪对不同能量的光电子的传输效率也是不同的，并随谱仪受污染程度而改变。XPS 仅提供表面 3 ~ 5 nm 厚的表面信息，其组成不能反映体相成分。样品表面的 C、O 污染以及吸附物的存在也会大大影响其定量分析的可靠性。

10.4.3 表面元素的化学价态分析

表面元素化学价态分析是 XPS 最重要的一种分析功能，也是 XPS 谱图解析最难，比较容易发生错误的部分。在进行元素化学价态分析前，首先必须对结合能进行正确的校准。因为结合能随化学环境的变化较小，而当荷电校准误差较大时，很容易标错元素的化学价态。此外，有一些化合物的标准数据依据不同的作者和仪器状态存在很大的差异，在这种情况下这些标准数据仅能作为参考，最好是自己制备标准样，这样才能获得正确的结果。有一些化合物的元素不存在标准数据，要判断其价态，必须用自制的标样进行对比。还有一些元素的化学位移很小，用 XPS 的结合能不能有效地进行化学价态分析，在这种情况下，可以从线形及伴峰结构进行分析，同样也可以获得化学价态的信息。

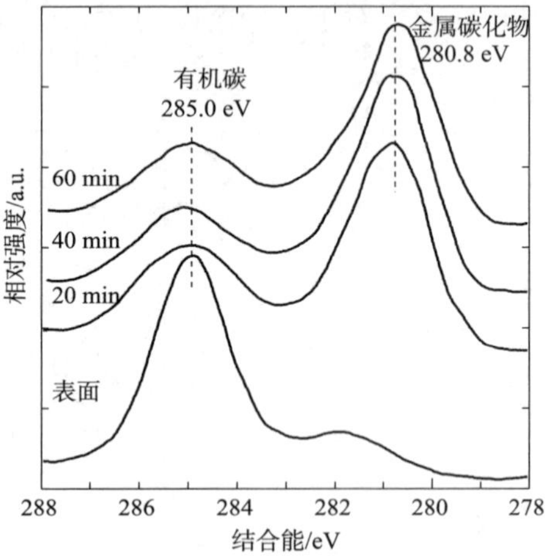

图 10-3　压电材料薄膜中碳的化学价态谱

如图 10-3 所示，在压电材料（PZT）薄膜表面，C 1s 的结合能为 285.0 eV 和 280.8 eV，分别对应于有机碳和金属碳化物。有机碳是主要成分，可能是由表面污染所产生的。随着溅射深度的增加，有机碳的信号减弱，而金属碳化物的峰增强。该结果说明在 PZT 薄膜内部的碳主要以金属碳化物存在。

10.4.4 元素沿深度方向的分布分析

XPS 可以通过多种方法实现元素沿深度方向分布的分析，这里介绍最常用的两种方法，它们分别是 Ar 离子剥离深度分析和变角 XPS 深度分析。

1. Ar 离子剥离深度分析法

Ar 离子剥离深度分析方法是一种使用最广泛的深度剖析的方法，是一种破坏性分析方法，会引起样品表面晶格的损伤，择优溅射和表面原子混合等现象。其优点是可以分析表面层较厚的体系，深度分析的速度较快。其分析原理是先把表面一定厚度的元素溅射掉，然后再用 XPS 分析剥离后的表面元素含量，这样就可以获得元素沿样品深度方向的分布。由于普通的 X 光枪的束斑面积较大，离子束的束斑面积也相应较大，因此，其剥离速度很慢，深度分辨率也不是很好，其深度分析功能一般很少使用。此外，由于离子束剥离作用时间较长，样品元素的离子束溅射还原会相当严重。为了避免离子束的溅射坑效应，离子束的面积应比X光枪束斑面积大4倍以上。对于新一代的XPS谱仪，由于采用了小束斑X光源(微米量级)，XPS深度分析变得较为现实和常用。

2. 变角XPS深度分析

变角XPS深度分析是一种非破坏性的深度分析技术，但只能适用于表面层非常薄(1～5 nm)的体系。其原理是利用XPS的采样深度与样品表面出射的光电子的接收角的正弦关系，可以获得元素浓度与深度的关系。图10-4所示是XPS变角分析的示意图。图中，α为掠射角，定义为进入分析器方向的电子与样品表面间的夹角。取样深度(d)与掠射角(α)的关系如下：$d=3\lambda\sin\alpha$。当α为90 °时，XPS的采样深度最深，减小α可以获得更多的表面层信息，当α为5 °时，可以使表面灵敏度提高10倍。在运用变角深度分析技术时，必须注意下面因素的影响：①单晶表面的点阵衍射效应；②表面粗糙度的影响；③表面层厚度应小于10 nm。

图10-5所示是Si_3N_4样品表面SiO_2污染层的变角XPS分析。可见，在掠射角为5 °时，XPS的采样深度较浅，主要收集的是最表面的成分。由此可见，在Si_3N_4样品表面的硅主要以SiO_2形式存在。在掠射角为90 °时，XPS的采样深度较深，主要收集的是次表面的成分。此时，Si_3N_4的峰较强，是样品的主要成分。从XPS变角分析的结果可以认为表面的Si_3N_4样品已被自然氧化成SiO_2。

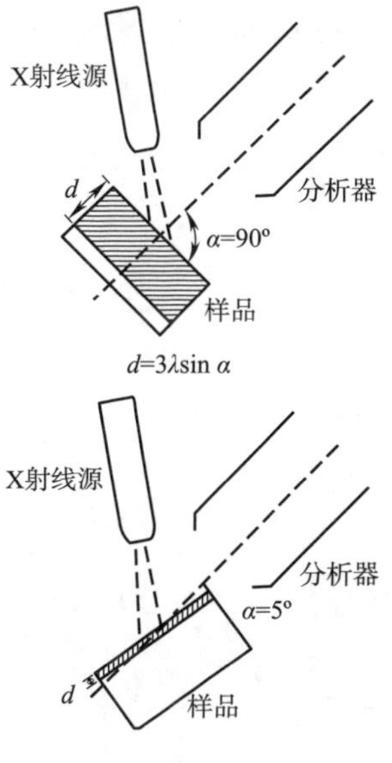

10-4　变角XPS示意图

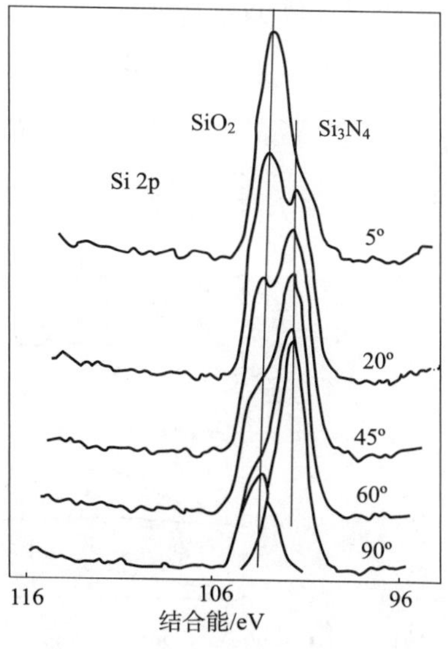

图10-5　Si_3N_4表面SiO_2污染层的变角XPS谱

10.4.5　XPS伴峰分析技术

在XPS谱中最常见的伴峰包括携上峰，X射线激发俄歇峰(XAES)以及XPS价带峰。这些伴峰一般不太常用，但在不少体系中可以用来鉴定化学价态，研究成键形式和电子结构，是XPS常规分析的一种重要补充。

1. XPS 的携上峰分析

在光电离后,由于内层电子的发射引起价电子从已占有轨道向较高的未占轨道的跃迁,这个跃迁过程就被称为携上过程。在 XPS 主峰的高结合能端出现的能量损失峰即为携上峰。携上峰是一种比较普遍的现象,特别是共轭体系会产生较多的携上峰。在有机体系中,携上峰一般由 π-π^* 跃迁所产生,也即由价电子从最高占有轨道向最低未占轨道的跃迁所产生。某些过渡金属和稀土金属,由于在 3d 轨道或 4f 轨道中有未成对电子,也常常表现出很强的携上效应。

图 10-6 所示是几种碳材料的 C 1s 谱。可见,C 1s 的结合能在不同的碳物种中有一定的差别。在石墨和碳纳米管材料中,其结合能均为 284.6 eV;而在 C_{60} 材料中,其结合能为 284.75 eV。由于 C 1s 峰的结合能变化很小,难以从 C 1s 峰的结合能来鉴别这些纳米碳材料。但图上可见,其携上峰的结构有很大的差别,因此也可以从 C 1s 的携上伴峰的特征结构进行物种鉴别。在石墨中,由于 C 原子以 sp^2 杂化存在,并在平面方向形成共轭 π 键。这些共轭 π 键的存在可以在 C 1s 峰的高能端产生携上伴峰。这个峰是石墨的共轭 π 键的指纹特征峰,可以用来鉴别石墨碳。从图上还可见,碳纳米管材料的携上峰基本和石墨的一致,这说明碳纳米管材料具有与石墨相近的电子结构,这与碳纳米管的研究结果是一致的。在碳纳米管中,碳原子主要以 sp^2 杂化并形成圆柱形层状结构。C_{60} 材料的携上峰的结构与石墨和碳纳米管材料的结构有很大的区别,可分解为 5 个峰,这些峰是由 C_{60} 的分子结构决定的。在 C_{60} 分子中,不仅存在共轭 π 键,还存在 σ 键。因此,在携上峰中还包含了 σ 键的信息。综上所述,我们不仅可以用C 1s 的结合能表征碳的存在状态,也可以用它的携上指纹峰研究其化学状态。

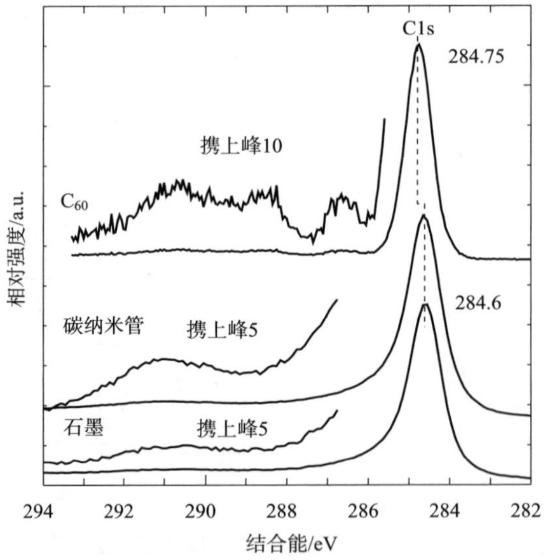

图 10-6　几种碳纳米材料的 C 1s 峰和携上峰谱图

2. X 射线激发俄歇电子能谱(XAES)分析

在 X 射线电离后的激发态离子是不稳定的,可以通过多种途径产生退激发。其中一种最常见的退激发过程就是产生俄歇电子跃迁的过程,因此 X 射线激发俄歇谱是光电子谱的必然伴峰。其原理与电子束激发的俄歇谱相同,仅是激发源不同。与电子束激发俄歇谱相比,

XAES 具有能量分辨率高,信背比高,样品破坏性小及定量精度高等优点。同 XPS 一样,XAES 的俄歇动能也与元素所处的化学环境有密切关系。同样可以通过俄歇化学位移来研究其化学价态。由于俄歇过程涉及三电子过程,其化学位移往往比 XPS 大得多。这对于元素的化学状态鉴别非常有效。对于有些元素,XPS 的化学位移非常小,不能用来研究化学状态的变化。不仅可以用俄歇化学位移来研究元素的化学状态,其线形也可以用来进行化学状态的鉴别。

由图 10-7 可见,俄歇动能不同,其线形有较大的差别。天然金刚石的 C KLL 俄歇动能是 263. 4 eV,石墨的是 267. 0 eV,碳纳米管的是 268. 5 eV,而 C_{60}的则为 266. 8 eV。这些俄歇动能与碳原子在这些材料中的电子结构和杂化成键有关。天然金刚石是以 sp^3杂化成键的,石墨则是以 sp^2杂化轨道形成离域的平面 π 键,碳纳米管主要也是以 sp^2杂化轨道形成离域的圆柱形 π 键,而在 C_{60}分子中,主要以 sp^2杂化轨道形成离域的球形 π 键,并有 σ 键存在。因此,在金刚石的 C KLL 谱上存在 240. 0 eV 和 245. 8 eV 的两个伴峰,这两个伴峰是金刚石 sp^3杂化轨道的特征峰。在石墨、碳纳米管及 C_{60}的 C KLL 谱上仅有一个伴峰,动能为 242. 2 eV,这是 sp^2杂化轨道的特征峰。因此,可以用这些伴峰结构判断碳材料中的成键情况。

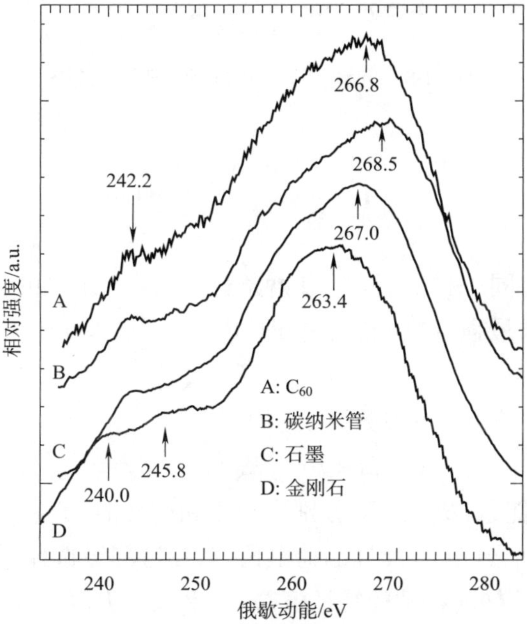

图 10-7 几种纳米碳材料的 XAES 谱

3. XPS 价带谱分析

XPS 价带谱反映了固体价带结构的信息,由于 XPS 价带谱与固体的能带结构有关,因此可以提供固体材料的电子结构信息。由于 XPS 价带谱不能直接反映能带结构,还必须经过复杂的理论处理和计算。因此,在 XPS 价带谱的研究中,一般采用 XPS 价带谱结构的比较进行研究,而理论分析相应较少。

图 10-8 所示是几种典型碳材料的 XPS 价带谱。可见,在石墨,碳纳米管和 C_{60}分子的价带谱上都有 3 个基本峰。这 3 个峰均是由共轭 π 键所产生的。在 C_{60}分子中,由于 π 键的共轭度较小,其 3 个分裂峰的强度较强。而在碳纳米管和石墨中由于共轭度较大,特征结构不明

显。从图上还可见,在 C_{60} 分子的价带谱上还存在其他3个分裂峰,这些是由 C_{60} 分子中的 σ 键所形成的。由此可见,从价带谱上也可以获得材料电子结构的信息。

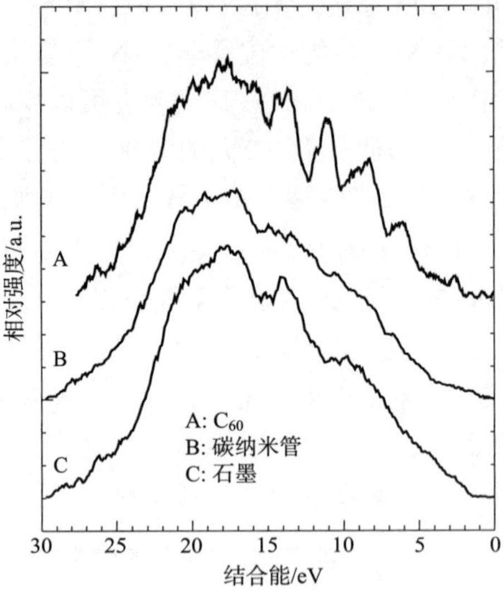

图 10-8　几种典型碳材料的 XPS 价带谱

10.4.6　俄歇参数

1. 俄歇参数的定义

俄歇参数 α 的定义为同一样品、同一录谱条件下、同一元素的俄歇电子峰(常选最尖锐者)动能与光电子峰(常选最强者)动能之差,即

$$\alpha = (E_K)_A - (E_K)_P \tag{10-3}$$

而目前最常用的是改进型俄歇参数 α',它的定义为:

$$\alpha' = h\upsilon + \alpha = (E_K)_A + (E_B)_P \tag{10-4}$$

式中,$h\upsilon$ 为激发源光子的能量;E_K 和 E_B 分别为动能和结合能;下角 A 和 P 分别代表俄歇峰和光电子峰;此时的 α' 是一个与 $h\upsilon$ 以及样品荷电位移、参考能级选择、仪器能量零点定标无关的物理量,它是一个可以表征样品特性的特征值,并且永远为正值。

俄歇参数综合考虑了俄歇电子能谱和光电子能谱两方面的信息。由于俄歇参数能给出较大的化学位移以及与样品的荷电状况及谱仪的状态,因此,可以更为精确地用于元素化学状态的鉴定。

2. 俄歇参数的应用

1)化学态和物理态的鉴定

由于俄歇参数涉及所测原子外部环境电子极化的难易,以及俄歇双电离终态能涉及所测原子与周围成键原子的电负性差,因此不同化学与物理状态的样品在俄歇参数分散图上有着明显的分布规律。对于不同化学或物理状态的原子,其近邻环境会有不同。相邻环境导电性好,相邻原子半径大(或分子链段长),电负性小,负电值多,配位数多,配位距离近,键的种类易于电子流动(π 键 > σ 键 > 离子键)等,其俄歇参数值越大。因此,(金属 > 带隙小半导体 >

带隙大半导体＞绝缘体）$_{固体}$＞（大分子＞小分子＞孤立自由原子）$_{气体}$。例如，钠的俄歇参数 α' 递减顺序（$Na \gg NaI > NaBr > NaCl \gg NaF$）$_{固体} \gg (Na)_{气体}$，当不同钠盐处于冻结水溶液时，$Na^+$ 的周围环境趋于相似，α'数值变化缩小在 0.5 eV 范围内。在铝氧化合物中，六配位的八面体铝总比四配位的四面体铝的俄歇参数大。另外 SF_6、$O=S=O$、$S=C=S$ 从气体到固体，原分子中的硫越是较少被其他原子包围，它便可以从固体非成键接触的相邻分子得到更多的弛豫能。又如 Xe 的俄歇参数规律是：注入 Xe＞表面吸附 Xe＞气体原子 Xe，其中，对于多层吸附的某 Xe 层越接近导电性好的基底，上部 Xe 层越多，其 α'值越大。因此，用蒸镀法和注入法进行荷电校准时，光电子峰和俄歇峰数值会受到因物理状态不同引起的不同弛豫能的干扰，使标准值并不标准。

2）介电常数计算

俄歇参数是光电离原子周围环境电子被极化难易程度的量度，因此它与极化能和极化率有关，最终与光频交变场下的介电常数 ε 或折射率 n 有关。Kohiki 等人测得样品 Si、SiN_x（x 小到大）和 SiO_2 中硅的俄歇参数与涉及摩尔分子折射率中的 $\frac{(n^2-1)}{(n^2+2)}$ 成一直线关系，它可用内插法求不同化学计量比 SiN_x 的 n^2。

3）半导体能带带隙估算

Moretti 针对具有 d^{10} 结构的阳离子（Cu^+、Zn^{2+}、Cd^{2+}、Sn^{2+}、Ag^+、Pb^{2+}、Pb^{4+} 等）与氧族阴离子形成的半导体化合物，将其 $\Delta\alpha'$（相对于纯金属）与半导体带隙数值拟合，可粗略得到直线关系。对于 d 轨道未满的过渡金属阳离子（Ti、Mn、Fe、Co、Ni、Cu 等）化合物，由于配体电荷朝向未充满的 d 轨道弛豫，此时非导体化合物的俄歇参数数值较大，类似于纯金属。

10.4.7 XPS 数据处理及分峰步骤

1. 在 Origin 中的作图步骤

（1）打开文件，可以看到一列数据，找到相应元素（如 N 1s）对应的 Region（一个 Region 对应一张谱图），一个文件有多个 Region。

（2）继续向下找到 Kinetic Energy（K. E.），其下面一个数据为动能起始值（K. E.$_{始}$），即谱图左侧第一个数据。用公式 B. E.$_{始}$ = 1 486.6 − K. E.$_{始}$ − φ 换算成结合能起始值（B. E.$_{始}$），φ 是一个常数值，即荷电位移。

（3）再下面一个数据是步长值，如 0.05 或 0.1 或 1，每张谱图间有可能不一样。

（4）继续向下，可以找到 401 或 801 这样的数，该数为通道数，即有 401 或 801 个数据点。

（5）再下面的数据开始两个数据是脉冲，把它们舍去，接下来的 401 或 801 个数据都是 Y 轴数据，将它们复制到 B（Y）。

（6）X 轴：选中 A（X），右击，选择 set column values，出现一个对话框，如图 10-9 所示，在 from 中填 1，在 to 中填 401（通道数），在 col（A）中填 B. E.$_{始}$ − 0.05 × (i − 1)，或直接填 1 486.6 − K. E.$_{始}$ − φ − 0.05 × (i − 1)，最后单击 Undo。

（7）此时即可以作出 N 1s 谱图。

（8）画出来的图有可能有一些尖峰，那是脉冲，应把它们去掉，方法为单击 Data-Move Data Points，然后按【↑】或【↓】键去除脉冲。具体操作界面如图 10-10 所示。

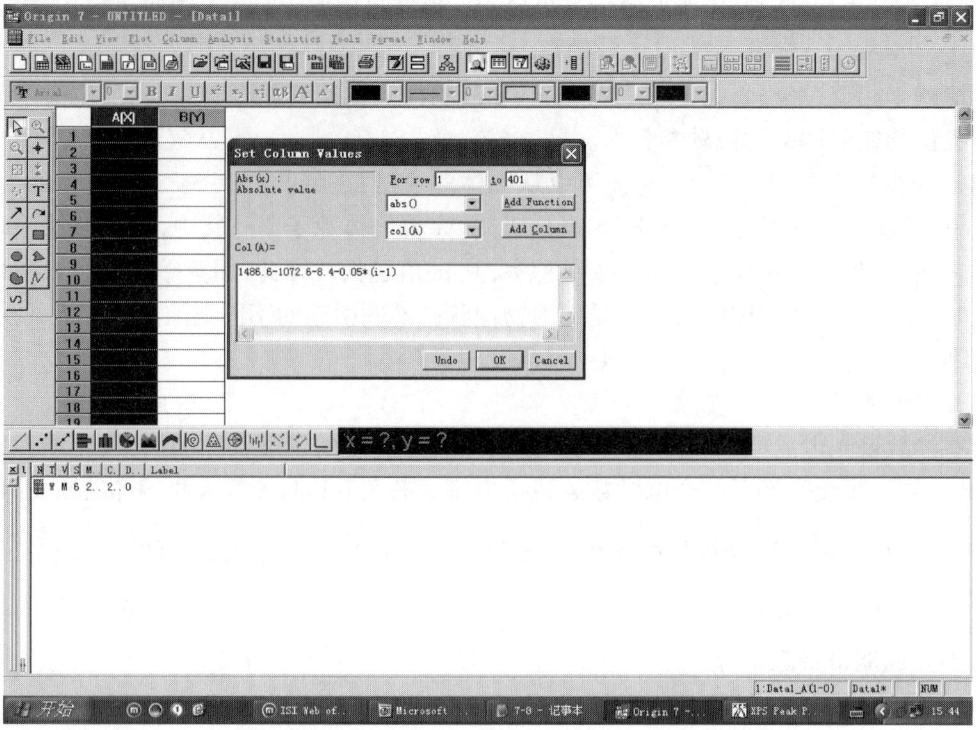

图 10-9　set column values 界面显示图

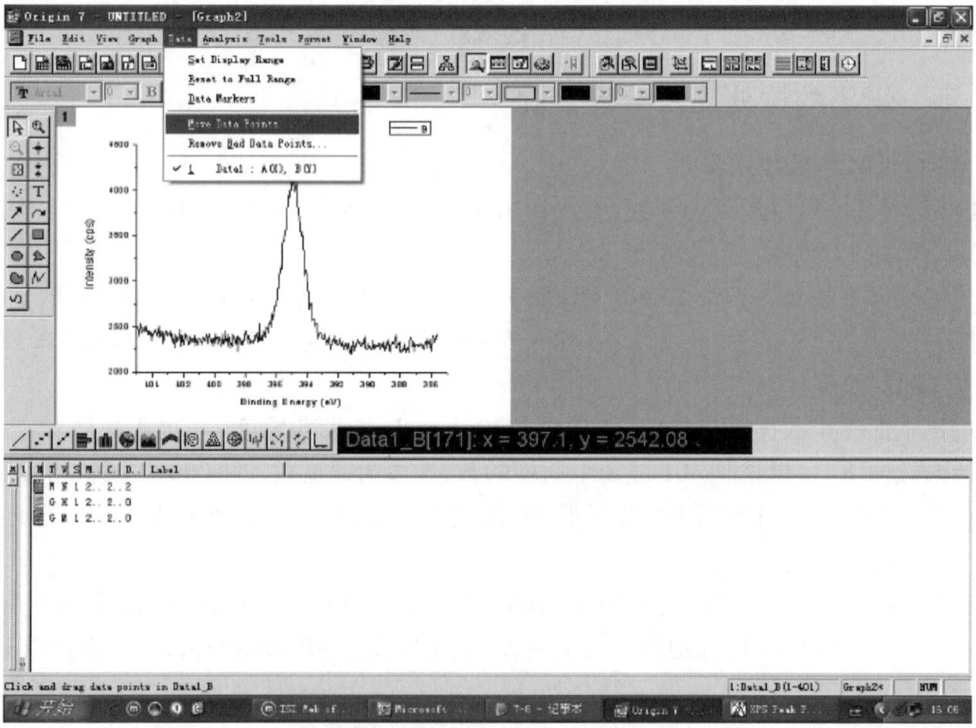

图 10-10　脉冲去除操作界面示意图

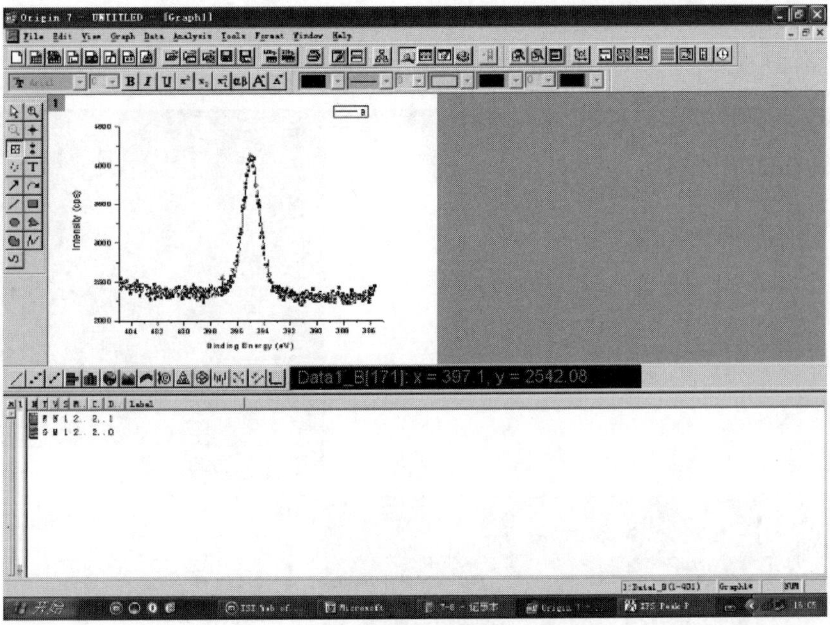

图 10-10 脉冲去除操作界面示意图(续)

2. 分峰步骤

(1)将所复制的数据转换成 txt 格式:把所需拟合元素的数据引入 Origin 后,将 column A 和 B 中的值复制到一个空的记事本文档中(即成两列的格式,左边为结合能,右边为峰强),并存盘。如要对数据进行去脉冲处理或截取其中一部分数据,需在 Origin 中做好处理。转换后数据界面如图 10-11 所示。

图 10-11 txt 格式数据界面示意图

(2)打开 XPS Peak,引入数据:单击 Data→Import(ASCII),引入所存数据,则出现相应的 XPS 谱图。操作界面如图 10-12 所示。

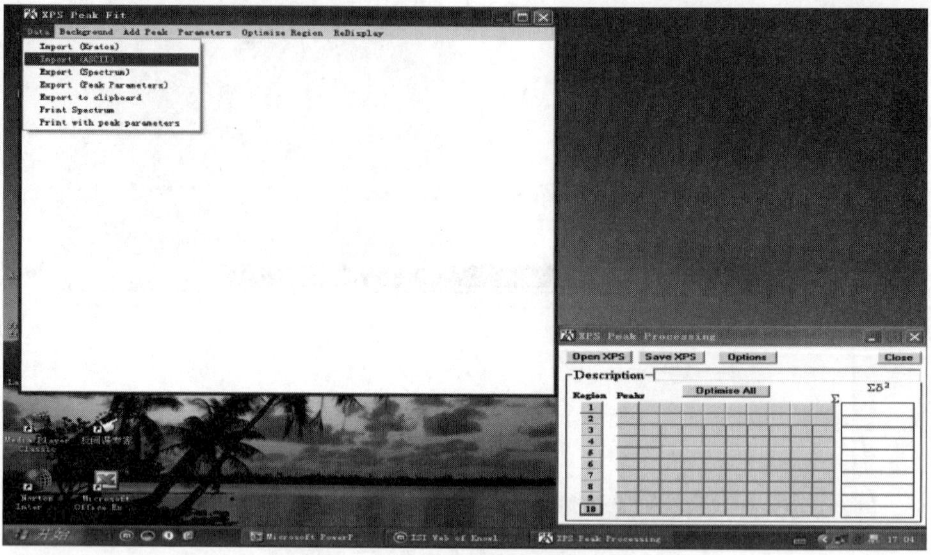

图 10-12 数据导入过程示意图

(3)选择本底:单击 Background,因软件问题,High B. E. 和 Low B. E. 的位置最好不改,否则无法再回到 Origin,此时本底将连接这两点,Type 可据实际情况选择,一般选择 Shirley 类型。操作界面如图 10-13 所示。

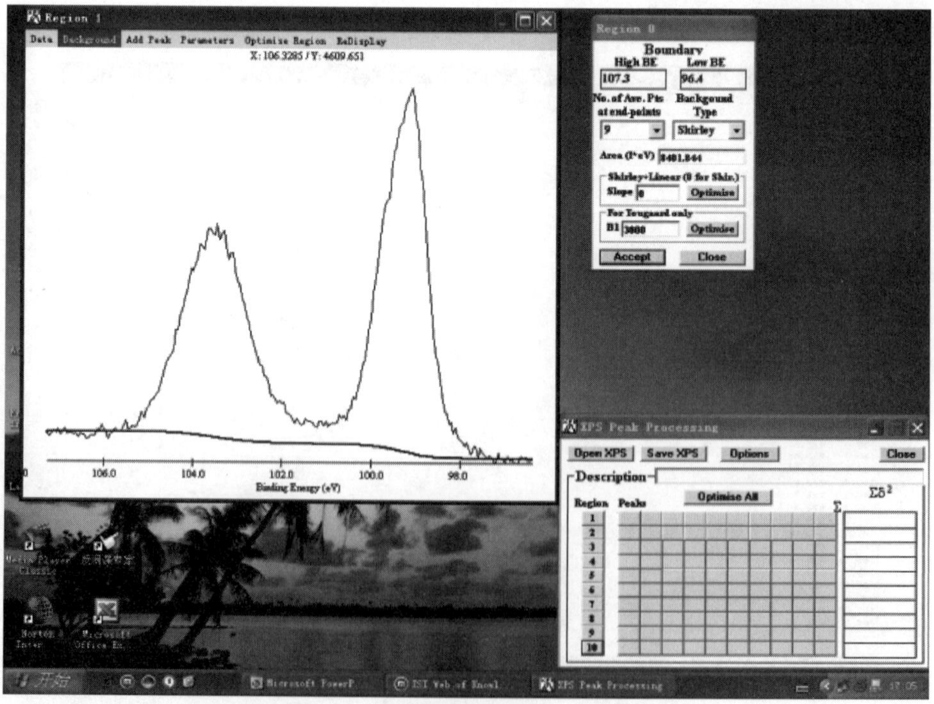

图 10-13 本底选择操作界面示意图

(4)加峰:单击 Add peak,出现小框,在 Peak Type 处选择 s、p、d、f 等峰类型(一般选 s),在 Position 处选择希望的峰位,需固定时则选中 fix 复选框,同法还可选半峰宽(FWHM)、峰面积等。各项中的 constraints 可用来固定此峰与另一峰的关系,如 $Pt4f_{7/2}$ 和 $Pt4f_{5/2}$ 的峰位间距可固定为3.45,峰面积比可固定为4:3 等。单击 Delete Peak 可去掉此峰。然后再点 Add Peak 选第二个峰,如此重复。具体操作界面如图 10-14 所示。

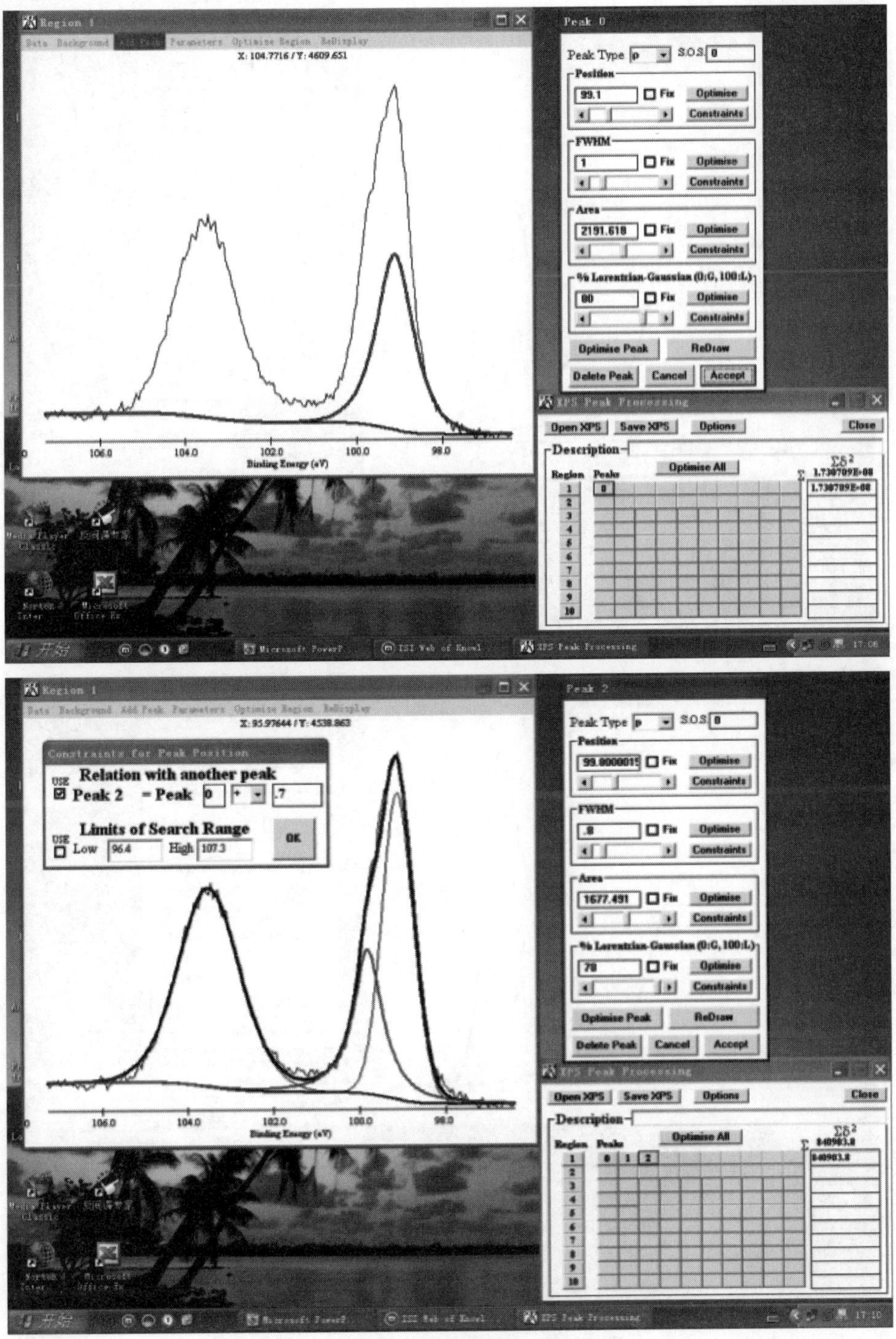

图 10-14　加峰操作界面示意图

（5）拟合：选好所需拟合的峰个数及大致参数后，单击 Optimise region 进行拟合，观察拟合后总峰与原始峰的重合情况，如不好，可以多次单击 Optimise region。

（6）参数查看：拟合完成后，分别单击另一个窗口中 Rigion Peaks 下方的 0、1、2 等察看每个峰的参数，此时 XPS 峰中变红的为被选中的峰。如对拟合结果不满意，可改变这些峰的参数，然后再单击 Optimise。具体操作界面如图 10-15 所示。

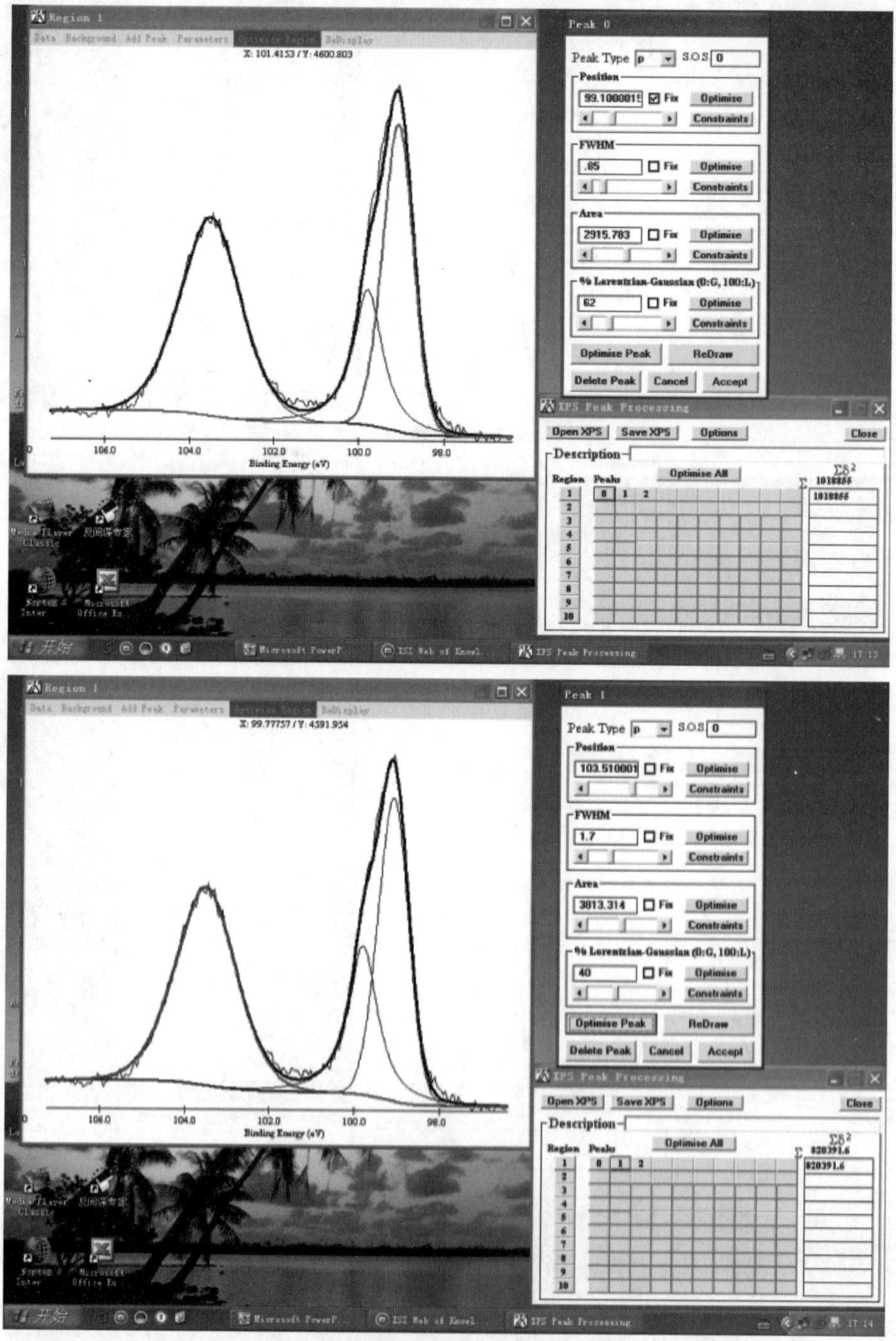

图 10-15　峰拟合操作界面示意图

(7)点 Save XPS 存图,下次要打开时单击 Open XPS 就可以打开这幅图继续进行处理。具体操作界面如图 10-16 所示。

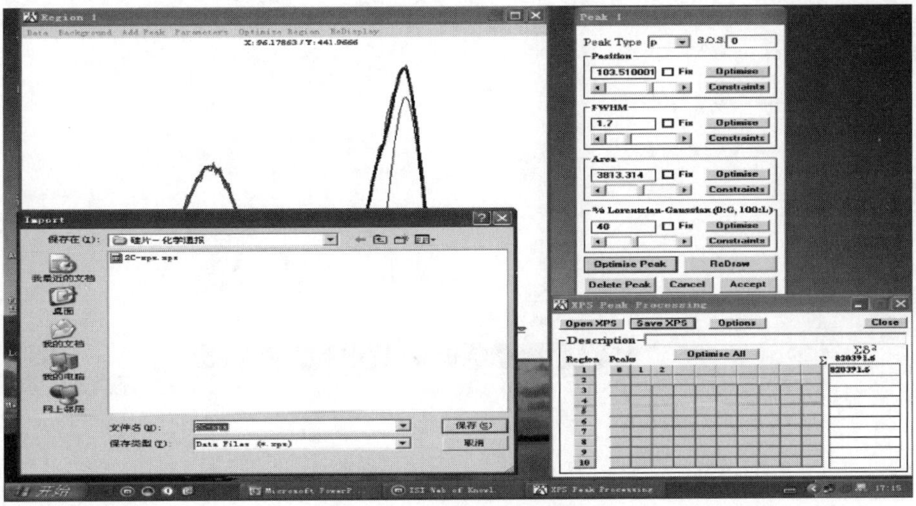

图 10-16　数据保存界面示意图

(8)数据输出:单击 Data→Print with peak parameters 可打印带各峰参数的谱图,通过峰面积可计算此元素在不同峰位的化学态的含量比。单击 Data→Export to clipboard,则将图和数据都复制到了剪贴板上,打开文档(如 Word 文档),单击“粘贴”按钮,即把图和数据粘贴过去了。单击 Data→Export(spectrum),将拟合好的数据存盘,然后在 Origin 中从多列数据栏打开,则可得多列数据,并在 Origin 中作出拟合后的图。具体操作界面如图 10-17 所示。

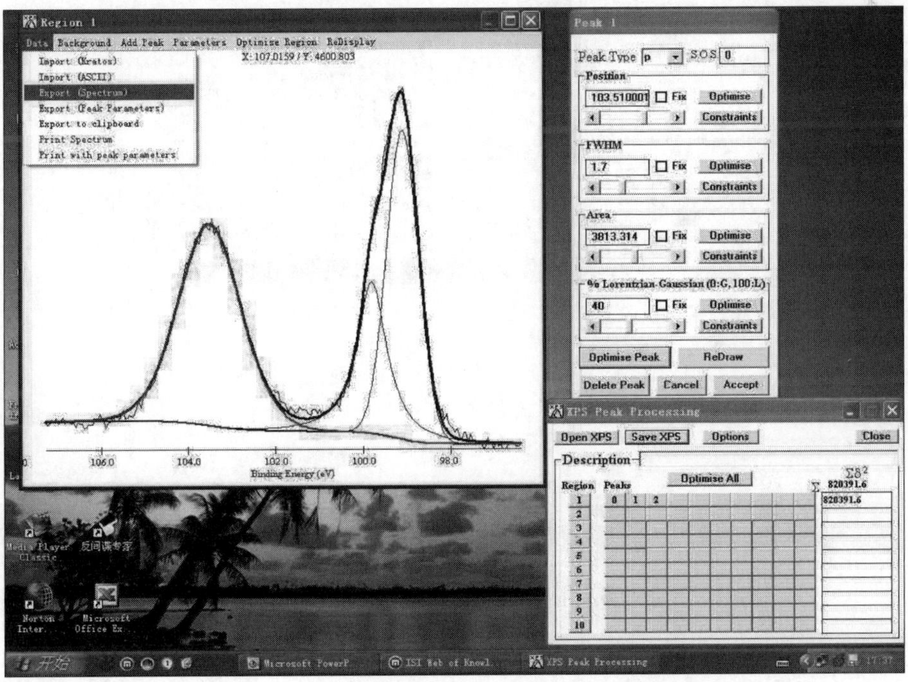

图 10-17　XPS 数据导出及拟合过程操作界面示意图

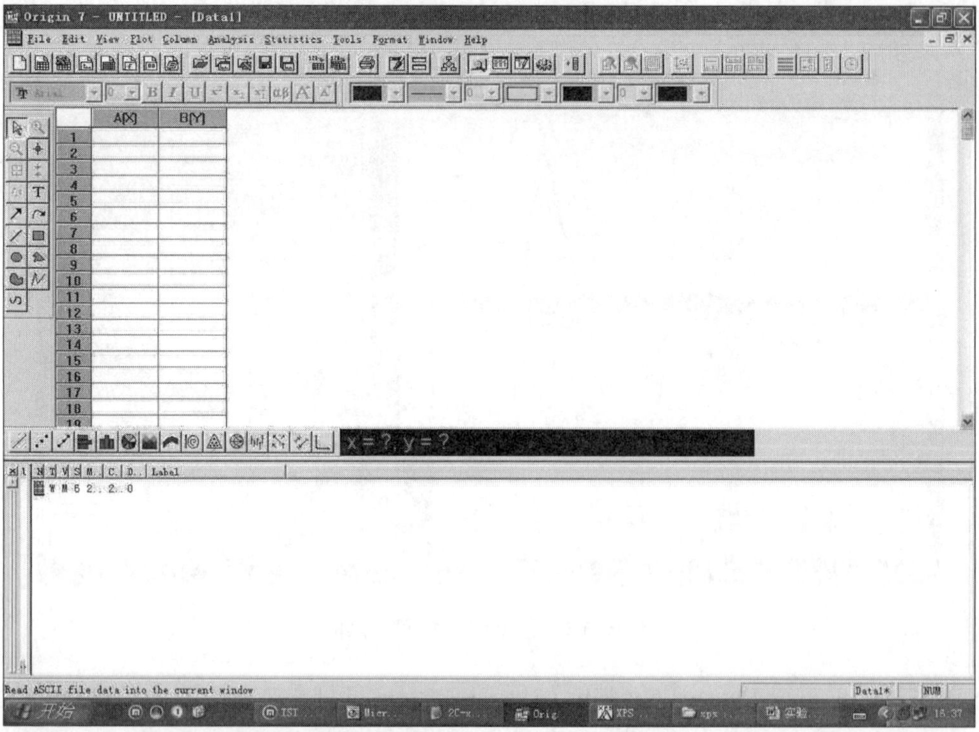

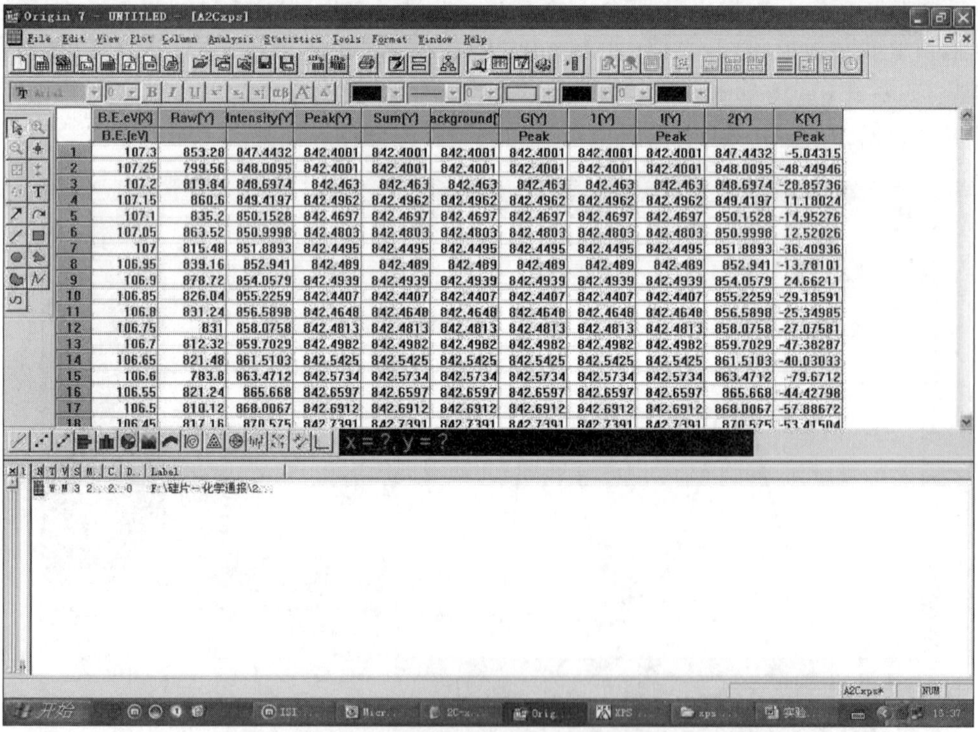

图 10-17　XPS 数据导出及拟合过程操作界面示意图(续)

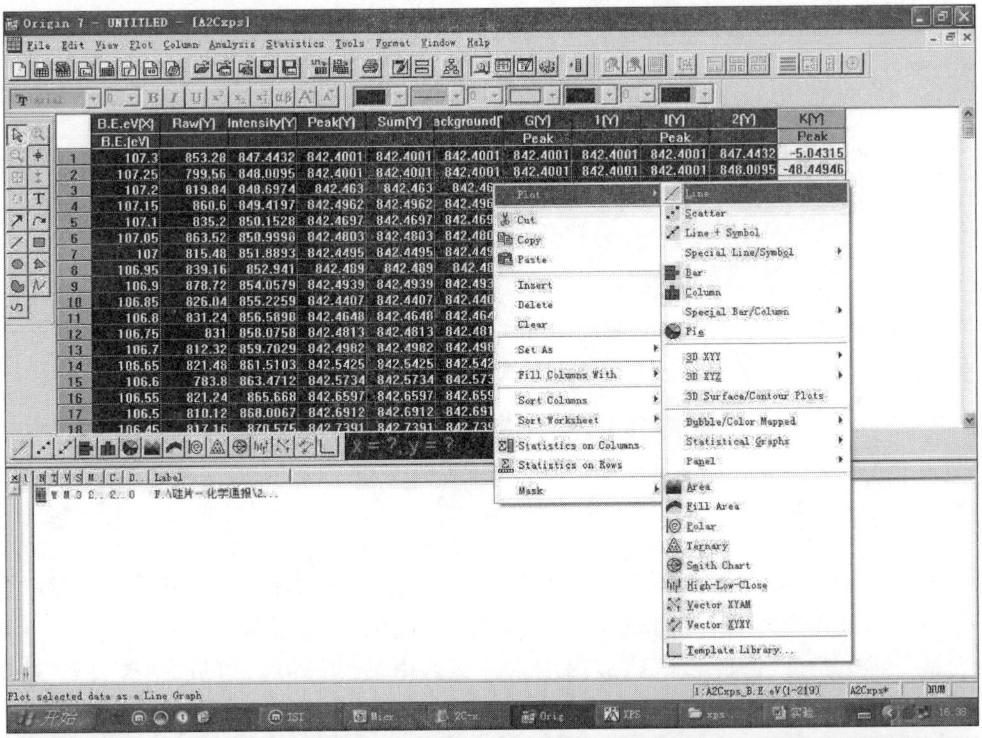

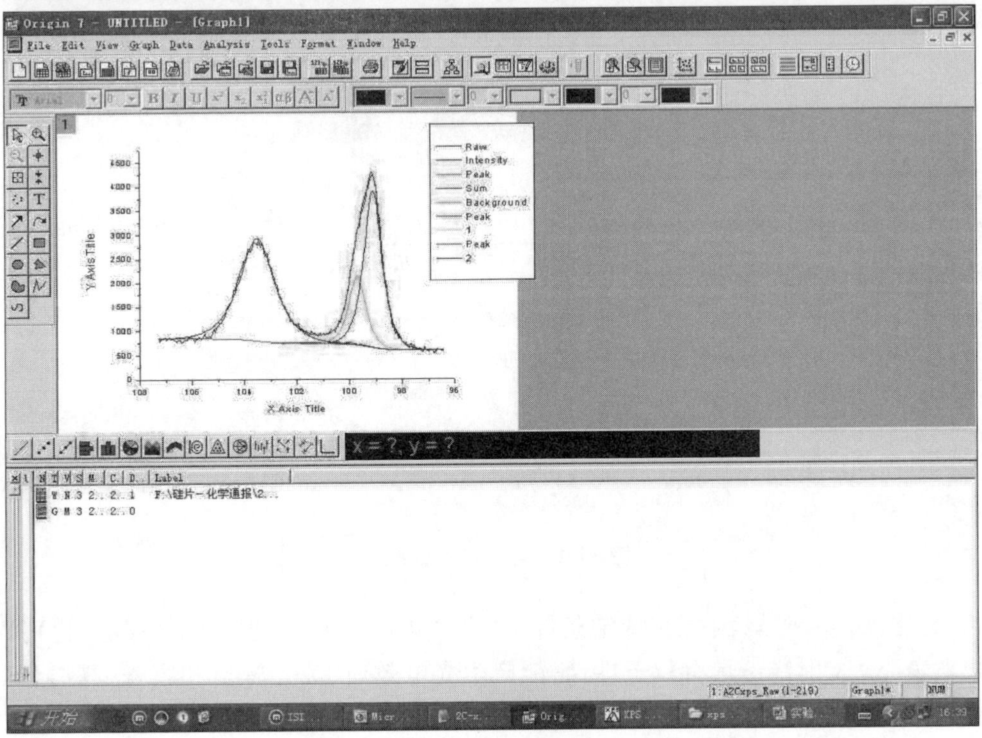

图 10-17　XPS 数据导出及拟合过程操作界面示意图(续)

第 11 章　X 射线衍射技术

11.1 概　　述

11.1.1 X 射线简介

X 射线(X-rays),又名伦琴射线,是一种电磁波。它的波长介于紫外线和 γ 射线之间,它的波长分布在可见光之外,因此肉眼无法观察到。常用的 X 射线波长分布在 0.001 ~ 10 nm。正因为它是一种电磁波,因此在电磁波谱中它与无线电波、红外线、可见光、紫外线、γ 射线等没有本质区别,只是波长和频率不同而已,电磁波谱的排列如图 11-1 所示。

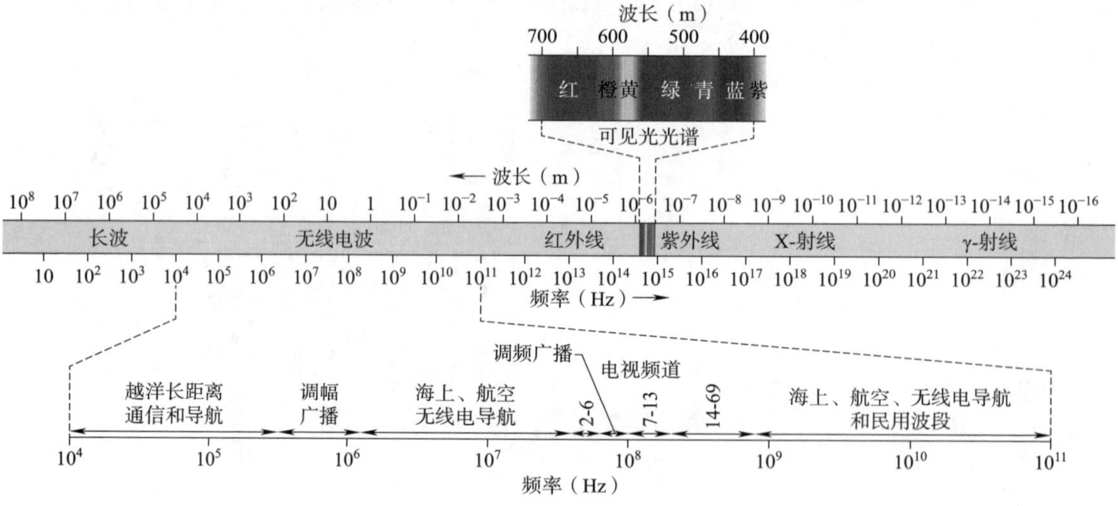

图 11-1　电磁波谱的顺序

X 射线既然是一种波,因此在特定条件下,会产生 X 射线干涉和衍射现象,也可以用频率、波长来表征。X 射线还具有粒子性,它能产生光电效应、荧光辐射和康普顿散射等现象。因此我们可以把 X 射线看成是一个个的光子(光量子),每一个光子都具有特定的能量。光子数量可以由光电计数器(一种传感器)捕获。用于金属探伤的 X 射线波长一般在 0.005 ~ 0.1 nm之间或更短,因为当 X 射线波长越短时,光子能量就越大,X 射线的穿透能力就越强,可以检测更厚、更重的材料。因此有时我们把波长短的 X 射线称为硬 X 射线,反之则称为软 X 射线。

X射线的发现要追溯到1895年，它是19世纪末、20世纪初物理学的三大发现（X射线1895年、放射线1896年、电子1897年）之一，这一发现，标志着现代物理学的诞生。19世纪末，阴极射线是物理学研究的热门课题，许多物理实验室都开展了这方面的研究。1894年11月8日，德国物理学家伦琴将阴极射线管放在一个黑纸袋中，关闭了实验室灯光，他发现当开启放电线圈电源时，一块涂有氰亚铂酸钡的荧光屏发出荧光。用一本厚书，2～3 cm的木板或几厘米厚的硬橡胶插在放电管和荧光屏之间，仍能看到荧光。他又将射线对着水、二硫化碳或其他液体进行实验，结果表明它们也是“透明的”，铜、银、金、铂、铝等金属也能让这种射线穿透，只要他们不太厚。伦琴意识到这可能是某种特殊的从来没有被观察到的射线，它具有极强的穿透力。他一连多天将自己关在实验室里，集中全部精力进行彻底研究。6个星期后，伦琴确认这是一种新的射线，X射线的发现，为人类开展现代科学研究提供了强有力的工具。

1895年12月22日，伦琴及其夫人拍下了第一张X射线照片，如图11-2（a）所示。12月28日，伦琴向德国维尔兹堡物理和医学学会递交了第一篇研究通讯。通讯中把这一新射线称为X射线，因为当时还无法确定这一新射线的本质。X射线的发现，开启了科学发现的新纪元。X射线的发现，标志着现代物理学的诞生，推动了现代化学和现代生物学的创立和发展，对物理学乃至整个科学技术领域产生了极为深刻的影响，为物理学、化学、生物学和医学等相关科学造就了数十位诺贝尔奖获得者，为科学事业的发展做出了不可磨灭的贡献。为此，1901年伦琴获得了首届诺贝尔物理学奖，如图11-2（b）所示。

（a）　　　　　　　　　　（b）

图11-2　伦琴夫人手骨X射线照片及1901年诺贝尔物理学奖

XRD的主要发展历史见表11-1。

表11-1　X射线的发展历史

年代	人　物	主要贡献
1901	伦琴（Roentgen）	发现X射线（1895）
1914	劳厄（Laue）	晶体的X射线衍射
1915	布拉格父子（Bragg）	分析晶体结构
1917	巴克拉（Barkla）	发现元素的标识X射线
1924	塞格巴恩（Siegbahn）	X射线光谱学
1927	康普顿（Compton等六人）	康普顿效应
1936	德拜（Debye）	化学

续上表

年代	人　　物	主要贡献
1946	马勒(Muller)	医学
1964	霍奇金(Hodgkin)	化学
1979	柯马克和豪森菲尔德(Cormack/Hounsfield)	医学
1981	塞格巴恩(Siegbahn)	物理

11.1.2　X 射线的产生

X 射线一经发现以后,鉴于它具有很强的穿透能力,在医学上和科技上就被广泛地采用。那么 X 射线是如何产生的,X 射线产生的原理是什么？我们知道,可见光的产生原理是大量分子、原子等热源在热激发下向外辐射电磁波的结果,而 X 射线产生的原理与可见光产生机理完全一致,是由高速运动着的带电粒子与某种物质相撞击后突然减速,且与该物质中的内层电子相作用而产生的。

确切地说,X 射线的产生需要以下两个基本条件:

(1)具有高速电子流;

(2)在电子运动的路径上设置使其突然减速的障碍物(靶材料)。

以上就是 X 射线的产生原理,据此生产的 X 射线产生装置就叫 X 射线发生器。

X 射线管是 X 射线发生器的核心装置,具体的产生装置如图 11-3 所示。外壳是高真空的硬质玻璃管,阴极是发射电子流(钨丝)的电子源,阳极是受高速电子轰击而辐射 X 射线的靶材。阳极通常是铜制的圆柱体,在一端斜面上镶有小块钨板作为轰击靶。两极间加几万伏高压(管电压),由阴极钨丝通以电流产生的电子在强电场作用下加速飞向阳极,轰击阳极靶而产生 X 射线。

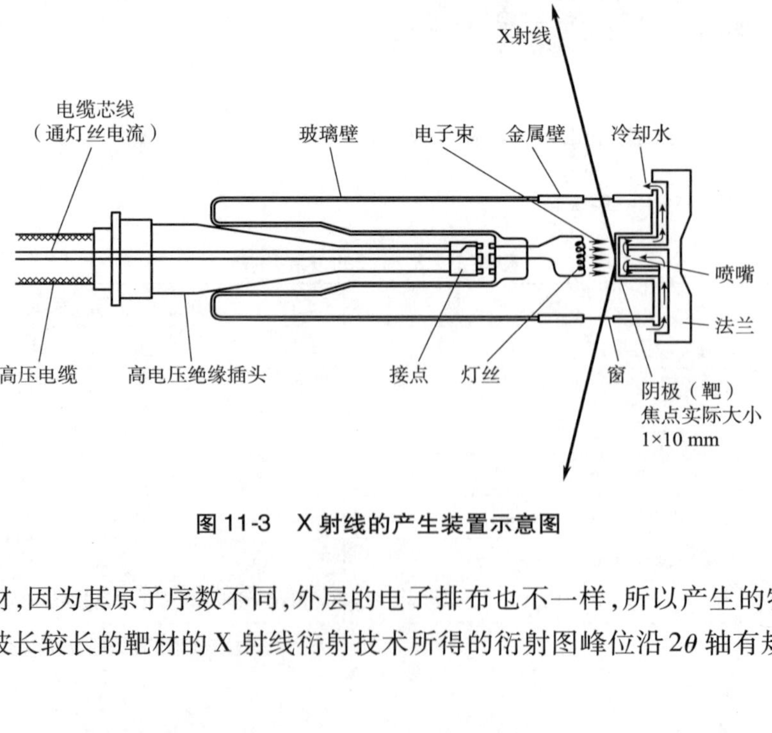

图 11-3　X 射线的产生装置示意图

不同的靶材,因为其原子序数不同,外层的电子排布也不一样,所以产生的特征 X 射线波长不同。使用波长较长的靶材的 X 射线衍射技术所得的衍射图峰位沿 2θ 轴有规律拉伸,使用短波长靶材的X射线衍射图谱沿 2θ 轴有规律地被压缩。但需要注意的是,不管使用何种靶材的X射线管,从所得到的衍射谱中获得样品面间距 d 值是一致的,与靶材无关。

辐射波长对衍射峰的强度主要取决于晶体结构,但是样品的质量吸收系数(MAC)与入射线的波长有关,因此同一样品用不同靶材获得的图谱的衍射峰强度会有稍微的差别。特别是混合物,各相之间的MAC都随所选波长而变化,波长选择不当很可能造成X射线衍射技术定量结果不准确。

因为不同元素MAC突变拥有不同的波长,该波长就称为材料的吸收限,若超过了这个范围就会出现强的荧光散射。所以分析样品中的元素选择靶材时,一般选择原子序数比靶的元素的原子序数小1~4的材料。就会出现强荧光散射。例如,使用Fe靶分析主要成分元素为Fe、Co、Ni的样品是合适的,而不适合分析含有Mn、Cr、V、Ti的物质。常见的阳极靶材有Cr、Fe、Co、Ni、Cu、Mo、Ag、W,最常用的是Cu靶。XRD常用的靶材和用途见表11-2。

表11-2　常见靶材的种类和用途

靶材种类	主要特长	用　途
Cu	适用于晶面间距0.1~1 nm测定	几乎全部标定,采用单色滤波,测试含Cu试样时有高的荧光背底;如采用 K_β 滤波,不适用于Fe系试样的测定。
Co	Fe试样的衍射线强,如采用 K_β 滤波,背底高	最适宜于用单色器方法测定Fe系试样
Fe	Fe试样背底低	最适宜于用滤波片方法测定Fe系试样
Cr	波长长	包括Fe试样的应用测定,利用PSPC-MDG的微区测定
Mo	波长短	奥氏体相的定量分析,金属箔的透射方法测量(小角散射等)
W	连续X射线	单晶的劳厄照相测定

11.1.3　X射线的基本性质

X射线包括以下基本性质:

(1)贯穿本领。射线能够穿透物质。吸收与物质的原子序数有关,是显像的基础。

(2)荧光作用。射线照射使物质发出荧光,在医学上用于透视。

(3)电离作用。射线使气体分子电离,是测量X射线的基础。

(4)化学效应。射线使多种物质发生光化学反应,如使照相底片感光,这是X射线摄影的基础。

(5)生物效应。射线照射会损害组织细胞,抑制细胞生长,甚至使细胞坏死,这是放射治疗的基础。同时要注重防护射线。

11.2　XRD技术

11.2.1　XRD技术简介

XRD全称X射线衍射,利用X射线在晶体中的衍射现象来获得衍射后X射线信号特征,经过处理得到衍射图谱。利用谱图信息不仅可以实现常规物相的确定,并拥有“透视眼”来看晶体内部是否存在缺陷(位错)和晶格缺陷等。XRD 分析手段有 2 种,分为单晶 X 射线衍射法、多晶 X 射线衍射法。对应地,所用的 XRD 设备也分为单晶衍射仪和多晶衍射仪。

X 射线衍射的基本原理是 X 射线受到原子核外电子的散射而发生的衍射现象。由于晶体中规则的原子排列就会产生规则的衍射图像,可据此计算分子中各种原子间的距离和空间排列。是分析大分子空间结构的有效方法。

X 射线衍射图谱是当一束 X 射线照射到一个晶体时,会受到晶体中原子的散射,而散射波就好像是从原子中心发出,每个原子中心发出的散射波又好比一个球面波源。由于原子在晶体中是周期排列的,这些散射球面波之间存在着固定的位相关系,它们之间又会产生干涉,结果导致在某些散射方向的球面波相互加强,而在某些方向上相互抵消,从而也就出现衍射现象。即在偏离原入射线的方向上,只有在特定方向上出现散射线加强而存在衍射斑点,其余方向则无衍射斑点。这就是衍射花样的产生机理。

因为晶体结构与 X 射线衍射图谱之间存在着一定的内在联系,通过衍射图谱的分析,就能测定晶体结构和研究与结构有关的一系列问题,这就是晶体的 X 射线衍射分析,或者说物相分析,也称为 XRD 分析。

X 射线晶体衍射最初是被劳厄发现的。这与劳厄所在的慕尼黑大学的科学氛围有着密切的关系,当时师生们讨论得最多的一个问题就是 X 射线的本性。劳厄认为 X 射线是电磁波。1912 年,劳厄在同一位博士研究生厄瓦尔谈话时,产生了 X 射线照射晶体用以研究固体结构的想法。他设想 X 射线是极短的电磁波,而晶体又是原子(离子)的有规则的三维排列,就像是一块天然光栅那样,只要 X 射线的波长和晶体中原子的间距具有相同的数量级,那么当用 X 射线照射晶体时就应能观察到干涉现象。1912 年 4 月,他们开始了这项 X 射线衍射实验,他们用 ZnS、NaCl 等晶体做实验,明显具有对称性的衍射斑点在底片上出现了。

X 射线衍射现象被证实了,X 射线衍射现象不仅证明了 X 射线是一种比可见光波长短千倍的电磁波,使人们对 X 射线的认识迈出了关键的一步,而且还第一次对晶体的空间点阵做出实验验证,使晶体物理学发生了质的飞跃。

1912 年劳厄等人根据理论预见,并用实验证实了 X 射线与晶体相遇时能发生衍射现象,证明了 X 射线具有电磁波的性质,成为 X 射线衍射学的第一个里程碑。当一束单色 X 射线入射到晶体时,由于晶体是由原子规则排列而成的晶胞组成,这些规则排列的原子间距与入射的 X 射线波长有相同的数量级,故由不同原子散射的 X 射线相互干涉,在某些特殊方向上产生强 X 射线衍射,衍射线在空间分布的方位和强度,与晶体结构密切相关。这就是 X 射线衍射的基本原理。由于 X 射线衍射的发现,X 射线学在理论和实验方法上飞速发展,很快形成了一门内容极为丰富、应用极为广泛、影响极其深远的综合学科。

由于 X 射线晶体衍射的发现,劳厄于 1914 年荣获诺贝尔物理学奖。

11.2.2　X 射线衍射仪的基本构造

X 射线衍射仪的适用性很广,通常用于测量粉末、单晶或多晶体等块体材料,并拥有检测快速、操作简单、数据处理方便等优点,是一个标准的“良心产品”。

在 X 射线衍射仪的世界里,X 射线发生系统(产生 X 射线)是“太阳”,测角及探测系统(测量 2θ 和获得衍射信息)是其“眼睛”,记录和数据处理系统是其“大脑”,三者协同工作,输出衍射图谱。在三者中测角仪是核心部件,其制作较为复杂,直接影响实验数据的精度。X 射线衍射仪和测角仪的结构简图如图 11-4 所示。

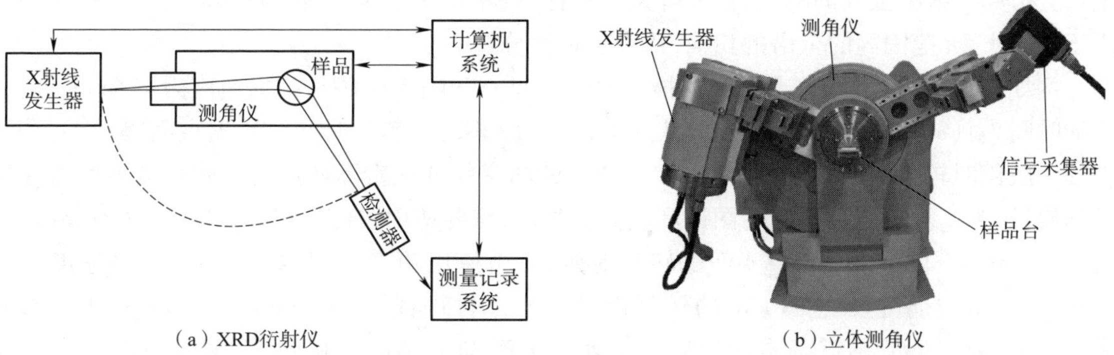

图 11-4　X 射线衍射仪及立体测角仪的结构简图

11.2.3　XRD 的样品制备

1. 金属样品

金属样品如块状、板状、圆柱状要求磨成一个平面,面积不小于 10 mm × 10 mm,如果面积太小可以用几块粘贴到一起。

对于片状、圆柱状样品会存在严重的择优取向,衍射强度异常。因此要求测试时合理选择响应的方向平面。

对于测量金属样品的微观应力(晶格畸变),测量残余奥氏体,要求样品不能简单粗磨,要求制备成金相样品,并进行普通抛光或电解抛光,消除表面应变层。

2. 粉末样品

粉末样品要求磨成 320 目的粒度,约 40 μm。粒度粗大衍射强度低,峰形不好,分辨率低。要了解样品的物理化学性质,如是否易燃、易潮解、易腐蚀、有毒、易挥发。

粉末样品要求在 3 g 左右,如果太少也需 5 mg。

样品可以是金属、非金属、有机、无机材料粉末。

X 射线衍射实验的准确性和实验得到的信息质量好与坏与样品的制备有很大关系,在做 XRD 衍射实验时合理处理样品和制备样品是非常重要的。

11.2.4　XRD 的扫描方式及其用法

多晶体 X 射线衍射方法一般都是 $\theta-2\theta$ 扫描。即样品转过 θ 角时,测角仪同时转过 2θ 角。这个转动的过程称为扫描。例如,我们要对样品进行物相鉴定时,需要测量 2θ 为 5°~ 80° 范围内的衍射谱,这个测量过程就称为“扫描”。扫描的方式一般分为两种:连续扫描和步进扫描。

1. 连续扫描

是指测角仪的连续转动方式,测角仪从起始的 2θ 到终止的 2θ 进行匀速扫描。其参数主要有两个,一个是数据点间隔,另一个是扫描速度。扫描速度是指单位时间内测角仪转过的角度，通常取 2°/min、4°/min、8°/min、16°/min 等。数据点间隔是指每隔多少度取一个数据点。

一般来说，两个参数需要组合。若数据点间隔取 0. 02°，则步长可取 4 ~ 8°/min。不当的组合会引起衍射峰强度的降低、衍射峰型不对称、或峰位向扫描方向一侧移动。连续扫描一般用于做较大 2θ 范围内的全谱的扫描，适合于定性分析。

例如，用连续扫描方式，从 20°扫描到 80°，数据点间隔为 0. 02°，扫描速度为 4°/min。所需要的时间为：(80 - 20)/4 = 15 min。从这个计算过程来看，实验时间与数据点间隔无关，连续扫描一般用时较少。一般来说，如果 X 射线管的功率较低或实际使用功率较低或射线管使用时间较长，为了获得更加清晰的图谱和较高的强度，需要使用较慢的扫描速度，如 2 °/min。反之，使用高功率的光管，如 18 kW 的转靶射线管，当使用功率达到 10 kW 时，扫描速度可以使用 8 °/min。研究发现 18 kW 的转靶衍射仪上，用扫描速度 4°/min，8 °/min 和 16 °/min 来扫描同一个样品，图谱基本没有变化。对于硅酸盐之类的无机物、金属材料中的微量相或结晶状态不好的化合物相分析，建议使用较慢的扫描速度来获得较高的强度和清晰的图谱。扫描速度极慢时可以使用数据点间隔 0. 01°，但当扫描速度为 4 °/min 或以上的速度时，建议使用 0. 02°或 0. 03°。否则，图谱的噪声很大，图谱上下波动很大，会把一些可能的弱峰掩盖。

2. 步进扫描

步进扫描方式是将扫描范围按一定的步进宽度(0. 01°或 0. 02°)分成若干步，在每一步停留若干秒(步进时间)，并且将这若干秒内记录到的总光强度作为该数据点处的强度。例如，从 20° 扫描到 80°，步进宽度为 0. 02°，步进时间为 1 s。那么，扫描完成所需的时间为：{[(80 - 20)/0. 02] * 1}/60 = 50 min。从结果来看，实验所需时间与两个参数都有关。不合适的参数组合，会让一个实验做上一天。由于步进扫描可以增加每个数据点的强度(不是某一时间的真实强度，而是一段时间内的累积强度)，因而可以降低记数时的统计误差，提高信噪比。步进扫描一般用于较窄 2θ 范围内的精细扫描，可用于定量分析、线形分析以及精确测定点阵常数、Retiveld 全谱拟合等。

11. 3 XRD 的基本理论

11. 3. 1 X 射线衍射

X 射线衍射作为一电磁波投射到晶体中时，会受到晶体中原子的散射，而散射波就像从原子中心发出，每个原子中心发出的散射波类似于球面波源。由于原子在晶体中是周期排列的，这些散射球面波之间存在固定的相位关系，会导致在某些散射方向的球面波相互加强，而在某些方向上相互抵消，从而出现衍射现象。

每种晶体内部的原子排列方式是唯一的，因此对应的衍射花样是唯一的，类似于人的指纹，因此可以进行物相分析。其中，衍射花样中衍射线的分布规律是由晶胞的大小、形状和位向决定。衍射线的强度是由原子的种类和它们在晶胞中的位置决定。X 射线穿过晶体产生的衍射原理如图 11-5 所示。

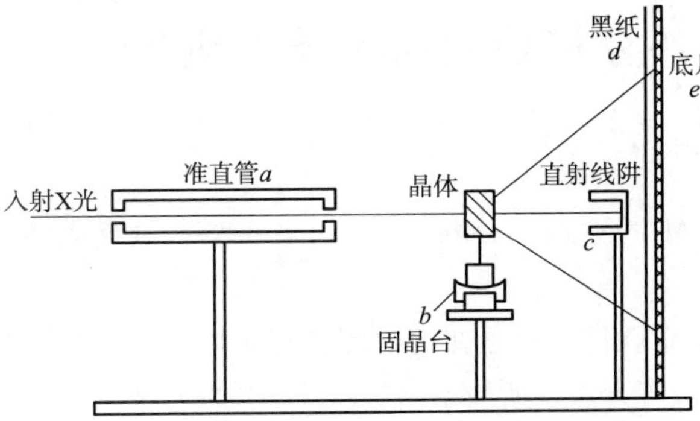

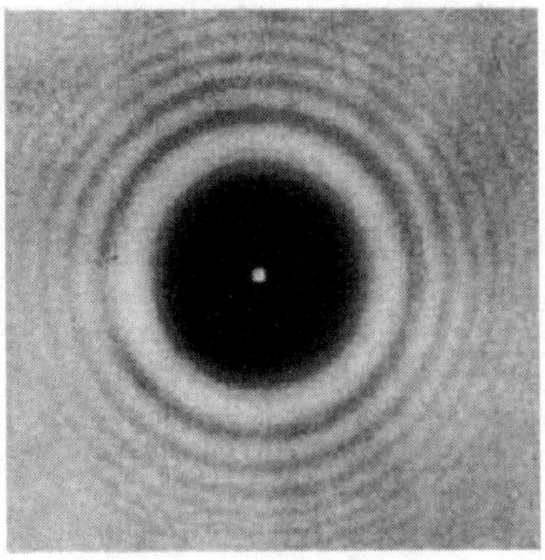

图 11-5　X 射线穿过晶体产生衍射示意图

11.3.2　布拉格方程

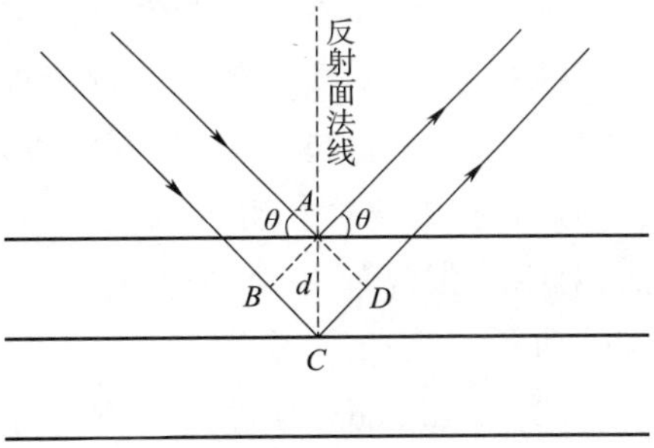

图 11-6　晶体衍射示意图

布拉格方程是 X 射线在晶体中产生衍射需要满足的基本条件,其反映了衍射线方向和晶体结构之间的关系,它被称为 XRD 理论的基石。X 射线在晶体中的衍射示意图如图 11-6 所示。

布拉格方程的具体形式为:

$$2d\sin\theta = n\lambda$$

式中,λ 是 X 射线的波长;2θ 是衍射角;d 是晶面间距;n 是衍射级数,取整数($n=0, \pm1, \pm2, \cdots$)。

凡是满足布拉格方程式的方向上的所有晶面上的所有原子衍射波位相完全相同,其振幅互相加强。这样,在 2θ 方向上面就会出现衍射线,而在其他地方互相抵消,X 射线的强度减弱或者等于零。X 射线的反射角不同于可见光的反射角,X 射线的入射角与反射角的夹角永远是 2θ。

布拉格方程的创立,标志着 X 射线晶体学理论及其分析方法的确立,揭开了晶体结构分析的序幕,同时为 X 射线光谱学奠定了基础。

劳厄 X 射线晶体衍射的发现引起了布拉格父子(Bragg W H 和 Bragg W L)的极大关注。当时,老布拉格是里兹大学物理系教授,是一个坚信 X 射线粒子学说的物理学家:小布拉格是剑桥大学卡文迪什实验室的研究生,父子俩经常讨论劳厄的实验及其解释。1912 年暑假后,小布拉格开始做 X 射线透射 ZnS 晶体的实验时,发现底片与晶体的距离增大时,衍射斑点变小。超凡的科学分析能力使他判定这可能是晶面反射的聚焦结果,晶体中整齐排列的相互平行的原子面可以看成是衍射光栅,劳厄的衍射斑点是这种光栅反射 X 射线的结果。同年 10 月,小布拉格就导出了著名的布拉格方程。这个方程反映了 X 射线波长与晶面间距之间的关系,既可测定 X 射线波长,又可作为测定晶体结构的工具。

从 1913 年起,两年内小布拉格测定了氯化钠、金刚石、硫化锌、黄铁矿、萤石和方解石的晶体结构。老布拉格设计、制造了一台 X 射线分光计,不但开拓了 X 射线衍射学的研究,还发现了一些金属元素的特征射线及吸收边。

11.4 XRD的软件分析功能对比及其应用

11.4.1 XRD的软件分析功能对比

常用的分析软件有Pcpdfwin、Search Match、High Score和Jade,各种分析软件的功能说明如下。

(1)Pcpdfwin软件属于第二代物相检索软件。它是在衍射图谱标定以后,按照d值检索。一般可以有限定元素、按照三强线、结合法等方法。所检索出的卡片多数时候不对。一张复杂的衍射谱有时候需要花几天的时间。

(2)Search Match软件是一个专门的物相检索程序,属于第三代检索软件,采用图形界面,根据图谱实体来对谱,直观性好。可以实现和原始实验数据的直接对接,可以自动或手动标定衍射峰的位置,对于一般的图都能很好地应对。而且有几个小工具使用很方便,如放大功能、十字定位线、坐标指示按钮、网格线条等。最重要的是它有自动检索功能。可以很方便地检索出用户要找的物相。也可以进行各种限定以缩小检索范围。如果用户对于材料较为熟悉的话,对于一张含有4~5个相的图谱,检索也就3 min。效率很高,而且它还有自动生成实验报告的功能。

(3)High Score软件的功能是可以调用的数据格式更多,窗口设置更人性化,用户可以自己选择,谱线位置的显示方式,可以让用户更直接地看到检索的情况,手动加峰或减峰更加方便,可以对衍射图进行平滑等操作,使图更漂亮,可以更改原始数据的步长、起始角度等参数,可以进行0点的校正,可以对峰的外形进行校正,可以进行半定量分析,物相检索更加方便,检索方式更多,可以编写批处理命令,对于同一系列的衍射图,一键完成。

(4)Jade和Highscore相比自动检索功能稍差,但它有比之更多的功能。它可以进行衍射峰的指标化,进行晶格参数的计算,根据标样对晶格参数进行校正,轻松计算峰的面积、质心,出图更加方便,可以在图上进行更加随意的编辑。

11.4.2 XRD技术的应用

随着实验技术的发展,XRD技术应用面越来越宽,用它研究的物质结构的深度也越来越深。由于它简单易行,包含的信息十分丰富,除包含晶体结构本身的信息外,还包含晶体中的各种缺陷及多晶聚集体的结构信息,如相结构、晶粒尺寸与分布、晶粒取向、应力等众多信息。

X射线的应用主要有晶体结构分析、物相定性分析、物相定量分析、晶粒大小分析、结晶度分析、宏观应力和微观应力分析、择优取向分析。

XRD技术是人类用来研究物质微观结构的第一种方法。自Debye-Sherrer发明粉末衍射以来,已有90多年的历史。在这漫长的岁月中,它在晶体结构分析,特别是多晶聚集态的结构(相结构、晶粒大小、择优取向和点阵畸变等)方面作出了巨大的贡献。成为当今材料研究中不可缺少的工具。粉末衍射法常用于晶体结构分析,测定晶胞参数,甚至点阵类型、晶胞中原子数和原子位置。如测定晶胞参数在研究固态相变、确定固溶体类型、测定固溶体溶解度曲线、测定热膨胀系数等方面,都得到了很大的应用。晶胞参数测定是通过X射线衍射线位置

(θ)的测定而获得的，通过测定衍射图谱中每一条衍射线的位置均可得出一个晶胞参数值，具体应用如下。

1. 残余应力分析

宏观应力和微观应力分析，实际构件中的残余应力对构件的疲劳强度、抗压力、耐腐蚀能力、尺寸稳定性和使用寿命等有直接影响。通过测定构件的残余应力，可以控制加工工艺的效果，解决具体的工艺问题，所以残余应力的测定具有重要的实际意义。

残余应力是一种内应力，是指物体较大范围内存在并平衡的内应力。当这种内应力所产生的力和力矩的平衡受到破坏时，会产生宏观尺寸的变化，又称为宏观应力。在晶体或若干原子范围内存在并保持平衡时的内应力称为微观应力，其中宏观应力可以精确测量。

X射线衍射法测量构件的残余应力具有无损、快速、测量精度高、能测量小区域应力等特点，所以备受人们重视。通过热处理及冷热变形，使多晶体中晶块细碎化和增加点阵畸变度，是金属材料强韧化的重要途径之一。晶块细碎化和点阵畸变（也反映微观应力大小）的增加一般使衍射线变宽，也可能使衍射线强度减弱。粉末X射线衍射仪测定应力需要配置专门的应力测试装置，亦有测定宏观残余应力的专用设备，即X射线应力分析仪。

微观应力是物体的各晶粒或亚晶粒（自然界中，绝大多数固体物质都是晶体）之间不均匀的变形而产生的晶粒或亚晶粒间的内应力。

织构是多晶体的取向分布规律，多晶体材料在制备、合成及加工等工艺过程形成择优取向，即各晶粒的取向朝一个或几个特定方向偏聚的现象，这种组织状态称为织构。单晶体在不同的晶体学方向上，其力学、电磁、光学、耐腐蚀甚至核物理等方面的性能会表现出显著差异，这种现象称为各向异性。多晶体是许多单晶体的集合，如果晶粒数目大且各晶粒的排列是完全无规则的统计均匀分布，即在不同方向上取向概率相同，则该多晶集合体在不同方向上就会宏观地表现出各种性能相同的现象，称为各向同性。然而多晶体在其形成过程中，由于受到外界的力、热、电、磁等各种不同条件的影响，或在形成后受到不同的加工工艺的影响，多晶集合体中的各晶粒就会沿着某些方向排列，呈现出或多或少的统计不均匀分布，即出现在某些方向上聚集排列，因而在这些方向上取向概率增大的现象，这种现象称为择优取向。织构测定在材料研究中有重要作用。

2. 结晶度的测定

结晶度是指结晶的程度，就是结晶部分的重量或体积对全体重量或体积的百分数。结晶聚合物的物理和机械性能、电性能、光性能在相当程度上受结晶程度的影响。

此法测得的是总散射强度，它是整个空间物质散射强度之和，只与初级射线的强度、化学结构、参加衍射的总电子数（即质量多少）有关，而与样品的序态无关。因此如果能够从衍射图上将结晶散射和非结晶散射分开的话，则结晶度即是结晶部分散射对散射总强度之比。

结晶度的计算方法是把晶相和非晶相各看作一种物相，那么它的计算方法与两相样品的百分含量计算方法是一样的。注意，不是简单的$\frac{I_A}{I_A+I_B}$，而是$k\frac{I_A}{I_A+I_B}$。这里包含一个系数k值，它与样品中的相有关系。但是一般来说，要这么计算就会非常复杂，因为k值不难求得。因此，一般取$k=1$。这是因为晶相是从非晶相中析出来的。可以认为它们对X射线的吸收是一样的（但实际上不一样）。Jade可以进行峰的拟合，可以分别计算出扣除背景后的非晶相和晶相的衍射峰(包)面积。这种面积就是强度值。

晶粒度是表示晶粒大小的尺度。晶粒度可用晶粒的平均面积或平均直径表示。工业生产上采用晶粒度等级来表示晶粒大小。标准晶粒度共分 8 级,1 ~ 4 级为粗晶粒,5 ~ 8 级为细晶粒。单位面积中晶粒的数量与晶粒的尺寸有关,晶粒的大小对金属的拉伸强度、韧性、塑性等机械性质有决定性的影响。因此,晶粒的计数在金相分析中具有相当重要的意义。

3. 物相的定性分析

物相是指有某种晶体结构并能用化学式表征其化学成分(或有一定的成分范围)的固体物质。化学成分不同的是不同的物相,化学成分相同而内部结构不同的,也是不同的物相。例如,同样是铁,它能以晶体结构为体心立方结构的 Fe、面心立方结构的 Fe、体心立方结构的高温 Fe 这 3 种物相形式存在。因此对每种物质或材料,常常需要弄清楚它含有什么元素,每种元素的存在状态如何,即物相分析的问题,也称为物相鉴定。

举例来说,一种铁氧材料,用化学分析方法,可以分析出试样中含有铁和氧元素,但是不能确切知道是氧化铁 Fe_2O_3,还是氧化亚铁 FeO,或者是磁铁 Fe_3O_4,或者它们的混合物,更无法确切地知道它们各自的含量。这种问题,就必须得用 X 射线衍射分析方法。经过 X 射线衍射得到衍射图谱,可以明确地告诉我们到底是哪种或哪几种化合物,而且经过计算,可以得到它们各自的百分比含量。

射线物相定性分析是指用 X 射线衍射数据对样品中存在的物相(而不是化学成分中的元素构成)进行鉴别。任何结晶物质都有其特定的晶体结构参数,当 X 射线通过晶体时,产生特定的衍射图形,即衍射谱线,不同物质混在一起时,它们各自的衍射数据将同时出现,互不干扰地叠加在一起。因此,可根据各自的衍射数据来鉴定各种不同的物相。

XRD 物相定性分析是将样品的衍射数据与已知物相的衍射数据或图谱进行对比,一旦二者相符,则表明待测物相与已知物相是同一物相。

XRD 物相分析就是依据 X 射线对不同晶体产生不同的衍射效应来鉴定物相。任何结晶物质都有其特定的化学组成和结构参数。当 X 射线通过晶体时,产生特定的衍射图谱,对应一系列特定的晶面间距 d 和相对强度。其中 d 与晶胞形状和大小有关,相对强度与质点的种类和位置有关。任何一种结晶物质的衍射数据,如晶面间距 d 和相对强度值是其晶体结构的必然反映。因此,可根据各自的衍射数据来鉴定各种不同的物相,这就是 XRD 物相分析原理。

XRD 物相定性分析常用的比较方法有图谱直接对比法、数据对比法和计算机自动检索法。

XRD 物相分析是鉴别同质多相的唯一可靠的方法。由于不同的晶体总是具有不同的内部结构,因此其 X 射线衍射效应也有所区别。如 Al_2O_3、SiO_2、TiO_2 等晶体均有多种晶型,这些不同的晶型属于不同物相,具有不同的衍射特征,只有用 XRD 物相分析方法,才能确定各种不同的晶型。XRD 物相分析适用于结晶态物质。由于晶体结构质点排列的重复周期与 X 射线波长属于同一个数量级,所以晶体可以作为 X 射线衍射的三维光栅,晶体中周期性排列的原子成为入射 X 射线产生相干散射的光源,从而产生衍射效应。非晶体不具有周期性的结构,所以 X 射线通过非晶体时,只能给出一两个相应于衍射最大值的弥散射区,不产生衍射效应,很难甚至根本无法对物相作出判断。XRD 物相分析分为定性分析和定量分析。定性分析的目的是确定待测物质成分及结构类型;定量分析不仅确定物质成分及结构类型,而且确定各物相质量分数。因此 XRD 物相定性分析是 XRD 物相定量分析的基础和前提。

4. 物相的定量分析

XRD 物相定量分析,就是测定混合物相中各相的相对含量。是在完成了样品的 XRD 物相定性分析工作的基础上,利用衍射图谱中待测相衍射强度,分析每个相在样品中的重量百分含量的技术。XRD 物相定量分析方法的前提是 XRD 物相定性分析。在进行定量分析之前,必须对混合物所含物相准确定性。

对于多相混合物而言,由于物质吸收的影响,各相的吸收系数不同,从而使各相衍射强度与其含量不呈线性关系。这种由于基体吸收而引起的衍射强度与质量分数不呈线性关系的现象称为基体吸收效应,简称基体效应。由于基体效应的存在,物相衍射线强度与相含量不呈简单的线性关系。因此 XRD 物相定量分析时必须消除基体效应的影响。

XRD 物相定量分析方法的方法有内标法、基体清洗法、绝热法(自清洗法)。

第 12 章　差示扫描量热技术

12.1　概　　述

热分析技术是仪器分析方法之一，是与质谱分析法、光谱分析法、色谱分析法、核磁共振波谱法等相互并列和互为补充的一种仪器分析方法。随着科学技术的发展，热分析方法广泛应用于塑料、橡胶、树脂、涂料、食品、药物、生物有机体、金属材料和复合材料等领域，热分析仪器也得到了极大的发展。差示扫描量热技术（DSC）是在温度程序控制下，通过测量输入到参比侧与试样侧热量差与温度的关系，研究材料的各种转变和反应，如结晶、熔融、玻璃化转变、相变等，以及各种无机和有机材料的热分解过程和反应动力学等问题的仪器。热分析常用"扫描"这个词，它的含义通常指升（降）温的意思，即对温度轴进行扫描，就恒温实验来说，观察物理量随时间的变化，也可以说是进行一次时间扫描。

差示扫描量热技术（DSC）是 20 世纪 60 年代以后研制出的一种热分析方法。由于差热分析方法（DTA）是在程序控制温度下，测量物质和参比物之间的温度差与温度关系的技术，其分辨率不够高，难以定量测量试样吸收或释放热量的缺点。1964 年，Waston 和 ONeill 在分析化学杂志上提出差示扫描量热法的概念，并自制了 DSC 仪器。

由于差示扫描量热法（DSC）分辨能力强，灵敏度高，能定量测定各种热力学参数（如热焓、熵和比热等）和动力学参数，因此，DSC 技术在问世后得到了迅速的发展。

12.2　DSC 的工作原理及其分类

12.2.1　DSC 的工作原理

DSC 是在 20 世纪 60 年代初期，为弥补 DTA 定量差的缺陷而发展起来的方法。DTA 是测量试样与参比物的温差 ΔT，ΔT 是试样热量变化 $Q\mathrm{s}$ 的反映，ΔT 应与 $Q\mathrm{s}$ 成正比：

$$\Delta T = R \cdot Q\mathrm{s} \tag{12-1}$$

式中，比例系数 R 是体系的热阻，与热导率和热辐射有关，热辐射与热力学温度的 4 次方成正比，因此即使相等的热量会随着温度的提高而使 DTA 曲线的温差 ΔT 和峰面积减小。也就是说，ΔT 是一个与热量有关，但又不与热量严格成比例的量。这就是造成 DTA 定量差的最主要原因。

DSC 试验是在程序控温及一定流量气氛下，测量物质与参比物的热流差与温度或时间的一种技术，根据热流差信号分析得到样品表征性的温度和量热特征参数。这里的程序控温指的是匀速升温、匀速降温、恒温或以上三者的任意组合。差示扫描量热仪中热流检测主要基于热阻式热流计原理：当热流通过热阻层时在热阻内部形成温度梯度，在测得热阻两端等温面的温差后，根据傅里叶定律可以得到通过热阻的热流密度：

$$q = -\lambda \frac{\Delta T}{\Delta x} \tag{12-2}$$

式中，q 为热流密度；λ 为热阻材料的导热系数；ΔT 为两等温面的温差；Δx 为两等温面之间的距离。

在差示扫描量热仪中样品和参比端与匀热块之间各有一大小相同的热阻，这两片热阻的端面的温度及匀热块各由一个热电偶测量。根据傅里叶定律，已知样品端和匀热块的温度可得样品端面的热流 ϕ_s。

$$\phi_s = \frac{T_s - T_0}{R_s} \tag{12-3}$$

式中，T_s 和 T_0 分别为样品和匀热块的温度；R_s 为样品端到匀热块的热阻。同样得到参比端面的热流 ϕ_r 为：

$$\phi_r = \frac{T_r - T_0}{R_r} \tag{12-4}$$

式中，T_r 为参比端的温度；R_r为参比端到匀热块的热阻。

DSC 的热流信号 $\Delta\phi$ 即为样品端与参比端的热流差，理论上假设 $R_s = R_r = R$，因此这个热流差可通过样品与参比端热阻的温度差测得：

$$\Delta\phi = \phi_s - \phi_r = \frac{T_s - T_0}{R} - \frac{T_r - T_0}{R} = \frac{T_s - T_r}{R} \tag{12-5}$$

设热电偶热电动势与温差的关系为 $S = V/\Delta T'$。式中，V 为热电动势，$\Delta T'$为样品和参比端的温度差，即 $\Delta T' = T_s - T_r$。于是有：

$$\Delta\phi = \frac{V}{RS} \tag{12-6}$$

因此，R 与 S 的乘积视为热流传感器的量热敏感度，热电偶的热电动势与 R、S 乘积的倒数即为 DSC 热流信号，而热流的单位为 W/g = J/(s · g)，以 DSC 曲线的峰面积为例，热流对时间的积分等于样品的焓变 ΔH，单位为 J/g。

12.2.2　DSC 的基本结构

根据测量方法的不同，DSC 又分为两种类型：功率补偿型 DSC 和热流型 DSC。对于功率补偿型 DSC 技术要求试样和参比物温度，无论是试样吸热或放热都要处于动态零位平衡状态，使温差 ΔT 等于 0，通过对试样和参比物进行功率补偿来实现。对于热流型 DSC，要求试样与参比物温差 ΔT 与试样和参比物间热流量差成正比例关系，根据 ΔT 计算试样吸收或释放的热量。

1. 功率补偿型 DSC

功率补偿型 DSC 工作原理建立在所谓“零位平衡”的原理上。参比侧与样品侧各有一个补偿加热丝，通过分别动态调整参比侧与样品侧补偿加热功率，在程序温度控制条件下，始终保持参比侧与样品侧温差接近于零。功率补偿型 DSC 热系统可分为两个控制环路,其中一个环路作为平均温度控制,保证按照一定的速率同时升高参比物和试样的温度;第二个环路是用来保证当样品和参比物之间一旦出现温度差时能够调节参比侧与样品侧加热功率输入以消除这种温度差。

如图 12-1 所示,功率补偿型 DSC 包含加热炉,参比物,试样通过支架对称性地置于加热炉中,参比物温度反馈给控制系统,控制系统调节加热炉的加热功率实现程序温度控制。参比物和试样的下方各有一个片状补偿加热丝,参比物是物性稳定的物质,试样在加热过程中发生吸热、放热反应引起参比物与试样之间产生温差,经温差传感器反馈到控制系统,通过输入电能到补偿加热丝及时加以补偿,而使试样和参比物的温度又恢复平衡。所以,只要记录所补偿的功率的大小,就得到热流率。记录器实时记录温度与补偿热量,得到 DSC 曲线。

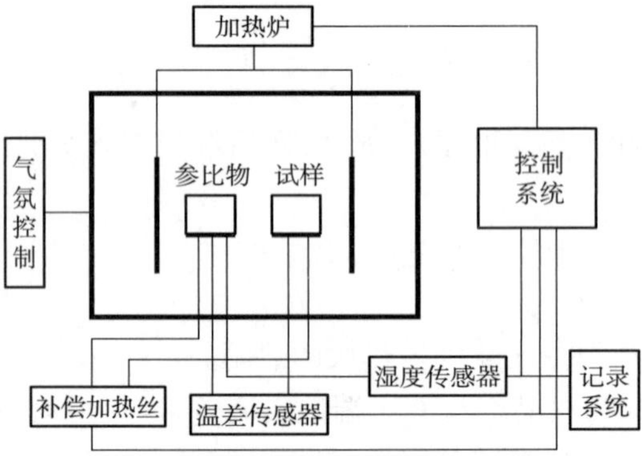

图 12-1　功率补偿型 DSC 结构图

$$\Delta W=\frac{\mathrm{d}Q_{\mathrm{s}}}{\mathrm{d}t}-\frac{\mathrm{d}Q_{\mathrm{r}}}{\mathrm{d}t}=\frac{\mathrm{d}H}{\mathrm{d}t} \tag{12-7}$$

式中,ΔW 为所补偿的功率;Q_{s} 为试样的热量;Q_{r} 为参比物的热量;$\frac{\mathrm{d}H}{\mathrm{d}t}$为单位时间内的焓变,即热流率(mW)。

2. 热流型 DSC

热流型差示扫描仪采用导热性能好的材料制作加热炉,形成一个均衡的加热源。加热炉中放置康铜平台,热流型 DSC 是把试样和参比物同时放在康铜平台上,康铜良好的导热性能将热量传输给试样和参比物,并作为测量温度热电偶结点的一极,镍铬合金板为热电偶的另一极,通过镍铬丝、镍铝丝引出,镍铬丝之间的信号记录试样和参比物的温差。而镍铬丝和镍铝丝组成的热电偶测定样品和参比物的温度。热流型差示扫描量热仪结构如图 12-2 所示。

热流型差示扫描量热仪中加热均温块构造了一个均温的温度场,参比物、试样支架对称性地处于该温度场中。热流型差示扫描量热仪具有基线稳定性好、灵敏度高的优点。

热流型差示描量热仪可以根据图 12-3 等效回路计算热流。其中,R_{x} 为试样和参比物的热阻;R_{b} 为试样与参比物之间的桥式热阻;R_{g} 为通过净化气体的泄漏热阻,S 为试样,R 为参比物,I_{s} 为流向试样的热流,I_{r} 为流向参比物的热流。根据 Kirchoff 热功当量定律,可得到式(12-8)和式(12-9)。

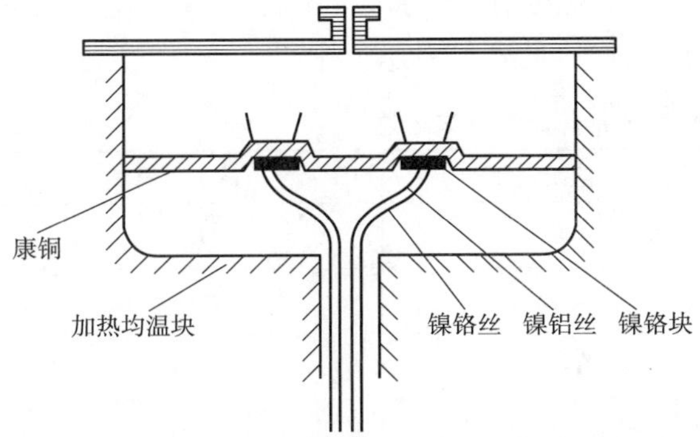

图 12-2　热流型差示扫描量热仪结构示意图

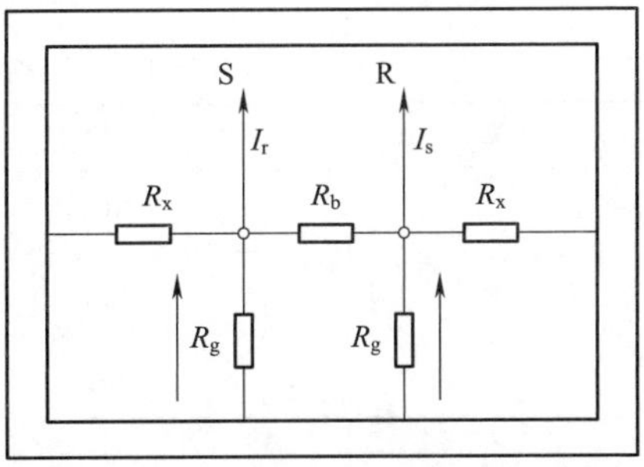

图 12-3　热流型差示扫描仪的等效回路

$$\frac{T-T_s}{R_x}+\frac{T-T_s}{R_g}+\frac{T_r-T_s}{R_b}=I_s \tag{12-8}$$

$$\frac{T-T_r}{R_x}+\frac{T-T_r}{R_g}+\frac{T_r-T_s}{R_b}=I_r \tag{12-9}$$

式(12-8)和式(12-9)中,T 为炉温;T_s 为试样温度;T_r 为参比物温度。

将式(12-8)与式(12-9)相减,可得:

$$T_r-T_s=\frac{I_s-I_r}{\frac{1}{R_x}+\frac{1}{R_g}+\frac{1}{R_b}} \tag{12-10}$$

由式(12-10)可知,流向参比物与试样的热流差与参比物和试样的温差成正比。因此,我们得到热流型 DSC 的热阻常数后,就可以利用温差 ΔT 计算出热流差,热阻常数可以通过实验得到。

功率补偿型 DSC 与热流型 DSC 各有优缺点。功率补偿型 DSC 的加热炉体小,控温好,具有较好的测量精度。然而,由于样品与参比物分别具有各自的加热炉体,功率补偿型 DSC 长时间使用后,样品端的炉体会有污染,而参比端的炉体依然比较新,这样就使得两个加热炉体不对称,从而导致基线产生较大的飘移。热流型 DSC 的基线则几乎不会受到类似的影响,尽管大的加热炉体会使温度控制相对差一些。

12. 2. 3　DSC 的仪器校准

DSC 并不是一个绝对量测量仪器,并且测量的量值也不是通过热力学平衡从绝对量计算过来的,而是相对量。这些相对量需要通过校正与绝对量进行对应。在特定的条件下,建立测量仪器或测量系统测得值与国际公认的标准值之间的一种对应关系。

DSC 的校正主要包括温度校正和量热校准。

1. DSC 的温度校正

温度校正的是热电偶测量到的温度与样品实际温度之间的偏离,该偏离程度受到热电偶老化程度、坩埚导热性能、气氛导热性能等因素影响。由于坩埚热阻的存在,在样品实际温度与热电偶检测到的温度 T_m 之间存在着一定的偏差,在实际测量中对热电偶的测量值 T_m 必须经过一定的修正才能得到样品的真实温度 T_s。

DSC温度的校准常采用高纯物质的熔点或相变温度进行校验，常用的DSC标定物质有KNO_3、In、Sn、$KClO_4$等。ICTA规定的DSC温度校正物质见表12-1。

表12-1　DSC温度校正物质外推起始温度与峰温

ICTA编号	标准物质	外推起始温度	峰　温
758	KNO_3	128	135
	In	154	159
	Sn	230	237
759	$KClO_4$	299	309
	Ag_2SO_4	424	433
	SiO_2	571	574
760	K_2SO_4	582	588
	$KCrO_2$	665	673
	$BaCO_3$	808	819
	$SrCO_3$	928	938

通过对标准物质进行DSC测试，将实测熔点与理论熔点进行比较，得到在该熔点温度下的温度偏差值ΔT_0。

而由于ΔT_0与温度相关，不同温度下偏差值ΔT_0并不相同，所以需选择不同标准物质进行测试，得到大致涵盖仪器测试温度范围的多个温度点下的偏差值ΔT_0，在$\Delta T_0 - T$坐标下进行曲线拟合，如图12-4所示，得到一条ΔT_0校正曲线。

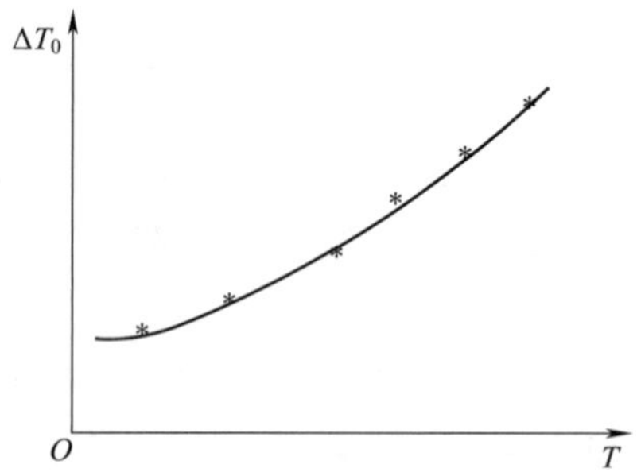

图12-4　DSC温度校正拟合曲线示意图

2. DSC的量热校准

DSC测定中，量热通过下式进行测试：

$$\Delta H = \frac{K'}{m}\int_{t_0}^{t_e}\Delta T \mathrm{d}t \tag{12-11}$$

式中，ΔH为焓变；m为试样质量；t_0为DSC峰起始时间；t_e为DSC峰终止时间；T为温度；K'为与温度相关的校验常数。

设
$$\Delta Q_f = K'\Delta T \tag{12-12}$$

则
$$\Delta H = \frac{1}{m}\int_{t_0}^{t_e}\Delta Q_f \mathrm{d}t \tag{12-13}$$

式中，ΔQ_f为热流量差；m为试样质量；t为时间。

若将式(12-13)左边视作标准值ΔH_r，右边视作测量值ΔH_m，则可引入一比例常数k使其两边相等，k可以通过对标准物质的相变焓进行校验。ICTA规定，常以表12-2中标准物质作为DSC量热校正物质。

表 12-2 DSC 量热校正的标准物质

化合物	温度/℃	转变类型	ΔH/(kJ·mol^{-1})	平均标准差/(kJ·mol^{-1})	
H_2O	0	熔点	6.03	±0.12	(±2.0%)
Ag	149	多晶转变	6.56	±0.05	(±0.7%)
In	157	熔点	3.26	±0.02	(±0.6%)
$AgNO_3$	168	多晶转变	2.27	±0.01	(±0.3%)
$AgNO_3$	211	熔点	12.13	±0.08	(±0.7%)
$RbNO_3$	225	多晶转变	3.19	±0.01	(±0.4%)
Sn	232	熔点	7.19	±0.03	(±0.4%)
Bi	272	熔点	11.09	±0.12	(±1.1%)
Pb	327	熔点	4.79	±0.07	(±1.4%)
Zn	419	熔点	7.10	±0.04	(±0.6%)
$LiSO_4$	576	多晶转变	24.46	±0.07	(±0.3%)
K_2CrO	688	多晶转变	6.79	±0.10	(±1.5%)

12.3 DSC 的系统组成与专业术语

12.3.1 DSC 的系统组成

差示扫描量热仪的结构单元如图 12-5 所示，大致分为加热设备、制冷设备、气氛控制器、热流传感器、炉温测温传感器、信号放大器等。

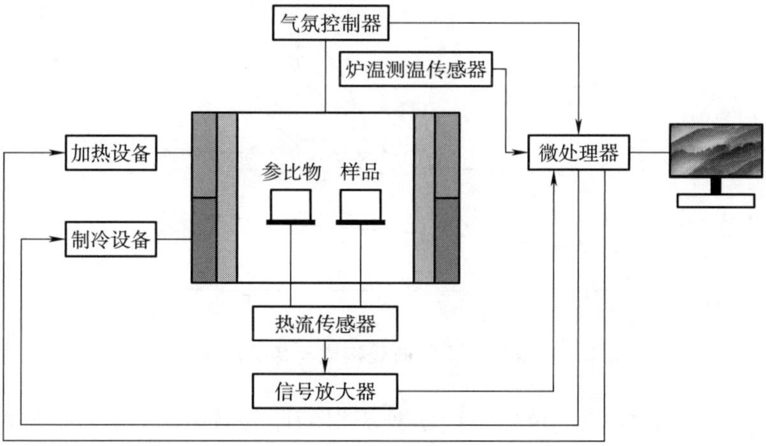

图 12-5 差示扫描量热仪工作原理图

(1)加热设备：用于给样品和参比端加热，一般都采用电阻加热器，形式多样。

(2)制冷设备：用于给样品和参比端降温，一般采用外配形式和仪器一起联用。有风冷、机械制冷及液氮制冷 3 种方式，根据试验的制冷速率及温度范围要求采用对应的制冷方式。

(3)气氛控制器:由于样品在试验过程中可能会放出腐蚀或有毒气体,同时高温时可能被空气氧化,故需要气氛来保护样品及排出样品生成的气体。气氛控制器用于气氛流量控制及气氛通道的切换。

(4)热流传感器:用于快速准确地检测试验中样品端与参比端之间产生的热流差。

(5)炉温测温传感器:用于检测匀热块的温度,并将此信息返回微处理器用于炉温控制。

(6)信号放大器:由于样品在一开始反应时,热流信号的变化十分微小,为了及时准确地检测样品的热流信号,需要将热流传感器的信号放大。

12.3.2 DSC 曲线及其表达与基线校准

DSC 曲线以横坐标表示温度 T,单位为 K 或℃,自左向右表示增加。纵坐标为热流速率$\frac{\mathrm{d}Q}{\mathrm{d}t}$,单位为 $\mathrm{mJ\cdot s^{-1}}$(mW),按照热力学的规定,向上应为吸热。纵坐标 $\mathrm{DSC/mJ\cdot s^{-1}}$,DSC/mW 之类的写法是不恰当的,因为 DSC 并不是物理量符号,而是差示扫描量热法这一方法的代号;对某一转变或反应的吸、放热量,当然与试样量有关,将纵坐标的单位写成 $\mathrm{mJ\cdot s^{-1}\cdot mg^{-1}}$应当是无可非议的。联想到比热容 $c=\frac{C}{m}$,表示热容被质量除所得之商,由此类推,应有$\frac{\mathrm{d}q}{\mathrm{d}t}=\left(\frac{\mathrm{d}Q}{\mathrm{d}t}\right)/m$,建议称为比热流量或比热流速率,完整的纵坐标应为$\frac{\mathrm{d}q}{\mathrm{d}t}/(\mathrm{m\cdot s^{-1}\cdot mg^{-1}})$或$\frac{\mathrm{d}q}{\mathrm{d}t}/(\mathrm{J\cdot s^{-1}\cdot g^{-1}})$。不过,应注意到热流速率与试样量的关系有一定的线性范围。

12.3.3 DSC 曲线的特征

以图 12-6 为例,现将描述所测 DSC 曲线的一些基本术语定义如下:

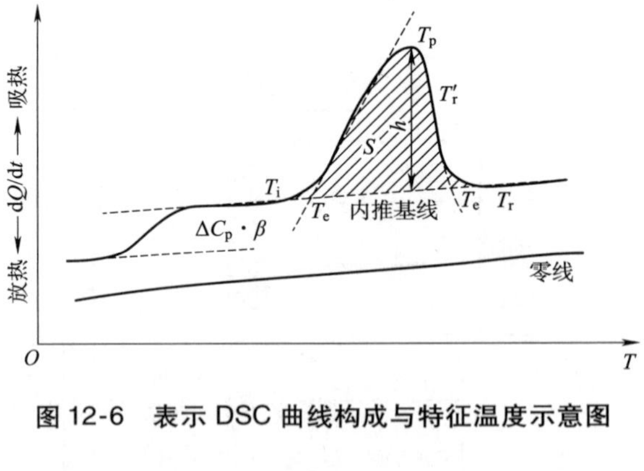

图 12-6 表示 DSC 曲线构成与特征温度示意图

(1)零线(或称仪器基线)。仪器空白实验测得的曲线,即无试样无样品容器(坩埚)或无试样仅有空样品容器(坩埚)而测得的曲线。它表示无样品时测量系统的热行为,偏离的范围越小则仪器越好。

(2)内推基线(试样基线)。在因某种转变或反应而形成的峰的范围内,连接出峰前后测得的曲线。图中的阶段性跃迁 $\Delta C_p\cdot\beta$ 表示由于试样的某种转变(如聚合物的玻璃化转变)前后热容的改变。

(3)峰。试样受热活化有热量产生或损耗,这时打破稳态,测得的曲线呈现峰。如上述因吸热过程而形成的热流速率曲线的峰朝上(正方向),因为加到体系的热量在热力学上是定义为正。只有与转变热(如熔化)或反应热(如氧化反应)有关的那些热效应才形成峰;而另一些转变(如转变前后只有热容变化的玻璃化转变)仅观察到曲线形状的改变,呈现向吸热方向偏折的阶形变化。

峰高 h,峰面积 S 分别与反应速率、反应热成正比。提高升温速率则将反应推向更高温度快速进行,表现为峰高增大、峰宽变窄。

12.3.4 DSC 曲线的特征温度

如图 12-6 所示,可定义如下特征温度:

(1)峰的起始温度 T_i。测量曲线在此开始偏离基线(向上或向下),开始出峰。

(2)峰的外推起始温度 T_e。通过峰的起始边线部分所引的切线与前基线延长线相交处的温度。

(3)峰的极大温度(峰温)T_p。测量曲线与内推基线之差极大值所对应的温度。

(4)峰的外推终止温度 T_c。定义与 T_e 相仿,只不过这里是由峰的下降边和后基线求得的。

(5)峰的终止温度 T_r。测量曲线在此重新返回基线,峰完结。

12.3.5 基　　线

有关基线的定义,如前面所述。现通过具体实例,对基线做进一步补充说明。对于 DSC(DTA),必须注意有无试样时基线的差异,现将这种差别示于图 12-7。

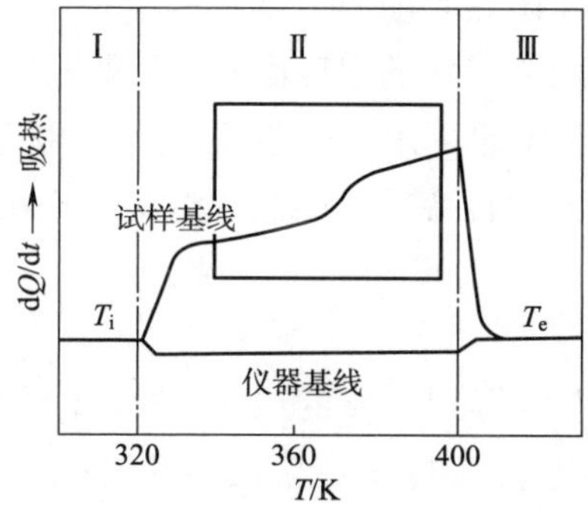

(a)由聚苯乙烯测定的仪器基线(零线)与试样基线

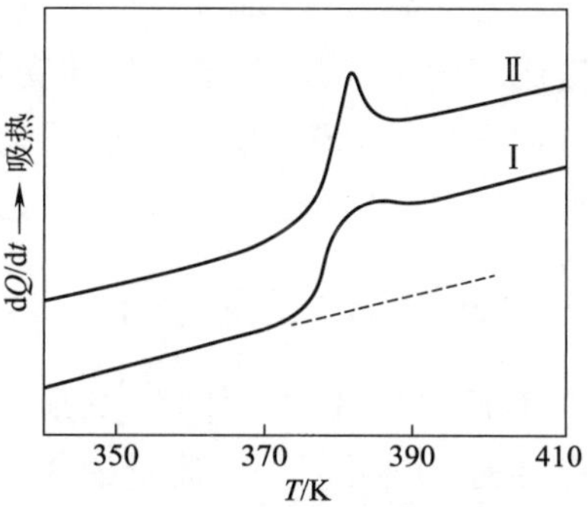

(b)以5,10 K·min⁻¹记录的升温 DSC 曲线

图 12-7 对于 DSC(DTA)有无试样时基线的差异

将空白样品容器分别放入试样支持器和参比物支持器,在 T_i(320 K)记录 1 min 等温曲线Ⅰ;等速升温到 T_e(400 K)测得曲线Ⅱ(此处的 T_i,T_e 与上述定义无关,是任意标记的);空白样品容器在 T_e 保持 1 min 形成曲线Ⅲ。常理推断,曲线Ⅰ,Ⅱ和Ⅲ应形成一条连续的直线。实际上,曲线Ⅱ偏离等温线,偏离的方向和大小与仪器设计和实验条件有关。如现将试样置于试样容器,并在相同的实验条件下测量,则由于试样热容随温度的改变 DSC 曲线呈线性上升。当有试样存在时,仪器达到稳态后而尚无吸、放热偏离所呈现的 DSC 曲线称为试样基线。图 12-7(b)是 5 mg 聚苯乙烯试样分别以 5 K·min^{-1}和 10 K·min^{-1}测定的 DSC 曲线,试

样在 380 K 区间热容的阶段状变化是由于聚苯乙烯的玻璃化转变。转变区以外的那部分DSC 曲线是试样基线。由于一般只给出图 12-7(b)的框线部分,故易将试样基线与仪器基线混淆。

基线将受到气体的流速及其中所含水汽、工作电压的稳定性、试样中残留的溶剂、仪器的粘污以及在低温实验中贮瓶中制冷剂的数量等多种因素的影响。因此,需在相同条件下,经多次反复预实验,确保仪器基线的重复一致。

量取峰面积应将基线扣除,进而求得热量。当出峰前后基线的形状较为复杂,难以由 T_i、T_r连线直接确定基线时,则可由外推基线和反应程度 α 按下式确定基线的热流速率值 ϕ_{bl}

$$\phi_{bl} = (1-\alpha)\phi_{iex} + \alpha\phi_{rex} \tag{12-14}$$

式中,ϕ_{iex}和 ϕ_{rex}分别表示从峰的左侧和右侧向峰区外推测量曲线的量值,如图 12-8 所示。

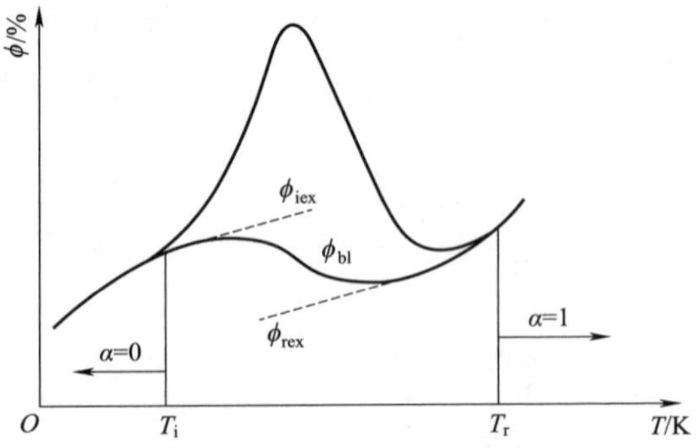

图 12-8　考虑反应程度 α(t)基线的制作

不可能生产完全对称的 DSC 仪器,也就是尚不能做到使空白的试样系统与参比系统间的差示信号在整个温度范围内刚好为 0。因此必须用空白试样坩埚测定仪器零线。为求得流向试样的真正的热速率(例如计算试样的比热容),则必须从实际的信号扣除零线。并应注意,零线测定的所有参数应与实际测量所用的参数相对应(只不过这时的试样坩埚是空)。

可通过计算机软件进行基线扣除,借助修正改善 DSC 曲线的线性。但在使用基线修正程序时应十分小心,因为试样基线的形式包含有关试样比热容随温度变化的信息。例如,对于含有大量氢键的玻璃态聚合物,玻璃化转变是出现在一个很宽的温度间隔,记录下来的是一条逐渐向吸热方向偏离的 DSC 曲线;而相反对于聚苯乙烯却可观察到明显的呈阶状的玻璃化转变。如对含氢键聚合物的曲线进行基线修正,则玻璃化转变就可能从曲线上被平滑掉而丢失。

12.3.6　DSC 的试验流程

基于 DSC 测量原理,按照图 12-9 所示试验流程可得到物质的热流-炉温/时间曲线:首先在无样品存在时,用相同材质、质量的两个空坩埚在程序温度下产生仪器基线;然后,在装载样品后,执行相同温度程序,测量样品的试验曲线;最后结合仪器基线,得出反映样品物化特性的热流-炉温/时间曲线。

12.3.7　DSC 的影响因素

影响 DTA 的各种因素同样会以相似的规律对 DSC 产生影响,但由于 DSC 试样用量少,因而试样内部的温度梯度较小且气体的扩散阻力下降,对于功率补偿型 DSC,热阻的影响也小,因此影响程度与 DTA 有所不同。

影响 DSC 的因素主要是样品、实验条件及仪器因素。试样量较少时得到的峰尖锐，分辨率也较高，试样量通常在 10 mg 以下,需用十万分之一天平称量。快速升温可以提高灵敏度,但分辨率和温度准确性下降。对于热效应小的样品可适当增加样品量并采用较低的升温速

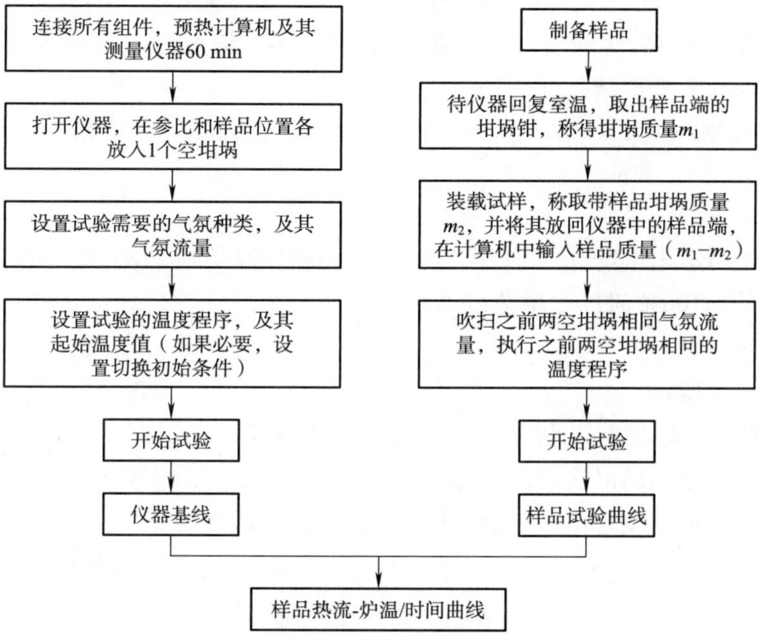

图 12-9　DSC 试验流程

度。对于测试气氛一般采用动态气氛,导热系数小的气氛则灵敏度较高。DSC 采用的坩埚适用于液态试样和蒸汽压高的固体试样,对于固体试样宜制成薄膜、薄片或细粒,以增大试样与坩埚的接触。每次测量时放置坩埚的操作应统一,试样量、粒度及粒度分布也应一致。

12.4　DSC 的应用

DSC 已成为高分子(聚合物)材料研究中的常规检测和基本表征手段。如测量玻璃化转变温度、熔融温度、结晶转变温度、结晶度、结晶速率、添加剂含量等。测定比热容、熔化热、分解热、蒸发热、结晶热、溶解热、解吸附等热化学数据。其中应用最广泛的是物性研究。DSC 已成为一种应用于测定聚合物的物性参数的常规方法,如玻璃化转变温度(T_g)、熔融温度(T_m)、结晶度等(X_c)。

DSC 在应用科学和理论研究中获得广泛的应用。包括物质的鉴定、热力学和动力学的研究、化学性质的分析、材料热分析、生物、化工等领域。可以说,凡是在加热进程有吸热、放热效应的都可以用 DSC 进行研究。在一些国家已开设了 DSC 的课程,甚至建立了相关专业。差示扫描量热法已经成为许多自然科学分支中的一个标准的测量过程。

DSC 热分析方法的广泛应用主要体现在如下几方面:

12.4.1　结晶度的测定

结晶:是指物质从非晶液态向完全结晶或部分结晶固态的转变阶段,该转变是以 DSC 曲线的放热峰表征的。

结晶焓:在恒定压力下,某种物质结晶释放的热量。

聚合物熔融时，只有其中的结晶部分发生变化，所以熔融热（焓）实质上是破坏结晶结构所需的热量。结晶度越高，熔融热（焓）也越大，即聚合物的熔融热（焓）与其结晶度成正比；因此，可以由熔融热（焓）求得结晶度。

结晶聚合物熔融热 ΔH_m 与结晶度 X_C 成正比，可按式（12-15）计算 X_C。

$$X_C = \frac{\Delta H_m}{\Delta H^*} \times 100\% \tag{12-15}$$

式中，ΔH_m 为试样的熔化热焓，由 DSC 测定时的峰面积计算得到；ΔH^* 为完全结晶聚合物的熔化热焓，即结晶度为 100% 时的熔融热或平衡熔融热。

ΔH^* 的求法：

（1）查文献或手册；

（2）测定 100% 结晶度样品的熔融热，实际上很难得到；

（3）取 3 个以上已知结晶度的试样，测得熔融热，建立结晶度与熔融热的关系；

（4）高聚物在不同温度下退火结晶，然后测定一系列试样熔点 T_m和结晶温度 T_c，以 $T_m - T_c$作图，外推到 $T_m = T_c$线的交点，求出平衡熔点，达到平衡熔点时试样的熔融热则为 ΔH^*。

通常很难测得“真正的”或“平衡熔点”，若慢速升温，升温过程中结构会发生变化，即结晶作用、交联、固化等，测得的平稳熔点不能反映原始样品的熔点，快速升温，使聚合物发生过热，测得值偏高。

12.4.2 物质的吸热、放热

DSC 曲线上每一个吸热峰、放热峰都有其产生的原因，每一种矿物都有自己的 DSC 曲线特征，就像指纹一样表征物质的特性。复杂的矿物往往具有复杂的 DSC 曲线，在进行分析时结合试样的来源，考虑影响 DSC 曲线形态的因素，与可能存在的每个物质的“DSC”指纹进行对比，就能够解释 DSC 曲线中峰谷产生的原因，分析物质发生的物理化学变化。

峰的形状、最大温差所在温度虽受样品填充方式、几何参数、升温速率、炉子气氛、参比物温度等的影响，但主要还是受反应动力学所控制。基线的改变与样品的热量变化有关，这对检测玻璃化转变温度极为重要。峰的面积主要取决于热焓的改变。常见的吸放热峰与物理化学变化对应的关系见表 12-3。

表 12-3　常见物理化学变化与峰的对应关系

物理变化	峰面积		物理变化	峰面积	
	吸热	放热		吸热	放热
结晶转变	√	√	化学吸附		√
熔融	√		脱剂溶化	√	
蒸发	√		脱水	√	
升华	√		分解	√	
吸收	√		氧化降解		
吸附		√	气氛中氧化		√
脱附	√		气氛中还原	√	

续上表

物理变化	峰面积		物理变化	峰面积	
	吸热	放热		吸热	放热
玻璃化转变	无峰,基线改变		氧化还原	√	√
固化点转变	√		固相反应	√	√
液晶转变	√		燃烧		√
热容转变	无峰,基线改变		聚合		
			预固化		√
			催化		√

DSC 用于反应动力学研究时的前提是反应进行的程度与反应放出或吸收的热效应成正比,即与 DSC 曲线下的面积成正比,如图 12-10 所示,于是反应程度 α 可表示为:

$$\alpha=\frac{\Delta H}{\Delta H_{\tau}}=\frac{S'}{S}$$

$$1-\alpha=\frac{\Delta H_{\tau}-\Delta H}{\Delta H_{\tau}}=\frac{S-S'}{S}=\frac{S''}{S} \quad (12\text{-}16)$$

$$\frac{\mathrm{d}\alpha}{\mathrm{d}t}=\frac{1}{\Delta H_{\tau}}=\frac{\mathrm{d}H}{\mathrm{d}t}$$

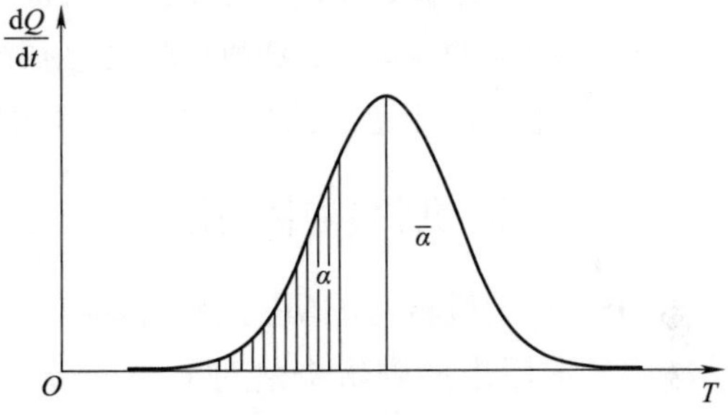

图 12-10　DSC 放热曲线

式中,ΔH 为温度为 T 时的反应热; ΔH_{τ} 为反应的总热量;S′为从 T_0 到 T 曲线下的面积,如图 12-10 中曲线下阴影部分;S 为 DSC 曲线下的总面积。

因此,与热失重法相似,反应动力学方程为:

$$\frac{\mathrm{d}\alpha}{\mathrm{d}t}=A\mathrm{e}^{-\frac{E}{RT}}(1-\alpha)^{n} \quad (12\text{-}17)$$

式中,E 为活化能;A 为频率因子;R 为气体常数;T 为绝对温度;n 为反应级数。式(12-17)可写成:

$$\frac{\mathrm{d}H}{\mathrm{d}t}=A\mathrm{e}^{-\frac{E}{RT}}\left(\frac{\Delta H_{\tau}-\Delta H}{\Delta H}\right)^{n} \quad (12\text{-}18)$$

取对数形式如下:

$$\ln\frac{\mathrm{d}H}{\mathrm{d}t}-n\ln\left(\frac{\Delta H_{\tau}-\Delta H}{\Delta H}\right)=-\frac{E}{RT}+\ln A \quad (12\text{-}19)$$

如果反应级数已知,那么上式左边对$\frac{1}{T}$作图应为一直线,由斜率可求得活化能 E,由截距可求得频率因子 A。

根据以上方程式可推导出其他形式的动力学方程式。目前利用 DSC 研究反应动力学的领域较多,例如聚合反应、裂解反应、固化反应、结晶过程等。

12.4.3　液晶的转变

一些有机化合物和高分子聚合物,在一定温度或浓度的溶液中,既具有液体的流动性,又具有晶体的各向异性,这就是液晶。根据液晶的生成条件,可把它分为两类:热致液晶和溶致液晶。

热致液晶是指由单一化合物或由少数化合物的均匀混合物形成的液晶。通常在一定温度范围内才显现液晶相的物质。典型的长棒形热致液晶按照棒形分子排列方式分为三种:向列相液晶,近晶相液晶,胆甾相液晶。

溶致液晶是一种包含溶剂化合物在内的两种或多种化合物形成的液晶。在溶液中溶质分子浓度处于一定范围内时出现液晶相。

DSC 是研究高分子液晶的有效手段。热致性高分子液晶在熔融后不形成各向同性的熔体,而是先形成混浊的有序流体(液晶态),当温度进一步升高,才转变成各向同性的透明液体,这一温度称为清亮点。清亮点是液晶的重要性质,从实用的角度,需要合成在某个特定温度范围内稳定的液晶,需要预见将要合成的液晶的清亮点。

DSC 还可以测定溶致液晶高分子的临界点。

12.4.4 无机材料中的应用

DSC 在无机材料的研究中,主要应用于硝酸盐、玻璃、金属等材料的研究:如在硝酸盐水泥材料中,常用来检测焙烧前对原料的分析,水泥凝固过后不同时间水合产物的组成及生成速率;在玻璃材料的研究中,常用来分析玻璃形成的化学反应过程,玻璃转变温度和熔融过程,玻璃的结晶过程和晶体生长活化能;在金属和合金材料研究中,用来测定金属或合金的相变,测定熔点,制作相图和计算相变热,研究合金析出过程,研究磁学性质(居里温度)的转变等。

12.4.5 在高分子聚合物中的应用

近年来,高分子材料的发展突飞猛进。许多金属制品和部件已由高聚物所替代。除了工业应用外,高分子材料还应用于生物医学工程,制造各种生物功能器官,并且随着高分子材料的深入研究,不断有新的应用产生。图 12-11 总结了 DSC 法在高分子聚合物上的应用。为了研制新型高聚物并控制高聚物的质量和性能,测定高聚物的玻璃化转变温度、熔融温度、混合物和共聚物的组成以及结晶度等是非常必要的。DSC 仪器分析已成为这些参数的常规测试手段。

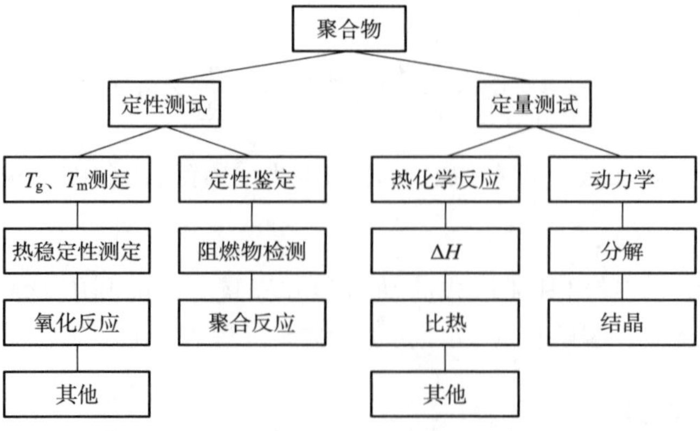

图 12-11 DSC 在高分子聚合物中的应用

12.4.6　在药物分析中的应用

随着 DSC 热分析方法的飞速发展，该法也逐渐应用于药物研究中，如图 12-12 所示。在药品的研发和质量控制过程中，监控药物的物理和化学性质的稳定至关重要，如晶型稳定性、安全性、纯度等，保证药品的疗效。药品的成分大部分都是有机化合物，由于有机化合物具有多种结构及晶态等特性，导致药品在加工、储存，运输等过程的稳定性和生物特性等方面都会受到影响，通过热分析技术研究其变化规律对药品研发及其质量控制过程起到指导作用。如今，美国、英国、日本等发达国家已经把该分析方法作为控制药品质量的方法，《中华人民共和国药典》2020 年版中规定有关的新药申报资料中必须要有热分析的检验报告。

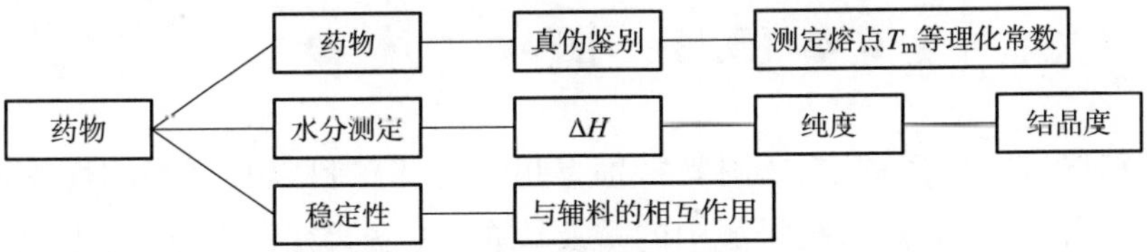

图 12-12　DSC 法在药物分析中的应用

12.4.7　在食品中的应用

近年来，食品安全日益受到人们的重视。在食品的加工、烹调、杀菌、冷冻保藏、干燥的过程中，热是最普遍的参数，食品与热发生相互作用时，食品会发生一系列的变化，如皱缩，色泽变化，营养素破坏，流变性能的变化，相变，蛋白质构象的改变，品质变化等。目前热分析法在食品中已应用在食品的干燥，谷物和淀粉的糊化，蛋白质吸热变性，食用油及贵重食品的掺假鉴别，调味品的食用安全等方面。

第 13 章 激光粒度仪

13.1 概　述

随着现代科学技术的发展,粉体材料特别是超细粉体材料以其诸多的优良性能逐渐成为现代化学工业、国防建设和高科技领域中的重要成员,并逐渐在微电子、光电技术、医药、日常生活用品、精细化工、航空航天,军事领域等方面获得了广泛的应用。粉体粒度材料的许多重要特性是由粒度的平均值及粒度分布等参数所决定的,例如,粒度的分布影响白砂糖的晶体群质量,颜料粒度决定其着色能力,水泥粒度决定水泥的凝结时间,荧光粉粒度决定电视机、显示器等屏幕的显示亮度和清晰度等。此外,粒度对食品的味感、药物的效用及炸药的爆炸强度也有很大的影响。正因为粉体粒度的大小和尺寸分布参数与粒度的特性密切相关,同时也是粒度材料的生产制备以及应用中离不开的一个重要环节,因此粉体粒度的表征是这些超细粉体技术应用的基础和关键。

早在 19 世纪 Fraunhofer 和 Mie 等人就已描述了粒子与光的相互作用,但直到 20 世纪 70 年代,随着激光技术、光电技术以及计算机技术的迅速发展,这些理论才得以快速地应用到粒度的测量中,从而使基于光散射原理的粒度测量仪器得到了很大的发展。衍射散射法又称小角前向散射法,它是各种光散射式粒度测量仪中发展最为成熟,应用最为广泛的一种,在粒度测量技术中已经得到了普遍的采用。它以激光为光源,因此习惯上又简称为激光测粒仪。目前已有众多厂家研制或生产该类测粒仪,其性能也在不断完善和提高之中。

激光粒度仪自 20 世纪 70 年代问世以来,能迅速地成为全世界最流行的粒度测量仪器,是与它特有的优异性能分不开的。主要优点如下:

(1)可测量粒度的粒径范围广,约为 0.5 ~2 000 μm,个别情况下测量上限可达 3 500 μm,当引入侧向和背向散射光检测器后,测量下限可达 0.02 μm。

(2)不仅可用于固体粒度的测量,还可对液体粒度进行测量,适用范围更广泛。

(3)由于光电转换的时间很短,且光学法易于与电子计算机配合使用,为此可以实现快速测量。一般情况下,1 ~2 min 内即可完成整个测量过程,并打印输出全部测量结果,具有很高的自动化程度。

(4)在某些情况下,不需要知道被测粒度和分散介质的物理特性(如密度、黏度等)即可进行测量,使用过程中的限制少。

(5)由于光的透射性,可以实现非接触测量,无须从被测介质中抽取试样,因而,可以实现在线测量，这对生产工艺过程的自动监测十分重要。

(6)与其他传统测粒方法相比，激光测粒仪能给出准确可靠的测量结果，并且重复性好，对聚苯乙烯标准粒子的重复性测量误差为1%～2%。

(7)衍射散射式激光测粒仪的原理虽然比较复杂，但其操作简单。由于自动化程度很高，尤其不受操作人员主观情绪等因素的影响，保证了测量结果的客观性。

主要缺点是分辨率低，不宜测量粒度分布范围很窄，又需要定量测量其宽度的样品，比如磨料微粉等。

13.2 激光粒度分析原理

激光技术应用于粒度分析的基本原理是夫琅禾费衍射和米氏(Mie)散射理论，该理论表明：照射微粒的平行激光束在以一特定角度发生衍射和散射时，将散射掉大部分能量，对于较小的粒度，这种角度较大；而对于较大的粒度，这种角度较小。通过记录不同角度时的散射情况，采用特定的方法来对散射加以计算，就可以获得粒度的面积和体积，而由面积和体积即可得到粒度的直径大小。图13-1为激光粒度分析仪的工作原理示意图。

如图13-1所示，激光粒度分析仪的测量过程为：由激光源产生的激光通过光路形成平行的激光束后照射到粒度上，由于粒度的遮挡，激光便改变传播方向(即发生衍射和散射现象)，粒度的衍射及散射由一聚焦的接收透镜来检测，在此聚焦面上放置有特别构造的由32个圆环组成的检测器(中心有一个让未被散射的直线光束通过的小孔)，每一圆环都能对应地测量出其特定小角度范围内的散射。为便于用数学的手段来解决粒度级配的分布问题，圆环的半径被分布成按对数级增大以便使每一半径都是最大半径的恒定倍数。圆环检测器后面的光电二极管用来测量激光束的传播时间 t，t 被用来校正光学背景散射(即给出激光束变细小的测量值)。散射原理的几何定义如图13-2所示。

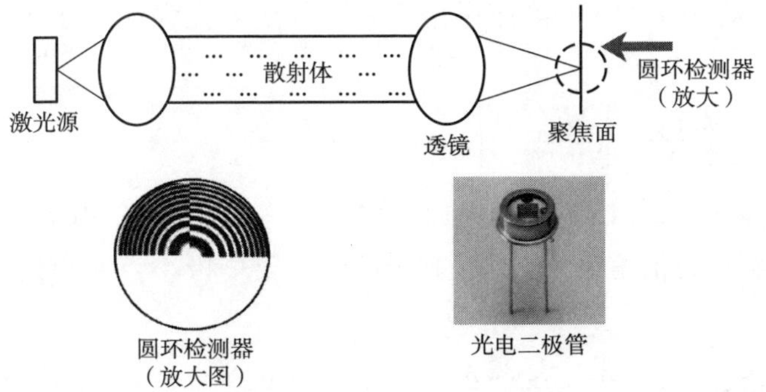

图13-1 激光粒度分析仪的工作原理示意图

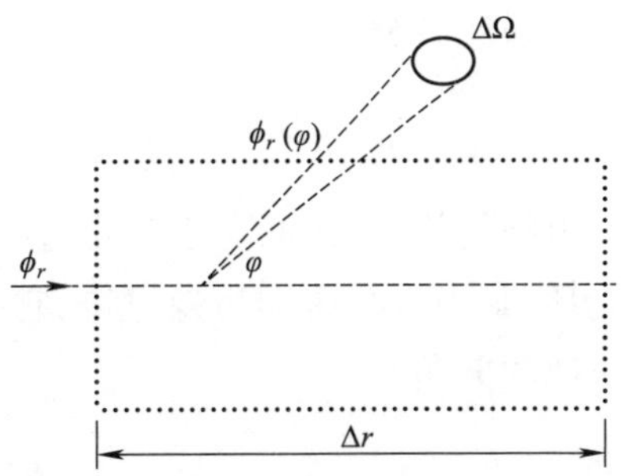

图13-2 散射函数的几何定义示意图

用接收透镜(一般为傅里叶透镜)将由各个粒度散射出来的相同方向的光聚焦到焦平面上，在这个平面上放置一个光电探测器，用来接收衍射光能的分布。光电探测器将散射光信号转变为电信号，在这些电信号中包含粒度粒径大小及分布信息。电信号经放大和模数转换后一起送入计算机，按事先编制的程序，根据衍射理论进行数据处理，把衍射谱的空间分布反演为粒度的大小分布。激光散射检测的几何光学图解如图13-3所示。

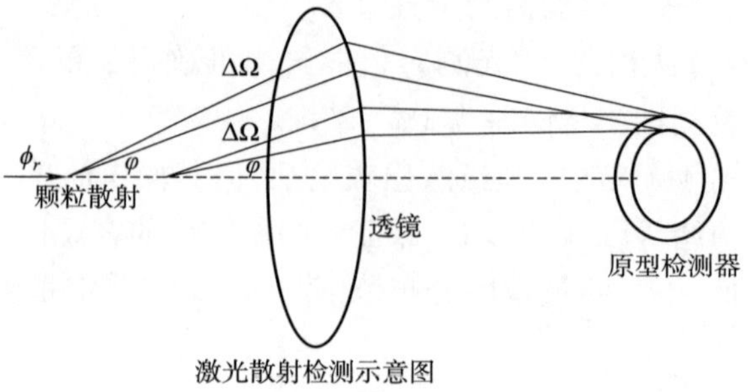

图 13-3 激光散射检测的几何光学图解

13.2.1 夫朗和费衍射散射理论

假设测量区中只有一个直径为 D 的粒度，则在单色平行光的照射下，在接收透镜的焦平面即多元光电探测器（31 个半圆环组成）上，粒度在任意衍射角 θ 下的衍射光强度 $I(\theta)$ 可用下式求出，即

$$I(\theta)=I_0\frac{\pi^2D^4}{16f^2\lambda^2}\left[\frac{2J_1(X)}{X}\right]^2 \tag{13-1}$$

式中，I_0为平行入射光强度；f 为接收透镜的焦距；λ 为入射光的波长；参数 $X=\pi D\sin\theta/\lambda$；$J_1$ 为 X 的一阶贝塞尔（Bessel）函数。

令 $\theta=0$，即 $X=0$，按 Bessel 函数的特性，可以求得 $[2J_1(X)/X]=1$，因而，光电探测器中心处的衍射光强为

$$I(0)=I_0\frac{\pi^2D^4}{16f^2\lambda^2} \tag{13-2}$$

在其他参数不变的情况下，它的大小与被照射粒度的粒径的四次方 D^4 成正比。粒径越大，衍射光的强度越大。将式（13-2）代入式（13-1）可得任意角度 θ 下的衍射光强相对于中心衍射光强比的分布为

$$p(\theta)=\frac{I(\theta)}{I(0)}=\left[\frac{2J_1(X)}{X}\right]^2 \tag{13-3}$$

由圆孔衍射可知，对于一定直径的粒度，式（13-3）决定的衍射图形是一组同心的明暗交替的光环，其中心亮斑即为爱里斑，它的半径的张角为 θ_0，即衍射图形中的第一极小点对衍射中心法线的夹角为

$$\theta_0=\arcsin\frac{1.22\lambda}{D}\approx\frac{1.22\lambda}{D} \tag{13-4}$$

对于一定的入射光波长λ，粒度直径 D 越大，则张角越小，也即爱里斑越向中心靠拢，或整个衍射图形集中在前向较小的角度范围内。由式（13-2）还可知道，粒径 D 越大，相应的衍射光也就越亮。因此，当粒度直径变化时，衍射图形也随之而变，衍射图形与粒度直径之间存在着完全确定的对应关系。

衍射光经接收透镜后，在光电探测器每个环上所获得的光能量可通过对式（13-1）在每个环面上的积分得到。对于多元光电探测器的第 n 环，设环半径从 S_n 到 S_{n+1}，对应的衍射角从

θ_n到θ_{n+1}，其光能量为

$$e_n = \int_{s_n}^{s_{n+1}} I(\theta) 2\pi S \mathrm{d}S, \quad n = 1,2,\cdots \tag{13-5}$$

由于接收透镜的焦距f远大于光电探测器的最大半径，即衍射角θ很小，因此可以做如下近似

$$\sin\theta \approx \theta \approx \frac{S}{f} \tag{13-6}$$

将式(13-1)、式(13-6)代入式(13-5)中，通过积分变量变换，并化简后可得

$$e_n = \left(\frac{I_0 \pi D^2}{2}\right) \int_{X_n}^{X_{n+1}} \frac{J_1^2(X)}{X} / \mathrm{d}X, \quad n = 1,2,\cdots,30 \tag{13-7}$$

式中，$X_n = \pi D\theta_n/\lambda$ ；$X_{n+1} = \pi D\theta_{n+1}/\lambda$ ，利用贝塞尔函数的递推公式

$$J_n(X) = \left(\frac{n+1}{X^n}\right) J_{n+1}(x) + X^{n+1}\frac{\mathrm{d}}{\mathrm{d}X} J_{n+1}(X) \tag{13-8}$$

$$\frac{\mathrm{d}J_n(X)}{\mathrm{d}X} = -J_{n+1}(X) \tag{13-9}$$

其中，$J_n(X)$称为第一类n阶贝塞尔函数。令$n=1$，则有

$$\begin{aligned} \frac{J_1(X)}{X} &= \frac{J_1(X) J_1(X)}{X} = J_1(X)\left[J_0(X) - \frac{\mathrm{d}J_1(X)}{\mathrm{d}X}\right] \\ &= -\left[J_0(X)\frac{\mathrm{d}J_0(X)}{\mathrm{d}X} + J_1(X)\frac{\mathrm{d}J_1(X)}{\mathrm{d}X}\right] \\ &= -\left(\frac{1}{2}\right)\frac{\mathrm{d}[J_0^2(\mathrm{X}) + J_1^2(\mathrm{X})]}{\mathrm{d}X} \end{aligned} \tag{13-10}$$

将上式代入式(13-7)经积分后，可得

$$e_n = \left(\frac{I_0 \pi D^2}{4}\right)[J_0^2(X_n) + J_1^2(X_n) - J_0^2(X_{n+1}) - J_1^2(X_{n+1})], \quad n = 1,2,\cdots,30 \tag{13-11}$$

已知粒度的直径和多元光电探测器各环的内外半径以及接收透镜的焦距，利用式(13-11)即可计算出衍射光在光电探测器各个环上的光能量。图13-4给出了当粒度直径分别为10 μm、20 μm和30 μm时光能量分布的理论计算曲线。图中的横坐标为光电探测器环数，纵坐标为归一化光能量。

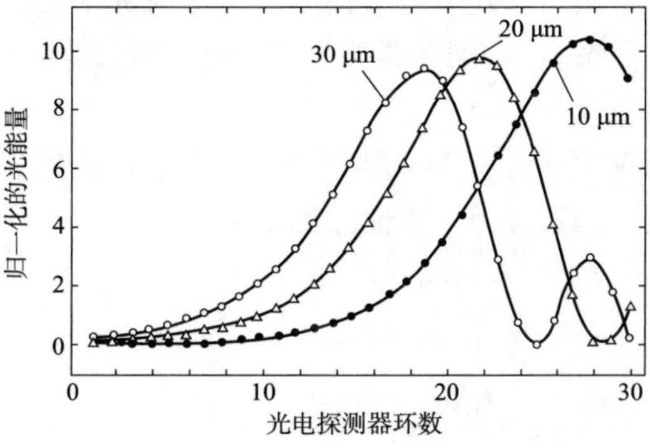

图13-4 不同颗粒直径所对应的光能量分布曲线

从图13-4中可以看出，不同直径的粒度所产生的衍射光在光电探测器各个环上的光能量分布是不同的。例如，粒度直径越大，光能分布曲线的第一峰值越向中心（即环数 n 较小方向）偏移。因此，如果能够测得光电探测器各个环的衍射光能分布，从理论上讲，就能利用式(13-11)求出一个与该光能分布相对应的粒度直径，而且这个值是唯一的。这就是衍射式粒度分析仪的理论基础。

以上讨论分析的是假设测量区中只有一个粒度的情况。实际情况下，测量区中的粒度数往往很多。最简单的情况是，粒度群中所有粒度的直径 D 完全相同。假定这些粒度的排列无一定规则，则当粒度数 N 足够大时，可以证明，所有这些粒度所产生的总的衍射光能将是这些粒度单独存在衍射时衍射光能的 N 倍（即假设这些粒度群所产生的散射光满足不相关的单散射条件），则光电探测器第 n 环所接收到的衍射光能量将是式(13-11)的 N 倍，即

$$e_n = N\left(\frac{I_0 \pi D^2}{4}\right)[J_0^2(X_n) + J_1^2(X_n) - J_0^2(X_{n+1}) - J_1^2(X_{n+1})],\quad n=1,2,\cdots,30 \tag{13-12}$$

进一步推论可得，如果测量区中是由许许多多大小不同的粒度所组成的粒度群，并设直径为 D_i 的粒度数共有 N_i 个，则该粒度群所产生的总的衍射光能将是每种粒度所产生的衍射光能的总和。这时，光电探测器第 n 个环上的总的衍射光能量就为

$$e_n = \left(\frac{I_0 \pi}{4}\right)\sum_i N_i D_i^2[J_0^2(X_{i,n}) + J_1^2(X_{i,n}) - J_0^2(X_{i,n+1}) - J_1^2(X_{i,n+1})],\quad n = 1,2,\cdots,30 \tag{13-13}$$

式中，$X_{i,n} = \pi D_i \theta_n / \lambda$；$X_{i,n+1} = \pi D_i \theta_{n+1} / \lambda$

在很多情况下，粒度的尺寸分布不是采用粒度数 N，而是采用质量频率 W 来表示。设直径为 D_i 的粒度质量为 W_i，则粒度质量 W_i 和粒度数 N_i 之间存在下列简单关系

$$N_i = \frac{6W_i}{\pi \rho D_i^3} \tag{13-14}$$

将式(13-14)代入式(13-13)中，经过化简后可得

$$e_n = C\sum_i \frac{W_i}{D_i}[J_0^2(X_{i,n}) + J_1^2(X_{i,n}) - J_0^2(X_{i,n+1}) - J_1^2(X_{i,n+1})],\quad n = 1,2,\cdots,30 \tag{13-15}$$

其中，$C = 3I_0/2\rho$ 为一常数，在数据处理过程中，由于对光能量的计算采用归一化方法，同时对粒度的尺寸分布用百分率表示，因此常数 C 在计算中可略去不计。为方便起见，在今后的有关方程中将省略不写。

多元光电探测器共有30个环（取31个环中的前30个环或后30个环），对其中的每一个环按式(13-15)写出其衍射光能，可得一线性方程组为

$$\begin{aligned}
e_1 &= t_{1,1}\omega_1 + t_{2,1}\omega_2 + t_{3,1}\omega_3 + \cdots \\
e_2 &= t_{1,2}\omega_1 + t_{2,2}\omega_2 + t_{3,2}\omega_3 + \cdots \\
e_3 &= t_{1,3}\omega_1 + t_{2,3}\omega_2 + t_{3,3}\omega_3 + \cdots \\
&\vdots \\
e_{30} &= t_{1,30}\omega_1 + t_{2,30}\omega_2 + t_{3,30}\omega_3 + \cdots
\end{aligned} \tag{13-16}$$

其中

$$t_{i,j}=\frac{1}{D_i}[J_0^2(X_n)+J_1^2(X_n)-J_0^2(X_{n+1})-J_1^2(X_{n+1})] \tag{13-17}$$

用矩阵形式可表示为

$$\boldsymbol{E}=\boldsymbol{TW} \tag{13-18}$$

其中

$$\boldsymbol{E}=(e_1,e_2,e_3\cdots e_{30})^{\mathrm{T}} \tag{13-19}$$

称为光能分布列向量。

$$\boldsymbol{W}=(W_1,W_2,W_3\cdots W_{30})^{\mathrm{T}} \tag{13-20}$$

称为尺寸分布列向量。而

$$\boldsymbol{T}=\begin{vmatrix} t_{1,1} & t_{2,1} & t_{3,1} & \cdots \\ t_{1,2} & t_{2,2} & t_{3,2} & \cdots \\ \vdots & \vdots & & \vdots \\ t_{1,30} & t_{2,30} & t_{3,30} & \cdots \end{vmatrix} \tag{13-21}$$

称为光能分布系数矩阵,矩阵中的每一个元素 $t_{i,j}$ 的物理意义是直径为 D_i 的粒度所产生的衍射光落在多元光电探测器第 j 环上的光能量。

13.2.2 米氏(Mie)散射理论

粒度与入射光之间的光散射规律服从于经典的米氏散射理论。米氏散射理论是对均质的球形粒度在平行单色光照射下的电磁场方程的精确解,适用于一切大小和不同折射率的球形粒度。而夫朗和费衍射理论只是经典米氏散射理论的一个近似或一个特例,仅当粒度直径 D 与入射光波长 λ 相比很大时($D\gg\lambda$)才能适用。这就决定了基于夫朗和费衍射理论的激光粒度仪的测量下限不能很小。因此,各种基于夫朗和费衍射理论的激光粒度分析仪在小粒度范围内的测量精度是不够的。为了克服这一缺点,目前市场上的激光粒度仪都采用了米氏修正的方法,即在大粒径范围内,应用夫朗和费衍射理论,而在小粒径范围内应用经典的米氏散射理论,从而在保持大粒径范围内测量精度的条件下,提高小粒径范围内的测量精度。按照米氏散射理论,当一束强度为 I 的自然光入射到各向同性的球形微粒时,其散射光强为

$$I(\theta,a,m)=\frac{\lambda^2}{8\pi^2r^2}I_0[i_1(\theta,a,m)+i_2(\theta,a,m)] \tag{13-22}$$

而当入射光为一平面偏振光时,在散射面上的散射光强为

$$I(\phi)=\frac{\lambda^2}{4\pi^2r^2}I_0[i_1\sin^2\phi+i_2\cos^2\phi] \tag{13-23}$$

上两式中,θ 为散射角;$a=\pi D/\lambda$ 为无因次尺寸参数,$m=n+i\eta$ 为粒子相对于周围介质的折射率(虚部不为零,表示粒子有吸收);λ 为入射光在粒子周围介质中的波长;r 为散射体(粒度)到观察面的距离;ϕ 为入射光的电矢量相对于散射面的夹角;而 i_1,i_2 则分别为垂直及平行于散射平面的散射强度函数分量。

由光强公式(13-22)可求出在米氏散射时单个粒度在多元光电探测器第 n 环上的散射光能为

$$E_n = \int_{s_n}^{s_{n+1}} \frac{\lambda^2}{8\pi^2 r^2} I_0 (i_1 + i_2) 2\pi S \mathrm{d}S \tag{13-24}$$

对于实际多粒度体系,则为

$$E_n = c' \sum_i \frac{W_i}{D_i^3} \int_{s_n}^{s_{n+1}} \frac{i_1 + i_2}{r^2} S \mathrm{d}S \tag{13-25}$$

或改写为

$$E_n = c' \sum_i t_{ni} W_i \tag{13-26}$$

式中,$t_{ni} = \frac{1}{D_i^3} \int_{s_n}^{s_{n+1}} \frac{i_1 + i_2}{r^2} S \mathrm{d}S$ 为常数;c'在归一化数据处理过程中,可忽略不计。式(13-26)也可更简单地写成矩阵形式,即

$$E = TW \tag{13-27}$$

上式就是用米氏散射理论计算粒度在光电探测器各环上散射光能量分布的计算公式。比较式(13-27)与式(13-18)可见,用夫朗和费衍射理论与用米氏散射理论计算光能分布的公式在形式上完全相同,两者的主要差别仅是光能分布系数矩阵 T 中对应的各元素的计算公式不同。

表 13-1 给出了用夫朗和费衍射式激光粒度仪与米氏散射式激光粒度仪对部分标准颗粒的对比性测量结果。

表 13-1 夫朗和费衍射式与米氏散射式激光测粒仪测量结果的比较

标准粒子的名义直径/μm	米氏散射式激光测粒仪		夫朗和费衍射式激光测粒仪	
	测量值/μm	误差 /%	测量值/μm	误差 /%
0. 58	0. 59	1. 71	0. 74	27. 6
0. 71	0. 70	1. 41	1. 00	40. 8
1. 25	1. 25	0	1. 45	16. 0
3. 17	3. 24	2. 24	1. 76	44. 5

由表的右半部分的数据可以看出,当用夫朗和费衍射式激光粒度仪测量小尺寸的粒度时,其测量精度难以满足工程应用上的需要。而表的左半部分的数据则很好地说明了当衍射式激光粒度仪采用米氏修正后,小粒径范围内的测量精度有很大的提高和改善。夫朗和费衍射理论所适应的测量粒径范围多大于 3 μm,米氏散射理论可测出 1 μm 左右超细粒度的粒径分布。

13. 2. 3 光子相关光谱技术(PCS)

夫朗和费衍射散射理论和米氏散射理论皆属于静态光散射理论,这里讨论的光子相关光谱技术是光散射式粒度粒径测量技术中的一个重要分支,属于动态光散射理论,专门用于测量超细粒度或纳米粒度的粒径。

光子相关光谱技术(PCS)的测量下限约为 0. 003 ~ 0. 005 μm,这一技术之所以能够测量小到几个纳米的超细粒度,是因为它的测量原理是建立在粒度的随机热运动或布朗运动基础之上的。由分子运动学理论可知,一个悬浮在液体(水)中的粒度要受到周围介质分子的不断碰撞,而一个粒度表面四周的液体分子数约正比于二者直径比的平方。例如,一个粒径

为 100 nm 的粒度四周约有 100 万个水分子(水分子的直径约为 0.1 nm),即使一个粒径为 5 nm 的粒度四周也有多达 2 500 个水分子,粒度不断地受到水分子的碰撞而做随机的布朗运动。图 13-5 所示为 PCS 法测量原理简图。

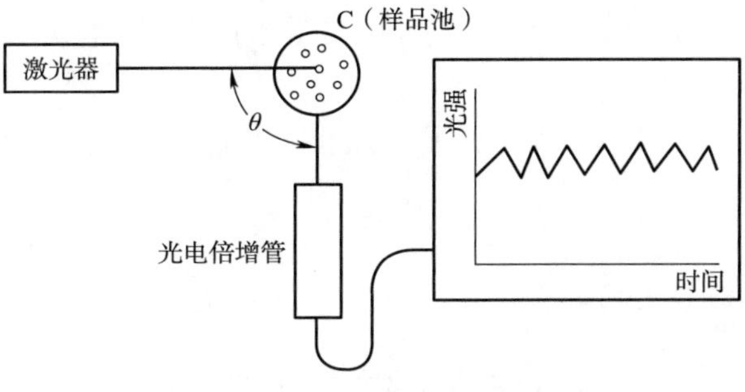

图 13-5 PSC 法测量原理简图

样品池 C 中盛有待测超细粒度试样的悬浮液,来自激光器的光束经光学系统聚集后照射到试样粒度中,测量区中的粒度群受到激光的照射产生散射光,在某一角度 θ 下采集其散射光,并由光电倍增管接收。

假设测量区中的被测试样粒度是完全"均匀一致"的,则光电倍增管所接收到的散射光信号将是恒定值,不随时间变化。但是,由于受到周围液体分子的撞击,超细粒度不断地做随机的布朗运动,布朗运动使得粒度相对于光电倍增管的距离改变,各粒度之间的相位也不断地变化。此外,布朗运动使粒度不断地"进入"和"离开"光束等,这就使得光电倍增管所接收到的散射光信号不再保持恒定,而是围绕某一平均值随时间不断地起伏涨落,产生许多噪声分量。当试样粒度的粒径较小时,粒度在液体中扩散得较快,即布朗运动较快,散射光信号的起伏涨落也相应地较快;反之,当试样粒度的粒径较大时,粒度的布朗运动较慢,散射光信号的起伏涨落也较慢。由此可知,散射光信号的瞬间变化(或信号的起伏涨落)中包含有被测试样粒径大小的信息。

由上所述,PCS 的工作原理可以简单地归纳为:测量粒度试样的散射光信号,应用相关技术由散射光信号的起伏涨落中求得粒度的平移扩散系数 D_r,平移扩散系数求得后再按斯托克斯-爱因斯坦公式求得粒度的当量球形直径。

1. 散射光信号的起伏涨落

在讨论某一散射集合内多个粒度各自对散射光强的贡献时,可以先计算一个粒度的散射电场 $\boldsymbol{E}_{is}$,然后矢量相加并取其平方值,所得即为散射光强。以下为讨论方便起见,假设所有粒度具有相同的粒径(单分散粒度系),则每个粒度的散射电场 $\boldsymbol{E}_{is}$ 的数值相同,但相位不同,如图 13-6 所示。矢量相加后得到

$$E_s = \sum_i E_{is} = iE_s \sum \cos \delta_i + jE_s \sum \sin \delta_i \quad (13\text{-}28)$$

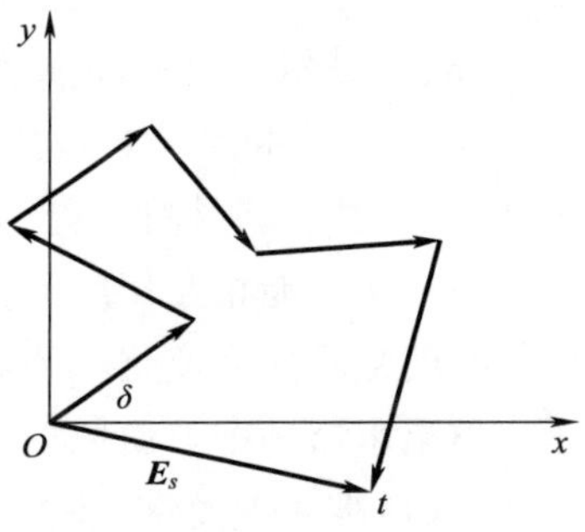

图 13-6 各个颗粒的散射矢量

对式(13-28)取平方,即得到散射集合体中所有粒度总的散射光强为

$$I_s = I_s(i)[(\sum_{i=1}^{n}\cos\delta_i)^2 + (\sum_{i=1}^{n}\sin\delta_i)^2] \tag{13-29}$$

式(13-29)中的方括号可简化为

$$\begin{aligned}[(\sum_{i=1}^{n}\cos\delta_i)^2 + (\sum_{i=1}^{n}\sin\delta_i)^2] &= \sum_{i=1}^{n}(\sin^2\delta_i + \cos^2\delta_i) + 2\sum_{j>i=1}(\cos\delta_i\cos\delta_i + \sin\delta_i\cos\delta_i) \\ &= N + 2\sum_{j>i=1}^{N}\cos(\delta_i - \delta_j)\end{aligned} \tag{13-30}$$

将式(13-30)代入式(13-29)后,可得

$$I_s = I_s(i)[N + 2\sum_{j>i=1}^{N}\cos(\delta_i - \delta_j)] \tag{13-31}$$

式中,$I_s(i)$为一个粒度的散射光强;N为粒度数;δ_i和δ_j为散射集合体中第i和第j个粒度散射电场的相位角;$(\delta_i-\delta_j)$为粒度之间的相位差,由于粒度处于不断运动之中,其值与时间有关,但在一段时间内,$\cos(\delta_i-\delta_j)$的平均值为零。因此,在静态光散射中,散射光强的时间平均值为

$$\langle I_s\rangle = NI_s(i) \tag{13-32}$$

$\langle I_s\rangle$值是一个粒度散射光强的N倍。

在动态光散射情况下,式(13-31)方括号中后一项数值在某一瞬间并不为零。因而,散射集合体的散射光强将随时间以某一平均值$\langle I_s\rangle$而不断地起伏涨落,如图13-7所示,其起伏涨落的部分为噪声分量。散射光强在极值之间扰动一次的时间间隔取决于两个粒度的相位差从0变化到2π的时间,该时间与散射角度及颗粒粒径有关,一般在几个微秒(小粒度)到几个毫秒(大粒度)之间。

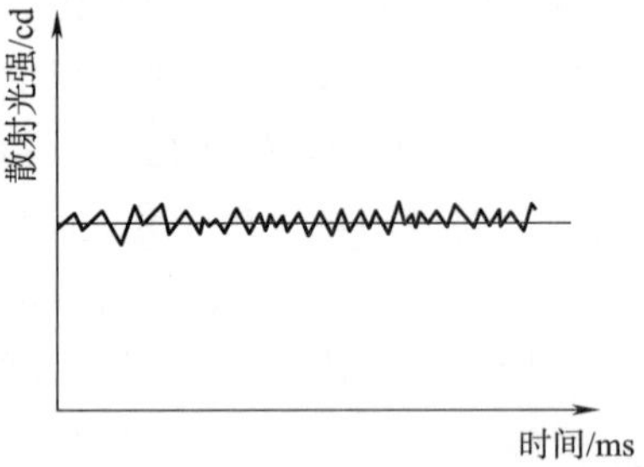

图13-7　散射光强随时间的涨落

2. 斯托克斯-爱因斯坦(Stokes-Einstein)公式

有关粒度在分散介质中的扩散系数,在普通物理学中都有讨论。对球形粒度,平移扩散系数D_r与粒度粒径D之间可用Stokes-Einstein公式表示,即

$$D_r = \frac{K_B T}{3\pi\eta D} \tag{13-33}$$

式中,K_B为玻尔兹曼常数;η为分散介质的黏度;T为热力学绝对温度。

Stokes-Einstein公式是在不存在其他作用力的条件下得到的。因此,在进行PCS测量时,试样的浓度应充分稀释,避免粒度之间的范氏作用力,粒度表面也不应有静电荷等,以消除粒度间的一切可能相互作用。由式13-33可知,平移扩散系数D_r线性地正比于绝对温度,分散介质的黏度也随温度变化。为此,为得到可靠的测量结果,测量应在恒温下进行,样品池通常置于一恒温水浴槽中。由散射光强信号的起伏涨落信号中得到平移扩散系数D_r后,即可按式13-33求得被测粒度试样的平均粒径。

3. 时间自相关函数

在超细粒度粒径测量技术的早期发展阶段,各国学者曾较多地采用频率域方法,利用频率

分析技术和频谱分析仪器测定粒度的平移扩散系数 D_r。目前,频率域方法已被时间域方法所取代。相比之下,时间域方法的测量仪器比较简单,特别是随着数字式仪器的快速发展,测量变得更为简单直接,在时间域方法中,与频率谱相当的就是光强自相关函数,它是对频率域中的噪声谱进行傅里叶变换后得到的。

当前,在 PCS 方法中,为了由散射光强的起伏涨落中探求粒度的布朗运动,进而求得其平移扩散系数 D_r都采用了相关技术。相关技术是处理随机过程及噪声理论中常用的一种方法。这里采用的是时间自相关函数,时间自相关函数是对随机过程的一种统计表征,它的定义是

$$G(\tau) = \langle I(t)I(t+\tau)\rangle = \lim_{\tau\to\infty}\frac{1}{T}\int_0^T I(t)I(t+\tau)\,\mathrm{d}t \tag{13-34}$$

式中,$I(t)$为 t 时刻光电倍增管所接收到的试样的散射光强信号,$I(t+\tau)$为$(t+\tau)$时刻光电倍增管所接收到的试样的散射光强信号,τ 为延滞时间,括号 < >为时间平均值,T 为总实验时间。

从数学上来说,一个函数的积分表示该曲线下的面积,但从物理上说,自相关函数还有其自己的意义,它不是实际时间(即实验时间)T 的函数,而是延滞时间(或相关时间)τ 的函数。

下面分析自相关函数的物理意义,先设 $\tau=0$,式(13-34)内的数学积分式为 $I(t)^2$,对 t 积分就相当于计算曲线 $I(t)^2$下的面积。显然,此时 $I(t)$与 $I(t+\tau)$互相重合($\tau=0$),两条曲线的峰与谷完全对准而处处得到加强。为此,其面积或积分值最大,这就是自相关函数 $G(\tau)$在 $\tau=0$ 时的取值。设延滞时间 $\tau\neq0$,且逐渐增大,这就相当于把曲线 $I(t)$和 $I(t+\tau)$彼此离开一个距离,这时,曲线的峰与谷的"对准性"变差,二者互相有"补偿"和"抵消",相乘再相加后,其值减小。延滞时间越大,两条曲线离开得越多,"对准性"越差,积分值降低越多。为此,自相关函数 $G(\tau)$随 τ 的增加而不断减小,表现为一衰减曲线。根据时间自相关函数的性质,当 $\tau\to\infty$ 时,其值趋近于某一平均值 $<I>^2$。可解释为自相关函数是曲线 $I(t)$及 $I(t+\tau)$之间的相似性或相关性的一个度量,在短时间内,二者有着较好的相关性,随着时间的增加,相关性逐渐丧失,信号"忘记"了它以前的状态。

光强的时间自相关函数在 PCS 测量中十分重要。根据自相关函数可以确定粒度的平移扩散系数 D_r,进而按式(13-33)求得试样的粒径 D。测量装置中的相关器就是用来对光电倍增管所接收到的大量散射光强随机信号反复进行"相乘"再"相加",计算得到试样的自相关曲线。对任意一个随机过程,为了得到可靠的统计性结果,信号数应该是大量的。目前制造厂商生产的 PCS 仪器,每次试样测量所采集的信号数一般都在 100 万个以上。随着科学技术的发展,仪器所配置的数字式相关器已经能够在很短的时间内(一般不超过 1 ~ 2 min)对所采集的大量数据进行相应的相关计算,实时得到相关曲线。

光子相关光谱技术的局限性在于,这种方法对单分散或窄分布粒度体系能给出相当准确的测量结果,但对宽分布和双(多)峰分布的粒度体系,其测量结果的准确性有所降低。

13.3 激光粒度仪的结构及其应用

13.3.1 仪器结构

用静态激光散射法测量颗粒大小的仪器称为激光粒度分析仪。如图 13-8 所示为激光粒

度仪的经典结构示意图。从激光器发出的激光束经显微物镜聚焦、针孔滤波和准直镜准直后，变成直径约 10 mm 的平行光束。该光束照射到待测的颗粒上，一部分光发生散射。散射光经傅里叶透镜后，照射到光电探测器阵列上。由于光电探测器处在傅里叶透镜的焦平面上，因此探测器上的任一点都对应于某一确定的散射角。光电探测器阵列由一系列同心环带组成，每个环带是一个独立的探测器，能将投射到上面的散射光能线性地转换成电压，然后送给数据采集卡。数据采集卡将电信号放大，再进行 A/D（模拟信号/数字信号）转换后送入计算机。

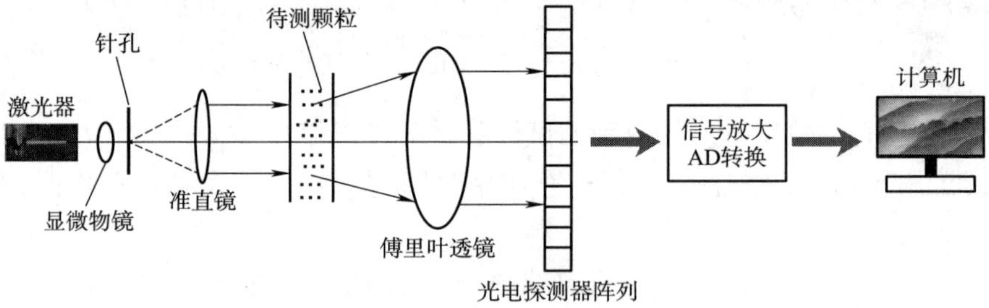

图 13-8　激光粒度仪的结构示意图

计算机事先已在仪器测量范围内取 n 个代表粒径，

$$x_1, x_2, x_3, \cdots, x_n$$

先考虑第 j 个代表粒度 x_j。单位重量的颗粒个数为 $1/x_i^3$，故探测器上第 i 个单元接收到的光能量为

$$m_{ij} = \frac{1}{x_i^3}\int_{\Delta\theta_i}\int_{\Delta\phi_i} I(\theta)\,\mathrm{d}\theta \tag{13-35}$$

其中，$\Delta\theta_i$ 和 $\Delta\phi_i$ 分别代表第 i 个探测单元对应的散射角下限和角范围。测量范围内所有代表粒径的单位重量的颗粒散射在所有探测单元（n 个）上的光能，就组成了光能矩阵 $\boldsymbol{M}$，即：

$$\boldsymbol{M} = \begin{matrix} m_{11} & m_{12} & \cdots & m_{1n} \\ m_{21} & m_{22} & \cdots & m_{2n} \\ \vdots & \vdots & & \vdots \\ m_{n1} & m_{n2} & \cdots & m_{nn} \end{matrix} \tag{13-36}$$

矩阵中每一列代表单位重量的颗粒产生的散射光能分布。因此：

$$\begin{matrix} S_1 \\ S_2 \\ \vdots \\ S_n \end{matrix} = \begin{matrix} m_{11} & m_{12} & \cdots & m_{1n} \\ m_{21} & m_{22} & \cdots & m_{2n} \\ \vdots & \vdots & & \vdots \\ m_{n1} & m_{n2} & \cdots & m_{nn} \end{matrix} \begin{matrix} \omega_1 \\ \omega_2 \\ \vdots \\ \omega_n \end{matrix} \tag{13-37}$$

式中，$\omega_1, \omega_2, \cdots, \omega_n$ 代表颗粒的重量分布。根据上式，只要已知散射光能分布 $S_1, S_2, \cdots. S_n$，通过适当的数值计算方法可以计算出与之相应的粒度分布。

测量下限是激光粒度仪重要的技术指标。激光粒度仪光学结构的改进基本上都是为了扩展其测量下限或是小颗粒段的分辨率。基本思路是增大散射光的测量范围、测量精度或者减少照明光的波长。

激光衍射与动态激光散射的比较：激光粒度分析技术目前主要采用夫琅禾费原理进行粒

度及粒度分布分析。针对不同被测体系粒度范围,又可具体划分为激光衍射式和激光动态光散射式粒度分析仪两种。从原理上讲,衍射式粒度仪对粒度在 5 μm 以上的样品分析较准确,而动态光散射粒度仪则对粒度在 5 μm 以下的纳米、亚微米颗粒样品分析准确。

当一束波长为λ 的激光照射在一定粒度球形小颗粒上时,会发生衍射和散射两种现象,通常当颗粒粒径不小于 10λ 时,以衍射现象为主,当粒径小于 10λ 时,则以散射现象为主。目前的激光粒度仪多以 500 ~ 700 nm 波长的激光作为光源,因此,衍射式粒度仪对粒径在 5 μm 以上的颗粒分析结果非常准确,而对于粒径小于 5 μm 的颗粒则采用了一种数学上的米氏修正,因此,它对亚微米和纳米级颗粒的测量有一定的误差,甚至难以准确测量。而对于散射式激光粒度仪,则直接对采集的散射光信息进行处理。因此,它能够准确测定纳米级颗粒,而对粒径大于 5 μm 的颗粒来说,散射式激光粒度仪则无法得出正确的测量结果。在利用激光粒度仪对纳米体系进行粒度分析时,必须对被分析体系的粒度范围事先有所了解,否则分析结果将不会准确。另外,激光粒度分析的理论模型是建立在颗粒为球形、单分散条件上的,而实际中被测颗粒多为不规则形状并呈多分散性。因此,颗粒的形状、粒径分布特性对最终粒度分析结果影响较大,而且颗粒形状越不规则,粒径分布越宽,分析结果的误差就越大。激光粒度分析法具有样品用量少、自动化程度高、快速、重复性好并可在线分析等优点。缺点是这种粒度分析方法对样品的浓度有较大限制,不能分析高浓度体系的粒度及粒度分布,分析过程中需要稀释,从而带来一定的误差。

13.3.2 粒度分析的样品制备

在粒度分析过程中,样品制备非常重要,直接影响测量结果的准确性。主要影响因素有取样方式、分散介质、分散剂等。取样是通过对少量样品测量来代表大量粉体粒度分布状况的,因此要求取样具有充分的代表性。为了克服粉体样品发生离析现象对分析结果的影响,总的原则是:①在物料移动时取样;②采用多点取样,在不同部位、不同深度取样,每次取样点不少于四个,将各点所取的样混合后作为待测样;③取样方法要固定,分析样品一般全部放到烧杯等容器中制成悬浮液,悬浮液的量一般不少于 60 mL,经分散,搅拌后要转移出一部分到样品槽中做测量用。缩分悬浮液所用的工具最好是用具有多方向进样功能的取样器(可用注射器改制),将悬浮液充分搅拌后从其中部缓缓抽取适量注入样品槽中。分散介质是指用于分散样品的液体。粒度分析需要把粉体样品制备成悬浮液试样,所以选择合适的分散介质很重要。首先,所选定的介质要与被测物料之间具有良好的亲和性;其次,要求介质与被测物料之间不发生溶解,不使颗料膨胀等变化;第三,沉降介质应纯净,无杂质;第四,使颗粒具有适当的沉降速度。常用的沉降介质加有水、水 + 甘油、乙醇、乙醇 + 甘油等。其中甘油是增黏剂,用来增大介质的黏度,以保证较粗的颗粒沉降在层流区内进行。

为了将试样与分散介质混合制成一定浓度的悬浮液,并使团粒分离,颗粒呈单体状态均匀分布在液体中,一般需要添加分散剂。常用的液体分散剂有六聚偏磷酸钠、聚磷酸钠、草酸钠、水玻璃或一些极性的表面活性剂。一些非离子型的尤其是聚醚类表面活性剂,通常大多具有起泡性能,不宜使用,否则会导致测试结果失真。添加分散剂的目的是提高颗粒表面的亲水性,稳定颗粒在介质中的悬浮。通常其添加量应占试样的 0.005% ~ 0.05%,介质的 pH 应控制在 7 ~ 8 范围内。分散剂浓度过高或过低都会对分散效果产生负面影响，当用乙醇、苯等有机溶剂作沉降介质时，一般不用分散剂，一般用超声分散和搅拌分散等促进颗粒分散。

13.3.3 Mastersizer 激光粒度分析仪的特点

（1）采用氦氖气体激光器作为光源，所发射的激光波长为633 nm。该光源具有极高的和良好的抗震性，并且背景噪声低。根据瑞利散射定律可知，粒子的衍射光强度与粒径的6次方成正比，而与激光波长的4次方成反比，所以粒度对633 nm波长的散射光能量是普通固体激光器（波长大于700 nm）的2倍，提高了小粒子散射信号的强度。

（2）采用反傅里叶光路系统，克服了传统的傅里叶光路对检测角度的限制。在主检测器的基础上，增加了大面积的前向和背向检测器群组，使检测角最高达到135°，粒度检测下限可达50 nm。

（3）具备功率连续可调的超声波分散功能和搅拌分散功能，以满足对干粉、液体悬浮液、乳液等不同样品粒度测定的要求。

（4）采用完全激光衍射法，避免了在同一仪器中使用多种方法造成的结果传输的系统误差及不同方法对测量条件所要求的不一致性。

（5）采用完全的米氏理论，考虑了反射光、透射光及介质的折光率影响，引入了样品光学参数对结果进行修正，克服了只采用夫朗和费近似理论的仪器对小粒度检测时引起了误差。可在水相、有机相、气相介质中进行粒度分布测定，包括透明或不透明的、带色或无色的固体、油珠或乳化液等。

（6）功能强大的软件提供了独具特色的标准操作规程及数据输出功能，并且用户可根据需要随意设计报告格式。所有的操作和控制软件都能在 Windows 环境下运行，并能与其他应用软件进行数据交换和处理，支持各种应用软件的宏命令。

13.3.4 激光粒度仪的应用举例

基于光散射理论的激光粒度分析仪已经广泛用于粉末冶金、薄膜、催化剂、绝缘材料、润滑油、超导体、无线电技术等行业，涉及化学、制药、食品、建材等工业领域并发挥着越来越大的作用。激光粒度仪可以直接测定大气中烟尘与灰尘在不同时间、不同位置的含量，从而得出大气中烟尘灰尘时间-空间分布图，为解决环境污染和全球性气候预测起到一定的指导作用。近年来，大气污染、金属氧化物和水利部门对江河的检测等都是激光粒度分析仪应用的新焦点。

1. 在泥沙分析中的应用

激光散射法作为一项新技术，应用于河流泥沙颗粒分析，当前尚处于探索阶段，通过实际沙样的对比测试分析，可以得出以下认识：

（1）该法分析试样用时少、速度快。由于无需沉降过程，故使测试速度大幅提高。通常，无论样品粗细，在2 min内即可完成一次样品分析（不包括取样、制备时间）。

（2）该法测试重复性好，精密度达±1%。

（3）该法测试的准确度较高。由于测量过程中无须输入样品浓度、比重、环境温度、最小颗粒等参数，减少了人为操作因素及外界干扰因素带来的误差，极大地提高了测量的准确度。

（4）该法测试所需沙量小、浓度低，这尤其适合分析沙细量少地区（如长江口等）的泥沙试样。

(5)该法测试操作简单、自动化程度高。由于系统采用计算机控制,故使分析结果处理等均由相关软件自动解决,实现了高效智能化。

激光衍射、散射技术现在已经成为颗粒测试的主流仪器。其主要特点是测试速度快、重复性好、分辨率高、测试范围广。激光粒度分析技术最近几年已在泥沙测量方面得到应用并生产出了专用产品。国内已有泥沙调查和研究部门采用了激光粒度仪对泥沙样品进行粒度分析。具有代表性的应用是马尔文公司生产的 MS2000 激光粒度仪在黄河调水调沙试验中的应用,代替了传统分析方法,极大地提高了分析速度。

激光粒度仪用于现场悬沙测量,其代表性的产品是美国 Sequoia Scientifie, Inc. 和美国最大的海洋研究所 WOODS HOLE 合作研制的 LISST-100 悬浮沙粒径分布探头。激光粒度仪由于无法测量高浓度悬沙,而且存在散射模型和算法方面的问题,对于不规则的悬沙颗粒,测量结果存在与传统方法不可比的缺点,在现场测量应用终将受到限制,但对于低浓度情况仍不失为一种快速、实时的优选测量仪器。由于其已经成熟的技术,在未来的悬沙测量中将会得到更多的推广应用。

2. 在涂料分析中的应用

张永刚等对涂料中的锌粉采用了干分散法和湿分散法测量,发现两者都能客观地反映样品的粒度分布。不论选用湿分散法还是干分散法,为保证测试结果的准确性,应做到以下几个方面:

(1)选用干分散法测试要选用合适的分散压力,只有选择的压力大小能完全分散开加入的样品颗粒,才能测出准确的样品颗粒度分布,否则测试的结果仅为该样品团聚颗粒的粒度分布,也不能满足样品测试重复性的要求。

(2)选用湿分散法测试时对分散介质和分散剂的选择至关重要,只有根据样品的特点选择好合适的分散介质和分散剂才能获得准确的样品粒度分布。

(3)测试的镜头不能被污染,镜头要保持清洁,这样才能保证测试结果的准确。

(4)遮光指数控制在合适的范围内,干分散法测试控制在 7%~10%,湿分散法测试控制在 20%~30% 为最佳测试范围。

3. 在海洋分析中的应用

苏新等利用 MS2000 型激光粒度分析仪对国际大洋钻 ODP204 航次气体水合物稳定带的 598 个沉积物样品进行了粒度分析,探索气体水合物赋存和沉积物粒度之间的相关关系。发现水合物海岭气水合物稳定带内沉积物的粒度组成特征为:粉砂含量主要在 60%~75% 之间,是气水合物稳定带内沉积组分的主体组分;黏土含量一般小于 35%,砂含量一般小于 5%,个别层位达到 15%。体积平均粒径、中值粒径差值基本小于 15 μm,个别层位差值可达 30 μm 左右。进一步运用统计学的相关性研究,定量地揭示各个站位沉积物粒径变粗与气体水合物之间存在的不同相关性。结果表明,有利于气水合物赋存的粒级区间基本在 45~130 μm 之间,主要在大于 64 μm 砂级范围内,同时,一些中值粒径相对较粗(45~64 μm)的粉砂组分也有利于气水合物的赋存。该研究为进一步了解沉积物细微的粒度变化与气水合物的相关分布提供了新的沉积学与统计学方面的资料和认识。

4. 在水泥生产中的应用

胡如静利用激光粒度分析仪对水泥颗粒级配分布进行了预测，在水泥配比及熟料烧成条件不变的情况下，而水泥的颗粒分布同水泥的28天强度存在很好的相关性，水泥颗粒级配对水泥性能产生的各种影响，主要是因为不同大小颗粒的水化速度不同，试验测定的结果为：0～10 μm颗粒，一天水化达75%，28天接近完全：10～30 μm颗粒，7天水化接近一半：30～60 μm颗粒，28天水化接近一半：60 μm颗粒，3个月后水化还不到一半。因此可通过水泥的颗粒分布预测其28天强度，预测结果基本上能满足控制要求，实现了超前控制。

13.3.5 激光粒度仪的应用展望

近年来，国外在激光在线粒度测量方面发展迅速，因为其具有连续自动取样、抗干扰能力强、实时显示报告、数据有代表性等特点，而国内在这方面的开发和应用起步稍晚。可以预计，在线粒度测量与监测的发展将会给相关粉体工业带来巨大的效益和变革，激光在线测试技术将成为颗粒测试领域竞争的焦点并将会被逐步推广和应用。在这个领域，研制和开发更先进的取样和分散装置（尤其是对超微颗粒），提高在线激光粒度仪的测试精度，使在线与离线的测量结果相吻合，及工业在线安装和应用的安全性和稳定性等问题都值得进一步探讨和解决。

目前激光法测量出来的是等效散射光强为球形颗粒，而人们在用严格的电磁波理论求解椭圆形等非球形颗粒的光散射理论问题上做了许多工作，也对其应用进行了研究。激光还可以在颗粒形状的测量中发挥作用，在考虑到形状系数的同时主要的难题是散射函数繁杂、计算量庞大，但随着粉体工业和计算机运算能力的发展，颗粒形状的测定将日益成为可能。

另外，由光能分布反演计算出颗粒粒度分布的可靠准确算法，尤其是对多峰和窄分布颗粒样品的反演，也是国内外关注的热点。Mie散射理论的测量极限使得激光粒度仪在纳米颗粒的测量上有较大的局限性，国外在用动态光散射粒度仪来测量纳米颗粒方面做了很大的努力并已有产品面世，而国内正在研发这一技术。

第 14 章 视频接触角测量仪

14.1 概　　述

众所周知,纳米材料科学与工程已成为当今世界的研究热点,在研究纳米材料表面改性时,往往要涉及润湿接触角这个概念。在液体-固体-气体(或另一液体)相接触时,由它们三相界面交点处向液体-气体(或另一液体)界面做切线经过液体与固体表面的夹角,叫作该液体在固体表面的接触角。接触角同所属三相界面间分子力有关。

接触角可以分为静态接触角和滚动接触角。

(1)静态接触角是假定固体表面平坦光滑、化学均匀、各相同性,固-液-气三相达到热力学平衡状态下的接触角,即液体与固体接触时形成的接触角,是用来衡量浸润性的主要参数。接触角由表面自由能、表面粗糙度以及表面清洁度等多个因素共同决定。如果液体能够润湿固体表面,那么静态接触角满足 $0° \leqslant \theta \leqslant 90°$,反之若液体不能润湿固体表面则 $90° < \theta \leqslant 180°$。由极性分子构成的高自由能表面倾向于亲水,而由低表面能物质和非极性分子构成的表面则倾向于疏水。与水的接触角小于 10°的表面称为超亲水表面,而与水的接触角在 150°和 180°之间的表面称为超疏水表面。但实际的固体表面在一定程度上可能存在粗糙不平、化学组成不均一,受污染等多种情况,这就使得实际接触角并非取唯一值。而是在相对稳定的两个角度之间变化,这种现象被称为接触角滞后现象。上限为前进接触角 θ_A,下限为后退接触角 θ_R。通常定义,液-固界面取代气-固界面后形成的接触角叫前进接触角;而气-固界面取代液-固界面形成的接触角叫后退接触角。一般情况下前进角总是大于后退角,二者之差 $\Delta\theta = \theta_A - \theta_R$ 定义为接触角滞后。接触角滞后的大小决定了液滴从固体表面滚落的难易程度,滞后越大表明液滴越不易从表面滚落。

(2)滚动接触角能直观地反映出接触角滞后的大小。所谓滚动接触角是指一定体积的液滴从固体表面发生滚落时所需的最小倾斜角度。研究表明即便是从分子尺度对固体表面粗糙度进行控制仍然会出现小于 1°的接触角滞后,由于光滑原子组成的平面仍然不可避免地存在粗糙度化学各向异性,因此接触角滞后无法消除。接触角滞后可用于权衡微液滴沿着固体表面流动的能量耗散。

JC2000C1 静滴接触角/界面张力测量仪主要用于测量液体对固体的接触角,即液体对固体的浸润性,也可测外相为液体的接触角。该仪器能测量各种液体对各种材料的接触角,粉末在压片后也可测。测量接触角对研究与界面性质有关的理论或在浮选矿物、自清洁、焊接、浸润、油漆、洗染、黏附、农膜、农乳、人工降雨、原油开采等重要近代工业技术中均具有重要意义，而接触角是重要参数之一。

14.2 基本原理

14.2.1 杨氏方程

当微液滴自由地处于不受力场影响的空间时，由于界面张力的存在而呈圆球状。但是，当微液滴与固体平面接触时，其最终形状取决于微液滴内部的内聚力和微液滴与固体间的相对大小。当一微液滴放置在固体平面上时，微液滴能自动地在固体表面铺展开来，或与固体表面成一定的接触角的微液滴存在，如图 14-1 所示。

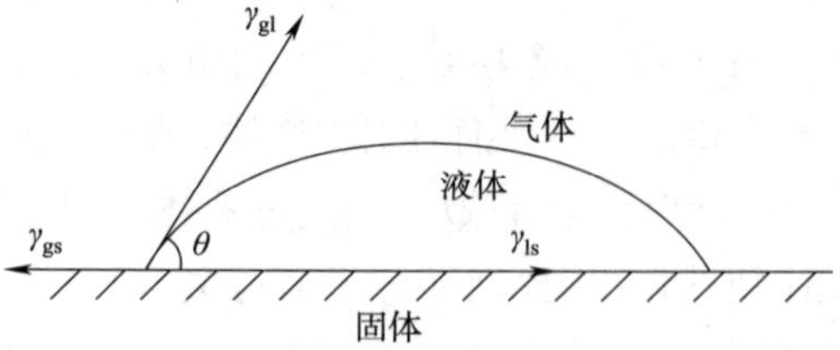

图 14-1　液体在固体表面的接触角及受力作用

假定不同的界面间的力可以用作用在界面方向的界面张力来表示，则当微液滴在固体平面上处于平衡位置时，这些界面张力在水平方向上的分力之和应等于零，即

$$\gamma_{gs} = \gamma_{ls} + \gamma_{gl}\cos\theta \tag{14-1}$$

式(14-1)就是著名的杨氏方程。其中，γ_{gs}为固相与气相之间的表面张力；γ_{ls}为液相与固相之间的表面张力；γ_{gl}为液相与气相之间的表面张力；θ为液体与固体间的界面和液体表面的切线所夹(包含液体)的角度，称为接触角。杨氏方程中的接触角是在假定固体表面光滑、化学均质、刚性、各向同性且无化学反应，并且认为三相接触线上的线张力可以忽略不计的理想状态下的接触。θ在 0～180°之间、接触角是反应物质与液体润湿性的重要参数，$\theta=90°$度可作为润湿与不润湿的界限，$\theta<90°$时可润湿，$\theta>90°$时不润湿。

14.2.2 润　湿

润湿的热力学定义是若固体与液体接触后体系(固体和液体)的自由能降低，称为润湿，自由能降低的程度称为润湿度，用 W_{sl}来表示。润湿可分为 3 类：黏附润湿，铺展润湿和浸湿。不同种类的润湿行为如图 14-2 所示。

(1)黏附润湿。如果原有的 1 m^2固体表面和 1 m^2液体表面消失，形成 1 m^2固-液界面，润湿行为如图 14-2(a)所示，则此过程的 W_{sl}^A为：

$$W_{sl}^A = \gamma_{sg} + \gamma_{lg} - \gamma_{sl} \tag{14-2}$$

(2)铺展润湿。当一微液滴在 1 m^2固体表面上铺展时，原有的 1 m^2固体表面和一微液滴(面积可忽略不计)均消失，形成 1 m^2液面和 1 m^2固-液界面，润湿行为如图 14-2(b)所示，则此

过程的 W_{sl}^{S} 为：

$$W_{sl}^{S}=\gamma_{sg}-\gamma_{lg}-\gamma_{sl} \tag{14-3}$$

(3)浸湿。当 1 m^2 的固体表面浸入液体中时，原有的 1 m^2 的固体面消失，形成 1 m^2 固-液界面，润湿行为如图 14-2(c)所示，则此过程的 W_{sl}^{L} 为：

$$W_{sl}^{L}=\gamma_{sg}-\gamma_{sl} \tag{14-4}$$

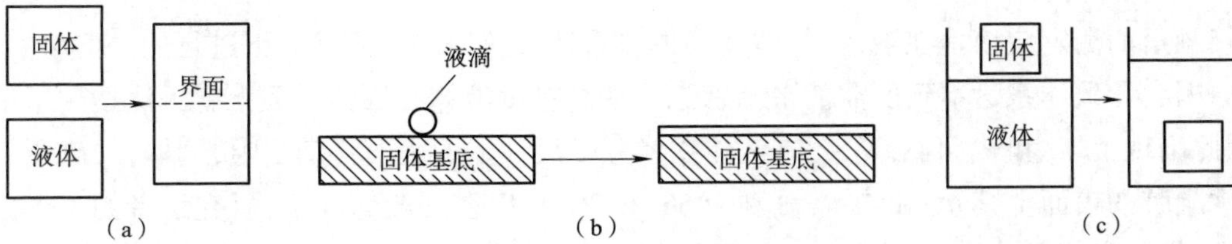

图 14-2　三类润湿行为示意图

对上述 3 类润湿行为，γ_{sg} 和 γ_{sl} 均无法测定，如何求 W_{sl} 呢？为此分别讨论如下：

(1)黏附润湿。

将式(14-1)代入式(14-2)，可得：

$$W_{sl}^{A}=\gamma_{lg}(1+\cos\theta) \tag{14-5}$$

因液体表面张力 γ_{lg} 已知，故只需测定接触角 θ 即可求出 W_{sl}^{A}。

(2)铺展润湿。

将式(14-1)代入式(14-3)，可得：

$$W_{sl}^{S}=\gamma_{lg}(\cos\theta-1) \tag{14-6}$$

因 $\cos\theta\leqslant1$，故 $W_{sl}^{S}\leqslant1$。但若 W_{sl} 为自由能降低，结果表示可以有一个自由能增加或不变的自发过程。这显然违背了热力学第二定律。错误的症结在于误用了式(14-1)，此式只适用于平衡态。若微液滴自动铺展以完全覆盖固体表面，这就表示微液滴与固面不成平衡态，所以不能将式(14-1)代入式(14-3)中。这里应该指出，不能将铺展润湿认为 $\theta=0°$，而此情况下根本没有接触角。$\theta=0°$ 的正确理解应是有一个角，而此时恰好等于 0°。

设有固体与压力逐渐增加的水蒸气接触以吸附此蒸气，当压力达到饱和蒸气压 P_0 时，固面上即有一层极薄的液体。由吉布斯吸附原理知，表面自由能降低为 $RT\int_0^{P_0}\Gamma\mathrm{d}\ln P$。因此，

$$W_{sl}^{S}=\gamma_{sg}-\gamma_{lg}-\gamma_{sl}=RT\int_0^{P_0}\Gamma\mathrm{d}\ln P \tag{14-7}$$

(3)浸湿。

将式(14-7)中的 γ_{lg} 去掉，即可得 W_{sl}^{L}：

$$W_{sl}^{L}=\gamma_{sg}-\gamma_{sl}=RT\int_0^{P_0}\Gamma\mathrm{d}\ln P \tag{14-8}$$

由式(14-5)可知，当 $\theta=0°$ 时，$\cos\theta=1$，$W_{sl}^{A}=2\gamma_{lg}$，自由能降低幅度最大，则认为固体完全被液体润湿，当 $\theta=180°$ 时，$\cos\theta=-1$，$W_{sl}^{A}=0$，自由能降低为 0，则固体完全不被液体润湿，即完全不润湿，这种情况是理想的，因为液体与固体之间多少有一些相互吸引力的存在。

14.2.3 接触角的滞后性

杨氏方程中的接触角是在光滑、化学均质、刚性、各向同性且无化学反应的固体表面的理想值,取值是唯一的。

导致实际表面接触角滞后的原因很多,具体可归纳为以下几种:

1. 不平衡状态

接触角的测定应该是在液体、气体及固体体系达到热力学平衡状态下进行的。但事实上,有些原因会导致体系达不到所需的平衡状态。如高黏度液体在固体表面上就无法达到平衡状态,因此出现了 θ_A 和 θ_R 不相等,还有液体在大分子尺寸上的表面移动受阻,例如,二碘甲烷在琼脂水凝胶的表面上其 θ_A 和 θ_R 就分别为66°和30°。但在一般情况下,研究学者们不考虑这一因素,都假定测量接触角时处于一个平衡状态。

2. 固体表面粗糙性

由于固体分子的不可移动性,使固体表面难以自动产生形变,一般状态下保持其表面形成时的形态,呈现出表面凹凸不平。因此,一般固体表面都会具备不同程度的粗糙性,通常我们用粗糙度(又称粗糙因子)r 来度量粗糙程度。r 的定义是固体真实表面积 A_r 与相同体积固体假想的平滑表面积 A 之比。因此,r 总是大于等于1,r 越大,固体表面越粗糙。

对于一个粗糙表面体系,设液体在粗糙表面上的表观接触角为 θ',利用杨氏方程,当微液滴与固体接触面发生改变时,则有

$$\gamma_{gs}\mathrm{d}A_r-\gamma_{ls}\mathrm{d}A_r-\gamma_{gl}\mathrm{d}A\cos\theta'=0 \tag{14-9}$$

因为 $r=\frac{\mathrm{d}A_r}{\mathrm{d}A}$,将其代入式(14-9)可得方程:

$$\cos\theta'=r\frac{\gamma_{gs}-\gamma_{ls}}{\gamma_{gl}}=r\cos\theta \tag{14-10}$$

式(14-10)说明了表面粗糙度对接触角的影响。由于 $r>1$,结合方程(14-10)可以得出粗糙表面的接触角余弦的绝对值总大于在平滑表面的接触角,即

$$r=\frac{\cos\theta'}{\cos\theta}>1 \tag{14-11}$$

式(14-11)表明:

(1)$\theta<90°$时,$\theta'<\theta$,即表面粗糙化使接触角变小,润湿性变好。

(2)$\theta>90°$时,$\theta'>\theta$,即表面粗糙化会使不润湿的体系更不润湿。

(3)由式(14-11)可以估计实验的误差,例如,当 $\theta=10°$时,若 $r=1.02$,则 $\theta-\theta'=5°$;当 $\theta=45°$时,若 $r=1.1$,则 $\theta-\theta'=5°$;当 $\theta=80°$时,若 $r=2$,则 $\theta-\theta'=5°$。

由此可见,平滑表面的接触角越小,表面粗糙程度的影响越大,要得到准确真实的接触角,要求被测表面必须平滑。

式14-10虽然考虑到了固体表面的粗糙性,定义了表观接触角 θ',但其定义的接触角仍然是唯一的,这就忽略了前进角与后退角的差别,不能完美地解释接触角的滞后现象。对于选取哪个角作为接触角,该方程也没给出合理的判定。

后来Huh与Mason又进一步通过轴对称的沟槽中心表面生长或收缩的液体模型,从理论

上研究了粗糙表面上产生的接触角滞后现象。他们通过运用微扰理论得到了任意形状的粗糙表面微液滴的平衡形状,进而对式 14-10 进行了修正:

$$\cos \theta_r = [r + (r-1)s]\cos \theta \tag{14-12}$$

式中,s 是根据固体表面形貌利用微扰理论计算出来的物理量,称为表面结构因子。

3. 固体表面的不均匀性

固体表面被污染或者多晶性的固体都会形成不均匀表面。通常,表面被污染后都会产生接触角滞后现象。例如,水能在清洁的某种玻璃片上铺展,但其无法在被污染后的玻璃片上铺展,这种污染有时是由于气相中极少量物质在固体表面吸附造成的。

固体表面被污染及多晶性的固体产生接触角滞后都是因为固体表面至少有两种物质的存在。因此,Cassie 与 Baxter 提出了 Cassie 方程,假设固体表面是由两种物质 1 和 2 组成的复合表面,其所占的表面份额分别为f_1和f_2。该复合表面的纯物质 1 和 2 表面的接触角之间存在如下关系:

$$\gamma_{gl}\cos \theta = f_1(\gamma_{gs} - \gamma_{ls})_1 + f_2(\gamma_{gs} - \gamma_{ls})_2 \tag{14-13}$$

$$\cos \theta = f_1 \cos \theta_1 + f_2 \cos \theta_2 \tag{14-14}$$

式(14-14)称为 Cassie 方程,式中下标 1、2 表示的是纯物质 1、纯物质 2 的相关值。

当固体表面被污染后,会导致前进角和后退角不相等,因此,污染也是造成接触角滞后的重要原因。

14.2.4 接触角滞后的测量

1. 斜板法

斜板法测量接触角滞后的原理如图 14-3 所示,将液体置于斜板上,然后逐渐增大倾斜角 α。当液滴正好开始下滑时用高速摄像机拍下,并用图像处理软件测量前进角 θ_A 和后退角 θ_R,接触角滞后为 $\Delta\theta = \theta_A - \theta_R$。

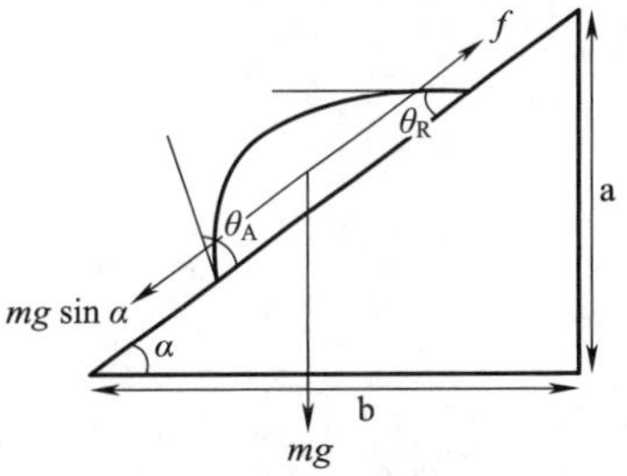

图 14-3 斜板法测量接触角滞后

该测量方法简单实用,器材只需要一个斜板和一台高速摄像机。但它也有一些小问题。首先,液滴下滑的速度必须在一定范围内,不然会影响光学测量接触角的精确度。其次,液滴前后压强的改变会使其曲率产生变化。大多数光学测量方法需要合适的液-气界面轮廓,而曲率的变化会影响接触角的测量。另外,Krasovitski 和 Marmur 发现了一个更为严重的问题:在某些情况下,液滴的接触角还没到达前进角和后退角时液滴就开始移动了。

Pierce 等人发现,液滴的放置以及最终形状会严重影响最小倾斜角的大小。当然,斜板法仍然是测量接触角滞后最简单的方法,但其精确度值得怀疑。最新的离心力平衡法大大改进了斜板法,使其更具重复性,并能适应不同的液滴体积,但实验器材变得更加复杂了。

2. 静滴法

静滴法的优势在于容易理解且易于观察,是测量接触角滞后最常用的方法。用注射器慢慢将液体注射进液滴中,直到三相接触线刚开始移动,测出此时的接触角 θ_A 即为前进角;然后慢慢将液体从液滴中吸出,直到三相接触线刚开始移动,测出此时的接触角 θ_R 即为后退角。接触角滞后 $\Delta\theta = \theta_A - \theta_R$,如图 14-4 所示。

借助于静滴法在光学特性上的优势,Buehrle 及其同事发现在电润湿实验中,改变电压仅仅使液滴的表观接触角改变,而本征接触角(杨氏角)不变。Neumann 实验室利用从液滴下部注入或抽出液体的方法,开发出了轴对称液滴形状分析法(ADSA-P)软件。和传统静滴法不同的是,注射器从液滴下方注入或抽吸液体,而且注射器内部活塞移动速度可精确控制。应用 ADSA-P 程序,只需输入气-液两相的密度差及液滴数字影像,就可同时得到气-液表面张力、动态前进接触角、动态后退接触角、液滴体积和液滴底面半径的数据,精度达到 ±0.01°。由于接触线移动速率与液滴液体注入速率并非线性关系,接触线移动速率很难保持恒定。因此,静滴法不适于动态接触角的测定。然而,Neumann 实验室认为当接触线移动速率低于 1 mm/min 时,动态接触角和静态接触角的差别可忽略。如上述结论成立,这种动态方法的最大优点是可确保测量的接触角一定是准确的前进接触角和后退接触角。不过在此速率下,动态接触角和静态接触角之间是否有差别尚无定论。

3. 吊片法

1863 年,Wilhelmy 第一次使用了吊片法。如今该技术已经发展成熟,成为静滴法以外最为广泛使用的接触角滞后测量方法。

将宽度为 W 的表面光滑薄板连接于重量测量仪下方,此时测得薄板质量为 mg。将薄板缓慢插入测试液体中,然后缓慢上拉,如图 14-5 所示。

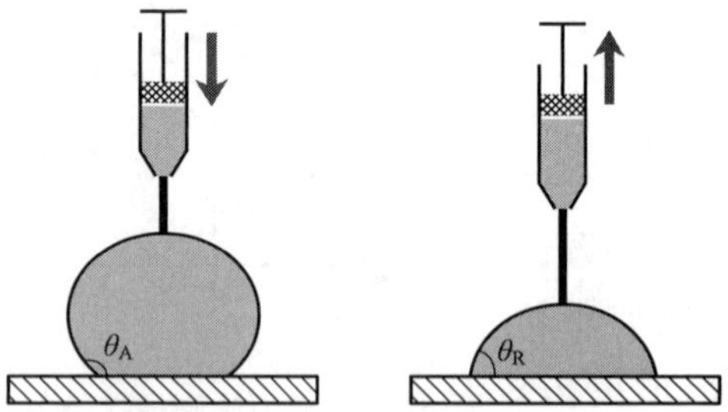

图 14-4　静滴法测量接触角滞后

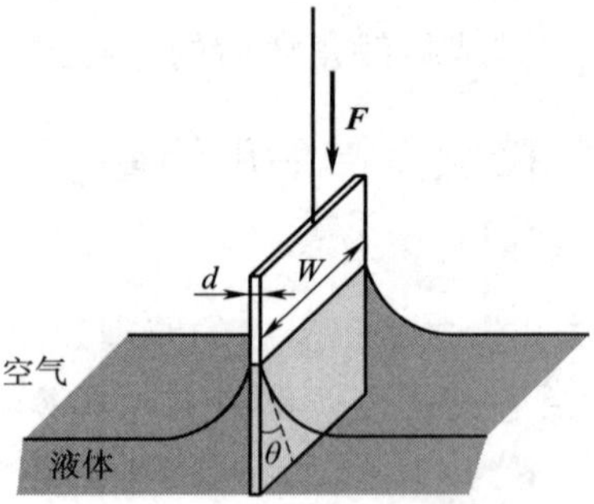

图 14-5　吊片法测量接触角滞后示意图

当向上拉动薄板时电子天平显示的拉力为 F,又气-液表面张力 γ_{gl} 已知,则:

$$\cos\theta = \frac{F - mg}{W\gamma_{gl}} \tag{14-15}$$

这样就测出了后退角,而用同样的方法可以测出前进角,即可计算出接触角滞后。

Wilhelmy 法不仅可以测量"理想表面"的平衡接触角和实际表面的滞后性,还可测量动态接触角,这是静滴法无法比拟的。缺点是要求气-液表面张力已知,测试样品必须制备成薄板,且各处的性质必须完全相同,薄板浸没方向宽度恒定。实际测量中,薄板上升速度需保持恒定。

14.2.5　接触角的定义及其测定

1. 接触角的定义

接触角是体现润湿性能好坏的重要指标,它是指液、固、气三相交汇处,液-固界面和液态表面切线的夹角,它的大小受到三相界面的表面能影响,与三相界面表面能的关系如图 14-6 所示。

当微液滴在固体基底表面达到平衡状态时，三相线处表面间张力的平衡关系符合杨氏方程，即式(14-1)。

接触角越小则表明液体更易铺平在固体表面，同时也说明两者更容易结合。接触角的测定方法有很多，主要方法有座滴法、悬滴法、微滴法、浸入法及毛细压力法等，下面简单介绍一下接触角的测定方法。

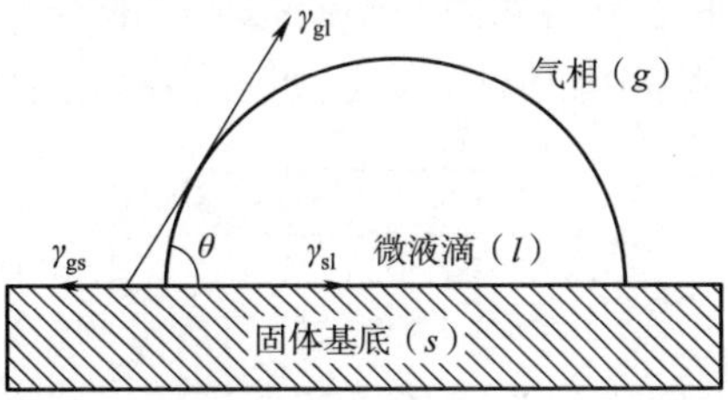

图 14-6　接触角与表面张力关系示意图

2. 接触角的测定方法

1)座滴法

座滴法是测定两种材料接触角最普遍的方法，在材料学相关领域有广泛应用，具有很广的温度使用范围，一般可达 400 ~ 2 000 ℃。座滴法的传统测量方法如下，首先将金属 A 切成小颗粒(外形尽量接近球型或圆柱形)并放置在熔点较高的固体基板材料 B 上，在一定的气氛环境下将温度升高到测量温度并保温(温度需大于金属 A 熔点)。这时金属 A 颗粒会在基板材料 B 上融化并缓慢铺展。等待一定时间并确保融化的金属 A 不继续铺展后，通过测量装置窗口直接观察测量接触角的大小，或者在装置冷却后取出粘连的金属 A 和基板 B，再进行接触角的测量，其示意图如图 14-7(a)所示。这种方法的优点是操作简单，对于设备要求不高，但是测量结果精度较差，很难观测到金属的全部润湿过程。

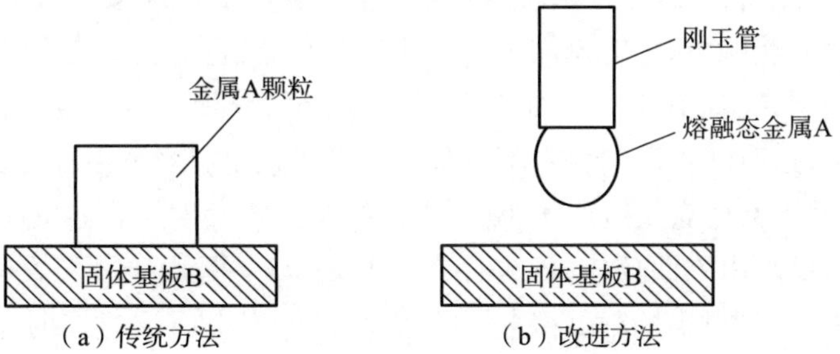

图 14-7　两种座滴法测量示意图

改进的座滴法如图 14-7(b)所示。这种方法与传统的座滴法原理相同，只是在实验时先将金属 A 放入基板 B 上方的刚玉管内而并不直接与基板 B 相接触，待测量装置达到实验所需条件时，再将熔融态金属 A 通过刚玉管一端的小孔滴在基板 B 上，通过装置口用视频采集系统对熔融态金属 A 的铺展过程进行记录，截取液滴稳定时的照片，通过对照片的观测分析得到接触角。这种改进的座滴法有三个主要优点：一是精确地控制滴落时熔融态金属 A 和基板 B 的温度和周围气氛；二是可以保证滴落的熔融态金属 A 是球形，这样熔融态金属 A 与基板的接触面为规则的圆形；三是在达到实验条件前金属 A 处在刚玉管中，这样可以避免升温过程中金属 A 挥发及氧化，并能在滴落后得到新鲜的熔融态金属 A 表面，减轻因为接触时间过长发生的界面反应对润湿过程的影响。

2)悬滴法

R. Voitovitch 等首先提出了悬滴法。他们在研究 Cu-Cr 合金与碳基底间的润湿性时使用了这种方法。其具体操作方法如下，首先将待测合金在与合金不发生反应的基底上熔化，然后使用待测材料基底从液滴的上方缓慢放下并与液态金属接触发生润湿，分开两基底后，待测基底下方会黏附一个液态金属液滴。利用观测得到的金属润湿形态可以计算出两种材质的润湿性能,具体测量方法如图 14-8 所示。

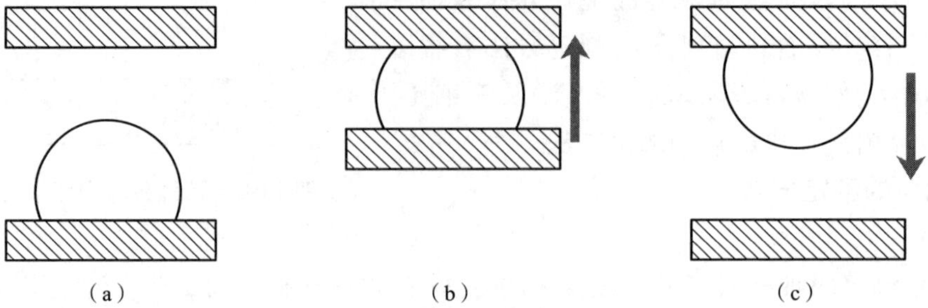

图 14-8　悬滴法测量示意图

这种方法可以有效降低在使用传统座滴法测量材料间接触角时,界面反应对实验产生的干扰。但同时这种方法也存在着缺点,一是它要求待测基底与液滴间要有很好的润湿性;二是要找到一个性质稳定并且不与液滴润湿的基底作为金属熔化的底座。因此 Olivier Dezellus 等在研究润湿性时选用了带尖锐边缘的氧化铝坩埚作为底座基底。

3)微滴法

Ferro 等人研发了微滴法,这种方法可以用来测量存在界面反应或易被氧化金属体系的接触角。使用这种方法测量接触角时,首先加热金属使其蒸发,然后将金属蒸汽喷溅到基底表面上并形成一层薄薄的金属层,在真空环境中加热基底或金属层,等到一定温度时,金属会熔化形成微滴附着在基底表面上,这时就可以测量微滴与基底间的接触角。当体系存在界面反应时,在微滴融化并收缩后,在基底上会留有反应产物,据此可以推断出所发生的界面反应及反应程度了。这种方法虽然能较多地反映出界面反应,但也存在一些缺点:一是由于要蒸发喷射金属,这限制了这种方法的应用范围;二是很难控制沉积金属的薄厚程度,当金属层过厚时微滴难以形成,而当金属层过薄时,融化后形成的微滴过小,测量接触角难度较大;三是由于润湿性随时间而变化,所以微滴法很难测量出液滴与基底间的动态接触角。因此微滴法的使用并不如座滴法广泛。

4)浸入法

为了更好、更精确地反映出润湿的动力学特性,Rivollet 等人提出了浸入法。它的原理是将通常说的基底材料制作成圆盘或圆柱,再将圆盘或圆柱浸入到融化的金属液体中,通过对比润湿状态下的基底形状和基底初始形态得到接触角 θ,从而测出润湿性。

这种方法的测量精度很高,但它的实验装置复杂,对实验条件的要求也较高。Rivollet 在实验中,使用净化过的氦气作为保护气体,并在 1 000 K 条件下将氧的分压降低到 10^{-6} Pa,使用的金属纯度为 99.999%,选取的陶瓷基底为纯度 99.993% 的单晶 $\alpha-Al_2O_3$,并且在实验前为了最大限度除去OH^-离子先要将装置升温至 1 473 K 保温 1 h。对于这种实验条件,一般的实验仪器是很难做到的。但在测量纤维增强体与金属熔体间的润湿行为时,用这种方法测量是非常合适的。

5)毛细压力法

毛细压力法是利用液体在固体颗粒、粉末或是多孔结构基底中的渗透作用来测定两者之间的润湿性。大致测量过程如下:首先将待测的基底材料做成颗粒形状(如果基底材料为多孔结构则可直接用来测量），将做好的颗粒状基底装入管状容器中并振实，使颗粒均匀分布。然后将管状容器竖直放置并使容器下端与待测液体表面刚好接触。这时如果待测液体能够润湿基底，就会在管状容器中向上爬升，此时安装在容器上端的压力检测装置就会检测到压力的变化，等待液体不再爬升（达到平衡）后可以测得整个过程所产生的压力差 ΔP_γ。

毛细压力（压力差）可表述如下，

$$\Delta P_\gamma = \Delta P_r - \Delta P_m \tag{14-16}$$

式中，ΔP_γ 为施加于体系的外加压力（爬升后压力）；ΔP_r 为渗透压力（爬升前压力）；ΔP_m 为毛细压力。

14.2.6 接触角测量精度及其影响因素

1. 基线水平与接触角测量

水平基准线的问题将会影响到接触角测试的整个过程，而决定水平线的关键在于良好的影像采集技术、良好的光学系统、训练有素的操作者。

但无论如何，确定好水平线是接触角测值最为关键的一步。

作为采用影像分析技术原理的接触角仪，SL200 系列接触角仪采用独特的硬件校准加软件校正的方法，以期盼改善这种误差对测试的影响：

（1）硬件校正法，对于可以观测到被测样品界面的固体样品，通常采用本方法。采用高精度微调升降架，让样品上平面与软件红色基准线一致，然后以软件基准线为基准线进行测试并计算接触角值。

（2）软件校正，通过调整软件红色水平线或水平线上的两个端点，人工控制水平线，进行调整，并进行接触角值计算。

注意：找到基准线，就成功了一半。

2. 微液滴量对接触角测量的影响

考虑到重力的作用，我们认为微液滴量对接触角测值会有重要影响。根据 Laplace 公式，由于液体的表面张力作用，液体在固体表面会呈现出弧形。同时，这个公式提出，水滴的曲率会受重力影响。

（1）光滑的弧线是决定液体量大小的关键。Adanson 在其 *Physical Chemistry of Surfaces*（ISBN 0-471-61019-4）一书中提及，如果通过放大很多倍观察液体的接触角，其边缘部分会非常粗糙而不是很光滑的弧线。他更进一步指出，我们无须借助高于 mm 级或更高级的光学系统，通过通常的光学系统，也可以更好的分析接触角值。

（2）液体的量尽量控制在 1 ~ 5 μL。通常认为这个进样量是最合理的量。当然，有的仪器厂商提出进样器控制在 0.6 ~ 1 μL 间，但是这是在牺牲有效像素的前提下进行的，是要增加测量的误差。事实上，SL 系列接触角仪光学系统足够用于测量更小量的液体，但不是非常提倡，除非样品非常小，需要小液滴，否则建议按常规进样品控制即可完成测试。建议采购更精确的微量进样器，如全自动注射泵，可实现更高精度的进样控制。另外，控制进样量的重复性会提升测量值的重复性。

3. 光源系统控制对接触角测量的影响

光源系统控制建议采用可调节光源系统。理由如下：

(1)光源的变化会影响到微液滴外形,光源亮会导致外形变小。光源暗,会使得外形变大,甚至无法人为判断出液滴形状。

(2)光源系统控制是实现接触角测量的重要因素之一。结合光学镜头光圈控制,可以得到非常好、光滑、色泽鲜明的影像资料。

4. 样品表面清洁度与均匀度

样品表面清洁度是应该关注的一个问题。必须再三强调的是可以多点测值,看看测量结果是否不一样,若误差较大,则说明表面肯定存在问题。样品是最关键的。当然,也可以采用超声波清洗的方式实现控制表面清洁度的目的。

5. 样品实际接触角大小与接触角的误差

受仪器本身分辨能力以及测量方法的影响,接触角测量值的大小是不同的,能够分析得到的接触角误差值也不一样。小接触角时,由于固-液界面很难分辨清,接触角的误差会较大。根据长期的实验结果得出了表 14-1 所示的经验范围。

表 14-1　接触角误差经验范围

接触角范围/(°)	误差值/(°)
25 ~ 140	±0 ~ ±1
15 ~ 25	±2 ~ ±3
0 ~ 15	±3 ~ ±5

14.2.7　表面张力的测定

利用悬滴法研究表(界)面张力的想法在 19 世纪末就提出来了,但第一个有实用价值的研究是 1937 年 Andreas 等的工作,他们比较了 5 种方法的优劣,提出用选面法确定悬滴外形参数的方法。Andreas 令

$$S=\frac{d_s}{d_c} \tag{14-17}$$

$$H=-\beta\left(\frac{d_c}{b}\right)^2 \tag{14-18}$$

式中,d_c 为悬滴外形的最大直径;d_s 是与悬滴底部顶点的垂直距离等于 d_c 处的直径,具体测量原理如图 14-9 所示;β 和 b 分别是 Bashforth-Adams 方程中的形状因子和大小因子。

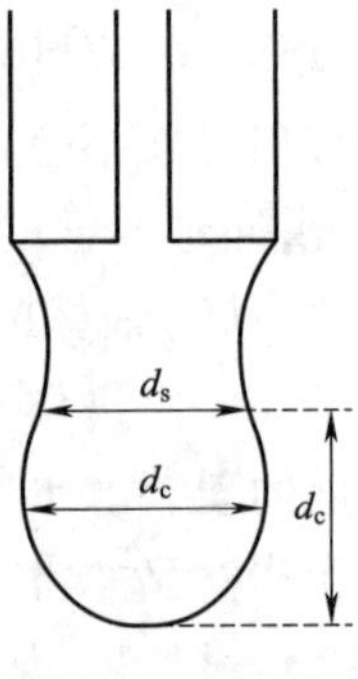

图 14-9　悬滴法测量示意图

表面张力的计算公式如下

$$\gamma=\frac{(d_l-d_v)gb^2}{\beta}=\frac{(d_l-d_v)gd_c^{\ 2}}{\beta} \tag{14-19}$$

式中,d_l 和 d_v 分别为液相和气相密度。因此,用投影法测出 d_c 和 d_s 以后,设法取得 H 值,即可计算出表面张力。Andreas 等发现$\frac{1}{H}$与 S 有对应关系。他们测定了各种形状和尺寸的电导水悬滴的 d_c 和 d_s,计算出 S 的值。又根据电导水的表面张力(25 ℃,72 mN/m)按照式(14-18)算出$\frac{1}{H}$值,做出$\frac{1}{H}$-S 数据

表。这是第一个悬滴选面法参数表,是经验性的结果,准确度受他们所用电导水表面张力准确性的限制。后来 Bartell 和 Nicederhouser 及 Fordham 各自独立地应用 Bashforth-Adams 方程数值解推算出理论的$\frac{1}{H}$值和 S 值,给出 S 值从 0.670 到 1.002 间隔为 0.001 的$\frac{1}{H}$-S 表。两份表在整个范围内,直至小数点后四位都是完全相同的,说明了计算结果的准确性。后来,Stauffer 又根据理论计算出 S 值从 0.3 到 0.66 的$\frac{1}{H}$-S 表,扩大了悬滴法的应用范围。

悬滴法具有完全平衡及便于研究液面老化等优点,数据处理比停滴法方便,此法关键在于保持悬滴的稳定不变和防止振动,Ambwani 等根据大量测定结果认为此法所得表面张力的相对误差在 0.15% 之内。

14.3 视频接触角测量仪的系统组成及其应用举例

14.3.1 系统组成

本节以上海梭伦信息科技有限公司生产的 SL200A/B 系列动态/静态接触角测量仪为例,介绍视频接触角测量仪的仪器组成。

1. 硬件系统

视频接触角测量仪的硬件组成部件见表 14-2。

表 14-2　视频接触角测量仪的硬件组成部件

序号	部分名称	参　数	数量
1	CCD 镜头	75 mm 教具 25/35 帧/秒	1
2	进样器控制部件	可升降 12.5 mm ~ 0.01 mm 微距	1
3	光源控制部件	可调亮度 LED 光源	1
4	样品台部件	样品台面 50 × 50 mm 样品厚度 10 mm	1
5	图像采集卡	25 帧/秒	1
6	手动控制微量进样器	15 μL、25 μL	1
7	旋转样品台(选配件)	±90°	1
8	高速 CCD 相机(选配件)	100 帧/秒	1
9	工业连续放大镜头	0 ~ 10 倍放大率(选配件)	1
10	温控样品槽(选配件)	恒温系统(需采购相应恒温槽)	1
11	加温样品槽(选配件)	电加热	1
12	真空样品槽(选配件)	实现真空或不同气体环境测试	1
13	手动控制蠕动泵(选配件)	5 μL/min	1
14	软件控制自动进样蠕动泵系统(选配件)	5 μL/min	1
15	软件控制自动注射泵(选配件)	0.02 μL	1
16	便携式视频图像采集系统 USB2.0(选配件)	25 帧/秒	1
17	PCMCIA 视频图像采集卡(选配件)	25 帧/秒	1

2. 软件系统

视频接触角测量仪的软件系统主要包括以下内容：

(1) Contact Angle. Exe，CAST2. 0 系统主程序。

(2) data. db，CAST2. 0 数据库主程序。

(3) Init. db，CAST2. 0 硬件及数据库驱动程序。

(4) Temp 文件夹，用于存放测试过程临时图片文件。

(5) Data backup 文件夹，用于存放备份的数据库文件。

(6) Reports 文件夹，用于存放导出的报告。每个报告将以报告名为文件夹名保存到本目录下，且每个报告均包含一个 Excel 格式文件和 . bmp 为格式的图像文件系列。

14. 3. 2 应用举例

以 100 mN/m 为界，把凡是表面自由能高于 100 mN/m 的固体称为高表面能固体，其表面也称为高能表面；表面能低于 100 mN/m 的固体，则称为低表面能固体，其表面也称为低能表面。

按照这个标准，有机固体和无机固体大致可分别属于这两类。一般无机固体（如常见的金属及其氧化物、卤化物以及各种无机盐）的比表面能在 500 ~ 5 000 mN/m 的范围，属于高能表面。它们与一般液体接触后，体系表面能有较大幅度的降低，可为这些液体所润湿。但是，许多有机固体和高聚物的表面能则与一般液体相仿，甚至更低。它们的表面属于低能表面。这类固体的润湿行为随固体-液体两相成分与性质的变化而变化。

1. 低能表面的湿润性质

随着高聚物的广泛应用，低能表面润湿问题的重要性越来越为各方所认识。例如，高聚物复合材料是材料科学发展的一个重要领域，此类材料成败的关键之一是不同材料间的黏合强度。这就离不开润湿性问题。再如，由形形色色的高分子化合物所制成的生产和生活用品的清洗问题，也离不开润湿作用。因此，低能固体表面润湿性的研究为各方所关注，也取得了一系列标志性的研究成果。

Zisman 等人首先发现，同系列液体在同一固体表面的接触角随液体表面张力降低而变小，若以 $\cos\theta$ 对液体表面张力作图可得到一条很好的直线。将直线外延至 $\cos\theta=1$ 处，相应的液体表面张力值指示此液体系列中表面张力大于此值者不能在此固体上自行铺展，只有同系物中表面张力小于此值的液体方可在该固体上自行铺展。因此，把这个表面张力值称为该固体的润湿临界表面张力，简称临界表面张力，以 γ_c 表示。

通过实验结果，可以发现如下规律：

(1) 固体润湿性与分子的极性有关。在各类碳氢或碳氟化合物中，极性化合物的可润湿性显著优于相应的完全非极性的化合物。

(2) 高分子固体的润湿性质与其分子的元素组成有关。碳氢链中加入其他杂原子将明显改变高聚物的润湿性。加入氟原子使固体可润湿性变小，其他原子则使可润湿性变大。

(3) 吸附两亲性分子的单层分子膜的高能固体表面显示低能表面的特性。这说明固体的润湿行为取决于固体表面层的原子或原子团的性质和排列情况，与基底无关。

2. 高能表面上的自增现象

前面提到,通常一般液体能在高能表面上铺展,但是也有一些低表面张力的有机液体,在金属、氧化物等高能表面上却不能自动铺展,而形成具有相当大的接触角的液体。出现这种情况的原因是这些有机液体的分子在高能表面上发生吸附并形成定向排列的吸附膜。被吸附的两亲性分子以亲水基固定于高能固体表面上,而以疏水基构成最外层。这种吸附膜与上面所说的定向单分子层相同,使高能固体表面层的组成和结构发生变化,变成了低能表面。这种现象称为高能表面的自增现象。

3. 表面活性剂对湿润性的影响

应用表面活性剂是改变体系润湿性质以满足实际需要的主要手段。这种作用主要是通过表面活性剂在界面上的吸附作用实现的。由于表面活性剂吸附作用可能同时发生在气体-液体和固体-液体两个界面上,而这两种吸附作用对润湿性所产生的效果并不一定相同,有时甚至是相反的。因此,在科学研究和实际应用中掌握表面活性剂对润湿性的作用原理和影响规律,正确选用表面活性剂对于解决有关润湿性问题至关重要。自然界常见的表面活性剂主要有以下种类:

(1)润湿剂。从润湿方程来看,液体润湿固体的能力取决于它的表面张力。表面张力越低,润湿能力越强。在一些水与低能固体表面构成的体系中,由于水的表面张力比固体的临界表面张力高而不能在固体表面上铺展,表面活性剂可以有效地降低水的表面张力,故常作为润湿剂加到水中,以改善其润湿性能。显然,应该选择降低水的表面张力最强的、效率最高的表面活性剂作为润湿剂。但还必须注意此表面活性剂在固体表面的吸附性质。它不应在要润湿的固体表面上形成疏水基向外的吸附层。

由于固体表面常常是带负电的,阳离子型的表面活性剂在固体-液体界面常常形成这样的吸附层而不适于用作润湿剂。

(2)固体表面活性剂。正像前面讨论的自增现象一样,表面活性剂通过吸附作用可以改变固体表面的组成和结构,使高能表面变为低能表面而不容易被润湿。这种吸附作用可以是物理吸附,也可以是化学吸附。前者如大多数固体从表面活性剂溶液中吸附和转移到固体表面上的单分子层。能降低高能表面润湿性的表面活性剂物质很多,常见的有重金属皂类、高级脂肪酸、有机胺盐、有机硅化合物、含氟表面活性剂等。

各种表面活性剂在各类固体上的吸附性不同,形成的吸附层及最外层的基团不仅因表面活性剂和固体性质而异,而且随表面活性剂溶液浓度、酸碱度及其他环境因素而变化。

有时形成的吸附层是以表面活性剂亲水基构成的最外层,这样有利于水对固体的润湿。由此可见,表面活性剂在固体-液体界面上的吸附研究在这里有重要作用。矿物浮选中用的黄药在方铅矿表面上的吸附是通过化学吸附使固体表面改性的实例。又如,用甲基氯硅烷处理玻璃、硅胶或其他带有表面羟基的固体表面,甲基氯硅烷与固体表面上的羟基作用,释放出氯化氢,形成化学键(Si—O 键)。这使原来亲水的固体表面被甲基覆盖而具有疏水性强和长效的特点,可以构筑良好的防水、抗黏附表面。

非极性的固体可以通过吸附表面活性剂形成亲水基向外的吸附层而改善其润湿性能。不过这种吸附作用大都是靠范德华力作用的物理吸附,不太牢固。有人发现,将聚乙烯、聚四氯乙烯、石蜡等典型的低表面能固体浸在氢氧化铁或氢氧化锡溶胶中,经过一段时间,水合金属氧化物在低能表面上能发生相当牢固的吸附。干燥后可使表面润湿性发生永久性改变。原来疏水的固体变成了亲水的固体。

4. 胶片涂布过程的湿润与舒展

胶片涂布过程与润湿和铺展有密切的关系。感光胶片生产要求将乳剂在一定的涂布速度下,以一定的厚度均匀地涂布于片基上。不加入表面活性剂的照相乳剂则不能适应这种要求。19 世纪 30 年代以来,胶片生产就应用表面活性剂改善润湿、铺展性能,至今表面活性剂仍然是乳剂中的重要助剂。

在乳剂涂布过程中,润湿与铺展的问题比前面讨论的要复杂得多。它不仅有液体对固体的润湿、铺展问题,还有液体在液体上铺展问题。作为固体表面,不仅有高能表面-金属表面,而且有低能表面-片基表面,更有半固体的胶冻(溶胶凝胶)表面。这一体系中固体-液体两相都有复杂的化学成分,而且相与相之间可能有物理化学相互作用。整个体系又是处于运动之中,而非平衡、静止的状态。这种体系的研究,从实验到理论,都有待进一步提高。

5. 纺织物的湿润

在一般硬表面(玻璃、瓷器、金属)的润湿过程中,基底的表面积(比表面)比较小,平衡较易达到;而纺织物有相当大的表面积,在实际润湿过程中,很少能达到平衡。因此,在考虑润湿性能时,润湿速度是一个重要的影响因素。对润湿剂的评价,通常也是通过动力学试验进行的。最常用的方法是测定一定体系中表面活性剂溶液(规定浓度)的润湿时间。通用的具体方法一般有两种:第一种是测量帆布片的下沉时间;另一种是测量未脱脂原棉纤维束下沉、浸没于溶液中的时间。

第 15 章 激光扫描共聚焦显微镜

15.1 概 述

15.1.1 激光扫描共聚焦显微镜简介

激光扫描共聚焦显微镜(LSCM)在生物医学领域的主要应用是通过一种或多种荧光探针标记后可对固定的组织或活体标本进行观察研究。当这些标本用普通荧光光学显微镜观察时,来自焦点以外的其他区域的荧光对结构的分辨率干扰较大,尤其是标本的厚度在 2 μm 以上时,其影响更为明显,如图 15-1 所示。共聚焦方法可排除“焦点以外”荧光的干扰使侧向和轴向分辨率提高。LSCM 的分辨率比普通宽视野光学显微镜的分辨率高(最大理论分辨率为 0.2 μm),透射电子显微镜的分辨率可达到 0.1 nm。因此,LSCM 在这两种最常用的形态学技术间架起了桥梁。

LSCM 的成像方法与普通宽视野光学显微镜不同,在普通宽视野光学显微镜中,整个标本全部都被水银弧光灯或氙灯的光线照明,图像可用肉眼直接观察。而共聚焦通过一束或多束聚焦的光线对标本进行扫描,使共聚焦显微镜获得照明,光源通常为激光,以这种方式扫描标本所得的图像称为光学切片(面)。这种图像的采集方法是通过仪器进行的一种无损伤性的方法,它使用光线而不是使用机械方式完成对标本的切片。共聚焦方法适用于活细胞标本的图像采集,并以 Z 扫描的方式自动完成三维(3D)数据的采集,改善多标记标本的图像质量。

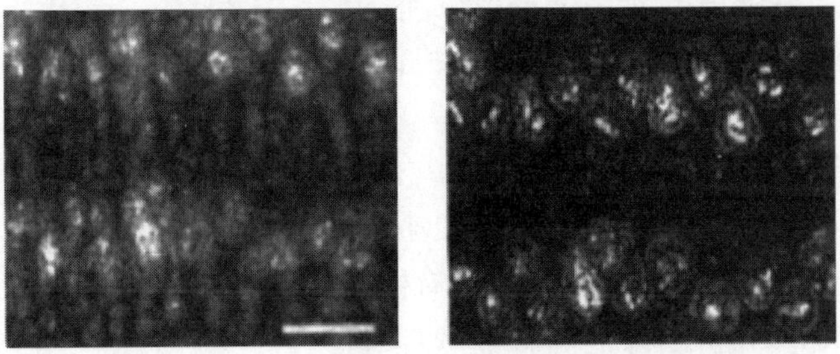

(a)　　　　(b)

图 15-1 普通荧光图像与共聚焦荧光图像的比较

注:整片蝴蝶蛹翅上皮用碘化丙锭染色后,同一区域普通荧光显微镜图像(a)和共聚焦显微镜图像(b)的比较,共聚焦显微镜观测时由于排除了焦点外荧光的干扰,因此分辨率大大提高。

15.1.2 激光扫描共聚焦显微镜的发展历史

共聚焦显微镜的发明归功于 Marin Minsky，他在 1955 年基于在不染色的活体脑组织观测神经网络的目的，建立了一台工作显微镜。1957 年提出了共聚焦显微镜技术的基本原理，并获得了美国的专利。所有现代共聚焦显微镜采用的共聚焦成像原理都是基于 1957 年的专利。Egger 和 Petran 在 1967 年成功地应用共聚焦显微镜产生了一个光学横断切面。1977 年，Sheppard 和 Wilson 首次描述了光与被照明物体原子之间的非线性关系和激光扫描器的拉曼光谱。1987 年，White 和 Amos 在 Nature 发表了“共聚焦显微镜时代的到来”一文，标志着 LSCM 已成为进行科学研究的重要工具。

传统的光学显微镜使用的实际上是场光源，由于光散射，在所观测的视野内，样品上的每一点都同时被照射并成像，入射光照射到整个细胞的一定厚度，位于焦平面外的反射光也可通过物镜而成像，使图像的信噪比降低，影响了图像的清晰度和分辨率。此外，传统的光学显微镜也只能对局部做平面成像，而 LSCM 脱离了这种模式，如图 15-2 所示，采用激光束做光源，激光束经照明针孔，经由分光镜反射至物镜，并聚集于样品上，对标本内焦平面上每一点进行扫描。然后，激发出的荧光经原来的入射光路直接反向回到分光镜，通过探测针孔时先聚集，聚焦后的光被光电倍增管(PMT)探测收集，并将信号输送到计算机，在彩色显示器上显示图像。在这个光路中，只有在焦平面上的光才能穿过探测针孔，焦平面以外区域射来的光线在探测小孔平面是离焦的，不能通过小孔。因此，非观察点的背景呈黑色，反差增加，成像清晰。由于照明针孔与探测针孔相对于物镜焦平面是共轭的，焦平面上的点同时聚焦于照明针孔和探测针孔，焦平面以外的点不会在探测针孔处成像，即共聚焦。以激光做光源并对样品进行扫描，在此过程中两次聚焦故称为激光扫描共聚焦显微镜。

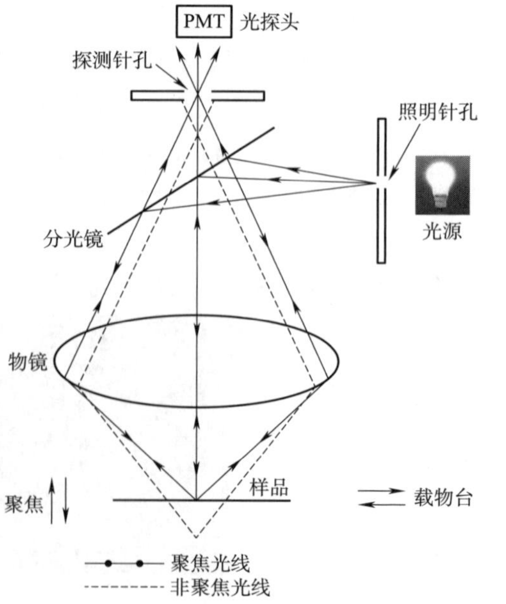

图 15-2 平台扫描式激光共聚焦显微镜光路图

现代的共聚焦显微镜，图像可通过 PMT 输出产生，也可用数字式电荷耦合器(CCD)的相机捕获，并可直接用计算机图像系统进行处理，在高分辨率视频显示器呈现，同时可将所有数据存储在硬盘中。

近几十年来，光学显微镜的光学部件改变不大，仪器的最终分辨率取决于光线的波长、物镜和标本本身的性质。但在近 20 年，用于增强标本反差的相关技术和染料方法有了长足的进步，与共聚焦有关的重要技术进展有：更加明亮、稳定的多波长激光、更有效的反射镜、敏感的低噪声光探测器、带有图像处理功能的快速计算机、分析图像的高智能软件、高分辨率的视频显示和数字打印。这些技术从 1955 年以来，分别独立发展起来，已经用于现代的共聚焦图像系统。如数字图像处理技术。由 Shinya Inoue 和 Robent Alen 在 20 世纪 80 年代初期首先应用于生物学图像，他们用装在显微镜上的视频相机捕获图像，而后连接到数字图像处理器，经数字图像增强后，使特定结构的分辨率得到明显加强。如要观测刚刚超过光镜的理论分辨率的细胞内微管结构，使用微分干涉（DIC）光学附件可获得图像，并可通过数字方法进一步增强。

共聚焦显微镜常根据扫描样品所使用的方法进行分类。台阶式扫描共聚焦显微镜在材料科学领域应用较多，如微芯片工业，基于这一原理的系统最近在生物医学领域被广泛应用于筛选微芯片上的DNA。

通过光线移动，而标本不动进行扫描的共聚焦显微镜对生物学标本更具实用价值，大多数科研显微镜采用的就是这种方式。光束扫描有两种不同的方法：多束扫描和单束扫描。目前最常用的是单束扫描，在LSCM更是如此。扫描是通过计算机控制的反射镜完成的，扫描速度为1帧/s。在某些系统，也可通过声光装置或振荡反射镜进行接近视频速度的快速扫描。采用回旋Nipkow盘，可用多光束对标本进行实时扫描。该系统的前身是串联扫描显微镜（TSM），通过进一步改进，对多荧光标记标本进行图像采集。

目前共聚焦显微镜在技术上可使用两种不同的方式生成光学切片：去卷积法和多光子成像。去卷积法是一种基于计算机的方法，可计算并除去来自焦点以外的荧光图像的信息。多光子显微镜使用的扫描系统与LSCM相同，只是没有针孔，这是因为激光仅在焦点激发荧光色素，因此不需要针孔。这种方法可降低光漂白作用，非常适用于对活组织的观察。

15.2 激光扫描共聚焦显微镜的结构、原理及应用

15.2.1 基本结构和工作原理

激光扫描共聚焦显微镜是一种用于图像采集和分析的大型精密仪器。其主要由以下几部分组成：激光光源、扫描器（内装有针孔光阑、分光镜、发射荧光单色器及检测器）、荧光显微镜（装有微量步进马达）系统、光学装置、计算机图像存储与处理及控制系统。现代激光扫描共聚焦显微镜各部分的设计应用了先进的激光技术、光学显微镜技术，计算机控制及图像处理技术、精密的机械技术，整个系统由共聚焦显微镜专用的计算机软件统一精确地控制，从而保证各部分协调地工作。激光扫描共聚焦显微镜仪器各部分相互关系如图15-3所示。

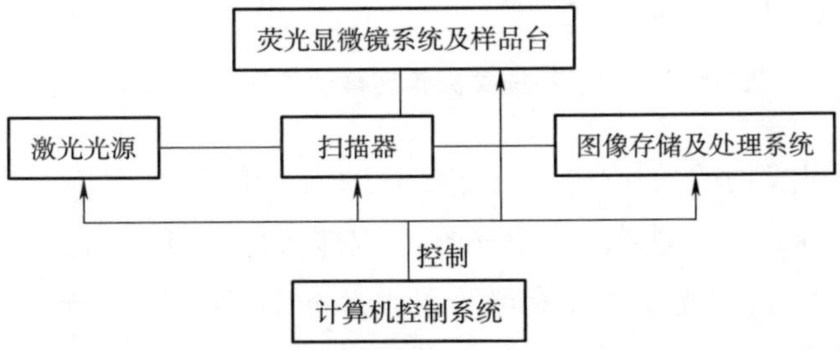

图15-3 激光扫描共聚焦显微镜各部分相互关系示意图

激光器发射的一定波长的激发光，经过扫描器内的照明针孔光阑P（或称为孔光阑）形成点光源，由物镜聚焦于样品的焦平面上，样品上相应的被照射点受激发，而发射出的荧光通过检测孔光阑后到达检测器，并成像于计算机显示屏上。这样由焦平面上样品的每一点的荧光

图像组成了一幅完整的共焦图像,称为光学切片。

在激光扫描过程中,某一瞬间只有焦平面上的被扫描点聚焦于检测孔光阑并被检测器记录,虽然样品的焦平面上下也会有荧光产生,但来自非焦平面的光线,均被检测孔光阑阻挡,不能形成共焦图像。可见,样品上激光扫描点(焦点)与检测孔光阑是共焦的在激光扫描共聚焦显微镜的载物台上所加装的微量步进马达,可驱动载物台在扫描过程中上下(沿着 Z 轴)步进移动,以使物镜聚焦于样品的不同层面上,获取该层的光学切片,从而可以得到细胞或组织各个横断面的一系列连续光学切片,即实现了"显微 CT"。这些光学切片可用于样品立体结构观察和图像的三维重建。

若间歇或连续地扫描样品的某一个横断面(或一条线),对其荧光进行定位、定性及定量分析,则可实现对该样品的实时监测。

激光扫描共聚焦显微镜的工作原理如图 15-4 所示。图 15-4(a)是激光经照明针孔光阑 P_1 形成点光源,由物镜聚焦于样品焦平面上,焦平面上只有被激光扫描的点 F 所发出的一定波长的荧光才能通过检测针孔光阑 P_2 到达检测器,并成像于显示器上,得到相应的荧光图像;图 15-4(b)是来自非焦平面的光线,均被检测针孔光阑阻挡,不能通过针孔光阑到达检测器,因而不能形成共焦图像。

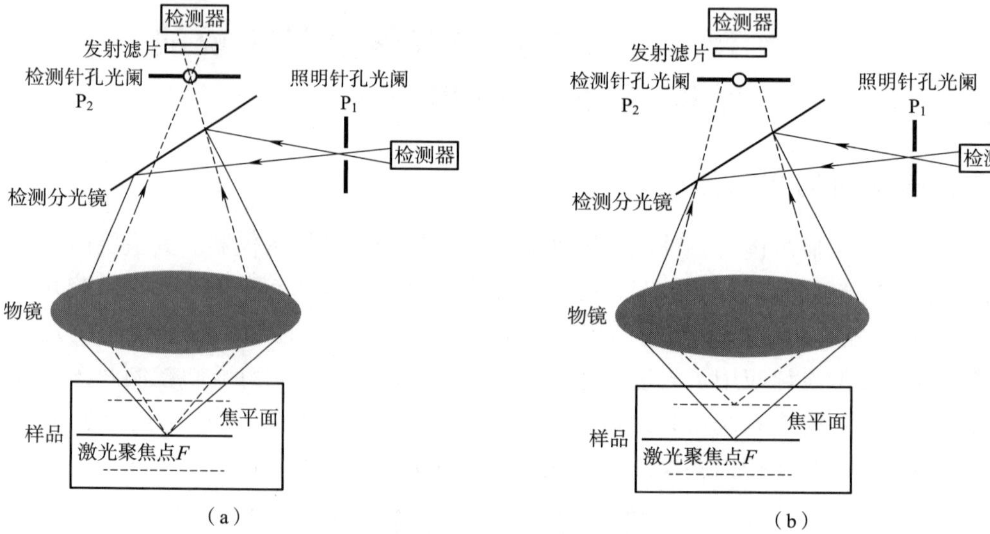

图 15-4 激光扫描共聚焦显微镜工作原理示意图

物质的发光是由组成物质的粒子(分子、原子、离子)中的电子能级跃迁而引起的,从而该粒子由某一低能态 E_1 跃迁到高能态 E_2,电子在实现能级之间跃迁时,以光能的形式与外界交换能量,称为辐射跃迁。普通光源发光和激光的产生过程属于辐射跃迁。辐射跃迁包括受激吸收、自发辐射和受激辐射。在实际发生的辐射跃迁中,以上 3 种基本过程总是不可分割地同时存在。

(1)受激吸收。一个粒子吸收一个光子而实现由低能态 E_1 向高能态 E_2 跃迁的过程称为受激吸收,如图 15-5(a)所示。显然不是任何光子入射都能引起受激吸收的。我们称能引起受激吸收的入射光子为激发光子,它对粒子起激发作用,它的频率 f 必须满足条件 $hf = E_2 -$

E_1。受激吸收的结果是入射光被削弱了。

(2)自发辐射。处于高能态的粒子总是力图向低能态跃迁而趋于稳定，这种粒子完全自发地从激发态向较低能态跃迁同时释放出光子的过程称之为自发辐射，如图 15-5(b)所示，其自发辐射的光子能量应为 $hf = E_2 - E_1(E_2 > E_1)$。

普通光源的发光即属于自发辐射，其构成光源的各个粒子是互不相关的独立发光体，不同粒子或同一粒子在不同时刻自发辐射所发出的光子的频率、相位、传播方向、偏振状态各不相同。因此，自发辐射是各发光粒子之间互不相关的随机过程，它发出的是非相干的，向四面八方传播的自然光。

(3)受激辐射。处于高能态 E_2的粒子，当有一能量 $hf = E_2 - E_1$ 的外来光子趋近时因受其“刺激”而从 E_2跃迁到低能态 E_1，同时释放出光子的过程称为受激辐射，如图 15-5(c)所示。起“刺激”作用的光子称为刺激光子。受激辐射的光子与刺激光子在频率、相位传播方向、偏振状态等特征上完全相同。于是一个光子射入，变成两个特征完全相同的光子射出，而这两个光子又可继续充当刺激光子，继续引起受激辐射。因此，受激辐射的结果是入射光被加强了。称之为光放大作用的激光就是受激辐射产生的光，显然，激光束处于相同状态的光子是相干的、偏振的和沿同一方向传播的。

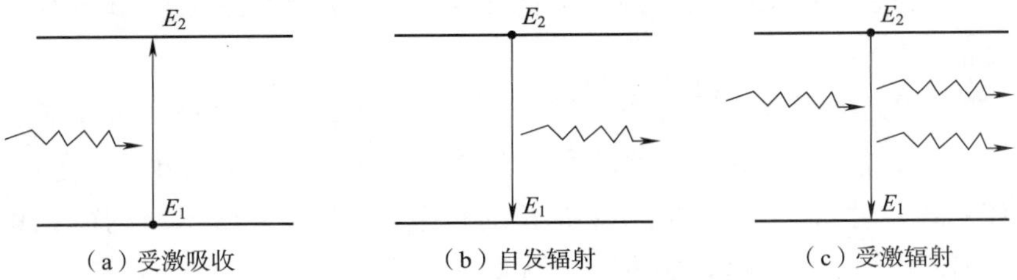

图 15-5 辐射跃迁的 3 种基本过程

激光器是一种产生激光束的装置，它保证光子在其中持续振荡、反复放大得到大量特征相同的光子，从而产生持续不断的激光束。目前激光器的种类很多，可产生多种波长的光束，使用者可根据不同的荧光探针对激发光的需要，选择具有相应激光波长的激光器。

15.2.2 激光的基本特性及其在激光扫描共聚焦显微镜中的应用

激光扫描共聚焦显微镜将传统荧光显微镜的汞灯或灯光源改用激光光源，就是利用了激光光源的特有优势。激光由于其特殊的发光机理与激光器的特殊结构而使其不仅有光的一切性质，而且有普通光源发出的光所无可比拟的优点。这些特点已被迅速地应用到激光扫描共聚焦显微镜上。共聚焦显微镜要求光源单色性好、亮度高，而激光光源则正好能满足其要求。采用激光光源成像系统色差小，尤其对大数值孔径、高放大倍率的显微镜可以提高其光学系统的分辨能力。

本质上讲，激光的光子与普通光的光子毫无区别，即两者的本质相同，所以，激光具有普通光的一切特征，但是，由于激光与普通光的发光机制不同，所以，激光具有与普通光不同的一些特性，尤其是有大量光子所组成的激光束所表现的整体行为与普通光源有着显著的不同。其特点介绍如下：

1. 激光比普通光源单色性好

从理论上讲，只有一个确定波长的光称为单色光。但在自然界中绝对的单色光是不存在的，实际的测定中发现，每一种波长的光都不是单一的波长λ，而是有一段波长范围$\Delta\lambda$，$\Delta\lambda$越小，单色性越好。在普通光源中，氪(Kr)灯发出的光，$\lambda = 605.7$ nm，谱线宽度最窄，$\Delta\lambda = 4.7\times10^{-4}$ nm。由单模稳频氦氖激光器发出的激光，$\lambda = 632.8$ nm，谱线宽度$\Delta\lambda < 10^{-8}$ nm。两者相差数万倍。

由于普通光源发射的光子在频率上是各不相同的，所以包含多种颜色。根据公式$f = c/\lambda$（c为光子的速度，在真空中为2.997×10^{8} m/s），其频率也有相应的范围Δf。将光谱线强度为其最大值一半时所对应的两个频率之差的绝对值$\Delta f = |f_2 - f_1|$称为谱线宽度。谱线宽度越窄，则光的颜色越纯，称之为单色性越好。所以光谱线宽度是衡量单色性好坏的标志，而单色性好坏反映了光能量在频率上分布的集中性。与f_2和f_1所对应的是波长范围为$\lambda_2 - \lambda_1$，其波长范围$\Delta\lambda = |\lambda_2 - \lambda_1|$在制造单色光源时，应尽量缩小$\Delta\lambda$。

单色性好的激光除了可以减少色差外，在仪器设计上也带来很多优势，它使发射光的单色系统设计简单，激发光与发射光易于分离，减少干扰。

2. 方向性好

从激光器发出的激光束都是相当好的平行光束，发散角都在毫弧度（1 mrad = 3′26″）的数量级，具有很好的方向性。

光的方向性表明光能量在空间分布的集中性。激光束的方向性好，可使能量在空间高度集中。另外，激光平行性好，其光束经聚焦得到的焦斑尺寸小，再加之激光单色性好，经聚焦后无色散像差，使焦斑尺寸进一步缩小，可达波长的数量级，即形成微米级的微光束。这在激光扫描共聚焦显微镜进行点扫描过程中发挥了优势。

而普通光源发出的光射向四面八方，能量分散，无法替代激光。

3. 亮度高、强度大

亮度高、强度大是激光的主要特征。激光的亮度可比普通光源高出$10^{12}\sim10^{19}$倍。因此在激光扫描共聚焦显微镜上，所用激光功率都很低，一般最高也只有几十毫瓦，就可以激发荧光物质、使之产生荧光。由于其扫描样品的时间短，所以虽然激光亮度高、强度大，但是其对样品的损伤仍然保持得很低。通常共聚焦显微镜只有几条高亮度的激光谱线用于日常荧光分析。

4. 激光的相干性和偏振性好

由于受激辐射的光子在频率与振动方向上均相同，且振动相位差恒定，因此激光是相干的，而且激光的时间和空间相干性均比普通光源好。激光束中各个辐射光子的偏振状态是相同的，因此激光的偏振性好。

总之，激光的上述四方面特点是彼此关联的。首先，单色性与方向性好是形成高亮度、大强度的内在原因，表明激光能量在时间、空间与频谱分布上的高度集中性。其次，单色性与相干性是相互关联的。这些特性的产生都是源于激光特殊的发射机制与激光器特殊的结构。

15.2.3 激光扫描共聚焦显微镜常用的激光器

迄今为止，在21 nm～7 mm范围内，用各种激光器可产生几千个激光波长，但其中只有少量谱线能够用作共聚焦显微镜的光源。

通常采用的激光谱线有：Ar(458 nm,476 nm,480 nm,514 mm)；Kr(568 nm、647 nm)；He-Ne(543 nm、633 nm)；Ar(UV)(351 nm、364 nm)紫外光线；蓝紫光半导体激光器发出的405 nm 的激光。作为激光光源可单独或同时配备多个激光器，以获得更多的激光谱线，满足大多数常用荧光探针的需要。因此，不同的仪器激光谱线数目及功率的大小根据所配置的激光器不同而有所差异。选配合理，基本能满足多种荧光物质的测定。

现代激光光源的特点是质量稳定、寿命长、多种单波长可供选择。目前大多数新出品的共聚焦显微镜激光光源的调节通过计算机来控制。照射到样品上的激光能量大小主要通过两条途径来控制：①调节激光器输出功率大小。该途径调节激光功率范围宽，但会引起激光电流的改变，一般需要 15 ~ 20 min 才能使输出激光强度达到稳定；②调节声光控制器(AOTF)可以在一定范围内连续调节每个波长激光的输出能量和强度，同时还能够精确、快速地控制不同激光谱线间的开关切换。在进行定量测定时，以调节途径②为好，以保证测定激光的稳定性。

15.2.4 辅助设备

激光光源系统以激光器为核心，同时还包括一些激光器正常工作所必需的辅助设备，如冷却系统、稳压电源、扫描器等。

1. 冷却系统

冷却系统的作用是带走激光器产生的大量热量，使之快速冷却，保证激光器正常工作，它是激光器必须配置的辅助设备。

冷却系统可分为风冷及水冷两种方式。风冷系统主要是在激光器的激光管旁边安装一个风扇和粗管道，靠风扇不断地将热量排入管道，以带走激光器工作时不断产生的大量热量。水冷系统是靠泵带动的闭合水循环系统带走激光器产生的热量，然后水循环系统再与空气交换热量使自身得以冷却，以保证连续工作。紫外激光器使用水冷系统比较多。

在设计上，虽然激光器与冷却系统各自都有独立的电源开关，但一般激光光源都设计成自我保护方式，即必须先启动冷却系统，激光器才能开始工作，一旦冷却系统断电则激光器也立即停止工作，这可以防止因激光器工作时散发的大量热量不能立即排除，而影响其工作寿命甚至烧毁激光管。使用时，要求先关闭激光器电源，而保持冷却系统工作至整个激光器完全冷却至室温。

2. 稳压电源

保证激光稳定是获得正确测定结果的前提条件，其中稳压电源在其中起着重要作用。另外一旦激光管的电流发生改变，一般需要 10 ~ 20 min 才能稳定下来，因此开机或调整输出激光电流后，要尽量等到激光强度稳定后再进行图像的采集，尤其对于需要定量测定的样品，更要注意在测定样品过程中保持实验条件的一致性。AOTF 调节激光强度不会影响激光器的工作电流，一般尽量用它来改变激光强度。

3. 扫描器

扫描器内密封有检测针孔光阑、分光镜、发射荧光分色器及检测器。

由共聚焦显微镜工作原理可知，荧光样品中的混合荧光进入扫描器、经过检测针孔光阑、分光镜和分色器选择后，被分成各单色荧光，分别在不同的荧光通道进行检测并形成相应的共焦图像，同时在计算机屏幕上可以显示几个并列的单色荧光图像及其合成图像。

针孔光阑是共焦显微镜的一个重要组成部分，它是放在检测器前面的一个小孔，作用是控制光学切片的厚度，它对实现CT式断层扫描成像、排除非焦平面杂散光起着关键性作用，同时也影响图像的荧光强度。理论上讲，为了得到真正的断层扫描图像，针孔的直径越小越好，因为光线只有通过针孔光阑才能到达检测器，得到相应荧光信号的图像，因此在实际扫描图像中，在保证图像亮度的情况下，针孔光阑开得尽量小。

分光镜的作用是按照波长来改变光线的传播方向使各激发光到达标本，并使来自标本的光线（荧光和反射光等）经过分光镜分离后进入相应的荧光检测通道。

发射荧光分色器的作用是选择出一定波长范围的光进行检测。不同型号的仪器采用的分色器部件有所不同。目前用于分色器的部件主要有滤片、棱镜和光栅3种类型。其各部分的作用分别为：①滤片：滤片具有波长选择作用与分光镜组合，只允许一定波长范围内的光通过，因此通过选择与荧光探针发射峰相匹配的滤片就可以使相应波长的荧光进入检测器。为了适应多种波长范围荧光的测定，在扫描器内需要排列多个滤光片供测定时选用。②棱镜：棱镜和狭缝组成分色器。先由棱镜将混合光分为按照波长序列排列的光谱，然后调整狭缝的位置和宽度，选择出需要的波长进入检测器。③光栅：光栅与32个检测器共同组成分色器，完成分光和检测功能。先由光栅将混合光分成按照波长序列排列的光谱，照射到32个阵列检测器上，其中每个检测器对应一定的波长检测范围，由此完成全部可见波长（400～700 nm）范围的荧光检测，并测定出各荧光物质的荧光发射光谱曲线，再依据各荧光物质的峰值和荧光发射光谱将混合荧光分离，分别检测出各荧光的信号并成像。可见，在单色光获得的方式上，不同的仪器设计各有其特点。

检测器采用高灵敏度的光电倍增管，其检测的范围和灵敏度可根据样品的强度进行连续调节。将荧光图像的强度按照0～255分级显示。

目前，扫描器的设计有多种形式。包括多针孔型滤片式扫描器、单针孔型棱镜式扫描器、多针孔型光栅式扫描器或滤片＋光栅混合式扫描器。

15.3 常用荧光显微镜的特点及其分类

15.3.1 激光扫描共聚焦显微镜使用的荧光显微镜的特点和要求

荧光显微镜是激光扫描共聚焦显微镜的一个重要的组成部分。它配备两个光源：卤素灯光源和汞灯光源，主要用于预览样品，其中卤素灯光源用于寻找样品焦平面、观察样品位置、形态和分布；汞灯用于观察和分辨样品中产生荧光物质的成分和位置。对于光敏（例如猝灭）的样品最好用卤素灯进行预览，以减少对样品的刺激。

15.3.2 常用荧光显微镜简介

荧光显微镜（FM）利用较短波长的光使样品受到激发，产生较长波长的荧光，可用来观察和分辨样品中产生荧光物质的成分和位置。

荧光显微镜主要包括光源、激发滤片、双色反射镜、阻断滤片、物镜和目镜等几部分，具体构成如图15-6所示。它们在光路中的作用分别叙述如下。

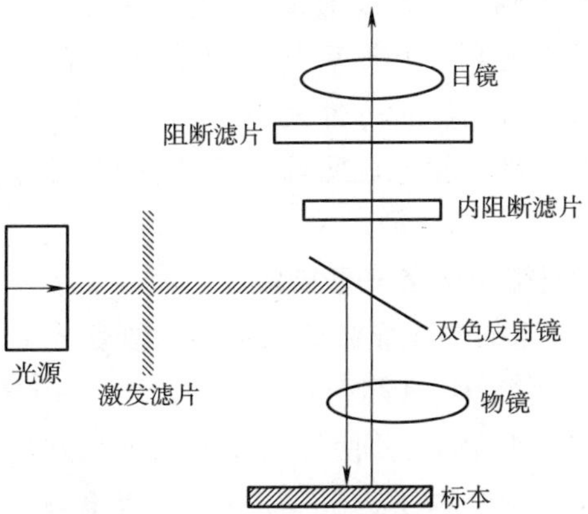

图 15-6 荧光显微镜的光路图

(1)光源。高压汞灯或氙灯是常用的荧光激发光源。汞灯在 365 nm、405 nm、436 nm、546 nm、577 nm 处有很强的发射线,氙灯在光的紫外区、可见区也有较强的发射线。

(2)激发滤片。放置于光源和物镜之间,其作用是选择适合荧光物质的激发光波长范围。

(3)双色反射镜。它是初步分开激发光(较短波长)和发射荧光(较长波长)的一个重要组件。它的放置方向与激发光的方向呈 45°,具有一个特征波长值λ,只有那些波长长于λ的光波能够透过其到达目镜或检测器,而波长短于λ的光波被反射。

(4)阻断滤片。常采用长波通滤片,能使长于某波长的光通过,短于某波长的光不能通过。阻断滤片的作用是进一步使荧光与激发光分离,以获得更纯的荧光。内阻断滤片已固定在内部,外阻断滤片可根据需要装入或卸下。

(5)物镜。由于激发样品和收集荧光都是由同一物镜实现的,所以物镜的选择对于荧光观测有重要作用。荧光物镜是能透过紫外光的特制物镜。荧光效率与所用物镜数值孔径的 4 次方成正比,所以用数值孔径较大的浸液(水浸或油浸)物镜效果较好,一些著名厂家生产了数值孔径大于 1.2 的荧光物镜,使用效果很好。

(6)目镜。荧光亮度与目镜放大倍数的平方成反比,如 6.3 × 目镜比 10 × 目镜观察荧光更亮,所以,可采用较低倍目镜观察。

15.3.3 常用荧光显微镜的分类

1. 正置荧光显微镜与倒置荧光显微镜

根据镜体的光学组件排列相对于载物台的位置而言可将激光共聚焦显微镜分为两大类:正置荧光显微镜与倒置荧光显微镜。正置荧光显微镜的物镜在载物台的上方,汞灯光线从载物台的上方通过物镜聚焦到样品上。倒置显微镜的物镜在载物台的下方,汞灯光线从载物台的下方通过物镜聚焦到样品上。倒置显微镜可以直接将细胞培养皿放在载物台上,物镜头从培养皿的底部方向聚焦样品,不会接触和扰动培养皿中的液体和样品。因此适用于多种样品观测。正置荧光显微镜与倒置荧光显微镜还可以用于普通光镜观测,但二者的光镜光源和聚光镜位置不同,前者安置在载物台的下面,而后者则在载物台的上面。

从图 15-6 中可以看出,荧光显微镜的光路为:从高压汞灯(或氙灯)发射出的激发光经激发滤片后，选择出适宜的激发光到达双色反射镜，经它分光后，较短波长的激发光反射下来，经物镜后激发样品，样品产生的荧光再经物镜后到达双色反射镜，经其分光作用，较长波长的荧光透射过去，经阻断滤片后进一步阻断掉一些短波长的激发光，使一定波长范围的荧光到达目镜供观测。对于一种荧光物质，应根据它的吸收光谱和发射光谱选择适宜的激发滤片、双色反射镜和阻断滤片。

2. 用于激光扫描共聚焦显微镜的荧光显微镜

激光共聚焦显微镜系统所用的荧光显微镜大体与常规荧光显微镜相同，但是又有其特点。

(1)在激光共聚焦显微镜系统中，其侧面打开了一个与扫描器相连接的接口，使激光能够由此进入显微镜的物镜，照射到样品上，并使样品发射的荧光到达检测器。

(2)荧光显微镜的载物台上装有微量步进马达，以驱动载物台在垂直(Z 轴)方向移动，用于共聚焦显微镜获取不同层面光学切片，这些光学切片是共聚焦显微镜获取三维荧光图像的基础。Z 轴步距的大小决定了光学切片的厚度，而 Z 轴的步距是由实验者输入相应的指令来控制的。

(3)用高倍镜观察样品，尤其是进行动态监测时，最好配备倒置显微镜，以便适应多种样品的观察，例如 Petri 培养皿中培养的细胞样品。

(4)荧光镜座要装有防振动装置，防止在激光扫描样品、采集图像过程中发生载物台在任何方向上的移动。

(5)装有光路转换装置。预览时使用汞灯作为激发光，样品发射的荧光进入目镜或照相系统；正式采集共焦图像时用激光光源激发样品，发射的荧光进入扫描头中的检测器。这两套激发光源及发射光系统不能同时使用，要配置光学和机械系统进行光路转换。

(6)要配备高数值孔径的油浸或水浸物镜采集样品精细结构的图像。显微镜物镜镜头及光路系统均与扫描器光路系统相匹配，同时由于各种波长的激发光和荧光都通过物镜，所以物镜要保证各波长范围内的透光性能。

(7)汞灯光线的强度可调，以便根据样品中荧光物质的强弱及光敏的程度调节激发光强度，保证样品在预览过程中的荧光强度不发生变化，这对于后面用共聚焦显微镜进一步准确定量很重要。

(8)载物台支架和附件的配备要能适应多种样品器皿和测试要求。因此需要配备相应的支架和附件。常用的样品支架有：载玻片支架、大小 Petri 皿支架、大小平皿支架、控温架、CO_2 通气装置等。

(9)荧光显微镜的参数要与光路系统、计算机控制软件系统相匹配。

15.3.4 计算机系统

共聚焦显微镜仪器的各个部分由计算机予以设置和调控，使光线精确地按照设计要求扫描样品，所有检测信号均可被存于多维的图像存储器内，并对图像资料做进一步的加工处理。计算机还可以存储测定样品的条件，以便重复实验。共焦图像文件大，每幅单色图像要 256 kB 以上，而且每一次采集图像，一般需要将几幅甚至上百幅图像作为一个文件存储，因此对计算机软件功能、运行速度、内存、硬盘要求很高，近几年来计算机软件功能日益强大，运行速度快，内存、硬盘存储容量大，基本满足了激光共聚焦显微镜技术的需求。

15.4 激光扫描共聚焦显微镜的基本功能

激光扫描共聚焦显微镜具有多种功能和广泛的应用,总体来讲,主要有如下三大功能:采集图像、荧光信号定性和定位以及定量测定荧光强度等相关参数。其中采集图像是荧光信号定位观察、定性定量测定的前提,因此也是其实现功能的根本。

15.4.1 采集和处理图像

激光扫描共聚焦显微镜采集的图像主要分为荧光图像和光镜图像两类。其中只有荧光图像才是真正的共焦图像,而共聚焦显微镜的功能优势也主要体现在采集荧光图像方面,即"CT式"扫描采集样品单一层面及多层面的荧光图像。在此基础上。进一步完成三维重建、荧光信号定性、定位和定量测定等功能。而光镜图像包括透射光图像和反射光图像,前者主要包括DIC图像、明场图像等。在生物样品测定中,光镜图像主要用于辅助细胞及细胞内荧光定位、细胞形态观察、细胞计数等。下面分别阐述共聚焦显微镜所具有的基本功能。

1. 无损伤逐层扫描样品采集二维及三维荧光图像

激光扫描共聚焦显微镜利用激光对单一或多重荧光样品进行"CT式"逐层扫描。获得相应某一层面(二维)及连续多个层面(三维)的荧光图像。

激光扫描共聚焦显微镜的成像特点如下:

(1)保持样品的完整性。由于采用较低能量的激光逐层扫描样品各层面进行光学成像,所以对检测范围(数百微米)内的样品无须机械切割成片,这样可基本保持样品的完整性以及生物组织或细胞的活性。

(2)采集多重(波长)荧光分解及合成图像。对多重荧光标记的样品,既可采集各单色荧光独立的共焦图像,又可获取多荧光的合成图像。并且利用顺序扫描程序及光谱分析技术克服各通道光谱交叉干扰。

(3)所采集的荧光图像比普通荧光显微镜质量好,更利于形态学观察。共聚焦显微镜实现图像反差和清晰度高、定位准确的途径是:由物镜和电子放大倍数直接控制图像的大小和成像质量,同时,激光扫描共聚焦显微镜采用了能量可调的激发光源、直径可调的针孔、检测范围可调的高灵敏光电倍增管、高度精确的扫描系统及光路设计、先进的图像处理软件,使其能够对于样品中很弱或很强的荧光信号进行增强或减弱、去噪、平滑、提取等操作,从而保证了图像高反差、高清晰度、定位准确。这是普通的荧光显微镜难以实现的。

(4)可以只选择出样品中感兴趣的区域和深度进行扫描。在获得相应各层面、线的共焦图像过程中,可以根据实验目的选择采集图像的区域。确定"CT式"断层扫描的起点、终点层面和方向(XYZ或XZY)、深度、步距及光切片的数量、最佳扫描分辨率、图像的放大倍数等,并可测量每幅光学切片在样品中的空间位置。

(5)获取三维重建图像。现代激光扫描共聚焦显微镜能够利用先进的多功能计算机软件,对"CT式"扫描所获得的样品各层面连续光学切片进行三维重建,得到具有立体结构的三维重建图像,从而实现对样品三维立体结构的直接观测、空间定位、定量测量荧光强度和空间距离。样品的某一层面的二维共焦图像(XY)只反映了该截面的二维信息,如果将样品不同截面上的二维共焦图像按照截面的空间关系依次排列,便可得到物体的三维图像和数据。利用共聚焦显微镜采集样品三维重建图像时,首先要对一个有立体结构的样品按一定的方向,一定的间隔,连续采集其二维断面荧光图像,然后通过计算机三维软件把这一系列连续切片的图像按照空间关系组合起来。在同一幅画面中同时显示,其图像的视觉效果是:再现出样品的原有空间结构。

3. 获取透射光及反射光图像

对于有、无荧光的样品均可以用激光扫描共聚焦显微镜采集到其透射光图像。因此,在获取荧光图像的同时,采集待测样品相应的透射光图像,可以同时获得许多微观信息。例如,对于细胞样品来说,可以得到如下信息:①细胞数量、位置;②细胞的某些形态学结构,例如细胞的大小、形态、细胞及其膜是否完整、有无细胞变形,对于有些细胞可以看到其细胞核的位置、细胞表面的轮廓甚至表面绒毛;③样品中杂质的位置。这些透射光信息常用于细胞统计、种类鉴别、排除杂质、透射光与荧光共定位、几何参数定量测量等方面。

15.4.2 荧光分子的定性及定位

1. 定性鉴定待测荧光物质

确认待测物质自身有特异荧光或用特异荧光物质标记后,由激光扫描共聚焦显微镜在采集图像时根据样品中荧光物质的激发光谱、发射光谱及峰值波长特征,鉴别并分离出各待测物质的特异的荧光信号使之成像,该过程即为定性。同时确定这些荧光信号在样品中的位置,即为定位。

激光扫描共聚焦显微镜所观察到样品的荧光可以分为以下 3 类:

(1)A 类,样品内源性已知荧光;

(2)B 类,通过外加已知荧光标记物获得荧光;

(3)C 类,样品内源性或外来的未知荧光。

对于 A、B 类,荧光信号所代表的物质往往就是所需要观察的指标,采集其荧光图像时要采用适当的仪器条件和方法对其定性鉴定并使其成像;C 类常常为干扰荧光,需要排除;但是如果为有用的信息,则需要辅助以其他手段进一步定性。

对于具有多重荧光的样品,激光扫描共聚焦显微镜能够将混合在一起的各荧光按波谱特征分开,获取各荧光单独的图像,分通道显示出来。这一功能可用于鉴定和比较不同实验组之间荧光信号位置、强度的变化,从而测定各种外加因素作用效果,获取有关机理等实验结果。

2. 荧光信号的定位

在细胞原位利用分子的自身荧光或用特异荧光探针标记出细胞内的物质(例如核酸、蛋白质、多肽、酶、激素、磷脂、多糖、受体、离子等),然后经共聚焦显微镜扫描成像,从而显示出待测物质的荧光在细胞内分布位点,即达到对其定位的目的。常见的利用荧光进行分子(或离子)定位的方法有:

1)单荧光定位

对于某些荧光分子,利用其所发出的单荧光就可以确定其在样品中的位置。例如,有些只定位于细胞膜的蛋白质，其共焦图像清楚地显示出只在细胞膜区有细线状或点状分布的荧光，定位很清晰；有些只在细胞质中分布的荧光分子，特点是细胞质区域呈现荧光，而细胞核区为黑色的背景色，可呈现出清晰的细胞核轮廓。特异地定位于线粒体时，高倍镜下，可见有点状荧光小颗粒团分布在细胞质中。

单荧光定位的特点是样品染色单一、过程简单、干扰少、可在蓝绿红任一波长范围内选用单荧光探针（或荧光探针标记的抗体），因此可选择的荧光探针范围比较宽。

2）多重荧光标记共定位

为了检测两种以上不同的成分，就要使不同的待测成分具有不同的光谱特性，以便能够用仪器测定，其中不同的光谱特性包括：具有不同的荧光发射峰值波长，发射光谱、激发光谱、最大激发波长等，这可以利用不同的荧光探针标记不同或相同的成分来实现。通过共焦图像，可以显示出不同荧光信号在样品中的相对位置，从而确定各标记所代表的成分的位置。

3）荧光与透射光共定位

同一束激光在激发出样品荧光的同时，还可以通过透射光检测器采集到样品的透射光图像，虽然透射光图像不是共焦图像，但却能提供很多有用的信息。由透射光图像能够观察到样品中染色体的数量、位置、轮廓和某些形态学结构、样品中杂质的位置。这些透射光信息在荧光定位中很重要。当荧光为点、片状分布时，只有荧光信息还不能定位，但是如果与透射光图像叠加，则可以看出荧光信号分布区域。在对细胞进行的荧光测定中，对于荧光杂质斑点，通过观察透射光图像很容易判断其是否在细胞内、排除其干扰。在药物（经过荧光标记）跨膜进入完整活细胞的试验中，如果细胞膜破损，则药物容易进入细胞将细胞膜内区域标记，造成实验假象，此时可以借助透射光图像观察细胞形态，选择其中形态和膜完好的细胞，排除破膜细胞。

15.4.3 定量测定

激光扫描共聚焦显微镜将所采集的共焦图像中的相关信息转化为定量数据，即称之为定量测定。定量测定的项目主要包括：①图像中的任意区域（或线）的荧光强度；②荧光强度随着时间、空间及波长的变化曲线和数据；③图像内的几何参数，包括面积、厚度、空间距离、体积等。

激光扫描共聚焦显微镜测量图像的荧光强度具有很强的定量功能，其优点是以多种模式扫描荧光样品，具有时间、空间和波长分辨功能。其扫描样品的方式主要有线扫描、平面扫描、三维扫描、光谱扫描等。

（1）线扫描：表示为 Xt、Yt、Zt 模式。是指沿着一维（X、Y 或 Z）方向分别在不同时间采集样品上某一条线的荧光图像，并定量测定其荧光强度随时间变化的曲线或数据。

（2）平面扫描：常见的有 XY，XZ；XYt，XZt 模式。其中 XY，XZ 模式用于采集样品上某平面上的二维荧光图像，而 XYt，XZt 模式用于测定样品的某平面上的荧光及其随时间的变化情况。

（3）三维空间扫描：常用的模式有 XYZ，XYZt，前者用于采集样品三维空间的图像，后者用于测定样品的三维立体结构内荧光强度随时间的变化曲线。

（4）光谱扫描：XYλ 用于测定样品某平面上的荧光随波长的变化情况。

按照定量测定中是否含有时间控制程序，可以将上述扫描模式分为两大类：动态监测和静态测量。动态监测启动了仪器的动态时间控制程序进行连续监测,而静态测量则不需要设置时间控制程序,直接获取图像进行定量。

1. 动态监测

动态监测的特点是在采集图像过程中启动了动态时间控制程序。动态时间控制程序就是利用操作软件控制仪器在一定的时间内按照指定的时间间隔,自动采集某固定视野的一系列图像,用于获取样品中待测荧光信号(强度、空间分布)动态变化的定量结果。其测量结果得到的是荧光强度随着时间变化的曲线和数据。

用共聚焦显微镜进行动态监测的特点是:①原位检测,即连续采集样品上某一固定区域内的荧光图像。②扫描图像速度快,从而实现对毫秒级变化或微米级移动的荧光信号进行实时监测。③可设置监测的时间程序。将样品总监测时间划分成几个区段,在各时间区段内分别设置所需的扫描时间间隔、采样帧数、图像质量及开始下一个时间区段的间隔时间。扫描过程中可设置一个或几个加药(或给予其他刺激)的时间点。分析其共焦图像任意区域随时间变化的曲线及相应的数据。④扫描方式多样。能够以线扫描、平面扫描、连续断层扫描等方式跟踪样品中荧光信号在线、平面和三维立体结构中的荧光强度和分布的变化。⑤选取感兴趣区域,只对该区域进行动态监测。⑥能够给出荧光强度定量曲线和数据,测定过程直观、简单、快速。⑦实验结果可重复利用,激光扫描共聚焦显微镜利用计算机将扫描和测定结果、测定条件予以存储,反复利用。可随时将不同的"光学切片""光学切片"与定量曲线、数据之间任意组合,从而在同一个画面同时展现出图像、曲线和数据。

在细胞水平的研究中,共聚焦显微镜主要用于活体细胞内动态荧光信号的监测。

动态监测过程需要连续采集一个固定视野的图像,因此在离子测定时要求细胞贴壁牢固,监测时间内不发生移位现象,否则,不易得到好的定量结果。这种要求也在一定程度上限制了该方法的使用范围。

2. 静态测量

静态测量就是在相同的条件下,对多个样品、不同的视野分别采集其图像进行定量测定,最后,利用统计学方法处理数据,得到实验结果。静态测量中不需要启动时间扫描程序软件,该测量方法使用范围广,适用于固定的或活的细胞和组织切片。但由于细胞之间个体差异大,因此在测量时需要的样品量大,以便进行统计学处理,否则不易得出明确的实验结果。

15. 4. 4　激光扫描共聚焦显微镜可获取的图像种类

共聚焦显微镜系统采集的光学图像分为两种:荧光图像和光镜图像。其能够实现下面几方面的光学图像采集功能:①单独采集荧光或光镜图像;②分通道同时采集多重荧光图像和透射光图像,使这些图像相互组合,同时展示在一幅画面上;③按照空间(三维)、时间或波长顺序采集图像,通过这些图像组合则可完成断层扫描、三维重建、时间动态实时监测及波长扫描等功能,从而实现空间分辨、时间分辨和波长分辨。

综合上述功能,将共聚焦显微镜采集图像模式及每一幅图像可以展示的内容汇总于表 15-1。

表 15-1 激光扫描共聚焦显微镜采集图像模式及每一幅图像可同时展示的内容

采集图像的模式	单荧光样品可实现的通道组合种类	多重荧光样品可实现的通道组合种类
模式1:采集样品某一层面的图像	1.1 单一荧光的图像 1.2 单一荧光的图像+透射光图像 1.3 单一荧光的图像+透射光图像+荧光与透射光的合成图像	1.4 各荧光的分解图像 1.5 各荧光的分解图像+透射光图像 1.6 各荧光的分解图像+两种以上荧光的相互合成图像 1.7 各荧光的分解图像+两种以上荧光与透射光的合成图像
模式2:逐层采集样品图像	除获取模式1中1.1~1.3外,还可以得到如下几类图像: 2.1 各层面同时显示的荧光图像 2.2 各层面同时显示的荧光图像+透射光图像 2.3 各层面同时显示的荧光图像+透射光图像+荧光与透射光的合成图像	除获取模式1图像1.4~1.7外,还可以得到如下几种图像: 2.4 分通道显示各荧光的按层面排列的图像 2.5 分通道显示各荧光的按层面排列的图像+相应的透射光图像 2.6 多重荧光中每一荧光的同时显示各层面的荧光图像+两种以上荧光的相互合成图像 2.7 多重荧光中每一荧光的同时显示各层面的荧光图像+两种以上荧光与透射光的合成图像
模式3:三维重建图像	在模式2的基础上完成: 3.1 由模式2图像中的各层面的图像组成三维重建立体图像(3D) 3.2 按照荧光强度分布的等高线图像 3.3 按照荧光分布的蛋糕状荧光图像(蛋糕图)	3.4 分通道显示各荧光的三维重建立体图像(3D) 3.5 分通道显示各荧光的强度分布的等高线图像 3.6 分通道显示荧光强度分布的蛋糕状荧光图像(蛋糕图)
模式4:通过采集连续荧光图像检测样品动态的荧光信号	采集上述模式1、模式2及模式3各种图像,同时加入时间坐标,可得到的图像如下: 4.1 任一时间点的图像 4.2 某一线、平面或三维空间全部图像按照时间顺序排列的图像,及扫描方式为Xt、XYt、XYZλ	4.3 任一时间各荧光分通道显示的图像 4.4 按照时间顺序排列、分通道显示各荧光的全部图像 4.5 按照波长顺序排列的荧光图像(XYλ)
模式5:全反射图像及透射光图像		

具体采集过程如下:

模式1:采集样品某一层面的图像(扫描方式:XY或XZ)

将 Z 轴驱动器固定在样品某一层面上,激光只在该 XY 平面扫描采集图像。同理,如果将 Y 轴固定。可采集 XZ 平面图像。在同一幅画面上可实现的图像组合共有7种,见图15-1中1.1~1.7。

模式2:逐层采集样品的图像(扫描方式:XYZ、XZY)

设定样品的扫描起始层面、终止层面和每个层面厚度后,逐层扫描样品,采集各层面的图像。可以查看这些层面的全部图像或其中任意一个层面的图像。在 Z 轴方向上图像的光学分辨厚度 d 主要取决于:①物镜的数值孔径 NA,NA 越大,d 越小;②共焦针孔光阑的直径 P;③发射荧光的波长 λ;④物镜与样品之间的介质折射率 n。

模式3:三维重建图像

经过模式2扫描后,再经过共聚焦显微镜软件三维重建所获得。它不同于普通计算机软件所虚拟出的三维图像，而是将样品各层面真实共焦图像组合而成，因此细节清晰、真实反映样品的结构。在采集这类图像时，断层扫描的“切片”要求较严格，不能太薄也不要太厚。例如XYZ扫描，将NA、P、λ 、n固定在适当的条件下，Z轴的扫描点距大约设为d的一半时一般最终可获得比较清晰的三维图像。厚样品（例如120 μm）经过逐层扫描所做出的三维图像立体感较强，但操作难度较大，常遇到的问题有荧光探针不容易标记到样品内部，样品对激光和荧光的吸收等因素有时会影响图像效果。

模式4：通过采集连续荧光图像监测样品动态的荧光信号（扫描方式：Xt、XYt、XYZt、XYλ）

利用共聚焦显微镜的软件按照时间t顺序采集样品的一维（线）、二维及三维图像、可得到表15-1中4.1~4.4类图像。某些型号共聚焦显微镜还可以进行波长λ扫描。以上功能体现了激光扫描共聚焦显微镜测定样品的优势，但其也有缺点和局限性，例如用激光扫描共聚焦显微镜测定的大多数样品都需要进行荧光标记（只有少数样品能够直接测定其自发荧光、反射或透射光，不需要荧光标记），这限制了其测定范围和效果，而且并非所有荧光标记的样品都能够用激光扫描共聚焦显微镜来测定，这主要是因为：①激光光源的限制：一般的共聚焦显微镜所配备光源的激光谱线只有几条，其作为激发光只能满足一部分荧光探针的要求，这会造成一些荧光探针在使用时不能在最大激发光处激发或根本不能激发出荧光，因此会影响这些荧光探针的应用范围和使用效果。②共聚焦显微镜检测发射荧光的范围和通道数目限制了其对荧光样品的检测。目前，使用光栅或棱镜分光方式可以部分解决上述问题。③可检测的样品面积小，物镜视野中只有部分能够被扫描形成共聚焦显微镜图像。④使用环境要求较高，仪器维护及其配件昂贵。⑤存在着厚样品对激发光和发射荧光的吸收现象和光敏现象，影响检测结果。用双（多）光子扫描显微镜可以部分解决该问题。⑥样品的种类、自发荧光会影响测定。

模式5：全反射图像及透射光图像

未染色的标本也可通过激光扫描共聚焦显微镜以反射光模式进行观察，所有的早期共聚焦显微镜都采用这种方式进行观察。另外，标本可用反射光线的探针进行标记，如免疫金或银颗粒。这种成像方法的优点是不存在光漂白问题，尤其适合于对活体组织的观察。

任何形式的透射光显微镜成像（如相差、微分干涉、偏振光和暗视野）都可采用透射光探测器进行采集。因为共聚焦荧光图像和透射光图像使用同一束光同时采集，图像记录保存后，经数字方法将其结合后即可确定标记成分在组织内的精确定位。

采集标本的透射光和非共聚焦图像，并将其与一种或多种标记物质的荧光图像进行叠加，能提供有用信息，可用于在较长时间内监测标记的细胞亚群在未标记细胞群中的时间和空间迁移情况。现在已经出现实时彩色透射光探测器，可采集红、绿、蓝通道的透射光信号并生成实时彩色图像，采用与某些彩色数码照相机相似的方式进行图像采集。

15.4.5 光谱交叉干扰及其消除

在两种以上荧光探针之间，如果荧光发射峰很近。荧光光谱彼此会有部分重叠，这种现象称为光谱交叉。如果这种交叉严重，以至于出现了一种荧光探针的荧光信号扩散到另一荧光探针的检测通道的情况，则造成光谱交叉干扰。

在检测样品时，首先要检测荧光探针之间是否存在光谱交叉，其方法如下：①在相应双激光的激发下,同时开启双通道,将两个荧光图像调节清晰。当两种荧光探针间发生光谱交叉时,会在一个荧光通道的荧光图像上,出现另一种荧光通道的图像,即某一个通道同时出现两种荧光物质的图像。②出现上述情况后,保留第一检测通道开启,但将第一通道的激发光调节为零,这样可以观察第二通道真实的荧光图像;③恢复第一通道的激光,将第二通道的激光调节为零,以观察在第二通道是否有来自第一通道的荧光图像。如果有,则说明在第二通道存在光谱交叉干扰。

这种光谱交叉现象经常存在于多重标记的样品之间,这一点可以从荧光发射光谱上看出。当测定用这些荧光探针标记的样品时,要注意消除光谱交叉干扰。

虽然几种荧光化合物共存于同一样品中,但是每种荧光化合物都有其自身的激发光谱和发射光谱,而且不同的荧光物质这两种光谱往往会存在着差异,表现在光谱的形状不同、激发峰和发射峰的峰宽范围、最大峰值波长和强度不同,所以在测定时可以根据仪器条件选择激发波长、发射波长和其他参数差异比较大的荧光探针标记样品,可以减少或避免荧光物质间的干扰。即在选择同时使用的几种荧光探针时,一般选择发射光谱没有交叉或交叉小、发射峰值波长不同、荧光发射强度相当、在仪器上各荧光信号彼此能够分开的荧光探针标记样品。

当激光扫描共聚焦显微镜系统检测来自样品的光信号时,利用滤片、狭缝或光栅将不同的几种荧光物质发射波长分开到不同的通道中,到达各自的检测器,这些不同通道的荧光往往被设定为不同的伪颜色,在显示器上分别显示出相应颜色的共焦图像,以易于观测。

几种荧光物质的荧光发射峰相距很远时、彼此干扰很小,可将不同的发射波长分为不同的荧光通道检测,以测定各个组分的荧光强度。此时,这几种物质的激发波长可以相同,也可以不同,只要激光光源有相应的激发谱线即可。例如,标记 DNA 的 HO33258 的蓝色荧光与标记蛋白质的 Cy5 的红色荧光,如果标记条件适宜,一般能够完全分开,因此可以同时检测。

归结起来,常用的避免或排除光谱交叉干扰的方法有下面几种:

(1)同时使用几种荧光探针时,尽量选择相互之间无光谱交叉的荧光探针。要根据仪器条件和荧光探针的特性,选择那些发射光谱没有交叉、荧光发射强度匹配的荧光探针标记样品。

(2)降低标记荧光强度。样品的一种或几种荧光的强度太高,有时会导致光谱交叉的出现。采用降低标记物浓度、缩短标记时间、调整探针介质等方法可降低样品的荧光强度。

(3)采用顺序扫描方法克服光谱交叉。

所谓顺序扫描主要是指用不同波长激光轮流照射样品,同时在相应的荧光检测通道轮流采集并显示每种荧光的共焦图像。其原理是对于荧光物质,如果没有激发光,就不会有荧光产生,因此虽然两种荧光探针同时存在,但是如果没有受到同时激发,则不会有光谱交叉现象产生。据此激光扫描共聚焦显微镜设计了顺序扫描方法,用不同波长的激光分别激发荧光样品,分别采集相应的共焦图像,同时分通道显示每种荧光的共焦图像。例如,对于双重荧光样品,其具体操作过程是:首先只用一种激光激发相应的第一种荧光物质,在第一通道显示其荧光图像,再用另一种激光激发另一种荧光物质,在第二通道显示其荧光图像,相应的顺序扫描软件能够将两通道的不同荧光图像同时分通道显示并叠加合成,展示出两荧光间空间定位关系。依此类推,用顺序扫描方法还可以采集三重或更多重荧光样品的图像。

按照各激发光轮流扫描样品的轮流单位,将顺序扫描功能分为线模式、面模式和多层扫描模式:线模式是指在样品上以线为单位进行激光转换,即在样品上,各激光轮流扫描一遍某一条线后,再换到下一条线轮流扫描,其直观效果是在各通道上的荧光图像同时以线为单位逐渐显示,几乎同时完成;而面模式则指以样品的一个层面为单位,各激光轮流扫描;多层扫描模式则为一种激光先扫描完预先设置的多个层面后,再切换至另一种激光扫描这些层面成像。

目前很多型号的共聚焦显微镜系统具有顺序扫描功能。

对于用易猝灭探针标记的多荧光样品。要尽量使用低强度激光照射并缩短照射时间,在顺序扫描过程中,先采集易猝灭的荧光信号,可以减少光刺激作用。例如 FTTC 与 HO33258 标记的样品,前者用 488 nm 激光激发,后者用 364 nm 紫外激光激发。FTTC 在紫外光的照射下容易猝灭,为此,使用顺序扫描法获取图像时,要采用多层扫描模式,先采集 FTTC 的荧光信号,后采集 HO33258 的荧光信号。另外,光敏样品不宜进行长时间反复样品采集。

(4)改变检测的仪器条件对于图像上出现比较弱的荧光交叉信号,有时能够通过改变仪器条件克服之。常用的措施有:降低干扰荧光的激发光强度以降低其发射荧光强度、减小被干扰通道的检测灵敏度、改变激发波长和检测波长范围等。例如荧光通道 2 的图像上看到了来自通道 1 的较弱的荧光交叉信号,这时在保证采集到各通道清晰图像的情况下,降低通道 1 的激发光强度、减小通道 2 的 PMT 以降低其采集的灵敏度,小范围内改变各通道的检测波长,有时可以消除来自通道 1 的荧光交叉信号。

(5)荧光光谱鉴别法、通常情况下不同的荧光物质的荧光光谱不会完全重合,利用不同的荧光光谱之间的差异,可以将来自于两种荧光物质的荧光信号鉴别开来,得到各自的荧光图像。

近年出品的激光扫描共聚焦显微镜在荧光发射光谱的检测和识别方面采用了较先进的技术。

第 16 章　全内反射荧光显微镜

全内反射荧光显微术（TIRFM）是近年来发展起来的一种新兴的光学成像技术，它是利用全内反射产生的消失波激发样品，使样品表面数百纳米厚的薄层内的荧光团受到激发，再用高灵敏度和高时间分辨率的摄像机 CCD 来捕捉荧光，继而用计算机进行显像，可以获取样品表面单分子的活动情况，从而可实现对生物样品观测。由于消失波特点及 CCD 的优势使全内反射荧光显微镜具有高信噪比和高时间分辨率，因此它在对单分子的动态观测具有很高的应用价值。

16.1　基本原理

16.1.1　全内反射现象

全内反射是一种普遍存在的光学现象，如钻石的色彩斑斓和光纤的光线传播等。考虑一束平面光波从玻璃表面进入溶液中。入射光在玻璃表面上一部分发生反射，另一部分则透射进溶液。入射角和透射角之间满足下式

$$n_1 \sin\theta_1 = n_2 \sin\theta_2 \tag{16-1}$$

式中，n_1 是玻璃的折射率；n_2 是液体溶液的折射率。当入射角增大，增大到临界角 θ_c 时，这时的透射角为 90°；当入射角继续增大到大于临界角时，光不再透射进溶液，也就是发生了全反射，如图 16-1 所示。

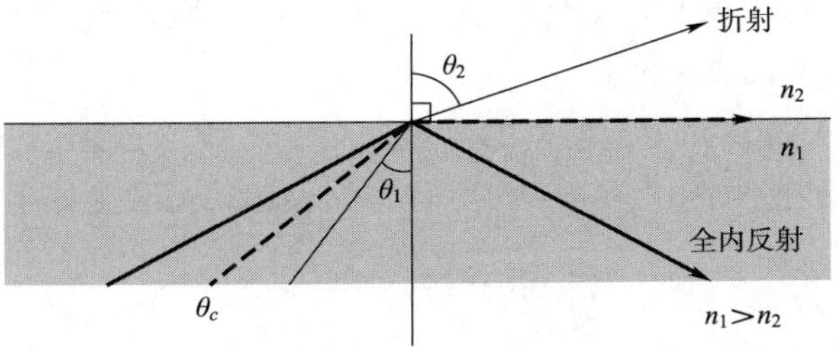

图 16-1　全内反射示意图

由 Snell 定律可知

$$\theta_2 = 90°$$

$$\theta_c = \arcsin\left(\frac{n_2}{n_1}\right) \tag{16-2}$$

由上式可知：当 $n_2 < n_1$ 时，全反射就可能发生。如果玻璃的折射率取为 1.52，溶液的折射率取为 1.33（生物细胞的折射率范围是 1.33～1.38），则玻璃/界面处的临界角为 61.74°。从几何光学的角度来看，当光发生全反射时，光会在玻璃界面上完全反射而不进入液体溶液中。实际上，由于波动效应，有一部分光的能量会穿过界面渗透到溶液中，平行于界面传播。这部分光场就是所谓的消失波。

16.1.2 消失波

1. 消失波的产生

从几何光学的角度来看，当光发生全反射时，光会在玻璃界面上完全反射而不进入液体溶液中。实际上，由于波动效应，有一部分光的能量会穿过界面渗透到溶液中，是一种非均匀波，称为消失波。它沿着入射面上的介质边界传播，而振幅随离界面的距离 Z 作指数衰减。可以看出，透射电磁场的振幅随进入样品的深度 Z 减小得非常快，这种电磁场只存在于界面附近一薄层内，因此称此非均匀场为消失场。其在第二介质中的有效进入深度约为一个波长。消失波激发在一个波长范围之内的荧光分子发出荧光消失波。消失波是一种非均匀波，它沿着入射面上的介质边界传播，在平行界面方向以平行波场方式传播，而在垂直界面方向则是呈指数衰减。

2. 消失波的特点

现在考虑一束单色光，横截面光束强度是 I_i，以大于临界角的角度 θ_i 入射到电介质上。分界面处的受限光场，即消失波场的强度成指数衰减（在低折射率的介质中），如图 16-2 所示。

$$T(Z,\theta_i) = T_{12}(\theta_i)\mathrm{e}^{-\left(\frac{Z}{d_{12}(\theta_i)}\right)} \tag{16-3}$$

式中，$T_{12}(\theta_i)$ 是分界面处的透射强度；Z 是离开分界面的距离；d_{12} 是渗透深度，它等于从分界面处到光强衰减到分界面处数值 1/e 处的距离。$T(Z,\theta_i)$ 是 Z 处透射电磁场振幅强度的平方。即

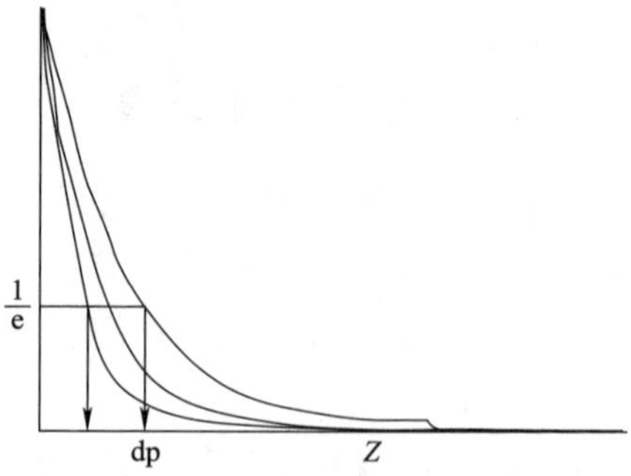

图 16-2 消失波强度成指数衰减曲线

$$T(Z,\theta_i) = E(Z,\theta_i) \cdot E^*(Z,\theta_i) = |E(Z,\theta_i)|^2 \tag{16-4}$$

式中，* 代表共轭复数，· 代表点乘。

$T_{12}(\theta_i)$ 和 d_{12} 是入射角及相对折射率的函数。对于溶液，在光学上被作为透明介质处理。所以，以横电偏振的入射光为例，$T_{12}(\theta_i)$ 和 $d_{12}(\theta_i)$ 的表达式可写为如下表达式：

$$T_{12}(\theta_i) = I_i \frac{4\cos^2\theta_i}{1 - \left(\frac{n_2}{n_1}\right)^2} \tag{16-5}$$

$$d_{12} = \frac{\lambda}{4\pi n_1 \sqrt{\sin^2\theta_i - \left(\frac{n_2}{n_1}\right)^2}} \tag{16-6}$$

式中，λ 为入射光波长；θ_i 为界面处的入射角。对于可见光波长而言，渗透深度约为 100 nm。

16.2 荧光发射及荧光探测的原理

16.2.1 单分子的荧光发射原理

在凝聚态中,单个分子的荧光发射通常包括 4 个步骤:①电子从基态到激发态的跃迁,跃迁速率是激发功率的线性函数;②激发电子态的内部弛豫;③从激发态到基态的辐射和非辐射跃迁,这由电子激发态的寿命决定;④基态的内部弛豫。通常,对凝聚态的小分子来说,振动和转动弛豫发生在皮秒的时间范围内,然而,激发态的寿命和吸收过程的时间在亚纳秒到纳秒的范围内。因此,荧光发射主要由吸收和发射过程决定。在较低的激发功率下,吸收时间被认为是重要的因素,观察到的荧光强度与激光功率呈线性关系。在中等激发功率下,吸收时间变得可与激发态寿命相比拟,出现饱和现象,信号强度几乎与激光功率无关。在高激发功率下,吸收时间变得比激发态寿命短得多,信号强度主要由分子本身固有的激发态寿命决定,而与激光功率完全无关。在超强的激发功率下,例如超短激光脉冲的激发下,分子还会出现双光子甚至多光子的非线性吸收,这就涉及更复杂的情况。对于普通的荧光染料分子,用功率为 1.0 mW 的激光束来激发,激光束聚焦成衍射极限大小的光斑,激发-发射的循环速率为每秒 $10^7 \sim 10^8$。

单分子的荧光发射,除与上面所说的激发光强度相关外,还会根据荧光团种类,溶剂系统的不同而不同。同时其他几种光致反应机制(如光致氧化、光致电离、光解离和光致结构异化等)也会制约单分子的荧光发射。当然,我们可以通过一些标准的做法,加入一些媒质(如巯基乙醇、或过氧化氢酶、葡萄糖氧化酶)来除去溶液中溶解的氧,从而减少除荧光发射之外的其他光致反应。在简化的模型下,平均发射的荧光光子的最大数目由荧光量子产率除以光裂解的量子产率(消光比的倒数)决定。在适宜的条件下,单个分子在光漂白之前平均可以发射 $10^5 \sim 10^6$ 个荧光光子。以典型的荧光染料罗丹明分子为例,当它溶解在乙醇中,平均发射的荧光光子数目为 1.7×10^6 个。

16.2.2 全内反射中的荧光发射

下面在简化的模型下,具体分析全内反射中的荧光发射。假设入射光在低折射率介质中的透射成分局域在 Z_1 和 Z_2 之间,则在这段距离内激发的荧光发射为

$$F = \frac{A_i}{\cos\theta_i}\int_{Z_1}^{Z_2}\phi(Z)\alpha(Z)C(Z)T(Z,\theta_i)\,\mathrm{d}Z \tag{16-7}$$

式中,$\phi(Z)$ 是荧光团的量子产率;$\alpha(Z)$ 是荧光团的摩尔消光比;$C(Z)$ 是荧光团的浓度;$T(Z,\theta_i)$ 是距离界面处的透射强度;A_i 为入射光的横截面积;$\frac{A_i}{\cos\theta_i}$ 是界面处的照明面积。

如果荧光团的量子产率和消光比近似与全内反射的界面及空间取向无关,即 $\phi(Z)\alpha(Z)=\phi\alpha$,同时 Z_1 和 Z_2 之间的荧光团分布可看成是均匀的,即 $C(Z)=C$,此时式(16-7)可简写成

$$F = K\int_{Z_1}^{Z} T(Z,\theta_i)\,\mathrm{d}Z \tag{16-8}$$

其中 K 值为式(16-9)所示:

$$K=\frac{A_i}{\cos\theta_i}\phi\alpha C \tag{16-9}$$

以上假设只是一种理想状况。真正的实验中必须考虑到由于入射光、分界面及荧光团分子的聚集状态而导致的荧光发射空间的变化。

16.2.3 全内反射中的荧光探测

单分子荧光探测的飞快和显著的发展,毫无疑问正在影响包括生命科学在内的诸多学科的发展。它揭开了长期以来笼罩在分子探测上的系统平均值的神秘面纱,为我们打开了通往介观世界的大门。

当然真正意义上单分子的荧光探测,还面临着重重困难。一方面,单分子所发出的荧光信号通常是很微弱的。另一方面,由于拉曼散射、瑞利散射和杂质荧光等而产生的背景光,极大地干扰了信号光的探测。因此在单分子的荧光探测中,最关键的问题是如何减少背景光的干扰,使单分子的光信号超过背景光信号而被探测到。

近年来,超灵敏的探测设备的飞速发展,为在最普遍的生理状况下实现生物单分子的荧光探测铺平了道路。如单光子计数的雪崩光电二极管,可以达到5%的探测效率,即100个光子中有5个光子可被探测到。这样,从单个典型的荧光团的光发射中可以探测到约5 000～50 000个光子。这个数目不仅对实现单分子探测是足够的,对光谱识别和一定时域内的实时监控也是足够的。对于包含单个的荧光团(如荧光素、罗丹明或蓝色素)的分子来说,这种估算是严格的。而对于生物大分子而言,如蛋白质和核酸,为了加强信号的强度,每一个分子要用很多个相同的荧光团来标记。

对于减少背景光,科学家们也做了积极的尝试:①尽量减少样品溶液的体积,采用量级 $<10^{-15}$ L的缓冲溶液。即便这样小体积的溶液,其中仍然包含大约 $1\times10^{10}\sim3\times10^{10}$ 个溶剂分子,$0.5\times10^{8}\sim1\times10^{8}$ 个电解液分子以及大量的杂质分子。②使用高质量的光传输器件,超纯的溶剂。③使用特殊的激发方式(或结构)如共焦激发,近场和消失波激发来减小照明体积,使激光能够对样品的一小块区域或样品的一薄层进行探测。全内反射荧光显微术正是基于这样的思想而产生的。

全内反射显微成像是采用消失波照明。从前几部分的讨论我们可看出消失波的特点是在平行界面方向以行波场方式传播,在垂直界面方向则是一个指数衰减场。所以这种显微成像技术成像的视野开阔,同时探测样品的厚度却很薄,约为百纳米量级,可以将背景光减小到极低的水平。

Hirschfeld是第一个成功地使用消失波激发来进行单分子探测的科学家。他用80～100个荧光分子来标记蛋白质分子,从而在单个荧光团量级上,实现了对荧光标记的蛋白分子运动的视见。Moerner则用这种方法得到了被固定在聚丙烯酰胺的纳米小孔中的单个分子的三维成像。

全内反射荧光的图像是通过电荷耦合器件CCD相机来捕获的。制冷型CCD非常灵敏,可以实现荧光弱信号的探测;而快速CCD则拥有成像速度很快的优点(当然现阶段很少有CCD相机能兼有以上两个优点),目前使用CCD探测,可达到的量子产率已达80%,成像速率可达 200 Hz(帧/秒)。当对活细胞成像时,为了达到单分子级的灵敏度或为了减少曝光时间,需要采用图像增强器。

16.2.4 CCD 相机

生物样品的荧光物质被全内反射产生的消失波照射之后,发出荧光,有一种特制的电荷耦合器件可对其进行捕捉,即 CCD 相机。

CCD 是一种半导体装置,能够把光学影像转化为数字信号。CCD 上植入的微小光敏物质称为像素。一块 CCD 上包含的像素数越多,其提供的画面分辨率也就越高。

CCD 使用一种高感光度的半导体材料制成,能把光线转变成电荷,通过模数转换器芯片转换成数字信号,数字信号经过压缩以后由相机内部的闪速存储器或内置硬盘卡保存,因而可以轻易地把数据传输给计算机,并借助计算机的处理,根据需要和想象来修改图像。CCD 由许多感光单位组成,通常以百万像素为单位。当 CCD 表面受到光线照射时,每个感光单位会将电荷反映在组件上,所有的感光单位所产生的信号加在一起,就构成了一幅完整的画面。

CCD 相机的高灵敏度特点使全内反射荧光显微镜利用消失波照射样品并使其成像成为可能,也成就了其高信噪比。而快速成像特点提高了其时间分辨率,使得观察单分子的运动、细胞物质的分泌、蛋白质的相互作用成为可能,使其成为这方面的优势观察仪器。

16.3 全内反射荧光显微镜的仪器结构、仪器分类与特点

16.3.1 仪器结构

全内反射荧光显微镜主要由以下 4 个部分组成:

(1)高级研究级显微镜:一般为倒置显微镜,配荧光照明器、高数值孔径的物镜。

(2)TIRFM 照明器:通过光纤接入激光,并对激光入射方向进行控制,通过 L 型照明器实现和荧光照明器一起从荧光通道进入显微镜。

(3)激光器:根据实验要求选择,可以接入单激光器或者多激光系统。

(4)检测系统:应选择高灵敏度制冷 CCD,要求 CCD 量子效能高,能够对极弱荧光进行捕捉,具有上千倍的信号放大功能,如果是对快速荧光信号进行捕捉则还需要高速 CCD。

16.3.2 仪器分类与特点

全内反射荧光显微镜根据其目镜的不同可分为棱镜型和物镜型两大类:

1. 棱镜型全内反射荧光显微镜

1995 年,Yanagida 等人首次使用这种显微镜,将单位时间(以 s 为单位)单位区域(以一个衍射极限面积为单位,为 0.25 μm×0.25 μm)内的背景信号降低到 3 个光子。成功地得到了液体中荧光标记的单个肌动球蛋白分子的成像,并直接探测到单个 ATP 酶翻转反应。从此拉开了全内反射荧光显微术的单分子视见研究的序幕。

棱镜型全内反射显微镜系统包括 3 个主要的部分:①倒置的相衬光学显微镜;②可以二维

精确移动的样品台；③用来发生全反射的棱镜。

从激光器出来的光以精确选定的入射角入射到棱镜上，在载玻片的表面发生全反射（棱镜与载玻片之间配以折射率匹配的浸没油）。产生的消失波激发位于两玻片之间的样品，发射出荧光。荧光信号由一个高数值孔径的物镜收集，经过相应的成像放大系统，最后被探测器（如 CCD）接收。

近来，东京大学的 Yoshikaza 等人把这种全内反射显微成像技术与基于棱镜的光谱技术结合起来，在光路中插入色散棱镜，利用其色散特性将成像扩展开来，从而达到更高的分辨率。

2. 物镜型全内反射荧光显微镜

在棱镜型方法提出之后，科学家们又提出了一种新的全内反射荧光显微成像方法——无棱镜型，即物镜型。在物镜型全内反射显微术中，显微镜的物镜既作为收集样品荧光信号的接收器，同时又作为发生全内反射的光学器件。由于细胞的典型折射率为 1.33～1.38，因此要想实现全内反射，物镜的 NA 必须大于 1.38。表达式为

$$NA = n\sin\theta \tag{16-10}$$

$$n\sin\theta > n\sin\theta_C \tag{16-11}$$

式中，NA 为物镜的数值孔径；n，θ 分别为物镜的折射率（浸没油）和孔径角；θ_C 为全反射的临界角。NA 为 1.4 的透镜物镜只有很小的一部分物镜孔径范围（1.4 − 1.38 = 0.02）可以被利用，这显然增加了光束校准的难度，同时光束的强度也很难提高。如果使用 NA 为 1.65 的透镜物镜，则有一个大得多的孔径范围（1.65 − 1.38 = 0.27）可被利用，即有更多的激发光强可以用来产生全反射。具体数值见表 16-1。

表 16-1　物镜的全反射角度及物镜最大孔径角举例

NA	浸没油折射率 n_1	细胞折射率 n_2	全反射角度 A_1	最大角度 A_2
1.4	1.515	1.38	65.63°	67.53°
1.65	1.78	1.38	50.83°	67.97°

从以上的讨论可看出，高数值孔径物镜的使用是物镜型全内反射荧光成像系统的关键。生物物理学家们正在尝试将最新的 NA 为 1.8 的物镜用于此方法的成像，期待得到更为满意的结果。

3. 棱镜型和物镜型全内反射荧光显微镜的优缺点比较

两种形式的显微镜各有优缺点。

（1）对于棱镜型而言，实现起来相对简单。棱镜型成像系统只需要显微镜、棱镜和激光光源，所以容易实现。棱镜作为发生全内反射的光学器件，物镜只是作为荧光信号的收集器。在探测上，它也不容易受到入射光的干扰。

同时它的缺点也很明显：由于要达到较高的光学分辨率，要求接受荧光的物镜工作距离较短，这样留给生物样品和物镜之间的空间较小，所以在此仪器上安装一些诸如原子力显微镜、近场光学显微镜等其他探测仪器非常困难。并且由于荧光的接受必须经过如图 16-3（a）所示的被观察样品的上部，这样发射的荧光必然会有散射、衰减及其他光学信号的干扰，使接收到的荧光信号也就是观察效果有所下降。

（2）对于物镜型而言，则可以克服上述的一些缺点。物镜型显微镜的物镜既作为收集样

品荧光信号的接收器，同时作为发生全内反射的光学器件。如图 16-3(b)所示，激光聚焦到物镜后焦面并经过物镜边缘入射，物镜出射光为平行光并且斜向入射至盖玻片上，调节激光入射的位置和角度，即可达到全内反射要求，从而实现消失波照明。消失波所激发的荧光仍旧经过物镜接收，实现生物样品的荧光记录。这样，由于样品上方空间完全空出来，并且 CCD 所接收到的荧光没有被样品干扰，使观察效果有很大提高。所以目前大多数生物样品学家采用物镜型全内反射荧光显微镜。

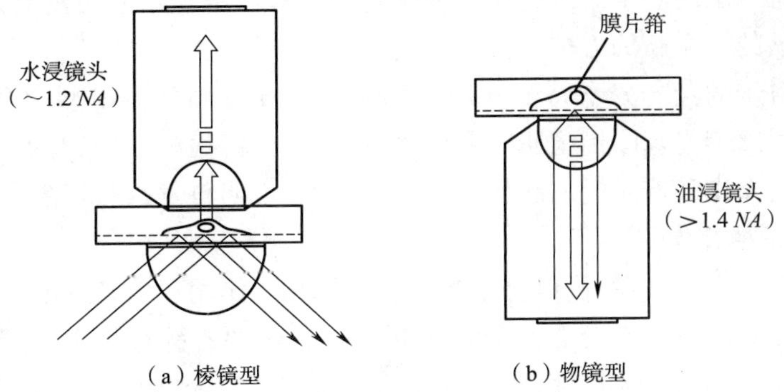

图 16-3　棱镜型和物镜型全内反射发生示意图

16.4　全内反射荧光显微镜的应用

目前为止，全内反射荧光显微术已经被广泛用于实时观察单个肌浆球蛋白分子的运动、单个蛋白分子对之间的荧光共振能量转移、ATP 酶的翻转、聚合物内单个分子的结构变化、以及等离子体膜附近的神经分泌腺的颗粒运动等多个方面。全内反射荧光显微术的发展一方面不断加强传统的优势，即动态观察生物大分子的结构、相互作用、物质的分泌，另一方面它继续改进物镜和 CCD 相机的性能。近些年来，它同其他仪器结合运用，更多地用在生物细胞活体方面的研究。

1. 全内反射荧光显微术及其在生物单分子科学中的应用

全内反射荧光显微技术利用全内反射产生的消失波激发样品，由于消失波强度成指数衰减，使激发区域限定在样品表面的一薄层范围内，因此具有其他光学成像技术无法比拟的高信噪比。它是当今世界上研究单分子科学最具前途的新型生物光学显微技术之一，可以用来实现对单个荧光分子的直接探测。近年来，已被生物物理学家们广泛应用于单分子的荧光成像中。下面简要介绍一下全内反射荧光显微技术在生物单分子科学上的应用。

真正意义上的单分子荧光探测有很多的困难，但是也是可能的。单分子荧光探测主要存在 3 个问题：①单分子发出的荧光信号通常是很微弱的，所以要寻找一个足够灵敏的探测器。②由于拉曼散射、瑞利散射和杂质荧光等产生的背景光，极大地干扰了信号光的探测。所以应该尽量降低背景激发光。③本体溶液产生的焦点荧光之外的背景光。这些问题都可以利用全内反射荧光显微成像系统来解决。

细胞内的很多至关重要的生命活动过程，如信号转导、蛋白质转运、病原体侵入均与细胞表面有关,如果我们可以直接对这些细胞表面的过程进行观测,而不受到来自细胞内深层区域信号的干扰,这对细胞生物学研究来说,将是具有重大意义的突破。全内反射荧光显微术正是凭借独特的优势(即荧光激发深度只在 100 nm 的薄层范围内),从而成为研究细胞表面科学最有前途的光学成像技术。

全内反射荧光显微镜是研究紧贴固体平面支撑物的细胞膜的技术,但是正因为膜与固体支撑物具有相互作用,以及消失波强度的指数性下降,而导致单分子信号的指数性下降,使得对结果的解释具有一定的困难。因此将全内反射荧光显微术与其他的显微成像技术相结合来研究将是未来发展的一个新的方向。

单个生物大分子的荧光分子特征和动态构象变化要运用到棱镜型的全内反射荧光显微术。比如用环境敏感荧光基团标记肌球蛋白,然后用分光镜检测,可以看到肌球蛋白分子上荧光基团发出的荧光光谱随着时间的起伏现象,从而可以证明自发的肌球蛋白单分子构象改变。

2. 蛋白质分子相互作用

运用全内反射荧光显微镜,可以直接观察分子间相互作用和荧光共聚焦能量转移。例如,观测伴侣蛋白利用 ATP 水解释放的能量协助蛋白质分子的折叠过程中,分子伴侣蛋白 GroEL 和伴侣辅助分子 GroES 或者其底物乳球蛋白的相互作用已经在单分子水平进行了很好的研究。以前有科研工作者分别用不同的荧光标记 GroEL 与相关蛋白,然后观察它们的协同定位。单分子观察发现通过 GroEL 协助蛋白折叠动态的全过程。

单配对荧光共聚焦也可以用在单分子水平生物大分子相互作用的成像上。但是,研究表明,只有在供体和受体的荧光团非常接近时候(距离小于 10 nm),荧光共振才能够发生。

3. 离子通道研究

离子通道通过负责神经、肌肉兴奋性细胞的质膜调节离子电流和电化学势。单分子水平通道电流记录可以通过膜片钳方法来检测各种通道的电特性。虽然现在离子通道的状态变化与其功能的关系还在研究,但是 Ide 和其同事发展了一种可以同时测量电流和荧光信号的实验系统。荧光标记的离子通道蛋白包埋到平面脂双层中,然后用物镜型全内反射荧光显微镜观察。利用全内反射荧光显微镜结合后来发展的荧光共振能量转移或者双视角的光镜可以看到离子通道与其配基或者调节子之间的相互作用,同时可以在体内跟踪构象变化与离子电流。

4. 制作传感器

基于全内反射荧光原理,可制成各种各样的传感器。改变入射光的入射度,消失波渗透深度随之改变,因此可用来考察荧光团随界面距离的浓度变化。全内反射可与荧光能量转移结合以研究在表面上荧光团之间的距离。

5. 吸附作用

全内反射荧光显微镜也可以用于 DNA 大分子在液-液、固-液界面的单分子吸附行为。国外有科研者初步研究了溶菌酶和牛血清白蛋白在油水界面的吸附。他们通过单分子成像技术研究了单个 DNA 分子在液-固界面的构象动力学以及吸附/脱附行为。他们的实验可以证明,疏水作用是吸附的主要驱动力而非静电作用。

第 17 章 扫描探针显微镜

17.1 几种典型的扫描探针显微镜的工作原理

17.1.1 概　　述

在实空间对一个物体的结构观测和成像是人类有史以来一直追求的目标之一,显然,空间分辨率决定了能够观测的细微程度。人眼睛的空间分辨率约为 0.1 mm,借助光学显微镜,受衍射极限的限制,最高空间分辨率约为 0.2 μm。现在经过特殊努力,在近场情况下,空间分辨率已经能够达到 2 nm,从光的衍射观点看,这已经是很难想象的了。为了观测更微小的物体,必须利用波长更短的波作为光源,例如,用 X 射线衍射方法测量各种晶体的结构。

除了 X 射线之外,由于电子具有波动性,根据德布罗意关系,50 keV 能量的电子的波长为 0.005 36 nm,远小于可见光波长,小于原子、分子和晶体晶格尺度,因而电子显微镜可以得到更好的空间分辨率。电子显微镜的工作原理与光学显微镜类似,只不过用电子枪产生能量较高的电子束代替光源,采用磁透镜来聚焦电子束到纳米量级,然后通过很薄的晶体样品后被电磁透镜一次成像,即为透射电镜(TEM)。或者从样品正面收集电子束与样品作用后产生的各种粒子,如二次电子、背散射电子、俄歇电子和 X 射线等,通过在 X 和 Y 二维方向逐点扫描电子束,可以得到各种次级粒子强度(主要是二次电子)的扫描图像,从而推得样品的形貌、结构、元素分布等信息,即为扫描电镜(SEM)。整个装置放在高真空中,通常真空度在 10^{-3} Pa,甚至更高,电子加速电压为 50 ~ 100 kV。自 1933 年茹斯卡(N. Ruska)首先研制成功以来,至 2005 年横向空间分辨率已做到少于 0.1 nm,纵向空间分辨率为 10 nm,可以清楚地看到病毒、细胞和晶体的原子结构图像等,在生物、医学、物理、化学、地质、冶金等各方面获得了广泛的应用。但是所有的衍射手段都不是对样品的实空间进行直接观测,只能从衍射信息反推间接地得到样品的结构。

自 1982 年 IBM 公司苏黎世实验室的宾尼格(G. Binnig)与罗雷尔(H. Rohrer)发明扫描隧道显微镜以来,发展了一系列由微悬臂及探针、压电陶瓷扫描器和计算机控制与数据采集系统构成的扫描探针显微镜(SPM)家族。它们不需要专门的电子枪和电子光学透镜系统,专门用来研究表面结构,非常简单。它们可以实时地得到在实空间中表面从原子级到微米级的三维图像;可以观察单个原子层的局部表面结构,而不需要样品是周期性的晶体结构,因而可以直接观察到晶体和非晶体的表面缺陷、表面重构、表面吸附体的形态和位置;可以在真空、大气、常温以及溶液等不同环境下工作,对样品的要求不高,因而能在接近生理条件下对生物样品的结构进行直接观测,由于它的视野(扫描范围)可从纳米到百微米,这种观测可以在接近原子水平、分子水平,亚细胞水平乃至细胞水平的不同层次上进行;配合扫描隧道谱(STS)还可以得到表面电子结构信息,如电子态密度、能隙结构、电荷密度、磁场分布;利用 SPM 还可对表面进行光刻、微区淀积和刻蚀等加工操作,这种微加工的尺度可小到纳米,乃至原子分子尺度,有可能将目前大规模集成电路线条宽度从微米级降到纳米级。因此,它们在表面科学,材料科学,生命科学等领域的研究中有着重大的意义和广阔的应用前景。它使人类第一次能在实空间实时观测单原子在固体表面的排列状态、电子结构和与表面电子行为有关的物理、化学性质。因此,在扫描探针显微镜出现不久之后,茹斯卡、宾尼格和罗雷尔三人就获得了 1986 年诺贝尔物理学奖。

17.1.2 几种典型的扫描探针显微镜的工作原理

1. 扫描隧道显微镜

扫描隧道显微镜(STM)的工作原理是基于量子的隧道效应。隧道效应指当两个电极间被加上一个偏压并接近到一定程度时,电子从一个电极转移到另一个电极而产生电流的现象,所产生的电流称为隧道电流。可见隧道效应是粒子波动性的直接结果。

STM 的工作原理如图 17-1 所示,它是利用一根经特殊工艺加工的金属针,针尖非常尖锐,具有接近单个原子大小的尺寸,当它与被研究的样品表面距离很近时(小到零点几个纳米),针尖原子和样品表面原子的电子波函数开始发生交叠,或者说电子云相接触。若在针尖与样品间加一小的电位差时,会由于量子隧道贯穿效应而产生隧道电流, 电流方向取决于所加电位极性,若针尖相对样品为负,则电流从针尖穿过势垒面到达样品。电流大小由隧道效应穿透概率公式决定:

$$I \propto \mathrm{e}^{\left[-\frac{2}{h}\sqrt{2m(V_0-T)}D\right]} \propto V_b e^{(-A\sqrt{\varphi}S)} \tag{17-1}$$

式中,h 为普朗克常数;m 为电子质量;T 是电子动能;V_0是势垒高度;D 是势垒厚度;S 为针尖与样品距离;φ 是针尖和样品的平均功函数;V_b是所加偏置电压;A 为常数,在真空条件下约等于 1。

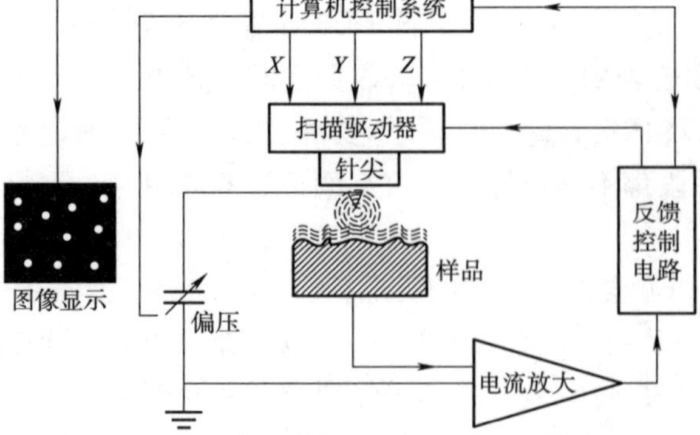

图 17-1 扫描隧道显微镜工作原理示意图

由式(17-1)可知,电流大小随针尖与样品表面距离的增大而呈指数函数形式下降,因而对这一距离的变化特别敏感。典型情况下,间距增加 0.1 nm,电流下降约一个数量级,因而具有纳米甚至原子尺度的高分辨率。目前横向分辨率已经达到0.1 nm,达到原子分辨率,纵向分辨率达到0.01 nm以下。不仅具有原子分辨率能力,还可用来实时地得到实空间中表面的三维图像,观察单个原子层局部表面结构。

当然为了能产生隧道电流,针尖和样品必须是导体或半导体,因此STM只能用来测量导体或半导体材料样品,观察半导体的效果就差于导体,绝缘体无法直接观察。针尖一般使用钨丝,少数用铂铱合金丝,直径小于0.5 mm,尖端要尖锐, 如果针尖的最尖端只有一个稳定的原子而不是多重针尖,隧道电流就会很稳定,而且能获得原子级分辨率图像。目前制备针尖的方法主要有电化学腐蚀法和机械成型法等。针尖在空气中很容易氧化,为去除表面氧化层,以免它的电阻高于隧道间隙的阻值,通常在针尖被装入真空室后给针尖加高电压,在放电电流的加热下,表面氧化钨会与钨发生反应生成气体而被抽出。在针尖与样品间所加的偏压可以是直流,也可以是脉冲。通常加几伏直流电压就可以工作,电压太大会把样品或针尖表面原子吸出。

除了针尖和样品外,扫描隧道显微镜还包括扫描驱动器、电流放大器、反馈控制电路、计算机控制系统和图像显示等主要部分,如图17-1所示。针尖与样品间偏压由计算机数模转换通道控制。隧道电流经一系列放大及计算机控制线路反馈,分别控制X、Y和Z方向的3个压电陶瓷扫描驱动器,使安装在它上面的针尖能按设定的工作方式在样品表面作三维扫描运动,从而给出样品表面的电子云分布或原子分布状况,即样品表面的形貌。

扫描隧道显微镜的机械设计应满足在Z方向机械调节范围达1 mm,精度0.1 μm,伸缩范围大于1 μm,精度0.001 nm;在X和Y方向调节范围较大,扫描范围大于1 μm×1 μm,精度0.01 μm。除了粗调是用各种精密机械方法之外,对于这样高的伸缩和扫描精度要求是靠使用压电陶瓷材料作为扫描控制器件实现的,在这里是用它的逆压电效应,就是在压电材料上施加一定的电场,材料会在某些方向发生变形,扫描隧道显微镜工作时利用这个变形,通过3个压电驱动器分别控制针尖或样品在表面上沿X、Y和Z三个方向扫描。

在表面形貌测量时有两种扫描工作模式:等高模式和恒流模式。在等高模式中,针尖在样品上方一个等高度的平面内运动(即保持Z方向压电陶瓷的驱动电压恒定,使Z方向不受控制),保持样品与针尖之间的偏压恒定,测量隧道电流随针尖沿X和Y方向扫描的变化,就构成样品表面不同位置的形貌。在恒流模式中,仍固定样品与针尖之间的偏压,使被放大的隧道电流在反馈控制电路中与设定的电流值比较,从而控制Z方向的压电驱动器改变针尖的高度而保持隧道电流为一常量,因此针尖高度变化就直接构成样品表面形貌数据,借助电子仪器和计算机可以将它们显示或存储。不管哪种扫描模式,X和Y方向扫描均按所需要的样品扫描区域由计算机控制X和Y方向的压电驱动器完成。

两种模式各有优缺点。等高模式扫描速度较快,因而数据采集较快,可以减少噪声和热漂移对信号的影响,这是由于它不需要上下移动扫描器。但这种模式只适合测量表面起伏小于1 nm的样品, 否则针尖很容易碰断。恒流模式可对凹凸不平的表面作精确测量,用得较多,但它的数据采集较慢。

2. 原子力显微镜

STM出现以后,一系列以STM为基础或与STM有关的新型扫描探针显微镜陆续出现,这些新型的显微镜是对STM功能的补充和扩展。其中应用最广的是所谓的扫描力显微镜。

STM 工作时要监测针尖和样品之间隧道电流的变化，因此它只能直接观察半导体和导体表面的结构。但许多研究对象是不导电的，对于非导电材料，STM 不再适用。即使对于导电样品，STM 观察到的是对应于表面费米能级处的状态密度。当表面存在非单一电子态时，STM 得到的并不是真实的表面形貌，而是表面形貌和表面电子性质的综合结果。为了弥补 STM 的这一不足，1986 年 Binnig、Quate 和 Cerber 发明了第一台原子力显微镜（AFM）。AFM 不仅适用于导电样品，也适用于不导电样品，AFM 得到的是对应于表面总电子密度的形貌，因而对于导电样品，AFM 结果也是对 STM 数据所提供信息的一种补充。

STM 通常要在超高真空条件下工作，这是由于除了极少数如碳外，几乎所有的表面在大气中都会发生氧化或被污染，而表面氧化层或污染物会影响隧道电流。AFM 不是利用隧道电流，而是利用探针与样品间的相互作用力。为了能测量出这种作用的大小，将探针固定在一根长的微悬臂的一头上，微悬臂另一头固定而不能移动，如图 17-2 所示。由于力的作用将使微悬臂弯曲，当探针相对样品表面扫描时，样品表面的凸凹不平会造成作用力变化，从而使微悬臂弯曲程度发生变化，使用某种方法测量这种变化即可产生表面形貌的图像。因此，原子力显微镜可用于绝缘体、半导体和导体样品，也可在空气和液体中工作，目前的横向分辨率已经做到 0.1 nm，纵向分辨率为 0.01 nm，接近扫描隧道显微镜的水平。

原子力显微镜的悬臂长 100 ~ 300 μm，宽约 50 μm，厚约 3 μm，是一种微悬臂。探针长约几个微米，直径约 10 μm 以下。要求微悬臂有低的弹性常数 k 和高的谐振频率（50 ~ 150 kHz），这是由于作用力 F 很弱，而 $F = -kx$，当 k 较小时才能有较大的弯曲 x。现在通常是在 Si 片上用微电子加工技术（如物理气相沉积法、化学方法等）制作的 SiO_2 薄层作微悬臂。

对于原子力显微镜，通常有几种力作用于微悬臂，最主要的是范德华力，它是针尖原子与样品表面原子间的作用力，它与针尖至样品间的距离 r 的关系曲线如图 17-3 所示。当两个原子相互靠近时，它们将首先相互吸引，这一引力将逐渐增大直至两个原子的电子云的相互排斥变得明显。随着 r 继续减小到 r_0（约零点几个纳米）时，排斥力与吸引力达到平衡。我们定义范德华力表现为吸引（即 $r > r_0$）时是针尖与样品表面非接触；$r < r_0$ 为接触，这时排斥力随 r 减小急剧增大。

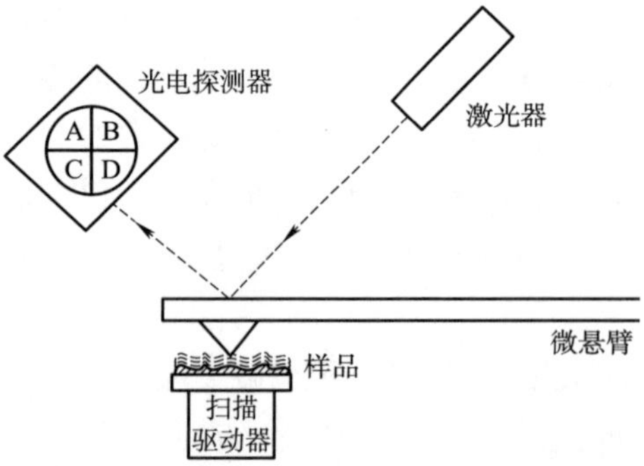

图 17-2　原子力显微镜工作原理示意图

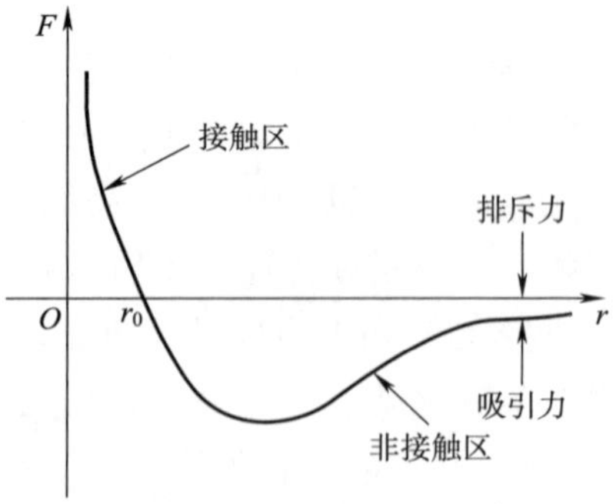

图 17-3　原子力显微镜的针尖与样品表面间范德华力与距离的关系曲线

与范德华力平衡的可能有两种主要的力：微悬臂形变恢复力和表面吸附水膜并包围针尖引起的毛细张力。微悬臂形变恢复力的符号及大小决定于微悬臂弯曲方向和弹性系数，它们是可变的。毛细张力永远是吸引力,它的大小取决于针尖与样品的间距,通常在大气中两者接触时才存在,约 10^{-8} N。

根据工作时针尖与样品表面间距离的不同,原子力显微镜分为接触模式、非接触模式和轻敲模式 3 种。

(1)接触模式。接触模式工作在 $r > r_0$ 的接触区,作用在针尖上的力是斥力,大小常为 $10^{-9} \sim 10^{-10}$ N,探针与样品表面有轻微接触。接触式灵敏度较高,但在扫描过程中会造成样品破坏。

(2)非接触模式。非接触模式工作在 $r > r_0$ 的吸引区,通常在间距 r 为 5 ~ 10 nm 处扫描,探针始终不与样品表面接触,因而针尖不会对样品造成污染或产生破坏,避免了接触模式中遇到的一些问题。在非接触模式中,针尖与样品间作用力是很弱的长程范德华吸引力。直接测量微悬臂形变的灵敏度较低,分辨率较差。为了提高灵敏度,必须借用调制技术,使梁在其一阶谐振频率处振动,振动的振幅和频率对力的变化,即对针尖与样品的间距变化很敏感,因而测量出它们可用来对样品形貌成像。

(3)介于接触模式与非接触模式之间的轻敲模式。扫描过程中微悬臂也是在其一阶共振频率附近振动,但具有比非接触模式更大的振幅(20 ~ 100 nm),针尖与样品周期性地接触,因而振幅受针尖与样品之间距离限制,振动振幅给出的表面形貌的分辨率几乎与接触模式一样好。但因为接触是非常短暂的,因此,剪切力引起的变形对样品的破坏很小,克服了常规接触模式的缺点,可以对柔软、易碎和黏附性较强的样品成像。

3. 其他扫描力显微镜

原子力显微镜是通过测量针尖与样品间范德华力来得到样品表面形貌,在原子力显微镜基础上还发展了一些基于测量针尖与样品间其种作用力来获得样品的某种特殊特性的扫描力显微镜。它们是磁力显微镜(MFM)、静电力显微镜(EFM)、摩擦力显微镜(LFM)和化学力显微镜(CFM)等。

(1)在磁力显微镜中,针尖上镀有含镍或铁的磁性薄膜,类似一个条状磁铁。运行时采用非接触模式,探测由针尖与样品磁畴结构间磁力作用引起的微悬臂的共振频率变化,或者振幅和相位变化。此外,为获得较高分辨率,一般将针尖在其长度方向磁化,这样样品与远离针尖尖端部位的相互作用力很小。因此,磁力显微镜主要用来对样品表面自然的或人工制作的磁畴成像, 观测样品磁场边界的清晰度、均匀性和强度等磁场结构信息。

但是由于磁性探针所产生的图像将同时含有表面形貌及磁学特性的信息, 因此使磁力显微镜的应用变得复杂起来。两种信息的强弱取决于针尖至样品的距离,这是由于原子间的磁力比范德华力作用距离更长。如果间距较小,系统将以标准的非接触模式原子力显微镜运行,所得图像主要为表面形貌的贡献;如果间距变大,形貌效应逐渐消失,磁力作用成为主要的。因此,如果在两种不同的针尖至样品间距条件下成像(例如一次扫描在 10 nm,另一次扫描在 100 nm),就能同时得到表面形貌和磁学特性分开的信息,因而可直接观测样品表面结构与磁畴结构的对应关系。同其他表征样品磁畴结构的方法相比,磁力显微镜具有更高的空间分辨率,约为 25 nm,能够观测到样品表面的微磁结构。

(2)静电力显微镜与磁力显微镜类似,只不过不是用磁性针尖而是使针尖带有电荷。当针尖接近样品表面静电荷时,它们就像平行板电容器的两块极板一样,在它们之间的静电力会使悬臂发生弯曲,探针的共振频率发生变化,因而扫描时可以获得样品表面电荷载体(如电子或空穴)密度的空间分布,分辨率在 100 nm 左右。现在静电力显微镜已用在半导体微电子器件的分析和设计研究中。

(3)摩擦力显微镜又称横向力显微镜,是指接触式原子力显微镜对微悬臂在垂直于探针方向的横向位移(扭曲)成像时的工作方式,信号的来源是微悬臂所受到的平行于样品表面的切向力,通常是摩擦力。摩擦力显微镜可以用来研究多组分不同材料引起的表面摩擦力的变化,鉴别表面有机和其他污染物以及表面覆盖层。

在接触模式工作条件下,微悬臂的横向扭曲通常由两个因素造成:表面摩擦力的变化和表面形貌的变化。因此,摩擦力显微镜工作时为了区分这两种因素,需要同时获取表面形貌的信息。这不能像在磁力显微镜中那样用两种不同距离的测量实现,可以用位置灵敏的光电探测器的光束偏转法来探测微悬臂的变化,如图 17-2 所示,在作为原子力显微镜使用仅测量微悬臂纵向位移时,只要测量上下两部分光电探测器的强度差,即

$$\frac{[(A+B)-(C+D)]}{[A+B+C+D]}$$

式中,A、B、C、D 分别为落在 4 个象限的 4 个灵敏探测器上的光强。

并用它作为探针 Z 方向的反馈控制信号,扫描得到的结果是样品表面形貌的三维图像。但要测量微悬臂的横向位移时,只要测量左右两部分光电探测器的强度差,即

$$\frac{[(A+C)-(B+D)]}{[A+B+C+D]}$$

它反映样品表面摩擦特性的变化。因此,使用 4 个象限的位置灵敏探测器,实时记录它们的数据,按上述两种方法处理即可同时得到样品表面形貌和摩擦特性的信息。

(4)横向力显微镜的一种新的应用是化学力显微镜,它是将针尖用一种化学物质官能化并在样品上扫描,用来检测针尖上物质同样品表面上物质间黏附性质的不同,可以研究聚合物和其他材料的官能团微结构以及生物体系中的结合,识别等相互作用。

4. 扫描近场光学显微镜和扫描近场微波显微镜

传统的显微技术是将某种形式的波动如光波作用于物体,然后通过探测被物体调制了的,并负载了物体信息的载波来重构物体某一物理性质的空间分布。普通光学显微镜通常在远场条件下工作,即成像用的镜头尺寸以及镜头与样品的间距均远大于所用光的波长。由于相互之间都在远场,成像的 3 个环节(波的发射、波与物体的相互作用和载波的探测)是相互独立的,或者说物体的存在并不会影响波源的发射,而载波的探测也不会影响到波与物体的相互作用。在这样的系统中,能量和信息的流动是单方向的。这时光学成像的分辨率受衍射极限的限制,不能小于半个波长,约为$\lambda/2$。在使用可见光的情况下,空间分辨率极限在零点几个微米。但近代光学理论给出,在近场光学条件,即探头尺度和探头与样品的间距远小于入射光波长的情况下,在足够近的距离内会产生由于衍射的传导场分量和非辐射的瞬逝场分量,瞬逝场的衰减深度可以很小。正是由于瞬逝场的存在才使探测物体的透射、反射和衍射光时,衍射极限对分辨率的限制不再是本质的了,空间分辨率可以很小。但是,由于微区定位与扫描技术的限制,直到扫描隧道显微镜发展之后,瑞士的 D. Pohl 等在 1984 年采用微孔径作探针制成第一台近场光学显微镜,美国的 E. Betzig 等在 1986 年采用微管作探针制成扫描近场光学显微镜(SNOM),目前分辨率已能达到 $\lambda/1\ 000$,获得 1 nm 的探测精度。

5. 光子扫描隧道显微镜

光子扫描隧道显微镜(PSTM)原理与STM相似,STM用电子隧道效应,PSTM用光子隧道效应。当界面两边物质的折射率满足一定条件时,一束内全反射光会导致界面的另一侧产生一个瞬衰场,其强度随离界面的距离成指数关系。将一光学探针调节到样品表面的瞬衰场内,入射光的一些光子会穿过界面和光学探针之间的势垒,产生光子隧道效应。产生的光子经过光导纤维传到光电倍增管并转换成电信号。与STM一样,对电信号进行收集处理便得到样品表面的形貌。由于阿贝折射原理,PSTM的分辨率远小于入射光的半波长。

6. 扫描热显微镜

扫描热显微镜(SThM)用一根表面覆盖有镍层的钨丝作探针,镍层与钨丝间为绝缘层。两种金属在针尖处结合在一起,钨/镍结点起热电偶的作用。首先将探针稳定在样品表面,并向结点通直流电来加热,当探针散失到空气中的热量等于电流提供的能量时,尖端的温度恒定,这时探针温度比环境温度高几度。当探针接近样品时,由于固体样品传热性比空气好,热量向样品流失,探针尖端开始冷却,热电偶结上的电压随之下降。通过反馈电路调节样品与探针间隙,控制恒温扫描,可获得样品表面起伏情况。

17.2　仪器及其构造

17.2.1　SPM的构造

SPM的构造理论上并不复杂,如图17-4所示。

无论相对移动的是样品还是探针,通常SPM都有以下几个组成部分。

(1)扫描装置。SPM最基本的部件或核心是其扫描装置。根据仪器各自不同的设计需要,SPM的扫描装置可移动样品(样品足够小)或移动探针(扫描较大样品)。为精确控制移动的精度,扫描装置通常采用压电管将移动的精度控制在百分之几纳米的范围内。

(2)扫描探针。扫描探针同样是SPM关键的部件。如上所述,探针可在样品表面扫描,或者探针本身固定不动而样品在探针下做相对运动。如今,探针及其微悬臂的制作技术已经十分先进,如图17-5所示。探针一般固定在微悬臂的一端,微悬臂的弹性系数可小于原子间的作用力。因此当探针滑过样品表面,通过测量微悬臂的上下运动即可作为样品表面原子结构排列图像。同时,制作不同类型、不同拓扑结构的探针可测量样品表面的多种属性。

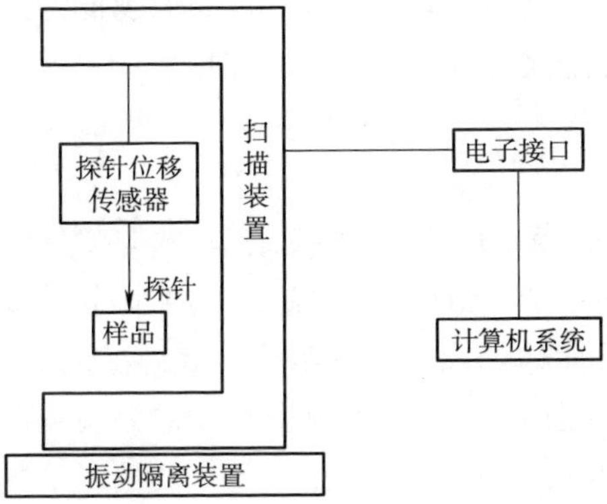

图17-4　SPM结构模式图

图17-5　探针及其微悬臂示意图

(3)探针位移传感器。探针位移传感器用于探测探针与样品间的距离,同时将修正信号反馈到压电扫描装置以调整探针与样品间的距离使之保持恒定。方法是用一束激光照射在微悬臂上,通过监测激光束从微悬臂上的反射角度和方向变化来确定探针的位移,同时将信号传送至计算机做数据显示和处理。

(4)电子系统。在扫描装置和计算机之间有一个电子接口,它为压电扫描装置提供电压,同时接受传感器发来的信号。另外反馈调节也需通过电子系统传送信号以维持探针与样品间的恒定距离。

(5)减震装置。SPM 与其环境间必须有震动隔离装置,以隔绝地坪或其他来源的震动对仪器的影响。

(6)计算机系统。最后,计算机执行整个系统的控制和显示以及数据分析工作。

17.2.2 STM 与 AFM 的构造

STM 和 AFM 的工作原理都不复杂,仪器相对于其他大型分析仪器也比较简单,但对于一台能够稳定运行的 STM 和 AFM,设计时也需考虑诸多因素、解决许多技术问题。例如,为了达到原子级分辨率,必须保证针尖在样品表面扫描时,具有很高的精度和稳定性;为了方便针尖更换和样品的处理,要求仪器能在较大的范围内精确地调节针尖和样品之间的距离;另外,外界振动和电子噪声的隔绝、仪器本身的共振频率、热漂移、用作扫描控制器件的压电陶瓷材料的滞后、蠕变及数据的表达和处理等,都应在仪器的整体设计中认真考虑。因此一套完整的 STM 和 AFM 必须包括振动隔绝、扫描探头、电子控制系统、隧道针尖及计算机控制等几个系统。

1. 振动隔绝系统

由于 STM 工作时针尖与样品间距一般小于 1 nm,而隧道电流与隧道间距成指数关系变化,因此任何微小的振动,如说话和人的走动都会对仪器的稳定产生影响。很多样品表面的起伏常常只有 0.01 nm,因此,要求仪器一般由振动所引起的隧道间距变化必须小于 0.001 nm。

有两种类型的扰动必须隔绝:振动和冲动。振动一般是重复性的和连续性的,冲动指动能在一个短时间内传递到系统时的瞬态变化,其中振动最主要。周围环境的各种振动频率大约在 1～100 Hz,因此 STM 减震系统的设计应主要考虑这一区间的振动。隔绝振动的方法主要靠提高仪器的固有振动频率和使用振动阻尼系统。早期的 STM 曾使用过超导磁悬浮装置减震。目前常用的防振办法和防振材料有:弹簧、橡胶、磁悬浮装置、减震台、沙箱等。

此外应提高 STM 仪器结构的刚性,因为刚性越大,对外部减震系统的要求越低。压电陶瓷器件的共振频率、螺丝的固紧程度、黏接剂的刚性、接触点的状态、弹簧连接处的松紧等因素都会对 STM 探头的刚性产生重大影响。

2. 扫描探头

探头是 STM 的关键部位。一般说来,STM 探头应满足以下要求:①在 Z 方向的伸缩范围至少为 1pm,精度约为 0.001 nm;②在 X 和 Y 方向的扫描范围至少为 1 μm × 1 μm,精度应在 0.01 nm 左右。只有满足以上两点,STM 图像才有可能达到原子级分辨率。

在 Z 方向机械调节的精度应高于 0.1 μm,其精度至少应在压电陶瓷驱动器 Z 方向长度的变化范围内,这个变化范围由驱动电压和压电陶瓷材料的压电系数所决定。机械调节的范围应在 1 mm 以上。

满足第三条才能方便、快速地将针尖或样品调节到使两者间能产生隧道电流的距离，同时又保证不使针尖在调节过程中与样品相碰。此外还能方便地更换样品和针尖，对样品进行各种处理。

能在较大范围内选择感兴趣的区域扫描。这一点对于一些实验非常重要，但又很难满足，常常需要更换扫描器。

针尖与样品之间的间隙尽可能具有较高的稳定性，即具有较高的机械共振频率。

从以上五条可知，STM 探头主要由两部分组成：针尖与样品的逼近控制部分和针尖的扫描控制部分。

最早的 STM 采用一种叫作“LOUSE”的装置来粗调针尖与样品间的距离。后来美国 Burleigh 仪器公司推出一种压电陶瓷步进马达，能精确地调节针尖与样品间的距离。目前进行样品与针尖距离粗调的方法主要有三类：①爬行方式。利用静电力、机械力或磁力的夹紧，并配合压电陶瓷材料的膨胀或收缩，使样品架或针尖向前爬行。一般在真空条件下使用。②机械调节方式。利用一个或多个高精度的差分调节螺标、配合减速原理靠机械力调节样品位置。差分调节螺标的旋转可以手动，也可由步进电机等方式驱动，在大气环境中用得较多。③螺杆与簧片结合方式。用一个高精度调节螺杆直接顶住一个差分弹簧或簧片系统来调节，在低温条件下多采用这种方式。

针尖在样品上的扫描最早采用压电陶瓷三脚架控制，后来相继出现了几种别的控制方式。但自从 Binnig 等人 1986 年发明了单管三维扫描器后，大多数的 STM 已不再采用体积较大的三脚架装置。将陶瓷管外部的电极分成面积相等的四份，管子内壁为一整体电极，在其中一块电极上施加电压，管子的这一部分就会伸展或收缩（由电压的正负和压电陶瓷的极化方向决定），这导致陶瓷管向垂直于管轴的方向弯曲。通过在相邻的两个电极上按一定顺序施加电压即可实现在 X-Y 方向的相互垂直移动。在 Z 方向的运动是通过在管子内壁电极施加电压使管子整体收缩实现的。管子外壁的另外两个电极可同时施加相反方向的电压使管子一侧膨胀，相对的另一侧收缩，增加扫描范围。亦可加上直流偏置电压，用于调节扫描区域。

3. 电子控制系统

STM 的电子控制设计应当与机械设计紧密配合。电子控制设计的目的是通过一套正负反馈系统，控制针尖扫描时，隧道间隙不变，并将电流信号放大转换输入计算机。比如在恒流扫描模式中，隧道间隙的设定是通过将隧道电流与预设置电流进行比较，然后通过一个负反馈循环来保持在针尖扫描时，设定的隧道间隙不变。针尖与样品间的偏压可由计算机数模转换通道给出，产生的隧道电流用 $10^6 \sim 10^9$ V/A 增益的前置放大器测量。由前置放大器输出的信号经过对数放大器使其线性化，以增加信号的动态变化范围。将测量的隧道电流与设定电流进行比较，将差值输入到可变积分时间常数的积分放大器和正比放大器组成的主反馈放大器。由反馈系统输出的反馈信号，经高压运算放大器放大后输入压电陶瓷扫描控制器的 Z 轴，在 X-Y 方向的扫描控制可由计算机的数模转换通道给出，或使用三角波信号发生器来控制扫描。但为了扩大扫描范围，不论是由 D/A 还是由信号发生器给出的扫描电压，都要经过高压运算放大器后再加到压电陶瓷扫描控制器上。

如果在恒流模式中，针尖的扫描速度大于反馈电路的响应时，反馈循环的增益将小于 1，这时施加在 Z 方向压电陶瓷上的信号就不能跟随表面形貌的变化，如果系统前置放大器的响应快于扫描速度,则测量的电流将反映出表面形貌。这种方式称为快速扫描模式或恒高扫描模式。这种方式对于平坦表面的观察比较有用,但对于粗糙的表面,可能会引起针尖与表面的碰撞。

4. 隧道针尖

隧道针尖的大小、形状和化学同一性是影响 STM 实验结果好坏的主要因素之一,它影响着图像的分辨率和形状,还影响着测定的电子态。例如,针尖表面若有氧化层,则其电阻可能会高于隧道电流间隙阻值,从而导致在针尖和样品间在产生隧道电流之前就发生碰撞。

制备针尖的方法主要有电化学腐蚀法、机械成型法。在场发射电子显微镜技术中,样品需制成针状,这些方法中所用的溶液和条件等也常常可用于 STM 针尖的制备。离子研磨、FIM 技术也可用于制备单晶钨针尖。

常用的针尖材料为钨丝和铂铱丝。由于钨丝能够满足 STM 仪器刚性的要求,因而被广泛使用。但由于钨针尖在水溶液中或暴露在空气中时,容易形成表面氧化物(通常是 WO_3),因此在真空中使用前,最好在超高真空系统中进行蒸发;在空气中使用前,通过退火或使用离子研磨技术中的溅射等方法除去针尖表面的氧化层。为了克服钨丝的不足,越来越多地采用铂材料。但铂丝较软,需在铂中加少量铱(一般 Pt:Ir = 80:20),使铂铱丝具有足够的刚性。

5. 计算机控制系统

在早期手动的 STM 中,记录的图像用视觉判别。对于一些较为精确的图像处理,用联结到一个主处理系统的光学扫描头来读入图像。对于分辨率更高的图像或者对于更为复杂的表面,这些简单的方法不能满足对图像质量的要求。另外,用这种方法获得的图像不具有与计算机输入相配套的格式,很难用计算机进行快速图像处理。因此,计算机控制系统是 STM 方便、有效、精确工作所不可缺少的。计算机控制系统有三大功能:仪器控制、数据采集、图像的存储与处理。

计算机控制系统包括硬件和软件。硬件的基本配置如下:市场上具中-高档配置的微机至少两个模入通道,用于采集隧道电流 I_t 和加在 Z 方向压电陶瓷驱动器上的电压 V_Z,好的仪器还应可采集隧道偏压 V_b 加在压电陶瓷驱动器 X 和 Y 上的电压 V_X、V_Y 和使隧道针尖在 X-Y 平面上偏置的偏置电压 $V_{xoffset}$、$V_{yoffset}$。此外还应配有数字图像显示装置,如彩色图像控制卡和高分辨率的图像显示终端。为了增强图像处理功能,图像卡最好应有 1 024 × 1 024 个像素点和 256 个灰度级的分辨率。利用软件功能,也可在 VGA 卡、TVGA 卡及相应的监视器上实现 64 个灰度级的图像显示。STM 软件包括四部分功能:各项参数的设置;STM 控制、数据采集和实时显示、文件的管理、数据分析和图像处理。参数的设置一般包括文件名、实验条件、采样频率,采样的起始点和终止点(为了进行傅里叶变换,每条扫描线上的采样点数应该是 2 的幂)和与图像大小、颜色、位置、坐标变换(如从扫描电压换算成以纳米为单位显示扫描范围的变换系数)有关的某些设定参数。STM 扫描控制有两种扫描方式:快速扫描和慢速扫描。操作者可任意选择扫描速度和亮度。在慢速扫描模式下,可随意设置扫描和数据采集的延时长短。操作者还可以采用双重方向(X、Y)扫描和正反向扫描比较,这可以区分针尖的各向异性。并在一定的程度上区分信号与噪声,还可以进行单点多次采样平均,数据存储时,软件自动按顺序生成文件名并存盘。

图像显示、处理与分析包括图像平面背底扣除、改变颜色调色板、选区放大、平滑、插值、直方图平坦化、滤波、剖面线分析、图像扭曲校正和三维图像显示等。

17.3 几种典型的扫描探针显微镜的应用

17.3.1 SPM在矿物材料和表面吸附方面的应用

SPM应用于与矿物有关的研究始于1988年。国内外研究资料表明,近10年来SPM已被广泛应用于各种与矿物或矿物材料学研究有关的领域。

1. 矿物材料表面形貌研究

表面微观形貌即表面的微观几何形态,是指特征尺度一般在微米级、纳米级到原子级的三维微观形貌。表面形貌可以具有随机性、周期性或分数维特性,而且在不同尺度研究同一表面的形貌特征所得到的形貌信息可能是不同的。表面形貌特征还受测量手段、计算方法、仪器分辨率、测量范围等因素的影响。

矿物的表面形貌与矿物的形成及其后期改造过程有关,而材料表面形貌则与材料加工过程及加工工艺密切相关,材料表面形貌在某种程度上决定着材料的物理、化学等性能。因此研究矿物和材料的表面形貌有重要的意义。

由于受研究手段等因素的限制,表面形貌的研究经历了从宏观到微观,从定性到定量,从二维到三维的过程。在靠肉眼观察和手指触摸的时代,人类对物质表面只停留在感性认识水平上。触针技术、光学技术和扫描电镜等的相继出现使对表面形貌的认识不断深入。不仅定性的观察已能在纳米尺度上进行,而且定量研究也得以开展,各种有关的理论也不断出现并逐步成熟。其中的一些分析技术还能给出物质表面较精确的二维、甚至三维形貌参数。然而当今科技和社会发展突飞猛进,科学研究及工业生产等都对表面实验技术提出越来越高的要求,原有表面分析技术已无法满足需要。SPM的出现为表面微形貌的三维高精度定性定量研究提供了坚实的基础。与其他表面分析技术相比,SPM具有分辨率高、不破坏样品、能在各种环境下工作、能用计算机实时采集和处理表面三维数据等优异性能。因此发展物质表面微形貌的SPM测量技术和理论已成为近年国内外表面科学研究的一个热点。

在表面定性观察方面,SPM是目前分辨率最高的分析仪器。

扫描电子显微镜虽然是用于固体物质形貌观察的主要手段,但其分辨率难以超过6 nm。SPM的横向分辨率可达原子级,因此SPM填补了物质微形貌观察中,分辨率从6 nm到原子级之间的空白,使微形貌研究可以在前所未有的高分辨率水平上开展。在表面定量研究方面,SPM较其他分析手段更易实现表面二维、三维形貌数据的计算机采集和处理,进行形貌定量分析。因此SPM在表面形貌定量研究方面具有巨大潜力。国外近年来已开发出一些可计算材料表面二维参数的计算机软件。中国地质大学(北京)材料系最近也研制开发出材料表面的SPM三维定量分析系统SPMIAS,可给出材料表面各种二维和三维形貌参数。随着研究的深入,还将开发出更先进、功能更齐全的材料表面形貌SPM分析软件。

SPM在矿物和材料表面形貌研究中的应用已有不少实例,用SPM观察到了很多矿物和其他材料表面重要的微形貌现象,如矿物表面的溶蚀现象、矿物和材料表面的生长纹等。

2. 矿物材料表面原子结构研究

SPM是目前唯一能在正空间观察物质表面原子排布的仪器,因此目前这方面的研究最为活跃。已用SPM观察到了若干矿物、有机和无机材料表面的原子排布、原子缺陷、表面重构、各种畴结构等重要的结构现象。

3. 材料表面吸附和化学反应研究

表面吸附是表面科学研究中的重要课题。表面科学研究常常需要知道原子或分子吸附在表面的什么部位？它们如何与基底联结？用传统的表面分析技术只能了解表面的平均性质，不能对吸附的原子或分子成像，难以确切回答以上问题。而SPM在这一领域具有独特的优点。由于SPM可在溶液中进行实验，因此SPM可用于直接观察表面的化学反应过程，如表面溶蚀过程和表面生长过程等。

随着SPM技术的发展，SPM在矿物学、材料学研究中的应用还将不断深入，尤其是在新兴纳米功能材料研究中，将有广阔的应用前景。

17.3.2 STM在材料表面科学中的应用

扫描隧道显微镜对表面科学研究无疑是极其重要的。表面科学除研究理想无缺陷表面的原子排列外，主要研究与催化、防腐、润滑、材料生长等有关的各种表面缺陷，如台阶、折曲、增原子、空位、吸附物、位错等。但由于原有测量手段限制在几十纳米空间分辨率，在STM发明以前，表面科学的发展似乎是主次颠倒的，表面要求经过严格的清洁加工制备，主要研究的是长程有序的表面。我们知道表面原子为了降低能量往往不能取体内的位置，而要重新排列（重构）或移位（弛豫），使表面原子发生周期性变化。如Si(111)表面重构使表面晶格周期在两个方向上都是体内周期的7倍，即表面元胞是体内元胞的49倍，但长期以来人们并不知道重构表面复杂的原子结构，直到STM发明后，它的第一张图就给出Si(111)7×7重构的每一个元胞内有12个山形凸起和1个深深的凹孔，之后很快就弄清楚了这个表面的结构。

除了在界面物理中的应用外，利用计算机控制STM的针尖做有规律的移动，并在某些部位加大隧道电流的强度或使针尖尖端直接接触到表面，在某些样品平坦的表面上就会刻出有规律的痕迹，形成有意义的图形或文字，达到对表面进行加工和修饰的目的。

STM不仅可以在各种样品表面进行直接刻写、光刻、诱导淀积和刻蚀等，还可以将表面上的吸附物，如金属小颗粒、原子团及单个原子等从表面的某处移向另一处，即对这些小粒子进行操纵。STM的这一功能为利用不同材料的微小粒子构造器件提供了有力的工具。STM甚至可以用一个个原子构造分子或把分子分解成原子。

17.3.3 原子力显微镜在生物学中的应用

1. 原子力显微镜对生物细胞表面形态的观测

一般认为，AFM能够在自然环境中直接观测生物样品的表面结构，而且避免复杂的制备过程，以及电子束辐射所带来的样品损伤。但实际情况并非完全如此。AFM对生物医学样品制备同样也有一定的要求。包括：表面平整，高度起伏等于或小于10～20 μm；表面有一定的硬度；基底面平滑，如用新鲜解离的云母片等；对于较大的颗粒、细胞，可用盖玻片、塑料片等；样品在基底表面要求相对均匀、分散等。客观地讲，相对于电镜复杂的生物样品制备过程来说，原子力显微镜的生物样品制备过程要简单一些。但遗憾的是，没有一种普遍适用的方法，能够解决原子力显微镜所有的生物医学样品的制备问题。因此，一般情况下，都需要科研人员自己动手制备符合AFM技术要求的样品，以获得满意的测试效果。游离细胞样品制备过程大致步骤如下：首先提取细胞，2.5%戊二醛固定；同时制备新鲜解离的云母片，用双面胶固定于基底表面；然后将固定细胞滴加于云母表面，用氮气吹干并展平；最后用接触式或轻敲式进行细胞的表面形态观测。活的培养细胞样品制备过程大致步骤如下：事先将培养皿或盖玻片用多聚赖氨酸进行处理，然后将细胞培养于培养皿或盖玻片上，检查前将培养皿或盖玻片制成小于1.0 cm×1.0 cm的小片；将指甲油滴加于AFM液体池底部，小片的无细胞面沾到指甲油上，而小片的有细胞面上滴加培养液；待指甲油干后，液体池中充入培养液，置于AFM的扫描器上，即可进行细胞表面形态的成像观测。AFM对活体细胞的成像效果还很不理想，这主要是因为细胞膜表面比较柔软，与基底的固定较弱，探针的压力会使探针和细胞表面的接触面积大大增加，从而损伤细胞或造成细胞的漂移。

Reily等利用AFM对一定数量的血红细胞表面形态及三维结构进行了观测和图像分析，从而得出细胞的厚度、宽度、表面积以及体积等量化数。对于活细胞，也可以在AFM的液体池中进行动态的观察。通过液体池的进液孔可随时注入不同的化合物溶液，改变活细胞的液体环境（如离子浓度、pH、温度、湿度等）进行动态的观测。Jena等利用AFM对感染病毒后细胞表面形态的改变、造骨细胞在加入底物后细胞形态和细胞弹性的变化、GTP对胰腺外分泌细胞囊泡高度的影响进行研究。黄益民等利用原子力显微镜对自由基损伤的红细胞膜表面精细结构的研究，直接观察到了自由基的损伤，以及加入女贞子保护后，对红细胞膜分子形貌的影响。如果要对一些生物医学组织样品进行AFM表面形态成像观测，样品制备过程大致如下：选取组织表面较为平整的部位，剪成0.5 cm×0.5 cm小块，观测面朝上，展平后贴在盖玻片上；滴加固定液于样品表面，静置30 min左右；用三蒸水冲洗去固定液中的溶质所形成的结晶；将盖玻片置于AFM的扫描器上，进行成像观测。一般来说，组织样品进行AFM的表面形态成像效果还比较满意。AFM观察细胞表面形态结构分辨率还不够理想。这主要是由于细胞膜表面太软，探针的压力（无论是接触式，还是轻敲式）会使探针和样品表面的接触面积增大，从而使分辨率降低。AFM观察细胞表面形态结构的分辨率一般只能维持在纳米到微米之间。如果样品制备不好，仪器状况调整不佳，操作人员技术不够熟练，那么AFM的分辨率还要低一些。

2. 原子力显微镜对生物大分子的结构及其他性质的观测研究

原子力显微镜目前已广泛应用于蛋白质、核酸、DNA、磷脂生物膜、多糖等生物大分子以及有机化合物在空气或溶液中的形态观测研究。张英鸽等用AFM对乙酰胆碱酯酶分子进行显微成像。林璋、白春礼等用AFM进行亚精胺诱导DNA凝聚有序性的研究。Rief等用AFM研究了不同大小的力对单个葡聚糖分子的影响，其中可逆的构象变化已经得到分子动力学计算的证实。胡钧等进行了人工操纵病毒的原子力显微镜研究，首次实现了复杂的体系，即一种线性噬菌体病毒的人工拉直与定向，并利用原子力显微镜对拉直前后的病毒进行了观察与测量。用AFM对生物大分子进行形态结构观察时，样品制备也很重要。蛋白质样品制备过程有两种方法，一种是蛋白质吸附固定法：首先将云母裁成1 cm×1 cm的小片，用双面胶固定于AFM基底上，制备新鲜裂解的云母表面；将一定浓度的蛋白溶液滴加于云母表面，用氮气将其展平，吹干，蛋白便可吸附于云母表面；将液体池置于AFM的扫描器上，即可进行细胞表面形态的成像观测。该方法简便易行，可满足一般成像的要求。缺点是蛋白质固定不一定牢固，可能会出现脱落或拖动现象。另一种是蛋白质共价固定法。该方法固定比较牢固，缺点是方法复杂，费时费力。固定好的样品置于AFM的扫描器上，即可进行生物大分子表面形态结构的成像观测。

如果是DNA类的样品，其制备过程大致如下：首先将根据实验目的，稀释原液；然后取适量稀释液滴加于新鲜裂解云母表面，氮气展平，吹干。固定好的样品置于AFM的扫描器上，即可进行生物大分子表面形态结构的成像观测。目前，AFM 已广泛应用于对生理生化反应中蛋白质、核酸等生物大分子的形态或功能的动态研究。在此基础上还可以进行分子水平的热力学和动力学研究。研究生物大分子的生理生化过程，是目前 AFM 在生命科学中应用最多的领域之一。配备了环境气氛箱的 AFM 可以在样品箱内进行气氛控制，样品调整以及样品观察。这样可以对生物大分子在各种不同的气氛(包括大气、低真空、各种气体置换、不同湿度和温度等条件)下的形态结构等进行研究。在这个领域里研究较多的主要有：蛋白的聚合、纤维组装的过程、胶原的超微结构和组装、蛋白质三维晶体增长的研究、生物膜的结构和生物物理特性的变化，DNA 的组装过程以及生物大分子之间的交互作用等。

3. 原子力显微镜对生物分子之间力谱曲线的观测

用 AFM 对生物大分子进行形态结构观察的同时，还可对大分子的其他性质进行研究，如配体-受体之间作用力，抗原-抗体之间的作用力等。对生物分子表面的各种相互作用力进行测量是原子力显微镜的一个十分重要的功能。这对于了解生物分子的结构和物理特性是非常有意义的，因为这种作用力决定两种分子的相互吸引或者排斥，接近或者离开，化学键的形成或者断裂，生物分子立体构象的维持或者改变，等等。在分子间作用力的支配下，还同时支配着生物体内的各种生理现象、生化现象、药物药理现象，以及离子通道的开放或关闭，受体与配体的结合或去结合，酶功能的激活或抑制，等等。因此，生物分子间作用力的研究，在某种意义上说，就是对生命体功能活动中最根本原理的研究。这也为人们理解生命原理提供一个新的研究手段和工具。

将两种分子分别固定于 AFM 的基底和探针尖端上，然后使带有一种分子的探针尖端在垂直方向上不断地接近和离开基底上的另一种分子。这时，两种分子间的相互作用力就是二者间的相对距离的函数。这种力与距离间的函数关系曲线称为力谱曲线。

对于作用力的测定，AFM 对生物医学样品的制备，同样也有一定的要求或必须具备一定的特点，即需要将研究的两种分子分别固定于基底和探针尖端表面，而且还要求固定相对牢固，因此，样品制备的难度比其他的要大得多。以链抗生物素对尖端进行功能化处理为例，其过程大致如下：将 AFM 微悬臂浸入乙酮 5.0 min，然后紫外线照射 15 min；在 37 ℃的湿润孵化器中，微悬臂浸入一滴 50 kL 生物素-BSA(牛血清白蛋白)，孵育过夜；用 PBS(磷酸缓冲液，pH = 7.4)冲洗三次，除去非结合蛋白；室温下微悬臂浸入一滴 50 kL 链抗生物素中，孵育 10 min，在碱性环境中，使 BSA 吸附于悬臂；悬臂使用前，用 PBS 再冲洗 3 次即可。

总之，将特定的配体或者受体固定于微悬臂探针表面，将与之对应的受体或者配体固定于基底表面，在微悬臂探针表面与基底表面相接近或者分离的过程中，微悬臂受到偏折，从而测得两个功能化表面之间的作用力，即配体-受体之间的作用力。通过对 AFM 探针进行功能化修饰，使针尖的表面带有特殊的官能团，用以识别存在于同一表面内的不同官能团，进行表面组分成像。它可以实现纳米范围内化学反应特性的研究。AFM 还可以实现同时对生物分子表面结构、作用力等的动态实时观测。如生物大分子的弹力、细胞壁的膨胀压力以及各种微粒之间的各种相互作用力等。近年来，在 AFM 基础上各种扫描力显微技术发展很快，主要有静电力、摩擦力、磁力、剪切力等显微技术。力对样品的表面性质很敏感，根据检测力的变化可以获得样品表面丰富的信息。

第 18 章　环境扫描电子显微镜

18.1　环境扫描电子显微镜的基本工作原理及仪器结构

18.1.1　概　　述

环境扫描电子显微镜(ESEM)是近年开发出来并应用于各技术领域的,其基本工作原理与扫描电镜相同,但弥补了扫描电镜的许多不足,它与普通扫描电镜的主要差别在于它的物镜下极靴处有一压差光阑,这使得在保证电子枪区高真空的同时,样品室的真空度在环境范围以内,使观测过程在“环境”条件下进行的。

ESEM 是扫描电子显微镜的一个很重要分支,除了像普通扫描电镜的样品室和镜筒内设为高真空,检验导电导热或经导电处理的干燥固体样品以外,还可以作为低真空扫描电镜直接检测非导电导热样品,无须进行处理,但是低真空状态下只能获得背散射电子像。ESEM 的样品室内的气压可大于水在常温下的饱和蒸气压,可以在 $-20 \sim +20$ ℃范围内观察样品的溶解、凝固、结晶等动态相变过程。

ESEM 所指“环境”并非真正意义上的大气环境,与传统的 SEM 样品室高达 $10^{-6} \sim 10^{-3}$ Torr(1 Torr = 133.322 Pa)的真空度相比,ESEM 样品室的真空度为 1 ~ 20 Torr,非常接近大气环境,但又不等同于平均 760 Torr 的大气环境。在 ESEM 出现以前,电镜研究用的生物样品均要经过固定、脱水等处理,以使电镜光源-电子束在高真空中穿透或扫描样品而成像。这种研究方法观测到的生物样品结构是死的、非实时的。因而,限制了电镜在生物医学中的应用。1995 年以后,国外推出了样品室压力在常压下的 ESEM,可在几乎接近常压下观测生物样品,可以观测活体生物成长发育时的超微结构变化。ESEM 的出现,弥补了电子显微镜最致命的弱点,即不能像光镜那样观察活体生物样品,因而可以预言,ESEM 的出现,将使电镜在生物医学研究中产生惊人的飞跃。ESEM 的优越性是显而易见的。如在转基因研究中,采用经典的受精卵是微注射技术,随机性较强,用生精小管导入法只能注射小鼠和大鼠,其他动物的生精小管由于看不清楚而无法注射。若在 ESEM 下操作,就使其成为可能。

由于采用了与扫描电子显微镜不同的真空系统,使得几乎所有的试样都可用 ESEM 进行测试,尤其可进行含水试样的测试,ESEM 为研究材料的吸水性能、含水试样的各种性能提供了有力的观测、分析手段。并且,与扫描电子显微镜相比,其制样简单,无须进行表面喷涂,不会影响试样表面细微结构的成像,能使试样在自然状态下接受检验,有利于获取更客观的信息。

18.1.2 工作原理

ESEM 是一种观察表面微观世界的全能分析显微镜，它是用聚焦得非常细的电子束作为照明源，以光栅状扫描方式照射到试样表面，并以入射电子与物质相互作用所产生的信息来成像，从而获得放大几倍到几十万倍放大像的一种大型电子光学仪器。

ESEM 的工作原理是由电子枪所发射出的电子束，在加速电压(1 ~ 50 kV 间)的作用下，经过三个电磁透镜会聚成一个细小到 1 ~ 5 nm 的电子探针(相应电子束流为 10^{-1} ~ 10^{12} A)，聚焦在样品表面上，在第二聚光镜和物镜之间的偏转线圈的作用下，电子束在样品上做光栅状扫描，电子和样品相互作用，产生信号电子。这些信号电子经探测器收集并转换为光子，再通过电信号放大器加以放大处理，最终成像在显示系统上。扫描电镜的工作原理与光学显微镜或透射电镜不同，在光学显微镜和透射电镜下，全部图像一次显出，是“静态”的而扫描电镜则是把来自二次电子的图像信号作为时像信号，将一点一点的画面“动态”地形成三维的图像。

由于入射电子与物质相互作用，结果在试样表面上产生各种信息。因为所获得各种信息的二维强度分布是同试样的表面形貌、成分、晶体取向以及表面状态的一些性质(如电、磁等)等因素有关，因此，通过接收和处理这些信息，就可以获得表征试样微观形貌的扫描电子像，或进行晶体学分析和成分分析。

为了获得扫描电子像，通常采用检测器接收试样表面的信息，再经过放大系统和信号处理系统变成信号电压，最后输送到显像管的栅极，用来调制显像管的亮度。因为在显像管中电子束和镜筒中电子束是同步扫描的，其亮度由试样所发回信息的强度来调制，因而可以得到一个反映试样表面状况的扫描电子像，其放大倍数定义为显像管中电子束在荧光屏上扫描振幅(它是具有固定值)和镜筒中电子束在试样上扫描振幅(它是连续可变的)的比值，即

$$M = \frac{L}{l} = \frac{L}{2Dr} \tag{18-1}$$

式中，M 是放大倍数；L 是显像管的荧光屏尺寸；l 是电子束在试样上的扫描距离；D 是工作距离(即试样到末级透镜的距离)；$2r$ 是在镜筒中电子束的最大扫描角度。

为了提高检测器的接收效率和使试样免受透镜磁场的影响(即要求试样表面为零磁场)，ESEM 通常采用比较长的工作距离，但这样会增加末级透镜的球像差效应，从而增加电子探针的尺寸而影响扫描电子像的分辨率。在 ESEM 中用来成像的信息有二次电子、背散射电子、吸收电子(试样电流)、透射电子、电子感生电流、阴极发光、热声波和特征 X 射线等，相应所得的扫描电子像称为二次电子像、背散射电子像、试样电流像、透射电子像、电子感生电流像、阴极发光像、声学像和 X 射线元素分布图等。不同扫描电子像所显示试样表面的性质是不同的，其中二次电子像的分辨率最高(目前可达 0. 8 nm)，故 ESEM 的分辨率习惯用二次电子像的分辨率来表示。

此外，在 ESEM 中，用来进行元素分析的信息是特征 X 射线和俄歇电子，相应发展了 X 射线能谱和俄歇电子能谱两种分析技术；而进行晶体结构和位相分析的信息是背散射电子(主要是来自声子散射和弹性散射这两部分的背散射电子)和同晶体物质相互作用后的衍射 X 射线，相应发展了电子通道花样(ECP)、电子背散射花样(EBSP)、反射电子衍射(RED)和 X 射线柯塞尔花样(XKP)等分析技术。

18.1.3　仪器的主要结构

ESEM 可分为电子束会聚系统、样品室、真空系统、电子学系统和显示部分。

1. 电子束会聚系统

此系统由三部分组成，即电子枪、磁透镜系统、扫描线圈等。

(1)电子枪。电子枪系统的作用是产生电子束照明源，它对 ESEM 的质量起重要的作用。ESEM 的分辨率可以说是受电子枪亮度限制的，所用的加速电压一般为 0.5 ~30 kV。

目前，应用到电子光学仪器中的电子枪系统有 3 类：

①直热式发射型电子枪。阴极材料是用钨丝(直径约为0.1 ~0.15 mm)，制成发夹式或针尖式形状。并利用直接电阻加热来发射电子，它是一种最常用的电子枪。

②旁热式发射型电子枪。阴极材料是用电子逸出功较小的材料(如 LaB_6、YB_6、TiC 和 ZrC 等)制造，其中 LaB_6应用最多，它是通过旁热式加热阴极来发射电子的。

③场致发射型电子枪。阴极材料是用(310)位向的钨单晶针尖，针尖的曲率半径约为 100 nm。它是通过场致发射效应来发射电子。

在 ESEM 中，如采用直热式发射型电子枪，其图像分辨率最高可达 3.5 nm；如采用 LaB_6电子枪，其图像分辨率最高可达 1.5 nm；如采用场致发射电子枪，其图像分辨率最高可达 0.8 nm。

(2)磁透镜系统。电子射线在磁场的作用下会改变前进的方向。当电子射线通过空心的强力电磁圈时，就像光线通过玻璃透镜那样，会发生折射面聚焦。磁透镜系统的作用是把虚光源的尺寸从几十微米缩小到几纳米，并且控制电子束的开角，可以在 10^{-2} ~ 10^{-3} rad 范围内可变。

目前，扫描电镜的磁透镜系统主要有双透镜系统、双极励磁的三透镜系统和三级励磁的三级透镜系统。

在上述三种结构中，三级励磁的三级透镜系统具有较多的优点。首先是多一级透镜，对电子束的收缩能力更强，故对原始虚光源的尺寸要求不高，就很容易获得小于纳米级的电子束斑，其次是电子光学系统具有较大的灵活性，便于配合扫描系统构成各种不同扫描方式的光路，特别是形成选区单偏转摇摆光路(这是一种获得选区电子通道花样的光路)，只有用三个独立可调的透镜系统才可能做到。

在 ESEM 中，前级透镜的作用是聚光，把从电子枪发射出来的电子束汇聚缩小；而末级透镜的作用是对物透镜，它直接影响成像的质量。通常在末级透镜的内部还安放一个八极式电磁消像散器和一个扫描线圈系统，并在末级透镜的下极件位置装有一个光阑。八极式电磁消像散器的作用是消除由于透镜污染(其效果是导致像场的畸变)所产生的像散，而扫描线圈系统的作用是使所形成的会聚电子束在试样表面做光栅状扫描。

一般来说，由透镜系统所形成的扫描电子束的性质可以用电子束的开角、电子束斑直径、电子束流强度和扫描角范围等四个参数来描述。

(3)扫描线圈。通常由两个偏转线圈组成。在扫描发生器的作用下，电子束在样品表面发生偏转，并在样品表面做有规则的扫动，电子束在样品上的扫描动作和在显像管上的扫描动作由同一扫描发生器控制，保持严格同步。当电子束进入偏转线圈时，方向发生转折，随后又由下偏转线圈使它的方向发生第二次转折，再通过末级透镜的光心入射到样品表面。在上下偏转线圈的作用下，在样品表面扫描出方形区域，相应地在样品上也画出一幅比例图像。

2. 样品室

在 ESEM 中，作为一个理想的样品室，在设计上应当考虑如下因素：

(1)样品室的空间应足够大，以便放进大试样后还能任意旋转 360°，倾斜 0° ~ 90°，能做沿三度空间平移等动作，且能动范围愈大愈好。

(2)在试样台中，试样能进行拉伸、压缩、弯曲、加热或制冷等，以便研究一些动力学过程。

(3)样品室四壁应有多个备用窗口，除安装电子检测器外，还能同时安装其他检测器和谱仪，以便进行综合性研究。

(4)备有与外界接线的接线座，以便研究有关电场和磁场所引起的衬度效应。

为了使电子探针系统和样品室的这些结构保持真空状态，避免外部磁场的影响和保持外观整齐，以上各部分被装入适当的外套之中，用密封圈(橡胶垫圈)组装在一起。

3. 真空系统

真空系统在电子光学仪器中十分重要，这是因为电子束只能在真空下产生和被操控。对于 ESEM 来说，通常要求其真空度高于 10^{-3} ~ 10^{-5} Pa。任何真空度的下降都会导致电子束的被散射加大，电子枪灯丝的寿命缩短，产生虚假的二次电子效应，使透镜光阑和试样表面受碳氢化物的污染加速，等等，从而严重影响成像的质量。因此，真空系统的质量是衡量 ESEM 质量的参考指标之一。

目前常用的高真空系统有如下三种：

(1)油扩散泵系统。这种真空系统可以获得 10^{-3} ~ 10^{-4} Pa 的真空度，基本能满足 ESEM 的一般要求，其缺点是容易使试样和电子光学系统的内壁受污染。

(2)涡轮分子泵系统。这种真空系统可以获得 10^{-4} Pa 以上的真空度，其优点是属于一种无油的真空系统，故污染问题不大，但缺点是噪声和振动较大，因而限制了它在 ESEM 中的应用。

(3)离子泵系统。这种真空系统可以获得 10^{-7} ~ 10^{-8} Pa 的极高真空度，可以满足在 ESEM 中采用 LaB6 电子枪和场致发射电子枪对真空度的要求。

4. 电子学系统

(1)电源系统。ESEM 的电源系统包括启动镜体的各种电源(高压、透镜系统、扫描线圈、合轴线圈、消像散用的电源等)，检测-放大系统电源，光电倍增管电源，真空系统和图像信号处理线路电源，观察用的显像管以及照相机电源等。

(2)信号电子成像系统。此系统把电子探针和样品相互作用产生的信号电子进行收集、放大、处理，最后在显像管上显示图像。

ESEM 可以接收从样品上发出的多种信号电子来成像，不同的信号电子要用不同的探测器。在高真空的工作状态下，以二次电子信号的图像质量最好。二次电子的探测器为二次电子探头，是 ESEM 最重要的部件之一。二次电子探头由栅极、聚焦环、闪烁晶体、光导管和光电倍增管等组成。

5. 显示部分

(1)显像管能把电子透镜像普通显微镜里的物镜和目镜那样组合起来，把物体放大到几万、几十万倍。由于人眼看不见电子射线，必须在荧光屏上显示放大的图像，即将信号放大器获得的输出调制信号通过显像管转换成图像。

(2)照相机能将显像管显示的图像、编号、放大倍率、标尺长度和加速电压拍摄到底片上。随着科学水平的不断发展，20 世纪 80 年代开始就已研制用计算机代替照相机的功能。直接将图像及设置的参数打印出来或存储于磁盘。

18.2 环境扫描电子显微镜的成像原理和成像过程

18.2.1 成像原理

ESEM 的成像原理如图 18-1 所示。在收集板电场的作用下，从试样表面所发出的电子信息通过闪烁晶体后转换为光子，光子通过光导管进入光电倍增管中被放大并转换为信号电流，再通过电信号放大器放大转换成信号电压，送到信号处理和成像系统，从而完成了成像信息的电子学过程。

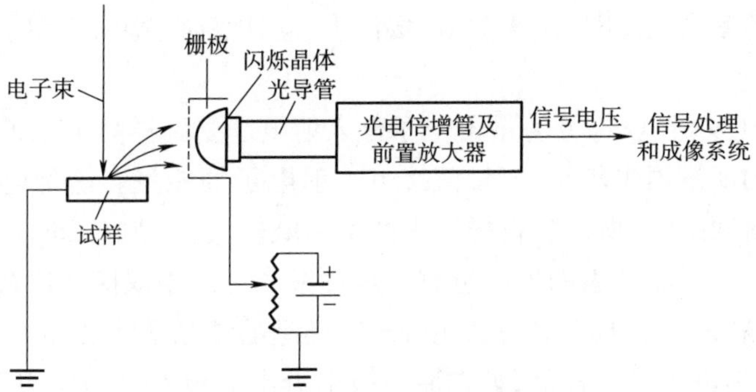

图 18-1 ESEM 的成像原理

18.2.2 成像过程

ESEM 的成像过程是通过信号处理和成像系统来完成的，如图 18-2 所示。

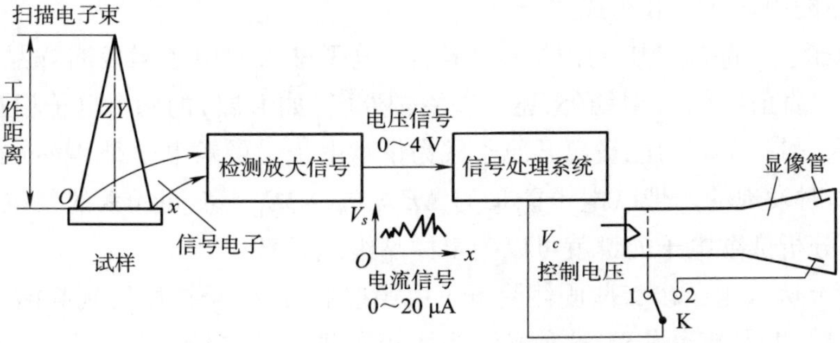

图 18-2 ESEM 的成像过程示意图

1. 电子束聚集

在真空状态下加热钨灯丝时会产生电子束，在灯丝外围的阴极和位于相反的阳极之间施加高电压。拉出电子束并缩小到直径为 30 ~ 50 μm 的交叉点，电子束被阳极加速，再连续被第一、第二聚光镜、物镜缩小，再加上扫描线圈的作用，形成聚集得很细的电子束（即电子探针，直径为 3 ~ 10 μm），照射于样品上。电子探针和样品之间互相作用，从试样表层发生各种信号电子，它们用相应的探测器接收、经过放大、处理后，可以获得各种信号的图像。信号不同，所呈现的图像表示的样品的性质不同。电子探针和样品相互作用所产生的信号电子有：二次电子、背散射电子（反射电子）、X 射线、俄歇电子、阴极荧光吸收电子等。

（1）二次电子。入射电子受样品的散射与样品的原子进行能量交换，使样品原子的外层电子受激发而逸出样品表面，这些逸出样品表面的电子就称为二次电子。还有一部分二次电子是背散射电子逸出样品表面时激发的，在成像时形成本底。二次电子逸出样品之前，受到样品本身的散射，能量有损失，因而能量较低（0 ~ 50 eV）。其发射深度为样品表面几纳米到几十纳米的区域。从样品得到的二次电子产率既与样品成分有关，又与样品的表面形貌有更密切的关系，所以它是研究样品表面形貌最佳的工具。通常所说的扫描电子像就是指二次电子像，其分辨率高、无明显阴影效应、场深大、立体感强、特别适用于粗糙表面及断口的形貌观察。

（2）背散射电子（反射电子）。背散射电子是入射电子受到样品中原子核散射而大角度反射回来的电子。它的能量损失较小，能量值接近入射电子的能量。这种电子是入射电子深入到样品内部后被反射回来的，所以它在样品中产生区域较大（约为 1 μm）。背散射电子像与样品的原子序数有关。与样品的表面形貌也有一定关系。可以用双探测器获得背散射电子的组分像和形貌像，利用这种电子的衍射信息还可研究样品的结晶学特性。

（3）X 射线。入射电子进入样品，如在原子核附近则受核库仑场作用而改变运动方向，同时产生连续 X 射线，即软 X 射线。如入射电子打到核外电子上，把原子的内层电子（如 K 层）打到原子之外，使原子电离，邻近壳层的电子（如 L 层）填充电离出的电子穴位，同时释放出 X 射线，该 X 射线的能量为两个壳层的能量差（$\Delta E = E_K - E_L = \frac{hc}{\lambda_{ka}}$），各元素原子的各个电子能级能量为确定值，所以此时释放出的 X 射线称为特征 X 射线。分析特征 X 射线的波谱和能谱，就可以研究样品的组成元素和组成成分。

（4）俄歇电子。样品原子中的内层（如 K 层）电子被入射电子激发时样品发生了弛豫过程，多余的能量除发射特征 X 射线外，还可以使较外层（如 L 层）的两个电子相互作用，一个跳到内层填充空穴，另一个获得能量离开原子成为俄歇电子。俄歇电子是 Auger 在 1925 年研究 X 射线发射光谱时发现的。俄歇电子能量为 $\Delta E = E_K - 2E_L$。不同元素的俄歇电子能量有不同的特定数值，分析俄歇电子能谱就可以确定样品组成元素。

（5）阴极荧光吸收电子。有些固体受电子束照射后，价电子被激发到高能级或能带中，被激发的材料同时产生了弛豫发光，这种光称为阴极荧光。其波长是红外光、可见光或紫外光，也可用来作为信号电子。用它可以研究矿物中的发光微粒、发光半导体材料中的晶格缺陷和荧光物质的均匀性等。

由上述可知,用不同的探测器检测出不同的信号电子,可以反映样品的不同性质,如把二次电子探测器的栅网改加上负压(约 -30 V)就可以检测背散射电子。一般 ESEM 主要是利用二次电子或背散射电子成像,观察研究表面形貌。其他的信号电子可分析元素、结晶、化学态和电磁性质,不同类型信号电子的用途见表 18-1。

表 18-1　不同类型信号电子的用途

用　途	信　号
形貌观察	二次电子、背散射电子、透射电子
元素分析	特征 X 射线、俄歇电子、背散射电子
洁净分析	背散射电子、二次电子、透射电子、阴极荧光
化学态	特征 X 射线、俄歇电子、阴极荧光
电磁性质	背散射电子、吸收电子、透射电子、二次电子

2. 扫描和 ESEM 的放大倍数

在镜体内的电子束通路上有偏转线圈(或扫描线圈),在显示部分的显像管上也有偏转线圈,这些偏转线圈接受来自扫描电源 X、Y 轴(水平、垂直轴)的锯齿波电流。显像管画面上的样品图像在显像管内有相应的电子束定位点,它和样品表面上电子探针的定位点一直保持完全准确的对应关系(同步扫描)。显像管的画面幅度和样品上扫描幅度之比,决定 ESEM 的放大倍数。显像管上画面的幅度是固定的,如果把供应镜体内偏转线圈的偏转电流加以改变,则扫描电镜的放大倍数也要发生变化。

3. ESEM 图像的特点

ESEM 图像能立体逼真地反映出样品凹凸不平的特点:

(1)二次电子量的变化与入射电子在样品上形成的局部角度有灵敏的关系(倾斜角效应引起的反差),就是说样品表面微观的凹凸形成了 ESEM 图像的反差。

(2)入射电子像针那样细,对于相当凹凸不平的样品大致都能聚焦(焦点深度大),能够在一幅画面上观察样品的深浅全貌。

(3)可以把样品整个倾斜,从斜处观察富于凹凸不平的形态,这更从心理上增加了立体感,如图 18-3 所示,(b)图是从倾斜方向拍摄的图像比(a)图从正面拍摄的立体感强。

(a)　　(b)

图 18-3　从不同方位拍摄的 ESEM 图片的立体感对比示意图

18.3 环境扫描电子显微镜的成像特点及其影响因素

18.3.1 环境扫描电子显微镜的成像特点

ESEM 是利用电磁波作照明源的一种新型显微镜,它具有许多新性能和特点:

(1)成像立体感强。ESEM 适用于粗糙表面和断口的分析观察。图像富有立体感、真实感,易于识别和解释。用 ESEM 来观察植物的叶、花、果实、动物的毛以及细菌、真菌等的表面形貌时栩栩如生,分辨起来较容易。ESEM 的景深约是透射电镜的 10 倍,是光学显微镜的 100 倍(ESEM 的景深是指电子束在试样上扫描时可获得清晰图像的深度范围)。具体应用举例如图 18-4 所示。

图 18-4 PMMA 聚合物基底上的有序微纳结构 ESEM 图片

(2)放大倍数变化范围大。ESEM 放大倍数一般为 15 万 ~ 20 万倍,最大可达 100 万倍,它几乎包括了从放大镜到光学显微镜到电子显微镜的一切倍率,而且同时给出一个比例尺,可方便地测量微结构的尺寸,而对于多相、多组成的非均匀材料便于低倍下的普查和高倍下的观察分析。

(3)分辨率高。普及型的 ESEM 分辨率为 10 nm,中档的为 5 ~ 6 nm,高档的为 1 nm,是光镜分辨率的 250 倍左右。大多数的 ESEM 分辨率为 2 ~ 6 nm。最高可达 0.01 nm。

(4)对样品的辐射损伤轻、污染小。ESEM 的电子束在样品上是动态扫描,其电子束流小,一般控制在 100 μA 以下,而且加速电压低,一般为 0.5 ~ 30 kV,这也是辐射损伤轻、污染小的原因。

(5)对观察的样品具有广泛的适应性。体积小至几微米,大至 150 mm,厚至 20 mm 的样品均可以用 ESEM 观察。其观察样品的种类广泛,从土壤、金相、集成电路到生物切片,直至新鲜的含水样品都可以用 ESEM 观察(含水样品的观察要严格控制加速电压和观察的时间,否则容易损伤样品、放电和污染镜筒)。

(6)可进行多种功能的分析。ESEM 除了可以做形貌结构的观察外,如果配上能谱仪、光谱仪和波谱仪等附件,还可在观察形貌的同时做微区的多种成分的定性、定量、定位分析,配有光学显微镜和单色器等附件时,可观察阴极荧光图像和进行阴极荧光光谱分析等。根据观察目的,能增加无须试样预处理工序的低真空模式、试样制冷、吸引、加热、描绘、分析等多种功能。

(7)可以通过电子学方法有效地控制和改善图像的质量。通过调制可改善图像反差的宽容度、使图像各部分亮暗适中。采用双放大倍数装置或图像选择器,可在荧光屏上同时观察不同放大倍数的图像或不同形式的图像。

(8)可使用加热、冷却和拉伸等样品台进行动态试验、观察在不同环境条件下的相变及形态变化等。

18.3.2 影响图像形成的因素

影响图像形成的因素主要包括:

(1)倾斜角效应影响图像反差。由于二次电子的发射是入射电子碰撞样品的核外电子,使外层电子受激发而电离出来电子,且电子在逸出样品表面之前又和样品进行多次散射,所以只有在样品浅层几纳米到几十纳米深度的区域产生的二次电子才能逸出表面,被探测器收集到。因此,电子束的入射角将影响二次电子图像的反差。当入射电子束和样品表面垂直时($\theta=0°$),二次电子逸出区域小,二次电子发生量最少(最暗);当入射角 $\theta>0°$时,散射区与样品表面接近的区城面积大,逸出可能性就大,二次电子发生量多(亮度大)。也就是说,二次电子产率主要取决于电子束的入射角:

$$\eta \propto \frac{1}{\cos\theta}$$

式中,η 为二次电子产率;θ 为电子束的入射角。

(2)边缘效应。在样品边缘和尖端部位射入一次电子时,由于尖端和边缘的二次电子容易脱离样品,所以产生二次电子数量多,图像异常明亮,称为边缘效应。边缘效应造成反差不自然,降低图像质量。若降低加速电压,减少二次电子的发生量,就可以使边缘效应相对减轻。

(3)原子序数效应。原子序数高的元素被激发的二次电子多,原子序数低的元素则少,因此,在同等条件下,前者图像明亮,这种现象称为原子序数效应。原子序数效应与背散射电子在样品中的激发作用有关。在观察生物样品时,在样品表面均匀喷镀一层原子序数高的金属膜,可提高图像质量。

(4)充放电效应。生物样品大多数是高绝缘性的,入射电子不能在样品中构成回路导入大地,堆积在样品上的入射电子形成负电荷区,产生放电现象或排斥后续入射电子,使其被检测器吸收或者轰击样品室其他部件,严重影响二次电子图像质量。如采用镀膜、导电胶粘贴样品等导电处理,可减少充放电效应的影响。

(5)焦点深度(也称焦深)。所谓的焦深是指对高低不平试样各部分聚焦的最大限度的能力。它是扫描电镜中一个重要和可控的性能指标,是影响整幅图像各部位清晰度的一个重要因素。随着图像放大倍数增加,其焦深受束斑尺寸的影响越来越显著。在高倍放大时,要得到较大的焦深,就要选择大孔径的物镜光阑,或者缩小工作距离进行观察。

(6)加速电压效应。电子探针射入样品的能量取决于加速电压。用低的加速电压进行高倍率观察表面显微结构时,就必须用短的工作距离和细的电子探针,才能获得清楚的图像。一般情况下,加速电压越低,扫描电镜图像的信息越限于表面,图像就显得越自然,但是样品表面对污染变得更为敏感,而且也得不到高倍放大的图像。反之,加速电压越高,电子探针越容易聚焦变细,也就越容易得到高分辨率,适用于高倍放大图像,但是 ESEM 图像会出现不自然感。

总之,要想得到最优质的扫描图像,最好是改变各种加速电压来进行观察和拍摄,或者根据所研究的目的,分析有利与不利的因素。一般来说,加速电压高,图像不自然,加速电压低,图像较自然,加速电压与图像清晰度之间的关系见表 18-2。

表 18-2　ESEM 中加速电源对扫描图像的影响

加速电压/kV	有　利	不　利
10 ~ 30	容易得到高分辨率 不易受到污染的影响 不易受到外部干扰的影响	容易放电 损伤大 边缘效应大,有内部信息混入
1 ~ 10	电子束的损伤小 放电减少 边缘效应减少 图像明亮	分辨率下降 容易受到污染的影响 容易受到外部干扰的影响 不能做 X 射线分析

18.3.3　影响图像细节清晰度的因素

分辨率通常被作为衡量 ESEM 图像质量最重要的性能指标之一。在电子光学仪器中,分辨率有两方面含义:①对微区成分分析来说,它是指显微分析的最小体积,即所谓取样体积:②对于形貌观测来说,它是指能区分开显微细节间相互最近距离的能力,即所谓图像分辨率。必须指出,分辨率为 4 nm 并不意味着所有小至 4 nm 的显微细节都能显示得清楚,因为它不仅与仪器本身有关,而且还与样品的性质、制作技术以及环境条件等有关。一般来说,ESEM 的图像分辨率与入射电子束斑的大小、成像信号(二次电子、背散射电子等)、试样中所产生成像信息的广度和深度有关。各参量对图像清晰度的影响表述如下:

(1)扫描电子束斑直径。一般认为 ESEM 能分辨的最小距离(分辨率)不可能小于扫描电子束斑直径,它主要取决于电子光学系统,尤其是电子枪的类型和性能、束流大小、末级聚光镜光阑孔径大小及其污染程度等。

(2)像元的数目。在实际观察中,通常扫描时间是预先规定好的。再配合改变放大器的时间常数来控制像元的数目大于或等于 10。

(3)信号噪声比。影响二次电子像信噪比的因素是多方面的,如被观察试样本身的性质(二次电子发射系数)、扫描电子的束流强度、入射电子相对于试样表面所构成的入射角以及扫描时间等。信号强度是 ESEM 成像的关键,主要取决于入射电子能量和束流等;噪声则干扰成像,使荧光屏上出现像下雪似的、时隐时现的细小亮斑点,图像变得模糊。噪声的大小主要取决于所用的检测器和样品情况等。信号噪声比越高,分辨率越高,一般要求信噪比≥100。

(4)宽容度。宽容度代表能显示出图像中明暗层次差异的级数,故它是反映图像质量的重要指标之一。如果图像的原衬度效应的反差和信噪比大,则相应图像具有较大的宽容度。因为任何人工衬度控制均会导致图像的信噪比降低,故其相应会损害图像的宽容度。

(5)操作方式及其所用的调制信号。由于各种成像操作方式所用的调制信号不同,因而所得图像的分辨率也不一样。发射方式以二次电子为调制信号,它主要来自两个方面,即由入射电子直接激发的二次电子(成像信号)和由背散射电子、X 射线光子在射出表面过程中间接激发的二次电子(本底噪声)。因为二次电子能量比较低(小于 50 eV),在固体样品中平均自由程只有 1 ~ 10 nm 左右,只能从样品表层 5 ~ 10 nm 深度范围激发出来。在这样浅的表层里,入射电子与样品原子只发生次数很有限的散射，基本上未向侧向扩展。因此，可以认为在样品上方检测到的二次电子主要来自直径与扫描束斑相当、深度为 5 ~ 10 nm 的样品体积内。在理想情况下，二次电子像分辨率约等于束斑直径。正是由于这个缘故，我们总是以二次电子像的分辨率作为衡量 ESEM 性能的主要指标。目前高性能 ESEM 的二次电子像分辨率优于 7 nm（普通电子枪）和 3 nm（场发射电子枪）。

反射方式以背散射电子为调制信号。由于背散射电子能量比较高，穿透能力比二次电子强得多、可以从样品中较深的区域逸出（约为有效穿透深度的 30% 左右）。在这样的深度范围，入射电子已经有了相当宽度的侧向扩展。在样品上方检测到的背散射电子是来自比二次电子大得多的体积，所以背散射电子像分辨率要比二次电子像低，一般为 50 ~ 200 nm。取决于入射电子能量和样品原子序数，且当入射电子直径很小时与束斑直径无关。

透射方式以透射电子为调制信号。因样品很薄，在入射电子穿透样品的过程中只可能发生有限次数的散射，侧向尺寸基本上没有变化，所以扫描透射电子像分辨率也等于扫描电子束斑直径。

至于以吸收电子、X 射线、阴极荧光、电子束感生电导或电位等作为调制信号的其他操作方式，由于这些信号均来自整个电子束散射区域，使所得扫描像的分辨率都比较低，一般在 100 nm 或 1 000 nm 以上不等。

（6）杂散磁场。无论是机内的还是周围环境的杂散磁场都可能使扫描电子束形状发生畸变，改变样品发射的二次电子运动轨迹，降低图像质量，从而使分辨率下降。

（7）机械振动。若电镜的安装环境靠近公路、工厂等，就会产生机械振动或静电场作用，将引起束斑漂移等。

18.3.4　影响图像反差的因素

ESEM 图像的反差主要是由样品表面的凹凸状态决定的，越是凸出的部位产生二次电子的数量越多，图像越明亮。但是，样品表面的凹凸状态是通过二次电子数量反映到反差上的，而二次电子的产率是受多种因素（如倾斜角效应、边缘效应、原子序数效应、充放电效应、加速电压、电子束流、束斑直径、样品理化特性等）影响的，因此，由二次电子数量所表现出的图像的实际亮度有时与样品实际的表面形状有差异。

18.4　环境扫描电子显微镜的优点及应用

18.4.1　环境扫描电子显微镜的优点

ESEM 的优点主要包括：

（1）它可在高真空、低真空和大气环境三种方式下工作，这就解决了普通扫描电镜由于必须在真空状态下才能成像所带来的问题，因此，可在很低真空的相当于大气环境模式下直接观测新鲜的生物样品，还可在 100% 的相对湿度下对各种试样进行观测。在利用高真空功能的时候，对于非导电材料和湿润试样，必须经过固定、脱水、干燥、镀膜等系列处理后方可观察。利用低真空功能样品可以省略预处理环节，直接观察试样，不存在化学固定所产生的各种问题,甚至可以观察活体生物样品,但是 ESEM 的样品室虽然是处在低真空状态,但与生物生存的环境相差甚远,未经固定的生物样品在这种环境中能保持不变的时间很短,经受不起电子束的轰击,只能作较短时间的观察,因此只适合于含水量较少的生物样品,对于含水量高的样品的观察还存在一些技术上的困难。

ESEM 的高真空工作原理与一般 SEM 相同,而低真空工作原理与一般 SEM 的区别主要在于样品室部分。一般 SEM 的真空度为 1 MPa,ESEM 的样品室为 1 ~ 2 600 Pa,甚至更高。所谓"环境"是指气体环境,可给样品室充不同气体,使样品能保持原有自然状态。为了保证样品室有高气压的环境,ESEM 的真空系统必须是多级结构。

ESEM 采用多级真空压差技术,在保持电子枪和镜筒的高真空状态下,样品室内可以保持较高的气压(极差真空)及较高的湿度和压力,而且温度可调,气体二次电子探头接收不导电样品表面信号,便于观察新鲜活体生物样品,解决了生物样品失水变形问题。由于样品能带水分并在样品室内保持着一定的湿度和气体,所以采用气体二次电子探测器,通过二次电子对气体分子的电离作用使生物样品微弱的二次电子信号放大,产生的正离子可清除生物样品表面的电荷积累。由于样品无须干燥及镀膜,能保持生物活体形态结构的真实性。

(2)ESEM 的样品不会由于挥发性物质的挥发、水分的蒸发造成破坏,因此,它的样品适用范围很宽,理论上几乎可以观测所有的试样。

(3)由于 ESEM 的样品室不是真空状态,试样发射出的二次电子会与周围的空气发生电离碰撞,产生的阳离子与试样表面的电子中和,阻止了试样表面电子聚集的产生,所以用 ESEM 观测不导电的试样时无须进行导电物质的喷涂,大大降低了由于涂层等人为因素对测试结果的影响;样品在检测前也无须进行清洗、干燥、冷冻和固定,使制样工作大大简化。

(4)图像柔和。因为样品室里有一定的气体流动,这就使得电子束与样品相互作用产生的扫描电子较少,这样信噪比降低,但只要具体使用时掌握好某些参量,就可变逆势为优势,得到柔和的图像。

在 ESEM 使用中应注意以下问题:

(1)在大气环境模式下对样品的观测和记录操作要尽可能地快,这样可减少样品内水分的蒸发而使样品的变形降至最低。

(2)虽然 ESEM 的样品台为多样台,一次可同时放多个样品,但具体使用时,在高真空下可放满样品,以免去换样品的麻烦。在低真空方式下,建议最好一次放一个样品,以确保样品不会因在样品室中停留的时间长而变形。

(3)在大气环境模式下工作时可接上制冷台。这样可保证样品的新鲜度,使样品所含的游离水处于临界状态。

(4)ESEM 与普通扫描电镜的主要差别在样品室,ESEM 的样品室是真空的。成像原理上与普通扫描电镜的些许差别在于普通扫描电镜样品上的电子由导电层引起,而 ESEM 样品上的电子被样品室内的残余气体离子中和,使样品不导电也不会出现充电现象。

18.4.2 环境扫描电子显微镜的应用

ESEM 在石油、陶瓷、建筑、印刷、化工催化剂、电信、医药卫生、燃料、高温超导体、金属腐蚀与防护、材料科学、肢体化学、环境科学、生命科学、化学和物理学等领域都有应用。利用

ESEM 能对非导电试样进行无镀膜观测(含分析),亦能对含有若干油脂的表面进行观测,如农作物、昆虫、病原菌、动物、寄生虫等材料。对于肌体较软的动物组织细胞,角质层较薄的线虫,最好采用常规的制样方法或先用戊二醛固定(硬化)。再用缓冲液清洗,脱水后送入 ESEM 观测效果更好,既可保持生物活体形态又可解决导电问题。另外,与简易试样冻结法、试样制冷法并用,效果更好。

ESEM 除了可以按常规的方法观测材料的形貌和结构外,还可以对非导体和含水样品进行直接观察。扩大了扫描电镜的应用领域。

第19章 透射电子显微镜

19.1 电子显微镜的发展历程

19.1.1 电子显微镜的总体发展历程

人类对于生物微观世界的认识过程有着一段漫长的历史。荷兰人 Leeuwenhoek 在 300 年前创制成功世界上第一架显微镜,发现了当时人们还不知道的微生物世界。这是显微镜第一次显示其巨大作用。

早在 100 多年以前,Plucker 就曾在盖斯雷管的阴极近管壁上发现过一种黄绿色的光辉,但他当时对这一现象并无认识,未予重视。自从 1924 年德布罗意提出了电子与光一样,具有波动性的假说和 1926 年 Busch 发现了旋转对称、不均匀的磁场可作为一个用于聚焦电子束的透镜,就为后来的电子显微镜的问世奠定了理论基础,这就打开了电子光学的大门。1932 年,Knoll 及 Ruska 等首次发表了关于电子显微镜的实验和理论研究,并试制成功第一台电磁式电子显微镜。为了获得较大的放大能力,人们又研究制造了短焦距的电磁透镜,它除了会聚透镜外,再利用两个透镜做连续两次成像。到 1934 年 Ruska 和 Marton 分别制成了新型复式电子显微镜。近代的电磁式电子显微镜在具体结构上已经有了很大改进。

如果说光学显微镜让人类对微观世界的认识有了第一次飞跃,那么电子显微镜让人类对微观世界的认识有了第二次飞跃。的确,光学显微镜使人类看到了肉眼看不到的细菌和细胞,揭开了许多生物界的"谜",但是因为光学显微镜的分辨率受光波波长的限制,使更多的"谜"仍无法解开。而电子显微镜是以电子束作为光源的,电子束的波长比可见光的波长短得多,使电子显微镜的分辨率大幅度提高。从此,人类用电子显微镜揭示了细菌、噬菌体、类病毒、DNA 和蛋白质大分子等,甚至获取了"原子核和电子云"的原子像。

19.1.2 透射电子显微镜(TEM)的发展历程

1924 年,德国科学家 De Broglie 指出,任何一种接近光速运动的粒子都具有波动本质。1926—1927 年,Davisson、Germer 及 Thompson Reid 用电子衍射现象验证了电子的波动性,发现电子波长比 X 光还要短,从而联想到可用电子射线代替可见光照明样品来制作电子显微镜,以克服光波长在分辨率上的局限性。1926 年德国学者 Busch 指出"具有轴对称的磁场对电子束起着透镜的作用,有可能使电子束聚焦成像",为电子显微镜的制作提供了理论依据。

1931 年,德国学者 Knoll 和 Ruska 获得了放大 12 ~ 17 倍的电子光学系统中的光阑的像,证明可用电子束和电磁透镜得到电子像,但是这一装置还不是真正的电子显微镜,因为它没有样品台。1931—1933 年,Ruska 等对以上装置进行了改进,做出了世界上第一台透射电子显微镜(简称 TEM)。1934 年,电子显微镜的分辨率已达到 50 nm,Ruska 也因此获得了 1986 年的诺贝尔物理学奖。

1939 年德国西门子公司制造了世界第一台商业透射电子显微镜,分辨率优于 10 nm,1954 年又生产了著名的西门子 Elmiskop Ⅰ 型电子显微镜,分辨率优于 1 nm。在英国,透射电子显微镜的研究始于 1935 年,1946 年设计了第一批商业透射电子显微镜,促进了电子显微镜(EM)型电镜的系列生产。在荷兰,1944 年研制成第一台电镜,后来生产了著名的 Philips EM 和 CM 型透射电子显微镜。我国的透射电子显微镜研制始于 20 世纪 50 年代,1977 年已制作出了分辨率为 0.1 nm 的 80 万倍的透射电镜。

目前世界上生产透射电镜的主要是日本的日本电子(JEOL)和日立(Hitachi)以及美国的 FEI。他们生产的透射电镜大致可分为三类:

(1)常规的 TEM。加速电压为 100 ~ 200 kV。代表性产品有日本电子的 JEM-2010、日立的 H-8000、菲利浦的 CM200。FEI 的 TECNAI20. 200 kV 透射电镜的分辨率可达 0.19 nm。

(2)中压 TEM。加速电压为 300 ~ 400 kV。代表性产品有日本电子的 JEM-3010、JEM-4000,日立的 H-9500,FEI 的 TECNAI F30。300 kV 透射电镜的分辨率可达 0.17 nm。400 kV 透射电镜的分辨率可达 0.163 nm。

(3)高压 TEM。加速电压为 1 000 kV。代表性产品有 JEM-1000,日立公司还制造了世界上最大的 3 000 kV 的透射电镜。目前 1 000 kV 的透射电镜最高分辨率可达 0.1 nm。

目前用得最多的透射电镜是 200 kV 和 300 kV 的电镜,高压电镜由于价格昂贵,体积庞大,用得很少。

1949 年以前,由于很难制备出能让电子束穿过的薄金属样品,开始用透射电镜直接观察试样。随后,荷兰的 Bollnan 和英国剑桥大学的 Peter B. Hirsch 研究组进一步发展这一技术。特别是 Hirsch 研究组,发展了电子衍衬理论,可以解释电子束穿过试样形成的电子衍衬像,开创了用透射电镜直接观察试样的时代,为电子显微镜在材料学的应用打下了基础。

20 世纪 70 年代,美国亚利桑那州立大学的 John Cowley 和澳大利亚墨尔本大学的 Alex Moodie 建立了高分辨电子显微像的理论与技术,发展了高分辨电子显微学。20 世纪 80 年代,发展了高空间分辨分析的电子显微学,人们可采用高分辨技术、微衍射、电子能量损失谱、电子能谱仪等对很小范围内(约 1 nm)的区域进行电子像、晶体结构、化学成分的研究,将电子显微分析技术在材料学中的研究大大地拓展了。20 世纪 90 年代,由于纳米科技的飞速发展,对电子显微分析技术的要求越来越高,进一步推动了电子显微学的发展。目前,透射电镜已发展到了球差校正透射电镜的新阶段。

19.1.3 扫描电子显微镜(SEM)的发展历程

如果说光学显微镜处于"老年"、透射电镜处于"壮年"时代的话,那么扫描电镜是刚进入"青少年"的时代。

扫描电子显微镜(SEM)的基本组成是透镜系统、电子枪系统、电子收集系统和观察记录系统,以及相关的电子系统。现在公认扫描电镜的概念最早是由德国的 Knoll 在 1935 年提出来的,1938 年 Von Ardenne 在透射电镜上加了个扫描线圈做出了扫描透射显微镜(STEM)。第一台能观察厚样品的扫描电镜是 Zworykin 制作的,它的分辨率为 50 nm 左右。英国剑桥大学的 Oatley 和他的学生 McMullan 也制作了他们的第一台扫描电镜,到 1952 年他们的扫描电镜的分辨率也达到了 50 nm。到 1955 年扫描电镜的研究才取得较显著的突破,成像质量有明显提高,并在 1959 年制成了第一台分辨率为 10 nm 的扫描电镜。第一台商业制造的扫描电镜是 Cambridge Scientific Instruments 公司在 1965 年制造的 Mark Ⅰ"Steroscan"。Crewe 将场发射电子枪用于扫描电镜,使得分辨率大大提高。1978 年做出了第一台具有可变气压的商业制造的扫描电镜,到 1987 年样品腔的气压已可达到 2 700 Pa(20 Torr)。目前扫描电镜的发展方向是采用场发射枪的高分辨扫描电镜和可变气压的环境扫描电镜(也称可变压扫描电镜)。目前高分辨的扫描电镜可以达到 1 ~2 nm,最好的高分辨扫描电镜可在气压为 4 000 Pa(30 Torr)时仍保持 2 nm 的分辨率。

由于 SEM 的景深远比光学显微镜大,可以用它进行显微断口分析,且样品不必复制,可直接观察,非常方便。另外,SEM 的样品室的空间很大,可以装入很多探测器。因此,目前的 SEM 已不仅用于形貌观察,它可以与许多其他分析仪器组合在一起,使人们同时能在一台仪器中进行形貌、微区成分和晶体结构等多种微观组织结构信息的分析,如果再采用可变气压样品室,还可以在扫描电镜下做加热、冷却、加气、加液等各种实验,使 SEM 的功能得到大大扩展。这也是为什么扫描电镜得到如此普遍应用的原因之一。

SEM 具有如下优点:

(1)景深大、图像富有立体感。扫描电镜的景深较光学显微镜大几百倍,比透射电镜大几十倍。由于扫描电镜是利用电子束轰击样品后所释放的二次电子成像,它的有效景深不受样品的大小与厚度的影响;而透射电镜是利用穿透电子成像,它的有效景深直接受样品厚度的限制。

(2)图像的放大范围大、分辨率也比较高。光学显微镜的有效放大倍数为一千倍左右,透射电镜的放大倍数为几百倍到一百万倍,扫描电镜可放大十几倍到几十万倍,它基本上包括了从放大镜、光学显微镜直到透射电镜的放大范围。扫描电镜的分辨率介于光学显微镜(200 nm)与透射电镜(0.2 ~0.3 nm)之间,可达 6 nm(有的可达 3 nm),而且,一旦聚焦好了之后,可以任意改变放大倍数而不需要重新聚焦。

(3)样品制备过程简单,不需进行超薄切片,有的甚至不需要进行任何处理就可以直接观察。

(4)观察样品的尺寸可大至 120 mm × 80 mm × 50 mm,而透射电镜的样品只能装在直径 2 mm 或 3 mm 的铜网上。

(5)样品可以在样品室中做三维空间的平移和旋转,因此,可以从各种角度对样品进行观察,有的甚至可以在观察过程中对样品进行显微解剖。

(6)电子束对样品的损伤与污染程度很小。扫描电镜中打在样品上的电子束流很小,电子束的直径为 5 nm 至几十纳米,电子束的能量较小(加速电压可小至 2 kV),电子束不是固定照射在样品的某一区域,而是以点的形式在样品表面做光栅状扫描,因此,由电子束照射所引起的样品的损失与污染也较小。

(7)在观察形貌的同时,还可利用从样品发出的其他信号做微区成分分析或进行晶体学分析。

(8)扫描电镜显示的图像有立体感,使人似如亲临微观世界的现场。

(9)安装X射线能谱仪(EDS)到扫描电镜上面可以同时快速、有效获取同一区域上的形貌、晶型和组成信息。

由于扫描电镜具有上述特点,因此,它不仅在许多重要学科的科学研究中而且在工农业生产部门也得到了广泛的应用。

19.1.4 扫描透射电子显微镜(STEM)的发展历程

许多年以来,扫描电子显微镜(SEM)就已经是生物学工作者熟悉的一种有价值的工具,它的分辨率比光学显微镜高40多倍,而在高倍时的焦深远大于光学显微镜(可高达几千倍)。人们用它已经积累起大量有关表面精细结构的有价值的资料。因为扫描显微镜中,当纤细的聚焦束以光栅方式扫描整个物体时,像便按时间顺序逐点地建立,分辨率主要取决于聚焦束的最小尺寸。实际上探针电流必须大于10^{-11} A,如果采用平常的加热式钨丝源,分辨率被限制在5 nm左右。

有人预期STEM将在未来显微技术的某几个方面做出相当大的贡献:首要,在透过生物厚样品(多至0.5 um甚至1 um)方面,STEM的分辨率会大大超过有相同加速电压的TEM,虽然在这方面的性能不能与1 MeV的高压电子显微镜(HVEM)相媲美,但是STEM比HVEM的价格低廉,尺寸较小,而且操作和维护都很简易,因此人们通常会选STEM;第二,在超薄切片或单个大分子的高分辨率显微术领域中,STEM的极限分辨本领虽不会超过TEM,然而像的亮度不受旋转影响、亮场像易于解析以及仪器和样品的不稳定性对象记录的影响均较少等诸方面都有优越性;第三,STEM的暗场成像方式比TEM有效得多,因此在不染色的生物分子成像时具有较高的反差;第四,易于进行信号处理,指容易采用像识别技术,譬如可见到生物分子中标记的单个重金属原子;第五,STEM还有清洁的超高真空,使污染大为减少,并能缩小辐射损伤,这个优点在未来的高分辨率研究生物分子时是一个日益重要的特征。这源于STEM的最大长处在于它进行显微分析的潜力。电子衍射、X射线能量分散显微分析和电子能量损失光谱学都能顺利地在同一台仪器上进行。

19.2 TEM的工作原理及其发展趋势

19.2.1 TEM的工作原理

1. TEM的工作原理

所谓电子显微镜是以电子束为照明光源的显微镜。由于电子束在外部磁场或电场的作用下可以发生弯曲,形成类似于可见光通过玻璃时的折射现象,所以我们就可以利用这一物理效应制造出电子束的"透镜"。透射电子显微镜的特点,在于我们是利用透过样品的电子束来成像,这一点有别于扫描电子显微镜。现代电子显微镜的分辨能力已经可达0.1 nm。

2. TEM的成像原理

金相显微镜及扫描电镜均只能观察物质表面的微观形貌,它无法获得物质内部的信息,而TEM由于入射电子透射试样后,将与试样内部原子发生相互作用,从而改变其能量及运动方向。显然,不同结构有不同的相互作用。因为透射电子与样品结构作用的机制很复杂,所以获得的 TEM 图像也较为复杂。它不像表面形貌那样直观、易懂。因此,如何对一张电子图像获得的信息做出正确的解释?如前所述电子透过试样所得到的投射电子束的强度及方向均发生了变化,由于试样各部分的组织结构不同,因而透射到荧光屏上的各点强度是不均匀的,这种强度不均匀分布的现象就称为衬度,所获得的电子像称为透射电子衬度像。其形成机制有两种:

(1)相位衬度。如果透射束映射可以重新组合,从而保持他们的振幅和位相,则只可得到产生衍射的那些晶体面的晶格像,或者一个个原子的晶体结构像,仅适用于很薄的晶体试样(约 10 nm)。

(2)振幅衬度。振幅衬度是由于入射电子通过试样时,与试样内原子发生相互作用而发生振幅的变化,引起反差。振幅衬度主要有质量衬度和衍射衬度两种:

①质量衬度。由于试样的质量和厚度不同,各部分与入射电子发生相互作用,产生的吸收与散射程度不同,而使得透射电子束的强度分布不同,形成反差,称为质量衬度。

②衍射衬度。其主要是由于晶体试样满足布拉格反射条件程度差异以及结构振幅不同而形成电子图像反差。它仅属于晶体结构物质,对于非晶体试样是不存在的。

19. 2. 2 TEM 的发展趋势

1. TEM 本体硬件的进一步发展

从 TEM 的发展历史来看,随着技术的进步,各种新技术被应用于 TEM 的制作工艺中,从而促进了 TEM 硬件性能的不断改善。20 世纪 30 年代末期发明的第一代 TEM 的分辨率只有 3 nm,到了 20 世纪 50 年代达到优于 1 nm,而在 90 年代一些特制的 TEM 更达到了 0. 1 nm。我们有理由相信在制作 TEM 硬件方面的进步将持续下去。这种进步将表现为新一代 TEM 的性能越来越好,使用越来越方便,对于操作人员的要求越来越简单。20 世纪 70 年代,具有高分辨率的透射电镜和分析电镜出现后,它的分辨水平日臻细微,功能更趋多样,已成为现代实验室中一种不可或缺的研究晶体结构和化学组成的综合仪器。众所周知,界面、位错和间隙原子等缺陷结构,对于材料及器件的物理、力学和电学性质产生重要影响,因此获取物质的原子结构、化学成分和局域电子态的信息细节是高分辨电子显微学的主要研究目标。为获得原子间成键信息,要求能量分辨率达 0. 1 ~ 0. 2 eV,为获得缺陷的原子结构细节,要求“亚埃”的点分辨率。若要在中等电压的电镜中获得“亚埃”和“亚电子伏特”的分辨率,则需要发展配有准单色的电子源、电子束斑尺寸小于 0. 2 nm 的聚光镜系统、物镜球差校正器、无像差投影镜和能量过滤成像系统等部件的新一代透射电子显微镜。近年来,透射电子显微镜及相关部件的发展非常迅速,除继续提高场发射枪透射镜的性能和稳定性之外,陆续研发出新一代的慢扫描电荷耦合器件、球差校正器、单色器、高能量分辨率的新一代能量过滤成像系统等,在中等电压的电镜中可以获得“亚埃的空间分辨率”和“亚电子伏特的能量分辨率”。例如场发射枪透射电子显微镜与 LaB_6 灯丝热电子发射透射电镜相比,场发射电子枪具有纳米电子束斑亮度高、束流大、出射电子能量分散小和相干性好等优点,可显著提高电镜的信息分辨率,特别适合于纳米尺度综合分析,如亚纳米尺度成分分析、精确测定原子位置、结构因子和电荷密度等。自 20 世纪 70 年代第一台实验场发射枪透射电镜问世以来,特别是 20 世纪 80 年代后期具有高性能、高稳定性的场发射枪透射电镜出现后，它的性能日臻完善，已为全世界电子显微学工作者提供了大量的商用场发射透射电镜。近两年出现的新型场发射枪透射电镜有 FEI 公司的 TecnaiG2F30 等。

2. TEM 所属附件的进一步发展

早期 TEM 作为一种高分辨率、高倍率的显微镜，只是光学显微镜的一个技术延伸。但随着电子显微学理论和实践的不断发展、积累，人们发现、开发了 TEM 的许多新功能，使 TEM 成为一种综合性分析仪器。最近，一些新的 TEM 附件不断地被开发出来。例如，图像过滤器就是近十年来开发出来的新附件。在未来，我们依然有理由期待一些更新、更好、更易操作的附件被发明出来，从而为 TEM 增加新功能，或进一步提高 TEM 的现有功能和分析测试精度。

从电子显微镜诞生以来，更高的分辨率就一直是追求的目标。普通光学的分辨率定义，也是在扫描电镜中使用的分辨率判据，即判别图像中最近两点之间的距离，不再适用于相干成像的透射电子显微镜。从高分辨技术诞生以来，人们就给透射电镜赋予了两个独特而且独立的分辨率。一个是点分辨率，它是指最佳条件下高分辨像上可直接解释的分辨率；另一个是信息极限，限定了对称照明时最小的可见信息。Schcrzcr 提出圆形对称的电磁透镜不可避免地具有正的球差和色差系数。虽然两项像差均随透镜极靴间距的减小而减弱，但最小的极靴间距必须顾及处在其间的样品移动和倾转范围。球差造成图像的锐利度减弱；而色差则使得能量不等的电子成像在不同的像面上，亦使图像的质量下降。虽然对于较厚的样品色差的影响要明显得多，但由于电子枪的相对较好的单色性，以及通常很薄的高分辨样品厚度，色差似乎对分辨率的影响远小于球差。

3. 与计算机的结合应用

随着现代计算机科学的迅速进步，作为现代科学技术分析器的 TEM 也越来越依赖于计算机的使用。事实上，TEM 硬件的进步是与计算机控制系统的不断进步密切相关的。但是，即使今天我们对于 TEM 的实验结果也还需要使用大量的人力进行分析。在这一方面我们完全有理由相信随着新的电子显微学理论的进展以及新的计算机软件开发的成功，未来对于 TEM 的实验结果分析的自动化程度将进一步提高，从而大大提高人们从事 TEM 的工作效率。

例如透射式电子显微镜远程共享，透射式电子显微镜作为高精密仪器，许多用户有使用需求，但因其价格昂贵，用户只能委托有透射式电子显微镜的单位进行检测。以这种委托方式实现仪器的共享，效率较低，并存在以下 3 个问题：

(1)需要将样品送到电镜所在地；

(2)需要用户单位专业研究人员与电镜工作人员协同工作，直到得到有效的图形资料；

(3)在得出实验数据前，需要研究人员用专用软件对庞大的图形数据进行反复分析，这需要专用的数据分析的计算平台。可以设想，随着信息技术的飞速发展，利用高速发展的网络技术和先进的网络设备可使透射式电子显微镜实现远程共享。

实现透射式电子显微镜远程共享的模型有多种，而用户需求、网络环境、硬件条件、技术力量等的差异，用户使用这些模型时效果就不同。目前对显微镜的远程共享的研究，大多着眼于其功能的实现，而忽略了对模型的研究。如由日本大阪大学超压电子显微镜研究中心、日立公司设备部、美国国家显微镜和图像研究中心、加利福尼亚大学联合开发研制的 3 MV 超高压电子显微镜国际共享系统，通过卫星和综合业务数字网(ISDN)能实现跨太平洋的实时共享。

19.3 TEM的应用

TEM的应用主要包括以下几个方面：

(1)在多相催化研究中的应用。工业多相催化剂是极其复杂的物理化学体系。长期以来，工业催化剂的制备很大程度上依赖于经验和技艺，而难以从原子分子水平的科学原理方面给出令人信服的形成机制。为开发更高活性、选择性和稳定性的新型工业催化剂，通过各种表征技术对催化剂制备中的过程产物及最终产品进行表征是一个关键性的基础工作。在当前各种现代表征手段中，透射电子显微镜，尤其是高分辨透射电子显微镜(HRTEM)，可以在材料的纳米、微米区域进行物相的形貌观察、成分测定和结构分析，可以提供与多相催化的本质有关的大量信息，指导新型工业催化剂的开发。

(2)负载型金属纳米粒子的HRTEM表征。负载型金属催化剂的金属纳米粒子的尺寸、形状与催化剂的活性密切相关，通过HRTEM研究上述信息具有重要意义。在HRTEM下，金属粒子的衬度受载体的制约，在由轻元素构成的载体中，金属纳米粒子的分辨率又与粒子的原子序数、尺寸及载体厚度相关。通常情况下，金属越重，载体越薄，则图像的衬度越高，可分辨率就越强。然而需要注意的是，如果载体是晶体，则晶体的干涉衬度可能会掩盖金属颗粒的衬度，此时通常使用的欠焦将不适用。

(3)多孔材料的TEM表征。多孔材料按其孔径尺寸分为微孔、介孔和大孔材料。微孔材料主要是指各种沸石晶体。由于沸石晶体结构的有序性，在样品足够薄的条件下，平行透射电子束会产生电子衍射，通过调整电子衍射谱后，在图像模式下，即可得到该沸石的高分辨率图像。Wright等通过HRTEM观察到β沸石内部的大量缺陷，并由此研究了缺陷的形成机理。有序介孔分子筛由于具有较大的孔道尺寸，在TEM下很容易观察到其有序的孔道结构，但由于有序结构材料孔道尺寸较大，受电镜相机长度的限制，难以在倒空间观察到电子衍射斑。对于大孔材料，尤其是有序的三维大孔材料，在TEM下的观察与介孔分子筛相似。

(4)纳米尺寸微量相的HRTEM研究。物相鉴定是催化材料研究中的重要内容，XRD和电子衍射(ED)是两种主要的分析手段。但XRD本质上是一种统计性分析，不适合多物相组成的微量相分析。而通过HRTEM可以在材料的纳米、微米的微观区域进行物相的形貌观测、成分测定和结构分析，这是X衍射技术通常难以实现的。

(5)高分辨电子衍射与XRD相结合解析复杂沸石的晶相结构。很多催化材料是结构复杂的沸石晶体，采用XRD单晶衍射法研究这些材料的结构时，上述结构复杂的晶体所具有相似强度的衍射峰之间的重叠会造成解析上很大的不确定性，因此采用传统的结构解析方法很困难。而TEM的选区电子衍射方法只限于解决较为简单的结构。如果将粉末XRD与高分辨电子衍射相结合，则为解析复杂沸石结构提供了一种思路。在高分辨电子衍射方法中，电子束不是垂直而是以一定的倾角(一般为1°~3°)入射样品，同时，电子束不停地旋转，在一定的曝光时间下得到一个由时间叠加出来的电子衍射图。这种技术获取的高角度衍射比较多，衍射点强度及位置比较准，可以直接进行未知结构的晶系、空间群以及重原子位置的确定，从而用于解析一些复杂的晶体结构。

(6)加氢催化剂活性相的TEM研究。过渡金属Ni、Co、Mo、W的硫化物被广泛用作油品加氢催化剂，一般认为 MoS_2（或 WS_2）是催化剂的活性相，而 Co 和 Ni 是催化剂的助剂。MoS_2、WS_2是一种层状晶体，分散在载体表面，形成微晶片层堆垛结构。通过对活性相的堆垛层数、长度、边角位以及在载体上的分散性进行统计分析，并结合实际催化反应数据进行关联，可能实现对催化剂的活性评价或调控。

（7）扫描透射高角环形暗场技术的应用。扫描透射高角环形暗场（STEM-HAADF）的原理不同于 HRTEM 的相干成像，HAADF 是非相干成像。在用 HRTEM 观察以 Al_2O_3为载体的加氢催化剂的活性相时，通常是当活性相的片层取向与电子束平行或接近平行时才能形成可观察的条纹状衬度像。对于 HAADF，由于是采用高角度散射电子成像，因此即使电子束与活性相晶体 *C* 轴平行，仍然能够形成金属元素的 Z 衬度像。上述 STEM-HAADF 像显然不同于普通 TEM 像，因此可从另一角度加深对加氢催化剂活性相的认识。

（8）3D-TEM 技术的应用。TEM 得到的是样品的二维图像，为深入研究催化剂的催化性能，从三维角度研究载体与活性金属的尺寸、形状、空间分布极为重要。3D-TEM 通过系列倾转获取一系列二维 TEM 图像，再将二维像计算合成，得到三维图像。

参考文献

[1] 李卫军,覃鸿,于丽娜,等. 近红外光谱定性分析原理、技术及应用[M]. 北京:科学出版社,2010.

[2] 陆婉珍. 现代近红外光谱分析技术[M].2 版. 北京:中国石化出版社,2007.

[3] 刘建学. 远红外光谱及技术应用[M]. 北京:科学出版社,2021.

[4] 褚小立,赵一霖,刘慧颖,等. 点亮我们生活的近红外光:近红外光谱分析在日常生活中的一天[M]. 北京:化学工业出版社,2022.

[5] 晋卫军. 分子发射光谱分析[M]. 北京:化学工业出版社,2018.

[6] 翁诗甫,徐怡庄. 傅里叶变换红外光谱分析[M].3 版. 北京:化学工业出版社,2016.

[7] 胡皆汉,郑学仿. 实用红外光谱学[M]. 北京:科学出版社,2011.

[8] 李炜,夏婷婷. 仪器分析[M]. 北京:化学工业出版社,2020.

[9] 徐溢,穆小静. 仪器分析[M]. 北京:科学出版社,2022.

[10] 付敏,程弘夏. 现代仪器分析[M]. 北京:化学工业出版社,2018.

[11] 张大伟,邹连春. 简明现代仪器分析实用教程[M]. 北京:科学出版社,2015.

[12] 方惠群,于俊生,史坚. 仪器分析[M]. 北京:科学出版社,2002.

[13] 张树霖. 拉曼光谱学及其在纳米结构中的应用(上册):拉曼光谱学基础[M]. 许应瑛,译. 北京:北京大学出版社,2017.

[14] 张树霖. 拉曼光谱学及其在纳米结构中的应用(下册):纳米结构的拉曼光谱学研究[M]. 许应瑛,译. 北京:北京大学出版社,2020.

[15] 许以明. 拉曼光谱及其在结构生物学中的应用[M]. 北京:化学工业出版社,2005.

[16] 杨序钢,吴琪琳. 拉曼光谱的分析与应用[M]. 北京:国防工业出版社,2008.

[17] 李炳龙. 分析化学方法及质谱技术研究[M]. 北京:水利水电出版社,2018.

[18] 白玲,郭会时,刘文杰. 仪器分析[M]. 北京:化学工业出版社,2019.

[19] 袁存光,祝优珍,田晶,等. 现代仪器分析[M]. 北京:化学工业出版社,2018.

[20] 韩长秀,毕成良,唐雪娇. 环境仪器分析[M]. 北京:化学工业出版社,2020.

[21] 邓勃,何华焜. 原子吸收光谱分析[M]. 北京:化学工业出版社,2004.

[22] 韩长秀,毕成良,唐雪娇. 环境仪器分析[M].2 版. 北京:化学工业出版社,2019.

[23] 李炜,夏婷婷. 仪器分析[M]. 北京:化学工业出版社,2020.

[24] 邓勃. 应用原子吸收与原子荧光光谱分析[M]. 北京:化学工业出版社,2007.

[25] 邓勃. 实用原子光谱分析[M].2 版. 北京:化学工业出版社,2021.

[26] 郭明才,陈金东,李蔚,等. 原子吸收光谱分析应用指南[M]. 青岛:中国海洋大学出版社,2012.

[27] 于世林. 高效液相色谱方法及应用[M].3 版. 北京:化学工业出版社,2019.

[28] 张庆合. 高效液相色谱实用手册[M]. 北京:化学工业出版社,2008.

[29] 李昌厚. 高效液相色谱仪器及其应用[M]. 北京:科学出版社,2014.

[30] 李彤,张庆合,张维冰. 高效液相色谱仪器系统[M]. 北京:化学工业出版社,2005.

[31] 张裕平,李英,崔乘幸. 色谱分析[M]. 北京:化学工业出版社,2020.

[32] 欧阳津,那娜,秦卫东,等. 液相色谱检测方法[M]. 北京:化学工业出版社,2020.

[33] 王克让,李小六.圆二色谱的原理及其应用[M].北京:科学出版社,2017.

[34] NAKANISHI K. Circular dichroism: principles and applications[M]. 2nd Edition. New Jersey: John Weily & Sons,2000.

[35] 翁羽翔,陈海龙.超快激光光谱原理与技术基础[M].北京:化学工业出版社,2013.

[36] 兰伯特,马佐拉,里奇.核磁共振波谱学:原理、应用和实验方法导论[M].向俊峰,周秋菊,等译.北京:化学工业出版社,2021.

[37] 王乐.NMR基础核磁共振波谱实验及应用实例[M].哈尔滨:哈尔滨工业大学出版社,2021.

[38] 赵天增,秦海林,张海艳,等.核磁共振二维谱[M].北京:化学工业出版社,2018.

[39] 白玲,郭会时,刘文杰.仪器分析[M].北京:化学工业出版社.2019.

[40] 杨峻山,马国需.分析化学手册.7B:碳-13核磁共振波谱分析[M].3版.北京:化学工业出版社,2021.

[41] 孙萌涛,林炜铧,王荣明.针尖增强拉曼光谱和荧光光谱[M].北京:科学出版社,2017.

[42] 尚丽平,杨仁杰.现场荧光光谱技术及其应用[M].北京:科学出版社,2009.

[43] 刘明钟,汤志勇,刘霁欣.原子荧光光谱分析[M].北京:化学工业出版社,2008.

[44] 韩长秀,毕成良,唐雪娇.环境仪器分析[M].2版.北京:化学工业出版社,2019.

[45] 郑国经.分析化学手册.3A:原子光谱分析[M].3版.北京:化学工业出版社,2016.

[46] 左志军.X光电子能谱及其应用[M].北京:中国石化出版社,2013.

[47] 王建祺,吴文辉,冯大明.电子能谱学(XPS/XAES/UPS)[M].北京:国防工业出版社,1992.

[48] 维克曼,吉尔摩.表面分析技术[M].陈建,谢方艳,李展平,等译.广州:中山大学出版社,2020.

[49] 管学茂,王庆良,王庆平,等.现代材料分析技术[M].徐州:中国矿业大学出版社,2018.

[50] 刘世宏.X射线光子能谱分析[M].北京:科学出版社,1988.

[51] 苏小琴,龙伟,刘秀兰,等.差示扫描量热仪的影响因素及测试技术[J].分析仪器,2019(4):74-79.

[52] 池海涛,刘伟丽,高峡,等.差示扫描量热法及其发展趋势[J].食品安全质量检测学报,2016,7(11):4374-4377.

[53] 林兰,宁保明,杨腊虎,等.热分析技术在药品检验中的应用[J].中国新药杂志,2014,23(15):1734-1737.

[54] 陆立明.高灵敏度DSC技术的突破性进展[C]//上海市化学化工学会2006年度学术年会,2006.

[55] 丁延伟,郑康,钱义祥.热分析实验方案设计与曲线解析概论[M].北京:化学工业出版社,2020.

[56] 刘洪权.材料分析测试技术[M].北京:化学工业出版社,2022.

[57] 詹志强,何昭,李建宇,等.频谱分析仪技术及测试应用指南[M].北京:中国质检出版社,2016.

[58] 董青云.激光粒度测试的原理与方法[C]//2016全国粉体加工与应用市场信息交流会,2016.

[59] 赵青秀,李雅宁.激光粒度分析仪及其应用刍议[J].生命科学仪器,2010,8(2):51-53.

[60] 杨道媛,马成良,孙宏魏,等.马尔文激光粒度分析仪粒度检测方法及其优化研究[J].中国粉体技术,2002,8(5):27-30.

[61] 王家骐,金光,杨秀彬.光学仪器总体设计[M].北京:国防工业出版社,2022.

[62] 薛鸣球.仪器光学[M].北京:科学出版社,2021.

[63] 李昌厚.仪器学理论与实践:仪器学理论与光学类分析仪器整机及关键核心部件的设计制造测试使用和维修[M].北京:科学出版社,2008.

[64] 李林,黄一帆.应用光学[M].5版.北京:北京理工大学出版社,2018.

[65] 潘峰,王英华,陈超.X射线衍射技术[M].北京:化学工业出版社,2016.

[66] 江超华.多晶X射线衍射技术与应用[M].北京:化学工业出版社,2014.

[67] 周玉,武高辉.材料分析测试技术:材料X射线衍射与电子显微分析[M].2版.哈尔滨:哈尔滨工业大学出版社,2007.

[68] 刘洪权. 材料分析测试技术[M]. 北京:化学工业出版社,2022.
[69] 李理. 工程材料表征技术[M]. 北京:机械工业出版社,2020.
[70] 姜传海,杨传铮. X 射线衍射技术及其应用[M]. 上海:华东理工大学出版社,2010.
[71] 张海军,贾全利,董林. 粉末多晶 X 射线衍射技术原理及应用[M]. 郑州:郑州大学出版社,2010.
[72] 王春梅,黄晓峰,杨家骥,等. 激光扫描共聚焦显微镜技术[M]. 西安:第四军医大学出版社,2004.
[73] 林国庆. 现代生命科学仪器设备与应用[M]. 北京:科学出版社,2021.
[74] 张莉,杨春雨. 医学显微形态学实验[M]. 2 版. 北京:科学出版社,2018.
[75] 袁兰. 激光扫描共聚焦显微镜技术教程[M]. 北京:北京大学医学出版社,2004.
[76] 牛憨笨,陈丹妮. 纳米成像导论[M]. 北京:科学出版社,2021.
[77] 汪克建. 医学电镜技术及应用[M]. 北京:科学出版社,2013.
[78] 布尚. 纳米技术手册. 第 3 册:扫描探针显微镜[M]. 哈尔滨:哈尔滨工业大学出版社,2013.
[79] 牛憨笨,陈丹妮. 纳米成像导论[M]. 北京:科学出版社,2021.
[80] 袁哲俊,杨立军. 纳米科学技术及应用[M]. 哈尔滨:哈尔滨工业大学出版社,2020.
[81] 马宗敏. 高分辨扫描探针显微技术书[M]. 北京:清华大学出版社,2020.
[82] 袁帅. 原子力显微镜纳米观测与操作[M]. 北京:科学出版社,2020.
[83] 莫里斯,柯尔比,冈宁. 原子力显微镜及其生物学应用[M]. 钟建,译. 上海:上海交通大学出版社,2019.
[84] 王东. 原子力显微镜及聚合物微观结构与性能[M]. 北京:科学出版社,2022.
[85] 祖元刚. 原子力显微镜在大分子研究中的应用[M]. 北京:科学出版社,2013.
[86] 刘志国,唐中华,祖元刚. 原子力显微镜在大分子研究中的应用[M]. 北京:科学出版社,2013.
[87] 曹毅. 原子力显微镜单分子力谱[M]. 北京:科学出版社,2021.
[88] 董申,孙涛,闫永达. 基于原子力显微镜的纳米机械加工与检测技术[M]. 哈尔滨:哈尔滨工业大学出版社,2012.
[89] 高尚,杨振英,马清,等. 扫描电镜与显微分析的原理、技术及进展[M]. 广州:华南理工大学出版社,2021.
[90] 张大同. 扫描电镜与能谱仪分析技术[M]. 广州:华南理工大学出版社,2009.
[91] 施明哲. 扫描电镜和能谱仪的原理与实用分析技术[M]. 2 版. 北京:电子工业出版社,2022.
[92] 曾毅,吴伟,刘紫微. 低电压扫描电镜应用技术研究[M]. 上海:上海科学技术出版社,2015.
[93] 任小明. 扫描电镜 能谱原理及特殊分析技术[M]. 北京:化学工业出版社,2020.
[94] 郭素枝. 扫描电镜技术及其应用[M]. 厦门:厦门大学出版社,2006.
[95] 汪克建. 医学电镜技术及应用[M]. 北京:科学出版社,2013.
[96] 徐正惠. 透射电子显微学[M]. 北京:科学出版社,2015.
[97] 福尔兹. 材料的透射电子显微学与衍射学[M]. 吴自勤,石磊,何维,等译. 合肥:中国科学技术大学出版社,2017.
[98] 叶恒强,王元明. 透射电子显微学进展[M]. 北京:科学出版社,2003.
[99] 杨序纲. 聚合物电子显微术[M]. 北京:化学工业出版社,2015.